T0324123

Produktion und Logistik mit Zukunft

Michael Schenk (Hrsg.)

Produktion und Logistik mit Zukunft

Digital Engineering and Operation

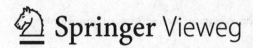 Springer Vieweg

Herausgeber
Michael Schenk
Fraunhofer-Institut für Fabrikbetrieb und -automatisierung IFF, Magdeburg

ISBN 978-3-662-48265-0   ISBN 978-3-662-48266-7 (eBook)
DOI 10.1007/978-3-662-48266-7

Die Deutsche Nationalbibliothek verzeichnet diese Publikation in der Deutschen Nationalbibliografie; detaillierte bibliografische Daten sind im Internet über http://dnb.d-nb.de abrufbar.

Springer Vieweg
© Springer-Verlag Berlin Heidelberg 2015
Das Werk einschließlich aller seiner Teile ist urheberrechtlich geschützt. Jede Verwertung, die nicht ausdrücklich vom Urheberrechtsgesetz zugelassen ist, bedarf der vorherigen Zustimmung des Verlags. Das gilt insbesondere für Vervielfältigungen, Bearbeitungen, Übersetzungen, Mikroverfilmungen und die Einspeicherung und Verarbeitung in elektronischen Systemen.
Die Wiedergabe von Gebrauchsnamen, Handelsnamen, Warenbezeichnungen usw. in diesem Werk berechtigt auch ohne besondere Kennzeichnung nicht zu der Annahme, dass solche Namen im Sinne der Warenzeichen- und Markenschutz-Gesetzgebung als frei zu betrachten wären und daher von jedermann benutzt werden dürften.
Der Verlag, die Autoren und die Herausgeber gehen davon aus, dass die Angaben und Informationen in diesem Werk zum Zeitpunkt der Veröffentlichung vollständig und korrekt sind. Weder der Verlag noch die Autoren oder die Herausgeber übernehmen, ausdrücklich oder implizit, Gewähr für den Inhalt des Werkes, etwaige Fehler oder Äußerungen.

Einbandabbildung: Fraunhofer IFF

Gedruckt auf säurefreiem und chlorfrei gebleichtem Papier

Springer-Verlag GmbH Berlin Heidelberg ist Teil der Fachverlagsgruppe Springer Science+Business Media (www.springer.com)

Vorwort

Die vierte industrielle Revolution, genannt Industrie 4.0, hat weitreichende Folgen auf die Wirtschaft und die Gesellschaft, national und international. Angestrebt wird damit u. a. die Verbesserung der Organisation und Steuerung über das gesamte Spektrum der Wertschöpfungskette in Arbeits-, Produktions- und Logistiksystemen.

Ziel dieses Buches ist es, die Entwicklungen und Möglichkeiten vor diesem Hintergrund zu beleuchten. Nicht jede Herausforderung, die in diesem Kontext auftaucht, kann jedoch schon mit Lösungsansätzen beschrieben werden. Im Fokus dieses Lehr- und Fachbuchs stehen deshalb die Forschungsschwerpunkte der verschiedensten Bereiche des Fraunhofer-Instituts für Fabrikbetrieb und -automatisierung IFF in Magdeburg, die hinsichtlich dieser Herausforderungen bereits konkrete Lösungen anbieten.

Das heißt, dieses Buch orientiert sich in seiner Ausrichtung insbesondere an den Herausforderungen für die Zukunft, beginnend bei den Arbeitssystemen in Produktion und Logistik im Objektbereich sowie der ausführlichen Beschreibung des Digital Engineering and Operation im Methodenbereich. Anhand von Beispielen und Projekten werden vorhandene Lösungsansätze für die Industrie 4.0 erläutert sowie mögliche Entwicklungen für die Zukunft aufgezeigt. Die genutzten Instrumente, jeweiligen Modelle und Methoden sowie Werkzeuge werden in diesem Fachbuch beschrieben, wobei dem Digital Engineering and Operation in der Durchgängigkeit der Betrachtung eine besondere Bedeutung und Stellung zuteilwird.

Dieses Lehr- und Fachbuch ist sowohl geeignet für Studierende der Fachrichtungen Maschinenbau, Produktionstechnik, -automatisierung und -wirtschaft, Elektro- und Informationstechnik, Digital Engineering and Operation sowie der Vertiefungsrichtungen Fabriklehre und -planung, Arbeitsgestaltung, Robotik u.a. als auch für Fach- und Führungskräfte aus den genannten und verwandten Bereichen.

Der Inhalt basiert auf den Forschungsergebnissen und den erworbenen Kompetenzen des Fraunhofer IFF sowie der Partner aus Wissenschaft und Wirtschaft. Ich bedanke mich bei den zahlreichen Autoren aus dem Fraunhofer IFF, die durch ihre fachliche Mitwirkung sowie die zahlreichen Anregungen und Hinweise eine Spiegelung der Leistungen unseres Instituts ermöglicht haben.

Wie wurde diese Entwicklung initiiert?

Der entscheidende Antrieb ist die zunehmende Individualisierung der Kundenwünsche, vom Auftrag bis zum Recycling, was wiederum erheblichen Einfluss auf alle Bereiche der Produktion hat. Basis für die Entwicklung, die durch Industrie 4.0 angeschoben wurde, ist die Verfügbarkeit aller relevanten Informationen in Echtzeit durch Vernetzung aller an der Wertschöpfung beteiligten Instanzen sowie die Fähigkeit, aus den Daten den zu jedem Zeitpunkt optimalen Wertschöpfungsprozess zu realisieren. Die Verbindung von Menschen, Objekten und Systemen ermöglicht somit die Entstehung dynamischer, echt-zeitoptimierter und selbstorganisierender sowie unternehmensübergreifender Wertschöp-fungsnetzwerke, zu deren Optimierung sich entsprechend verschiedene Kriterien, wie bei-spielsweise Kosten, Verfügbarkeit und Ressourcenverbrauch, heranziehen lassen.[1]

Der Arbeitskreis INDUSTRIE 4.0 hat unter Berücksichtigung der oben genannten Aspekte Forschungsbedarfe für die Zukunft identifiziert. Der mittel- und langfristige Forschungs-bedarf liegt in den fünf zentralen Bereichen:

- Horizontale Integration über Wertschöpfungsnetzwerke,
- Digitale Durchgängigkeit des Engineering über die gesamte Wertschöpfungskette,
- Vertikale Integration und vernetzte Produktionssysteme,
- Neue soziale Infrastrukturen der Arbeit und
- Technologie Cyber-Physical Systems.

Magdeburg, Juni 2015   Univ.-Prof. Dr.-Ing. habil. Prof. E.h. Dr. h.c. mult.
                                             Michael Schenk

---

[1] Quelle: Plattform Industrie 4.0: Industrie 4.0: Whitepaper FuE-Themen. Whitepaper. Plattform Industrie 4.0. 07.04.2015. URL http://www.plattform-i40.de/sites/default/files/I40 Whitepaper FuE Version 2015_0.pdf – Überprüfungsdatum 2015-05-08

Inhaltsverzeichnis

Autorenverzeichnis

Dirk Berndt, Dr.-Ing. Fraunhofer-Institut für Fabrikbetrieb und -automatisierung IFF, Magdeburg, dirk.berndt@iff.fraunhofer.de

Norbert Elkmann, Dr. techn. Fraunhofer-Institut für Fabrikbetrieb und -automatisierung IFF, Magdeburg, norbert.elkmann@iff.fraunhofer.de

Matthias Gohla, Dr.-Ing. Dipl.-Wirtsch.-Ing. Fraunhofer-Institut für Fabrikbetrieb und -automatisierung IFF, Magdeburg, matthias.gohla@iff.fraunhofer.de

Tina Haase, Dipl.-Ing. Fraunhofer-Institut für Fabrikbetrieb und -automatisierung IFF, Magdeburg, tina.haase@iff.fraunhofer.de

Martin Kirch, Dipl.-Ing. Fraunhofer-Institut für Fabrikbetrieb und -automatisierung IFF, Magdeburg, martin.kirch@iff.fraunhofer.de

Stefan Leye, Dipl.-Ing. Fraunhofer-Institut für Fabrikbetrieb und -automatisierung IFF, Magdeburg, stefan.leye@iff.fraunhofer.de

Rüdiger Mecke, Dr.-Ing. Fraunhofer-Institut für Fabrikbetrieb und -automatisierung IFF, Magdeburg, ruediger.mecke@iff.fraunhofer.de

Mykhaylo Nykolaychuk, Dipl.-Ing. Fraunhofer-Institut für Fabrikbetrieb und -automatisierung IFF, Magdeburg, mykhaylo.nykolaychuk@iff.fraunhofer.de

Olaf Poenicke, Dipl.-Wirt.-Ing. Fraunhofer-Institut für Fabrikbetrieb und -automatisierung IFF, olaf.poenicke@iff.fraunhofer.de

Klaus Richter, Prof. Dr.-Ing. Fraunhofer-Institut für Fabrikbetrieb und -automatisierung IFF, Magdeburg, klaus.richter@iff.fraunhofer.de

Michael Schenk, Univ.-Prof. Dr.-Ing. habil.Prof. E. h. Dr. h. c. mult. Fraunhofer-Institut für Fabrikbetrieb und -automatisierung IFF, Magdeburg, michael.schenk@iff.fraunhofer.de

Ulrich Schmucker, Prof. Dr. sc. techn. Fraunhofer-Institut für Fabrikbetrieb und -automatisierung IFF, Magdeburg, ulrich.schmucker@iff.fraunhofer.de

Marco Schumann, Dr.-Ing. Fraunhofer-Institut für Fabrikbetrieb und -automatisierung IFF, Magdeburg, marco.schumann@iff.fraunhofer.de

Holger Seidel, Dipl.-Ing. Fraunhofer-Institut für Fabrikbetrieb und -automatisierung IFF, Magdeburg, holger.seidel@iff.fraunhofer.de

Udo Seiffert, Hon.-Prof. Dr.-Ing. Fraunhofer-Institut für Fabrikbetrieb und -automatisierung IFF, Magdeburg, udo.seiffert@iff.fraunhofer.de

Abkürzungen

4G	Vierte Generation im Mobilfunk
API	Application Programming Interface
AR	Augmented Reality
AutoID	automatische Identifikationstechniken
BAuA	Bundesanstalt für Arbeitsschutz und Arbeitsmedizin
BDE	Betriebsdatenerfassung
BEM	Boundary Element Method
BGR	Bundesanstalt für Geowissenschaften und Rohstoffe
BMAS	Bundesministerium für Arbeit und Soziales
BMBF	Bundesministerium für Bildung und Forschung
BMI	Bundesministerium des Innern
BMWi	Bundesministerium für Wirtschaft und Energie
BYOD	Bring Your Own Device
bzw.	beziehungsweise
ca.	circa
CAD	Computer-Aided Design
Cad2SIM	CAD-zu-Simulations-Konverter
CAE	Computer-Aided Engineering
CAM	Computer-Aided Manufacturing
CAN	Controller Area Network
CAO	Computer-Aided Organization
CAP	Computer-Aided Production
CAQ	Computer-Aided Quality
CAVE	Cave Automatic Virtual Environment
CCTV	Closed Circuit Television (Überwachungskamerasysteme)
CFD	Computational Fluid Dynamics
CNC	Computerized Numerical Control
CPU	Central Processing Unit (Hauptprozessor)

CSD	Container Security Devices
CT	Computertomographie
d.h.	das heißt
DAE	Digital Asset Exchange
DCT	Diskrete Kosinus Transformation
DGPS	Differenzial Global Positioning System
DIHK	Deutscher Industrie- und Handelskammertag
EBS	Ersatzbrennstoff
ECAD	Electronic Computer Aided Design
EDM	Engineering Data Management
EEG	Erneuerbare-Energien-Gesetz
EKF	Extended Kalman Filter
E-Kfz	Elektrokraftfahrzeug
EMV	Elektromagnetische Verträglichkeit
EnMS	Energiemanagementsystem
EnPI	Energy Performance Indicator
EoPP	energieoptimierte Produktionsplanung
ERP	Effective Radiated Power
ERP	Enterprise Resource Planning
etc.	et cetera
ETSI	European Telecommunications Standards Institute
FCC	Federal Communications Commission
FEM	Finite Elemente Methode
FMS	Feder-Masse-System
Fraunhofer IAO	Fraunhofer-Institut für Arbeitswirtschaft und Organisation IAO
Fraunhofer IFF	Fraunhofer-Institut für Fabrikbetrieb und -automatisierung IFF
Fraunhofer IPK	Fraunhofer-Institut für Produktionsanlagen und Konstruktionstechnik IPK
Fraunhofer ISI	Fraunhofer-Institut für System- und Innovationsforschung ISI
Fraunhofer IWU	Fraunhofer-Institut für Werkzeugmaschinen und Umformtechnik IWU
ggf.	gegebenenfalls
GLONASS	Globales Navigations Satelliten System
GNSS	Global Navigation Satellite System
GPS	Global Positioning System/Satellite
GPU	Graphics Processing Unit (Grafikkartenprozessor)
GSM	Global System for Mobile
GuD-Prozess	Gas- und Dampfturbinenprozess
GUI	Graphical User Interface
HF	High Frequency
HITL	Human-in-the-Loop-Simulation
HMD	Head Mounted Display

HMI	Human Machine Interface
I/O	Input/Output
IAD	Intelligent Assisted Devices
ICP	Iterative Closest Point Algorithm
IEP	Interoperable Engineering Processes
IHK	Industrie- und Handelskammer
IIS	Interoperable Infrastructures
IKT	Informations- und Kommunikationstechnologie
inkl.	inklusive
ISM-Band	Industrial, Scientific and Medical Band
IT	Informationstechnik
IWH	Institut für Wirtschaftsforschung Halle
JT	Jupiter Tesselation (offenes 3D-Grafikdatenformat)
KMU	kleine und mittlere Unternehmen
KNN	künstliche neuronale Netze/Netzwerke
KWK	Kraft-Wärme-Kopplung
LF	Low Frequency
Lkw	Lastkraftwagen
MAB	Maschinen- und Anlagenbau
MCAD	Mechanical Computer-Aided Design
MCL	Monte-Carlo-Lokalisierung
MES	Manufacturing Execution System
MIC	Minimal-invasive Chirurgie
MINT	Mathematik, Informatik, Naturwissenschaft, Technik
Mio.	Million
MKS	Mehrkörpersimulation
MKS	Mehrkörpersystemmodelle
MR	Mixed Reality
Mrd.	Milliarde
MRI	Mensch-Roboter-Interaktion
MRT	Magnetresonanztomographie
MSR-Einrichtungen	Mess-, Steuer- und Regelungseinrichtungen
MVA	Müllverbrennungsanlage
MVK	Modenverwirbelungskammer
NC	Numerical Control
NE	Nichteisen
NFC	Near Field Communication (Nahfeldkommunikation)
OBJ	Object File-Format
OCR	Optical Character Recognition (Optische Zeichenerkennung)
ODE	Open Dynamics Engine
OECD	Organisation for Economic Co-operation and Development Organisation für wirtschaftliche Zusammenarbeit und Entwicklung

OEE	Overall Equipment Effectiveness
o.g.	oben genannt
OP	Operation
OpenGL	Open Graphics Library (offene Grafikbibliothek)
ORC	Organic Rankine Cycle
PC	Personalcomputer
PDM	Product Data Management (Produktdatenmanagement)
PPR	Produkt, Prozess, Ressource
PPS	Produktionsplanungs- und Steuerungssystem
PV	Photovoltaik
QR(-Code)	Quick Response
R&I-Schemata	Rohrleitungs- und Instrumentenfließschemata
RESI	Real-time Simulation Interface
RFID	Radio Frequency Identification
RTI	Real-Time Interface
SHF	Super High Frequency
SIFT	Scale Invariant Feature Transform
SOFC	Festoxidbrennstoffzelle
SPS	Speicherprogrammierbare Steuerung
SPT	Single Port-Technik
STEP	Standard for the Exchange of Product Model Data
TA	Technische Anleitung
TCP	Endeffektor eines Roboters
TCP	Transmission Control Protocol
TEEM	Total Energy Efficiency Management
TGA	Technische Gebäudeausrüstung
TOF	Time-of-Flight
u.a.	unter anderem
u.ä.	und ähnliches
UDP	User Datagram Protocol
UHF	Ultra High Frequency
ULD	Unit Load Devices
UML	Unified Modeling Language
USB	Universal Serial Bus
usw.	und so weiter
VAD	Ventricular Assist Device
VE	Virtual Engineering
vgl.	vergleiche
VIBN	Virtuelle Inbetriebnahme
VINCENT	Virtual Numeric Control Environment
VITES	Virtuelles Teachen von Steuerungen
VR	Virtual Reality

VRML	Virtual Reality Modeling Language
WIP	Work in Progress
W-LAN	Wireless Local Area Network
WschVO	Wärmeschutzverordnung
WZM	Werkzeugmaschine
X3D	Extensible 3D
XML	Extensible Markup Language
z.B.	zum Beispiel
z.T.	zum Teil
zzt.	zurzeit

Einleitung – Herausforderungen für die Produktion mit Zukunft

Michael Schenk, Marco Schumann

Deutschland als Produktionsstandort befindet sich im Wandel und sieht sich mit komplexen Anforderungen aus den unterschiedlichsten Gebieten konfrontiert, welche nicht nur die Produktion, sondern auch die Wettbewerbsfähigkeit von Deutschland herausfordern.

Der demografische Wandel und die damit verbundenen Veränderungen der Arbeitswelt sowie die Integration neuer Technologien werden als bedeutende Entwicklungstrends identifiziert (vgl. [Ab10], [Ge11], [Eb11]). Aber auch der steigende Energieverbrauch bei gleichzeitiger Ressourcenverknappung gilt als eine der größten zukünftigen Herausforderungen für Gesellschaft, Umwelt und Wirtschaft [Neu14], [VDI12], [Bul10].

Diese volkswirtschaftlichen und gesellschaftlichen Entwicklungen ergeben für sich und in ihrer Kombination ein herausforderndes Handlungsfeld, dem die Produktion der Zukunft gerecht werden und mit geeigneten Maßnahmen entgegentreten muss, um in punkto Leistungsfähigkeit, Effizienz, Flexibilität und Innovativität zu überzeugen. Dies ist insbesondere für den Standort Deutschland von hoher Bedeutung, dessen Anteil der Produktion an der Bruttowertschöpfung deutlich über dem europäischen Durchschnitt liegt (Deutschland: 22 Prozent, europäischer Durchschnitt: 16 Prozent) und somit von hoher Bedeutung für die volkswirtschaftliche Entwicklung ist [SB12a].

Mit Blick in die Zukunft zeigt sich eine Reihe von Prognosen über die Entwicklungen von bestimmenden Techniken und Technologien, welche uns einen wirtschaftlichen Vorsprung sichern. Ausführliche Erklärungen hierzu finden sich u. a. bei [En13, S. 26ff.], [Sp13], [Ru10].

Gegenstand dieses Lehr- und Fachbuches ist es, einige gesellschaftliche Entwicklungen zu beleuchten, die besondere Bedeutung für den Produktionsstandort Deutschland und

Univ.-Prof. Dr.-Ing. habil. Prof. E. h. Dr. h. c. mult. Michael Schenk
Fraunhofer-Institut für Fabrikbetrieb und -automatisierung IFF, michael.schenk@iff.fraunhofer.de

Dr.-Ing. Marco Schumann
Fraunhofer-Institut für Fabrikbetrieb und -automatisierung IFF, marco.schumann@iff.fraunhofer.de

© Springer-Verlag Berlin Heidelberg 2016
M. Schenk (Hrsg.), *Produktion und Logistik mit Zukunft*, DOI 10.1007/978-3-662-48266-7_1

große Teile der Welt besitzen. Dabei wird nicht der Anspruch auf Vollständigkeit erhoben, sondern es werden im Folgenden jene Herausforderungen näher betrachtet, zu denen die Autoren schon heute geeignete Antworten bzw. Lösungen haben.

Eine, bedingt durch den demografischen Wandel, zahlenmäßig geringer werdende und alternde Gesellschaft sowie damit verbundene mögliche Produktivitätsverluste erfordern einen altersorientierten Wandel innerhalb der Produktionsprozesse sowie die Umsetzung von Ansätzen zu einem Lebenslangen Lernen. Gleichzeitig begegnet eine geforderte Produktivitätssteigerung den Herausforderungen durch Ressourcenverknappung und wachsende Umweltauflagen, welche zusätzlich eine Steigerung der Ressourceneffizienz erfordern.

Daher stellt die Entwicklung intelligenter und innovativer Lösungen für die Produktion mit Zukunft unter einer ganzheitlichen Berücksichtigung der Aspekte Mensch, Organisation und Technik für die aktuellen und zukünftigen Herausforderungen einen wesentlichen Bestandteil für die Sicherung der Wettbewerbsfähigkeit und des Standortes Deutschland dar. Neue Formen und Lösungen sowohl zur Gestaltung von Arbeitsplätzen und von Produktionssystemen als auch für die Informations- und Kommunikationsinfrastruktur müssen entwickelt werden. Das Digital Engineering and Operation wird dabei für Deutschland als Entwickler und Produzent von strategischer Bedeutung sein.

1.1   Demografischer Wandel

Michael Schenk

Die Altersstruktur der Bevölkerung in Deutschland wird sich, wie auch in vielen anderen industrialisierten Ländern, in den nächsten Jahrzehnten dramatisch verschieben. Der demografische Wandel und der damit verbundene Alterungsprozess stellt nicht nur eine Herausforderung für die Produktion, sondern für die gesamte Volkswirtschaft eines Landes dar. Ausgangspunkt ist eine seit 2003 stetig abnehmende Bevölkerung (siehe Abb. 1.1).

Dieser Rückgang ist trotz einer jährlichen Zuwanderung von 100.000 bis 200.000 Personen nicht zu stoppen. Diese Entwicklung resultiert daraus, dass die Anzahl der Verstorbenen die Anzahl der Geborenen anhaltend weit übersteigt. „Das Geburtendefizit wird von ca. 12.000 im Jahr 2008 nach der mittleren Bevölkerung auf 550.000 bis 580.000 im Jahr 2050 kontinuierlich ansteigen." [SB09]

Neben einer Abnahme der Bevölkerung in Deutschland um bis zu 20 Prozent bis zum Jahr 2060 kommt es auch zu einer erheblichen Alterung der Bevölkerung. Konnte man am Anfang des vergangenen Jahrhunderts noch von einer Alterspyramide sprechen, so kehrt sich das Bild sukzessive bis 2060 um (siehe Abb. 1.2).

Während heute ca. 19 Prozent der Bevölkerung aus Kindern und jungen Menschen unter 20 Jahren bestehen und immerhin noch 61 Prozent aus 20- bis unter 65-Jährigen sowie mit einem noch relativ kleinen Anteil, nämlich 20 Prozent, aus Älteren über 65 Jahre bestehen, sieht die Struktur 2060 wesentlich anders aus [SB09].

Abb. 1.1 Bevölkerungsstand von 1950 bis 2060 [BiB14], (Prognose auf Basis der Ergebnisse von: [SB09])

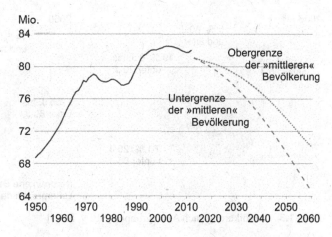

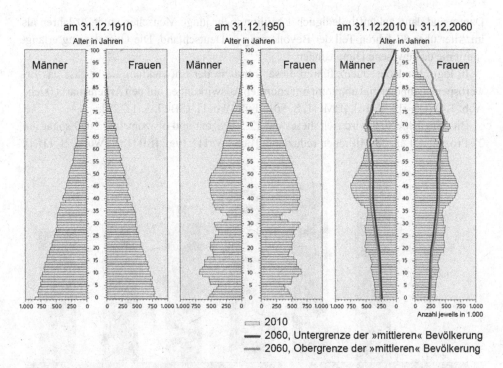

Abb. 1.2 Altersaufbau der Bevölkerung in Deutschland [BMI11, S. 11]. Datenquelle: [SB09]

Bereits 2060 wird jeder Zweite über 50 Jahre alt sein, was einer Steigerung von 13 Prozentpunkten gegenüber 2008 entspricht. Im Jahr 2020 werden bereits 47 Prozent älter als 50 Jahre sein [GrFi13, S. 14], [SB09, S. 11–22]. Abb. 1.3 verdeutlicht diese Entwicklung.

Zusammenfassend kann im Vergleich von heute auf 2060 festgehalten werden, dass die Zahl der unter 20-Jährigen von ca. 16 Millionen auf etwa 10 Millionen zurückgehen wird.

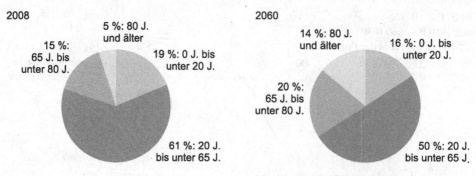

Abb. 1.3 Bevölkerung nach Altersgruppen [SB09, S. 16]

Damit sind dann zukünftig lediglich 1 Million mehr junge Menschen unter 20 Jahren als im Alter über 80 Jahren Teil der Bevölkerung in Deutschland. Die Überalterung erlangt somit nie da gewesene Dimensionen.

In logischer Konsequenz führen diese Trends in der Entwicklung dazu, dass das Erwerbspersonenpotenzial abnimmt mit enormen Auswirkungen auf den Arbeitsmarkt (siehe Abb. 1.4) [GrFi13, S. 14], [BMI11, S. 96], [FuSöWe11], [SB09, S. 11–22].

Bis zum Jahr 2030 wird sich dieses um 12,5 Prozent und bis zum Jahr 2050 sogar um 27 Prozent auf ca. 33 Millionen reduzieren [FuSöWe11], (vgl. [SB11a], [Wo04, S. 11f.]).

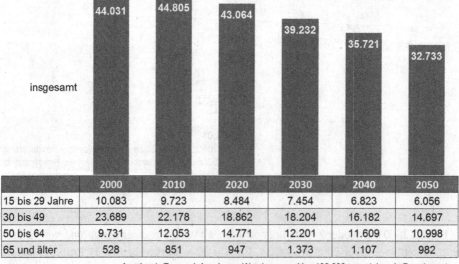

	2000	2010	2020	2030	2040	2050
15 bis 29 Jahre	10.083	9.723	8.484	7.454	6.823	6.056
30 bis 49	23.689	22.178	18.862	18.204	16.182	14.697
50 bis 64	9.731	12.053	14.771	12.201	11.609	10.998
65 und älter	528	851	947	1.373	1.107	982

Angaben in Tausend; Annahmen: Wanderungssaldo +100.000 p.a., steigende Erwerbsquoten

Abb. 1.4 Entwicklung der Erwerbspersonen in Deutschland. Grafik: Fraunhofer IFF nach Datenquelle [FuSöWe11, S. 3f.]

Nach Prognosen des Instituts für Arbeitsmarkt- und Berufsforschung (IAB) der Bundesagentur für Arbeit ist mit einem Rückgang des Erwerbspersonenpotenzials um 5,5 Millionen Personen (davon rund 4,6 Millionen Fachkräfte) bis 2030 zu rechnen. Bis 2050 soll dieses sogar auf knapp 33 Millionen Personen zurückgehen. Diese Entwicklung verläuft dabei nicht linear. Bis 2020 sinkt das Erwerbspersonenpotenzial noch moderat um 1,7 Millionen auf 43 Millionen Personen, bis zum Jahr 2030 aber schon um 5,5 Millionen auf dann nur noch gut 39,2 Millionen Personen (mit einem Wanderungssaldo von +100.000 pro Jahr und bei steigenden Erwerbsquoten). Unterstellt man einen konstanten Fachkräfteanteil von 83 Prozent, ist dies mit einem Rückgang der Anzahl an Fachkräften um 4,6 Millionen Personen verbunden [FuSöWe11], (vgl. [IAB10]).

Dabei sinkt besonders der Anteil junger Erwerbstätiger bis zu 30 Jahren. Ein Rückgang von etwa 1 bis 2 Millionen Erwerbstätigen dieser Altersklasse in den nächsten 10 bis 20 Jahren wird ebenso die Arbeitswelt beeinflussen, wie die Zunahme des Anteils derer, die die Altersgrenze von 45 Jahren überschritten haben. Dieser Anteil beträgt heute schon 42,9 Prozent und wird sich in den nächsten 10 Jahren auf 45,6 Prozent erhöhen. Demnach steigt das Durchschnittsalter der Erwerbspersonen von 41 Jahren (2010) auf 42,5 Jahre (2050). Ein Ergebnis ist und wird ein ernsthafter Mangel an Nachwuchskräften – auch insbesondere in der Berufsgruppe der Ingenieure – sein. Die Gruppe der 20- bis 30-jährigen Erwerbspersonen wird sich bis 2050 um 50 Prozent auf 8,3 Millionen reduzieren [FuSöWe11], [SB11a], [Wo04, S. 11f.].

Durch die konsequenterweise festzustellende Alterung der Ingenieure wird sich die Situation des Fachkräftemangels zusätzlich verschärfen. Im Jahr 2011 waren bereits über 35 Prozent der Ingenieure über 50 Jahre alt [VDI14]. Der Verein Deutscher Ingenieure (VDI) rechnet mit einem Mangel von ca. 200.000 Ingenieuren für das Jahr 2020, welches mit einem erheblichen Wertschöpfungsverlust verbunden wäre [VDI12, S. 22]. Bereits 74 Prozent der mittelständischen Unternehmen in Deutschland hatten 2013 Schwierigkeiten, geeignetes Fachpersonal zu rekrutieren, und mehr als die Hälfte befürchten deswegen für die Zukunft sogar negative Auswirkungen auf deren Unternehmensumsatz [En13, S. 34]. Dieser Trend ist repräsentativ für weite Teile der Beschäftigungsbereiche in Deutschland. Nach einer Untersuchung des Instituts der deutschen Wirtschaft, hatten 2013 zwischen 31 und 60 Prozent der kleinen und mittleren Unternehmen (KMU) Schwierigkeiten ihre offenen Stellen mit entsprechenden Fachkräften zu besetzen. Vor dem Hintergrund, dass 99 Prozent der Unternehmen in Deutschland KMU darstellen, wird die Bedeutung der Problematik noch verstärkt. Diese Problematik ist dabei kein kurzfristiges Phänomen. Bereits seit 2011 ist ein kontinuierlicher Engpass in 106 von 611 Berufsgattungen festzustellen. Diese sogenannten Sockelengpässe treten dabei insbesondere im Bereich der MINT-Berufe auf. Diese stellen knapp die Hälfte aller Sockelengpassberufe dar (51 MINT-Berufe). Die Verteilung von Sockelengpassberufen für Fachkräfte[1] ist beispielhaft in Abb. 1.5 und Tab. 1.1 dargelegt. Auch hier lässt sich erneut ein hoher Anteil

---

[1] Die Bundesagentur für Arbeit bezeichnet Fachkräfte als beruflich Qualifizierte. Darunter werden Personen mit abgeschlossener Berufsausbildung zusammengefasst [BMWi14a, S. 12]

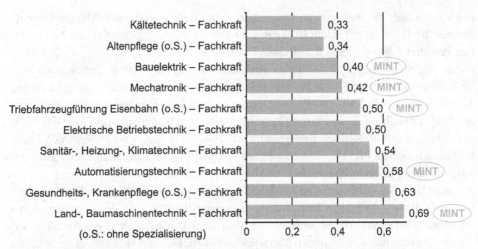

Relation aus Arbeitslosen und gemeldeten offenen Stellen für den Zeitraum 09/2011 bis 08/2013, Berufsgattungen mit mindestens 100 Arbeitslosen

Abb. 1.5 Top 10 der Sockelengpassberufe für beruflich Qualifizierte [BMWi14a, S. 12]

im MINT-Bereich feststellen. 22 von 56 Berufen mit Fachkräften sind MINT-Berufe [BMWi14a, S. 2–13].

In diesem Zusammenhang ist festzuhalten, dass sich ohne Fachkräfte „Produktionsprozesse und Dienstleistungen nicht oder nur ineffizient gestalten bzw. anbieten" lassen, was sich negativ auf die Wettbewerbsfähigkeit und Unternehmensentwicklung auswirkt [BMWi14a, S. 4], (vgl. [DIHK13]).

Zudem ist nach einer Proudfoot-Studie zur Produktivität festzustellen, dass 40 Prozent der Produktivität der Beschäftigten eines Unternehmens verschwendet werden. Gründe liegen beispielsweise in einer ungenauen Qualifizierung der Mitarbeiter oder in einer ineffektiven Kommunikation [PC08, S. 17].

Dieser Entwicklung ist mit einer altersorientierten Gestaltung der Produktion sowie einer stärkeren Automatisierung von Prozessen in den Unternehmen zu begegnen, um die Arbeitsfähigkeit und Motivation der alternden Belegschaft zu sichern und zu fördern (vgl. [Ar12, S. 54], [BfA11, S. 9], [Ge11, S. 19]). Entsprechende Produktionssysteme ermöglichen eine effiziente Integration des gesamten Erwerbspersonenpotenzials in den Produktionsprozess. Hierbei ist auch an den Einsatz von Assistenzrobotern zu denken und damit verbunden, sind Roboter-Mensch- sowie Mensch-Mensch-Kommunikation zu optimieren (vgl. Abschn. 2.1 Mensch-Roboter-Arbeitsplatz).

Ein Ausweg aus dieser Entwicklung des Fachkräftemangels bzw. der quantitativen Unterdeckung des Personalbedarfs ist die Erhöhung der Erwerbsbeteiligung bzw. der Erwerbstätigenquote.

Nach einer McKinsey-Studie entspräche die stärkere Integration älterer Arbeitnehmer am deutschen Arbeitsmarkt dem Einsatz von bis zu 1,2 Millionen zusätzlichen Fach-

Tabelle 1.1 Sockelengpassberufe nach Berufsfeldern – beruflich Qualifizierte [BMWi14a, S. 12]

Kenn-ziffer nach [BA11]	Berufsfeld	Kurzbezeichnung des Berufsfeldes	Anzahl Sockeleng-passberufe	davon MINT-Berufe
8	Gesundheit, Soziales, Lehre und Erziehung	Gesundheit, Soziales und Bildung	11	0
3	Bau, Architektur, Vermessung und Gebäudetechnik	Bau und Gebäudetechnik	10	1
24	Metallerzeugung und -bearbeitung, Metallbauberufe	Metall	7	6
5	Verkehr, Logistik, Schutz und Sicherheit	Logistik und Sicherheit	7	0
26	Mechatronik-, Energie- und Elektroberufe	Mechatronik, Energie und Elektro	6	6
25	Maschinen- und Fahrzeug-technikberufe	Maschinen- und Fahr-zeugtechnik	5	5
22	Kunststoffherstellung und -verarbeitung, Holzbe- und -verarbeitung	Kunststoff und Holz	3	3
7	Unternehmensorganisation, Buchhaltung, Recht und Ver-waltung	Unternehmensorganisati-on und Verwaltung	3	0
6	Kaufmännische Dienst-leistungen, Warenhandel, Ver-trieb, Hotel und Tourismus	Verkauf und Tourismus	2	0
4	Naturwissenschaft, Geografie und Informatik	Naturwissenschaft und Informatik	1	1
9	Sprach-, Literatur-, Geistes-, Gesellschafts-und Wirtschafts-wissenschaften, Medien, Kunst, Kultur und Gestaltung	Sprache, Wirtschaft und Gesellschaft	1	0
Summe			56	22

kräften bis 2025 und bietet somit ein gewaltiges Potenzial. Aufgrund der bereits be-schriebenen demografischen Entwicklung und der Rente mit 67 wird der Anteil von Mitarbeitern über 50 Jahren in deutschen Unternehmen bis 2020 auf 40 Prozent steigen [Su11], [BfA11].

In der Vergangenheit hat sich die Erwerbstätigkeit älterer Beschäftigter bereits positiv entwickelt (vgl. Tab. 1.2). Die Erwerbstätigenquote stieg bei den 55- bis 64-Jährigen um fast 10 Prozentpunkte von 53,6 Prozent im Jahr 2008 auf 63,4 Prozent im Jahr 2013. Die Erwerbsbeteiligung der 60- bis 64-Jährigen hat sich seit 2003 bereits mehr als verdoppelt. Trotzdem ist die Erwerbsbeteiligung Älterer immer noch deutlich unter den Werten Jünge-

Tabelle 1.2 Entwicklung der Erwerbstätigenquoten 2003 bis 2010 (in %) (aktualisiert zu [BMI11, S. 103])

		2003	2004	2005	2006	2007	2008	2009	2010	2011	2012	2013
Alter	Summe*	68,4	67,9	69,3	71,0	72,8	73,9	74,0	74,8	76,3	76,6	77,1
	unter 20	7,5	7,3	7,7	8,0	8,6	8,7	8,2	7,8	7,5	7,0	7,2
	20-54	76,1	74,9	75,1	76,6	78,1	78,8	78,5	79,1	80,6	80,8	80,9
	55-64	39,4	41,2	45,4	48,0	51,2	53,6	55,9	57,5	59,8	61,4	63,4
	60-64	23,4	25,1	28,1	29,6	32,8	35,0	38,4	40,8	44,1	46,5	49,8
Geschlecht*	Männer	74,7	74,0	75,5	77,0	78,9	80,0	79,4	79,9	81,4	81,8	81,8
	Frauen	61,9	61,7	63,0	64,9	66,6	67,7	68,6	69,5	71,1	71,5	72,3
Nationalität*	Deutsch	69,6	69,3	70,9	72,7	74,5	75,5	75,7	76,4	77,6	78,0	78,5
	andere	57,2	55,7	55,6	56,7	58,8	60,3	60,3	61,0	63,5	64,7	65,1
Migrations-hintergrund*	ohne	-	-	71,3	73,2	74,9	76,0	76,3	76,9	78,1	78,4	79,0
	mit	-	-	60,6	61,7	63,9	65,1	65,1	65,8	68,5	69,1	69,9

* Erwerbstätige und Bevölkerung jeweils im Altersbereich von 20 bis 64 Jahren
 – Merkmal nicht erhoben
 Datenquelle 2003 bis 2010: Statistisches Bundesamt, Mikrozensus
 Datenquelle 2011 bis 2013: Bundesinstitut für Bevölkerungsforschung

rer [BMI11, S. 104]. Demnach besteht aufgrund dieser Lücke sowie der bisherigen Entwicklung ein großes Potenzial, um dieses Arbeitskräftepotenzial nutzbar zu machen.

Neben älteren Personen besteht auch bei Frauen sowie An- und Ungelernten noch Potenzial, welches die Unternehmen mit geeigneten Maßnahmen für sich gewinnen können. Zudem bieten internationale Fachkräfte, welche bereits in Deutschland leben oder zunächst aus dem Ausland rekrutiert werden müssen, ein weiteres zu realisierendes Potenzial für den deutschen Arbeitsmarkt [BMWi14a, S. 21]. Dieser Potenziale sind sich auch Unternehmen bewusst und sehen hier Ansatzpunkte, um einen Beitrag zur Fachkräftesicherung zu realisieren (siehe Abb. 1.6) [DeHa11, S. 12].

Ein zweiter Ansatzpunkt liegt in der Erhöhung der Wertschöpfung pro Erwerbsfähigem, um vergebenes Potenzial zu nutzen (vgl. [Ar12], [BMAS12, S. 17ff.], [BMI11, S. 102ff.]).

Nach [Wo04] gehen derzeit 72 Prozent aller Menschen im erwerbsfähigen Alter in Deutschland einer Arbeit nach. Im internationalen Vergleich ist Deutschland damit nur Durchschnitt. Betrachtet man Nachbarländer aus der Europäischen Union, wie z.B. die Niederlande mit 76 Prozent oder Dänemark mit 79 Prozent, so werden die Unterschiede sehr deutlich. Für Deutschland wäre eine Erhöhung der Quote auf niederländisches Niveau gleichbedeutend mit der Gewinnung von ca. 1,7 Millionen Erwerbspersonen. Experten gehen davon aus, dass auf diesem Weg rund 10 Millionen Arbeitskräfte neu gewonnen werden könnten, was etwa 20 Prozent des demografisch bedingten Rückgangs kompensieren könnte. Die Erhöhung der Quote ist natürlich auch mit einem erhöhten Frauenanteil verbunden (vgl. [Ar12], [Wo04]).

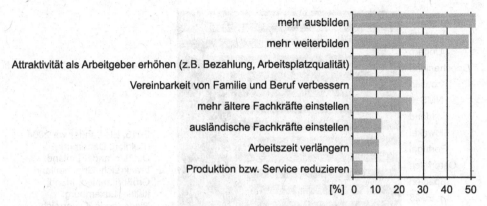

Abb. 1.6 Potenziale zur Fachkräftesicherung – Ergebnisse einer DIHK-Unternehmensbefragung: Wie wollen Sie zukünftig auf Fachkräfteengpässe reagieren? (Angaben in %, Mehrfachantworten möglich) [DeHa11, S. 12]

Produktions- und Logistiksysteme mit Zukunft müssen dann dieser Entwicklung Rechnung tragen. Die Gestaltung der Arbeit, der Arbeitssysteme und deren Attraktivität werden im entscheidenden Maße davon abhängen, inwieweit Deutschland als Produktionsstandort davon partizipieren kann.

Die Verlängerung der Arbeitszeit, sei es die tarifliche Arbeitszeit als auch die Lebensarbeitszeit, wäre eine weitere Option, den Standort Deutschland als Produktionsstandort attraktiver zu machen. Zieht man Vergleichsstudien, wie [BfA11], [EF13] heran, so kann man unschwer erkennen, dass Deutschland als Industrieland hierbei noch Potenzial besitzt (vgl. Abb. 1.7).

In der Metallverarbeitung bzw. dem produzierenden Gewerbe stellt sich dies noch deutlicher heraus. Die durchschnittliche tarifliche Wochenarbeitszeit beträgt hier lediglich 35,3 Stunden in Deutschland, und ist damit in diesem Sektor die niedrigste in ganz Europa. Der europäische Durchschnitt (EU28) liegt bei 37,9 Stunden [Daten: 2012] [EF13, S. 6].

Wenn man davon ausgehen kann, dass die weitere wirtschaftliche Entwicklung in starkem Maße von der zurückgehenden Zahl der Erwerbstätigen als auch durch die Altersstruktur der Beschäftigten beeinflusst wird, so müssen viele Ansatzpunkte zur Kompensation dieser Entwicklung betrachtet werden. Der vorliegende „Demography Report 2010" der Europäischen Union (vgl. [BMI11], [Eu11]) macht deutlich, dass diese Entwicklung in Deutschland kein Einzelfall ist, sondern viele Länder der Europäischen Union im Wesentlichen davon ähnlich betroffen sind. Ausnahmen im Rückgang der Bevölkerung und damit von der Überalterung geringer betroffen sind Länder, wie Frankreich, Schweden aber auch Großbritannien.

Damit kann man an dieser Stelle zusammenfassend feststellen, dass diese Entwicklung den Arbeitsmarkt im europäischen Raum stark beeinflussen wird. Für die Produktion im europäischen Raum, die vielfältigen Kooperationen und Lieferbeziehungen einschließlich der dafür erforderlichen Logistiksysteme stellen sich somit ähnliche Herausforderungen. Mit einer Zunahme älterer Erwerbstätiger ist die Frage nach der individuellen Leistungs-

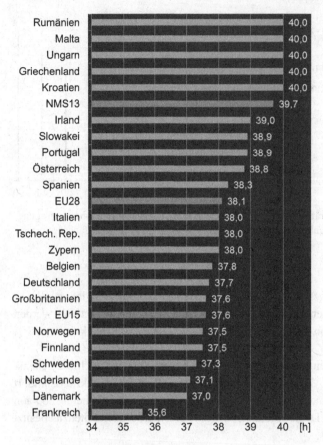

Abb. 1.7 Durchschnittliche tarifliche Wochenarbeitszeit 2012 in Stunden [EF13, S. 4]

fähigkeit als auch der Einbindung in eine jeweilige Betriebsorganisation verbunden. Es ist allgemein bekannt, dass mit dem Alter im Allgemeinen ein Nachlassen körperlicher Fähigkeiten verbunden ist. Das bezieht sich sowohl auf die motorischen als auch auf die sensorischen und kognitiven Aspekte (vgl. [Mü84], [LaAr91], [Sa93], [La09, S. 32ff.]).

In diesem Zusammenhang ist auf die Zweikomponententheorie zur Intelligenz, entwickelt von Raymond Bernard Cattell im Jahr 1971, zu verweisen [Ca71]. In diesem Modell geht Cattell davon aus, dass die Intelligenz zwei unterschiedliche Komponenten besitzt. Er unterscheidet zwischen fluider und kristalliner Intelligenz.

Die fluide Intelligenz, also die Fähigkeit eines Menschen ohne Rückgriff auf Erfahrungen neue Probleme zu erfassen und zu lösen, unbekannte Situationen zu meistern, kreativ und logisch zu denken, nimmt bereits ab dem 30. Lebensjahr sukzessive ab (siehe Abb. 1.8).

Daher ist vor dem Hintergrund, dass viele kreative, technische, wissenschaftliche und innovative Leistungen heute als Fähigkeiten abverlangt werden, über neue Ansätze nachzudenken.

Abb. 1.8 Komponenten der Produktivitätsentwicklung im Altersverlauf [Schn06, S. 22] (vgl. [Ca71], [Ba87])

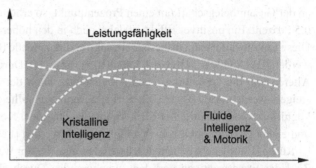

Die kristalline Intelligenz dagegen meint die Erfahrungen und das Wissen, die der Mensch im Laufe seines Lebens anhäuft und im Langzeitgedächtnis speichert, welches so die Vernetzung von Wissen erlaubt. Diese Intelligenz bleibt bis ins hohe Alter stabil und erfährt unter günstigen Umständen sogar eine Steigerung. Die höchste Produktivität bei Beschäftigten kann im Alter von 35 bis 44 Jahren gesehen werden [Schn07], [BöDüWe09, S. 58], [RüKo07, S. 19]. Diese Erkenntnis der abnehmenden physischen und kognitiven Fähigkeiten mit steigendem Alter wird auch durch entsprechende Studien der Medizin, Psychologie und Gerontologie bestätigt [BEJHW09, S. 13], [Sa93].

Dieser Betrachtung als Defizitmodell vom Alter muss allerdings ebenso der Einfluss einer zunehmenden Erfahrung mit dem Alter auf die Produktivität entgegengesetzt werden. Dies ist aufgrund der komplexeren Zusammenhänge bei der Betrachtung der beruflichen Leistungsfähigkeit und Produktivität auch erforderlich. Hierzu existieren Studien, welche besagen, dass die Produktivität über das Alter aufgrund des Ausgleiches durch die zunehmende Erfahrung der Älteren gleich bleibt (vgl. [BMAS12], [GöZw11], [BöDüWe09, S. 60], [Le07]). Dies lässt sich aber oft bereits auf erfolgreich implementierte Maßnahmen zur Integration einer sich verändernden Altersstruktur in den Unternehmen zurückführen (z. B. altersgemischte Teams, Arbeitsteilung, Training) (vgl. [BEJHW09, S. 15]).

Abb. 1.9 zeigt sogar einen positiven Effekt einer älter werdenden Altersstruktur auf die Produktivität eines Betriebes auf. Steigt beispielsweise der Anteil der 45- bis 49-Jährigen

Abb. 1.9 Wirkung eines höheren Anteils von Beschäftigten nach Altersklassen auf die Produktivität [BMAS12, S. 14], (vgl. [GöZw10])

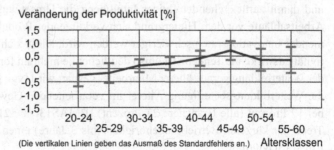

an der Gesamtbelegschaft um einen Prozentpunkt, so erhöht sich die Produktivität um gut 0,5 Prozent. Ein positiver Effekt ist dabei auch in den höheren Altersklassen festzustellen. Diese Entwicklung kann insbesondere auf die zunehmende Berufserfahrung zurückgeführt werden [BMAS12, S. 14], (vgl. [GöZw10], [GöZw11]). Durch eine gezielte Integration der Älteren und die Gestaltung deren Arbeitsplätze kann der Produktivitätseffekt noch gesteigert werden (vgl. [BMAS12, S. 15]). Demnach sollte aus arbeitsmedizinischer und kognitionswissenschaftlicher Sicht vielmehr von einem Kompetenzmodell des Alters als von einem Defizitmodell vom Alter gesprochen werden [La09, S. 38].

Rürup [Rü06] sieht in dem durch den demografischen Wandel bedingten Rückgang der Zahl der Erwerbstätigen und dem zunehmenden Durchschnittsalter einen dämpfenden Effekt auf das Wirtschaftswachstum. Entscheidende Faktoren dafür sind damit verbundene Produktivitätsverluste bzw. eine nachlassende Innovationsfähigkeit. Ohne entsprechende reaktive und proaktive Maßnahmen auf diese Entwicklungen kann von Wachstumseinbußen im Bereich von 0,5 bis 1 Prozentpunkten pro Jahr ausgegangen werden. Dies entspricht ca. einem Drittel des mittleren langfristigen realen Wirtschaftswachstums pro Kopf (vgl. [Bö09, S. 25]).

Reflektierend kann dazu festgehalten werden, dass die Vorteile und Stärken der Jüngeren in der physischen und kognitiven Leistungsfähigkeit liegen, während die Älteren ihre Stärken im Erfahrungswissen und in der sozialen Kompetenz haben. Allgemeingültige Messungen zur Produktivität älterer Arbeitnehmer sind schwierig und oft umstritten. Insgesamt gesehen, hängt die Produktivität jedes Einzelnen stark von der Gestaltung der Tätigkeit sowie von einer altersspezifischen Arbeitsverteilung und -organisation ab [BMI11, S. 97], [BEJHW09, S. 18], [Schn06, S. 8]. Betrachtungen der individuellen Arbeitsproduktivität sind daher eher weniger relevant als der Einfluss des durchschnittlichen Alters eines Teams sowie dessen Altersstruktur auf deren Produktivität [BöDüWe09, S. 55]. Es bedarf demnach einer differenzierten Betrachtung. Verschiedene Einflussfaktoren und Charakteristika, wie die einzelnen Fähigkeiten, der Grad der vorherrschenden Automatisierung, die Berufsgruppe oder die Art der auszuführenden Tätigkeit, wirken sich auf die altersspezifische Produktivität des Beschäftigten aus. Diese Betrachtungsweise ist auch im Sinne des Kompetenzmodells des Alters, welches die vielfältige Entwicklung der Leistungsfähigkeit im Alter, bedingt durch unterschiedliche fördernde und hemmende Aspekte eines jeden, besagt (vgl. [La09, S. 38ff.]).

Prinzipiell wird aber deutlich, dass mit steigendem Durchschnittsalter der Arbeitnehmer und damit zurückgehender fluider Intelligenz die Umsetzung neuer Technologien und Arbeitsabläufe vor dem Hintergrund sich verkürzender Produktlebenszyklen und zunehmender Innovationsraten schwieriger werden wird. Diese sich nachteilig auf die Produktivität auswirkende Tendenz ist umso deutlicher, je mehr an förderlichen Maßnahmen wie der Weiterbildung gerade älterer Mitarbeiter gespart wird (vgl. [Rü06]). Dennoch lag 2011 die Weiterbildungsbeteiligung Älterer im verarbeitenden Gewerbe unterdurchschnittlich bei 17 Prozent (alle Branchen: 23 Prozent) [BMAS13, S. 52]. Zusätzlich beinhaltet der Trend zur kürzeren Betriebszugehörigkeit (bis 3 Jahre) einen produktivitätsdämpfenden Effekt [Schn06].

Dem sind sich auch Unternehmen bewusst. Das Arbeitsumfeld und die Arbeitsaufgaben sind den wandelnden Bedingungen anzupassen, um weiterhin wettbewerbsfähig zu sein. Nach der VDI-Studie „Produktion und Logistik in Deutschland 2025" wird die Bedeutung von Maßnahmen zu einer verstärkten Fortbildung älterer Arbeitnehmer („Lebenslanges Lernen"), einer prospektiven alter(n)sgerechten Arbeitsplatzgestaltung[2] und Produktionsplanung sowie einer Gesundheitsförderung in Zukunft enorm steigen, um dem demografischen Wandel nachhaltig zu begegnen. Unternehmen müssen demnach verstärkte Anstrengungen zur Förderung des produktionstechnologischen Qualifikations- und Kompetenzniveaus leisten [VDI12, S. 24], (vgl. [Ge11], [AbRe11]).

Mit den sich mit dem Alter verändernden physischen Leistungsvoraussetzungen sind die Menschen bei gleichbleibender Belastung einer höheren Beanspruchung ausgesetzt. Obwohl der Alterungsprozess sowie die Leistungsvoraussetzungen eines Menschen sehr individuell sind, käme eine Verringerung der Belastung allen Mitarbeitern zugute. Damit könnte einer Verringerung der Leistungsfähigkeit vorgebeugt werden, welche sich positiv auf die Gesundheit der Mitarbeiter und auch auf die Wettbewerbsfähigkeit des Unternehmens auswirkt [DoMie12, S.58].

In diesem Zusammenhang können technische Assistenzsysteme zu einer psychischen und physischen Unterstützung, nicht nur der älteren Belegschaft, am Arbeitsplatz beitragen. Neben dem Beitrag zur Durchführung der Arbeitsaufgaben können Assistenzsysteme auch die Sicherheit im Arbeitsumfeld erhöhen (z. B. in Form von Warnsignalen) [MeKr12, S. 167f.] (vgl. Kap. 2 Arbeitssysteme der Zukunft).

Daher ist über eine verstärkte Automatisierung und den Einsatz neuester Technik nachzudenken, um den Produktivitätsverlust auszugleichen und einen Vorsprung durch technologische Innovationen zu erzielen. In der Zusammenarbeit von Mensch und Roboter kann eine enorme Steigerung der Produktivität und Wettbewerbsfähigkeit von Unternehmen erzielt werden. Entsprechend entwickelte Arbeitsplatzstrukturen erlauben ein einvernehmliches, gemeinsames Handeln von Mensch und Roboter. Durch die Assistenz der Roboter in der unmittelbaren Arbeitsumgebung des Menschen wird eine flexible Automatisierung von komplexen Prozessabläufen ermöglicht [SchEl12, S. 109], [Sp13, S. 53]. Hinzu kommt der Einsatz von Techniken der virtuellen Realität, um solche Mensch-Maschine-Kooperationen zu unterstützen (vgl. Abschn. 5.1 Produktentwicklung). Diese können in der Betriebsphase auch als Controllingsystem genutzt werden. Dadurch können die handelnden Personen an ihren jeweiligen Arbeitsplätzen Unterstützung erfahren, um die steigende Vielfalt und Komplexität sowie die damit verbundenen Anforderungen ihrer Tätigkeiten bewältigen zu

---

[2] Die Gestaltung *alternsgerechter* Systeme verfolgt „daher einen präventiven Ansatz, bei dem die Belastungen über das gesamte Erwerbsleben gesenkt werden sollen, sodass altersbedingte Tätigkeitseinschränkungen vermieden werden oder aufgrund der geringen Belastung zu einer akzeptablen Beanspruchung führen." [DoMie12, S. 59f.]
Die *altersgerechte* Gestaltung beschreibt dabei die Anpassung der Systeme an die speziellen Anforderungen älterer Mitarbeiter. Durch die sehr individuellen Anforderungen der einzelnen Mitarbeiter, ist hier von einer stark steigenden Planungskomplexität auszugehen [DoMie12, S. 59], (vgl. [BMAS13, S. 10]).

können [Sch11]. Neben der technischen Weiterentwicklung sind außerdem adäquate Lern-formen und -systeme zur Befähigung der Arbeitnehmer zu entwickeln, um so eine effektive und produktive Integration zu realisieren sowie vorhandene Potenziale effektiver zu nutzen (vgl. Abschn. 5.2 Technologiebasierte Qualifizierung). Dies kann auch über die Entwicklung von neuen Arbeitsformen umgesetzt werden (vgl. [RüKo07, S. 19]).

Um die gesundheitliche Leistungsfähigkeit präventiv als auch langfristig unterstützend zu erhalten, sind die Produktionssysteme und -prozesse insgesamt alter(n)sgerecht und unter konsequent ergonomischen Aspekten zu gestalten sowie deren gesamter Planungs-prozess und Ausgestaltung unter demografischen Aspekten zu vollziehen. In älteren Beleg-schaften dürfen „nicht nur höhere Personalkosten, längere krankheitsbedingte Fehlzeiten, eine geringere Produktivität und Mobilität sowie höhere Hürden beim Kündigungsschutz" [Ar12] gesehen werden, sondern es muss ein Umdenken erfolgen, um dieses Wertschöp-fungspotenzial effizient im Produktionsprozess zu integrieren.

Nach einer Studie des Institutes für Arbeitsmarkt- und Berufsforschung (IAB) im Jahr 2011 bieten nur 19 Prozent der Betriebe mit älteren Beschäftigten spezielle Maßnahmen für ältere Arbeitnehmerinnen und Arbeitnehmer an (wie z. B. Weiterbildung, Gesundheits-förderung, altersgemischte Teams, Arbeitsplatzgestaltung). Dieser Wert wird dominiert durch den großen Anteil an Kleinbetrieben mit älteren Beschäftigten. Bei Betrieben ab 100 Mitarbeitern bieten bereits mehr als 70 Prozent spezielle Maßnahmen für Ältere an. Dabei arbeitet die Hälfte der älteren Beschäftigten in solchen Betrieben [BDTFLS12], [BMAS13, S. 12f.].

Allerdings gestalten nach einer Studie des Bundesministeriums für Arbeit und Soziales nur 5,1 Prozent der Unternehmen ihre Arbeitsplätze alters- und alternsgerecht, woraus ein erhöhter Handlungsbedarf deutlich wird [BMAS12, S. 15, 29]. Dabei sollten entspre-chende Ansätze in die Gestaltung nach den Prinzipien Ganzheitlicher Produktionssysteme integriert werden [DoMie12], (vgl. [MeNy12]).

Eine verstärkte Bedeutung in der Gestaltung von Produktionssystemen ist insbesondere der Informations- und Kommunikationstechnik in Zukunft zuzurechnen. In der Version der Produktion in Industrie 4.0 mit deren cyber-physischen Systemen erfolgt eine Vernetzung und Kommunikation der realen Objekte mit den virtuellen Systemen zur Planung mit einem zu erwartenden Paradigmenwechsel bei der Steuerung und Regelung von Wertschöpfungs-systemen (siehe Abb. 1.10). Dadurch sollen autonome Kommunikations- und selbststän-dige Entscheidungsprozesse der Produktionssysteme ermöglicht werden, wodurch neue, innovative Optimierungspotenziale freigesetzt werden können [Mü13], [Sp13, S. 132ff.], [KuWe04]. Neben dem Ziel zur Entwicklung von alternsgerechten Produktionsstätten soll so auch ein verstärkter Beitrag zur Umsetzung von wandlungsfähigen Produktionsstruk-turen erreicht werden (vgl. [SchWiMü14]).

Im verarbeitenden Gewerbe wird nach einer Studie des BITKOM und des Fraunhofer IAO bis 2025 ein zusätzliches Wertschöpfungspotenzial von über 60 Milliarden Euro durch Industrie 4.0-Technologien erwartet [BaSchl14]. Einer der primären Anwender von Indus-trie 4.0-Technolgien ist in der Automobilindustrie zu sehen. Hier ist vor allem mit großem Nutzen für den Bereich der Produktion und Logistik zu rechnen, welcher sich beispiels-

Industrielle Revolution ...

Grad der Komplexität

4. auf der Basis von Cyber-Physischen Systemen

Industrie 4.0

3. durch Einsatz von Elektronik und IT zur weiteren Automatisierung der Produktion

Industrie 3.0

2. durch Einführung arbeitsteiliger Massenproduktion mithilfe von elektrischer Energie

Industrie 2.0

1. durch Einführung mechanischer Produktionsanlagen mithilfe von Wasser- und Dampfkraft

Industrie 1.0

| Ende 18. Jh. | Beginn 20. Jh. | Beginn 70er Jahre des 20. Jh. | Heute |

Abb. 1.10   Die vier Stufen der Industriellen Revolution [ForAca13, S. 17]

weise in einer verbesserten Auslastung, stärkeren Flexibilisierung oder verstärkten Echt-
zeittransparenz äußern kann [BaSchl14, S. 32] (vgl. Kap. 4 Logistiksysteme). Obwohl mit
einer zunehmenden Automatisierung zu rechnen ist, wird die menschliche Arbeit weiterhin
ein wichtiger Bestandteil der Produktion bleiben [Sp13, S. 6, 47, 50].

Wenn man davon ausgehen kann, dass in Deutschland im Industriebereich noch immer
ca. 40 Prozent aller Arbeitsplätze stark durch manuelle Arbeit geprägt sind (siehe Abb. 1.11)
(vgl. [Sp13, S. 31]), wird die demografische Entwicklung Einfluss auf die Produktivität
haben. Volkswirtschaftliche Untersuchungen belegen diese Aussage eindrucksvoll. Nach
Rürup [Rü06] können die Unterschiede in der Produktivität bis zu 30 Prozent ausmachen.
Die Konsequenz für den Wertschöpfungsstandort Deutschland bzw. Europa liegt zukünftig

Abb. 1.11   Die Produktion der meisten Unternehmen ist manuell oder hybrid geprägt. Frage an das Management: Wie würden Sie Ihre Produktion in Bezug auf den Automatisierungsgrad beschreiben? [Sp13, S. 31]

23,4 % vorwiegend automatisiert/ hoch automatisiert

42,8 % rein manuell/ vorwiegend manuell

33,8 % hybrid

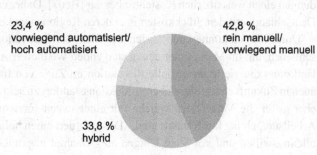

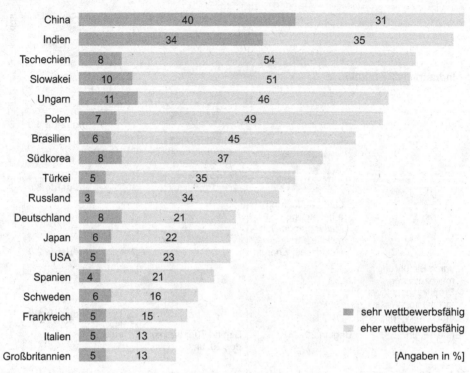

Abb. 1.12   Beurteilung der Wettbewerbsfähigkeit hinsichtlich der Produktionskosten in der Automobilindustrie [EY13]

demzufolge in einer noch stärkeren kapitalintensiven Produktion. Eine kapitalintensive Ausstattung mit einem hohen Mechanisierungs- und Automatisierungsgrad muss diese Produktivitätslücke nicht nur schließen, sondern stets einen wettbewerbsentscheidenden Vorsprung sichern. Wie wichtig diese Tatsache ist, sieht man u. a. am Beispiel der Automobilindustrie (Abb. 1.12). Hier liegt der Anteil der Lohnkosten an den Gesamtproduktionskosten zwischen 14 Prozent und 25 Prozent (Datenbasis: 2011) [SB13, S. 502]. Betrachtet man die gesamte Wertschöpfungskette, so kann sich der Lohnkostenanteil am Endprodukt sogar auf 65 Prozent belaufen und stellt somit neben den Materialaufwendungen einen wesentlichen Kostentreiber dar [Be07]. Daher erschweren die Lohnkosten in Deutschland, mit den Stückkosten in anderen Regionen zu konkurrieren.

Unternehmen können und dürfen sich nicht vor Innovationen und Veränderungen verschließen, um im Markt unter einem steigenden Wettbewerbsdruck zu bestehen. Deutschland muss die vierte industrielle Revolution im Zuge von Industrie 4.0 mitgestalten, um auch in Zukunft ein erfolgreicher Produktionsstandort zu sein (vgl. [Sp13, S. 23]). Dies gilt ebenso für die Mitarbeiter, welche mit einer rasant fortschreitenden Technisierung der Arbeitsumgebung konfrontiert sind. „Das erfordert einen hohen Grad an Flexibilität, Fortbildungswillen und vor allen Dingen an Offenheit gegenüber Neuerungen" ([BeHä12],

S. 102 f.). Selbst herkömmliche manuelle Arbeiten werden heute durch virtuelle Techniken unterstützt oder ergänzt, sei es die Maschinensteuerung oder die Routenplanung in Produktions- und Logistikunternehmen. Dies erfordert eine hohe Qualifikation sowie Weiterbildung der entsprechenden Mitarbeiter ([BeHä12], S. 104).

In der ganzheitlichen Betrachtung, besteht demnach die Konsequenz für Produktionssysteme in Deutschland und Teilen von Europa darin, durch einen ständigen Innovationsprozess auf den Ebenen:

- Technik/Technologie,
- Mensch und
- Organisation

diesen Wettbewerbsvorsprung aufrechtzuhalten. In der zunehmenden Bedeutung des Menschen, bedingt durch die Auswirkungen des demografischen Wandels, kommt es im Fazit dieser Entwicklung darauf an, alternsgerechte Arbeitsplätze, Produktions- und Logistiksysteme zu gestalten. Die Gewährleistung von humanen Arbeitsbedingungen hat nunmehr keinen rein sozialen Hintergrund, sondern wird zunehmend zur wirtschaftlichen Notwendigkeit (vgl. [Bu01, S. 18], [DoMie12, S. 55]). Mit dem Digital Engineering and Operation bieten sich hier neue Entwicklungs-, Test- und Lernplattformen, welche dem demografischen Wandel effektive und innovative Lösungen im Sinne einer zunehmenden Automatisierung und Integration dynamischer Informationen entgegensetzen, um die Gestaltung zukünftiger proaktiver Produktions- und Logistiksysteme zu ermöglichen.

1.2 Ressourceneffizienz

Michael Schenk

Die weltweit verfügbaren Ressourcen sind begrenzt und steigende Rohstoffpreise fordern ein Streben nach Energieeffizienz und wirtschaftlichem Ressourceneinsatz in der Produktion und Logistik. Global betrachtet, geht beispielsweise die OECD (Organisation for Economic Co-operation and Development) von einer weltweiten Zunahme des Rohstoffverbrauchs von etwa 50 Prozent bis 2020 gegenüber 2002 aus [OECD08, S. 37]. Auch bei dem Energiebedarf ist mit einer Steigerung um 50 Prozent in den nächsten 25 Jahren zu rechnen [Ei07]. Dabei stellt Energie eine essenzielle Ressource in heutigen Wertschöpfungsketten dar, unabhängig davon, ob der Energieverbrauch einen großen oder kleinen Anteil an der Wertschöpfung ausmacht.

Unter Ressourcen werden im Allgemeinen Güter, Dienste und Informationen verstanden, welche direkt für den Konsum verwendet oder verbraucht werden oder indirekt durch Einbringen in die Produktion und anschließendem Konsum angewendet werden. Zu diesen können Geldmittel, Informationen, Rohstoffe/Materialien, Personen, Energie, Flächen, Betriebsmittel, Zeit oder Wissen zählen (siehe Abb. 1.13). Energie als Größe des Ressourcen-

Abb. 1.13 Immaterielle und materielle Ressourcen (Auswahl) [SchWiMü14, S. 45]

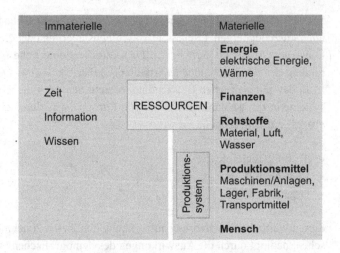

einsatzes kann in unterschiedlichen Energieformen (z.B. mechanische, thermische oder elektrische Energie) auftreten. Des Weiteren kann sie dem Nutzer je nach Grundart als Primär-, Sekundär-, End- oder Nutzenergie zur Verfügung stehen. Ressourcen sind temporär an ihren Konsumenten gebunden, da innerhalb der Produktion und für den Verbrauch Zeit benötigt wird. Zeit stellt demnach auch eine wichtige Ressource dar [Sp01, S. 6], (vgl. [SchWiMü14, S. 45], [MELS09, S. 9]). Hinsichtlich der Rohstoffe wird auch weiter bezüglich deren Verfügbarkeit in Massenrohstoffe und strategische bzw. kritische Rohstoffe (wie z.B. seltene Erden) unterschieden [WBWSZ14, S. 5].

Als Energie- oder Ressourceneffizienz (oder -produktivität) wird die Effizienz, mit der Energie und Materialien in der Wirtschaft und Produktion genutzt werden, verstanden [KEG02, S. 9], (vgl. [SchWiMü14, S. 44]). Dies bedeutet, „einen gewünschten Nutzen (Produkte oder Dienstleistung) mit möglichst geringem Ressourcen-/Energieeinsatz herzustellen oder aus einem bestimmten Ressourcen-/Energieeinsatz einen möglichst hohen Nutzen zu erzielen". [MELS09, S. 2] Die Energie- oder Ressourceneffizienz bezieht sich somit auf das Verhältnis zwischen erzieltem Nutzen und eingesetzten Ressourcen bzw. eingesetzter Energie [DIN12], (vgl. [Pe10]). Hierbei wird zumeist nicht die absolute Energieeffizienz, sondern deren prozentuale Steigerung oder, entsprechend deren Kehrwert, die prozentual erreichte Energieeinsparung gemessen [Ka11]. Der Wirkungsgrad der Energieeffizienz kann durch Energieeinsparung, -rückgewinnung und -speicherung sowie durch eine kreislauforientierte Gestaltung von Wertschöpfungsketten verbessert werden (vgl. [SchWiMü14, S. 57]), (vgl. Abschn. 3.2 Effiziente Energiewandlung und -verteilung). Neben technischen Maßnahmen können auch organisatorische und verhaltensändernde Ansätze zur Steigerung der Energieeffizienz beitragen [Wa14, S. 29].

Die Notwendigkeit zur Ressourceneffizienz wird dabei insbesondere deutlich, wenn man die Entwicklung des Verbrauchs und der Verfügbarkeit von Ressourcen betrachtet.

In den vergangenen Jahren konnten stetig ansteigende Preise der Primärenergieträger Kohle, Öl und Gas verzeichnet werden. Eine Ursache liegt im weltweit zunehmenden

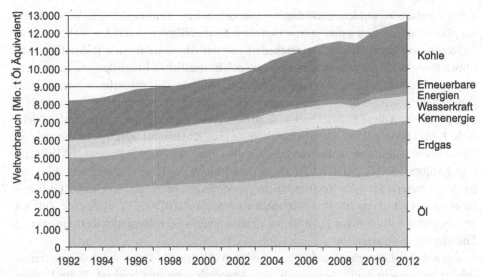

Abb. 1.14 Weltweiter Verbrauch an Primärressourcen 2012 [BP13]

Ressourcenbedarf als Konsequenz der steigenden Weltbevölkerung sowie des voranschreitenden industriellen Fortschrittes (siehe Abb. 1.14). Seit 1820 stieg die weltweite wirtschaftliche Produktionsleistung um etwa 2,2 Prozent und die Weltbevölkerung wuchs um ein Prozent pro Jahr [Pa10, S. 6]. Bis 2050 soll die Weltbevölkerung auf 9 Milliarden Menschen anwachsen und nach der OECD ist mit einer Vervierfachung der Weltwirtschaft zu rechnen. Bei gleichbleibendem Wirtschaften bedeutet dies, dass 2050 weltweit jährlich 140 Milliarden Tonnen an Mineralien, Erzen, fossilen Brennstoffen und Biomasse verbraucht werden. Dies ist dreimal so viel wie heute [Neu14, S. v].

In logischer Konsequenz ist die Folge ein Engpass herkömmlicher Energieträger und Rohstoffe aufgrund dessen endlicher Verfügbarkeit (siehe Abb. 1.15) (vgl. [AbRe11, S. 16], [Neu12]). Daraus ergeben sich erhebliche Preisentwicklungen, welche dazu führen, dass viele Rohstoffe bereits in der heutigen Zeit nur noch zu überhöhten Preisen bezogen werden können. Die Verknappung fossiler Energieträger wirkt sich dabei nicht nur negativ auf die

Abb. 1.15 Endlichkeit natürlicher Ressourcen (Datenquellen: [1] [BGR13], [2] [IHK12])

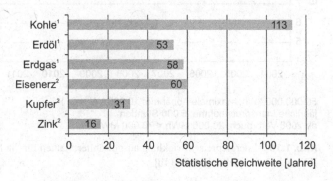

Energiepreise aus, sondern auch damit verbunden auf die Transportkosten. Versorgungs-engpässe können damit ganze Wertschöpfungsketten gefährden [VDI12, S. 11].

Neben dem zunehmenden Energiebedarf und der Abnahme fossiler Rohstoffe ist die Entwicklung der steigenden Rohstoffpreise auch in staatlichen Eingriffen und Reglemen-tierungen begründet. Durch den voranschreitenden Ausbau von erneuerbaren Energien und damit einhergehenden Investitionskosten wurde dieser Preisanstieg zusätzlich verstärkt.

Deutlich wird diese Entwicklung z. B. an dem Trend der steigenden Stromkosten (siehe Abb. 1.16). So erhöhten sich beispielsweise die Kosten für elektrische Energie in Deutschland und Italien in den vergangenen 10 Jahren um über 40 Prozent [BMWi14b], (vgl. [AbRe11, S. 74], [BDEW13]). Diese Entwicklung wird sich verstärkt fortsetzen und ist stellvertretend für viele Ressourcen charakteristisch. Die Preise einer Tonne Gießerei-Koks haben sich so von 2004 bis 2008 mehr als verdoppelt [BDG13, S. 9]. Auch in Zukunft ist demnach durch die zuvor aufgeführten Ursachen von weiter steigenden Ressourcen- und Energiepreisen auszugehen.

Zusätzlich zu den zuvor aufgeführten wirtschaftlichen Zwängen durch Kostentreiber spielen auch gesellschaftliche und politische Ansprüche eine entscheidende Rolle. Entlang des gesamten Lebenszyklus eines Produktes, beginnend mit der Rohstoffgewinnung und Fertigung über die Einsatzdauer bis hin zur Wiederverwertung bildet sich ein Kreislauf mit gesellschaftlichen und politischen Treibern zur Ressourcen- und Energieeffizienz (vgl. [MELS09, S. 2]). Demnach gewinnen bei der Gestaltung von neuen Produktionssystemen und Liefernetzwerken zunehmend auch ökologische und soziale Aspekte mehr an Bedeu-tung [Uh13], [Wa11].

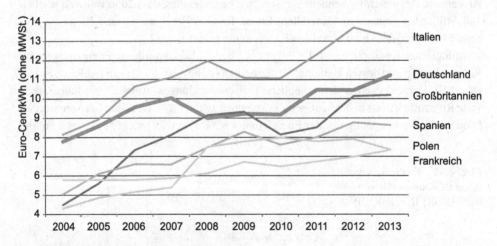

50.000.000 kWh; maximale Abnahme: 10.000 kW;
jährliche Inanspruchnahme: 5.000 Stunden
ab 2008 Verbrauch: 20.000 MWh < 70.000 MWh

Quelle: EUROSTAT
(auf Jahresbasis errechnete Mittelwerte)

Abb. 1.16 Energiepreisentwicklung ausgewählter Staaten für die Industrie. Grafik: Fraunhofer IFF nach Datenquelle: [BMWi14b]

In den einzelnen Phasen des Lebenszyklus rufen die Produkte unterschiedliche Beanspruchungen an Ressourcen hervor. So ist davon auszugehen, dass der Anteil am Gesamtressourcenverbrauch über den Lebenszyklus bei der Rohstoffgewinnung und -aufbereitung sowie der Produktion am höchsten ist. Dabei werden heute häufig noch Energieverluste zum Zwecke einer qualitativ hochwertigen Produktion innerhalb der Fertigungsprozesse in Kauf genommen. Anstrengungen zur Energieeffizienz betrachten dann meist separate Fertigungsschritte, ohne die vor- und nachgelagerten Prozesse zu berücksichtigen [Neu08, S. 343f.]. Stattdessen muss aber eine ganzheitliche Betrachtung erfolgen, um wirksame und umfassende Erfolge bei der Reduktion des Ressourcen- und Energieverbrauchs zu erzielen (vgl. [HTZIB09], [Th12]).

Die verarbeitende Industrie als bedeutender Wirtschaftsfaktor in Deutschland ist dabei für ca. 25 Prozent des gesamten deutschen Energieverbrauchs verantwortlich. Betrachtet man die Industrie insgesamt, sind es sogar 40 Prozent. Energietreiber sind dementsprechend zu identifizieren, um so die Energiekosten effektiv zu reduzieren. Somit liegt eine große Verantwortung bei den produzierenden Unternehmen, einen Beitrag zur Ressourceneffizienz zu leisten. Dabei besteht nach verschiedensten Studien sowie nach einer Untersuchung der Fraunhofer-Gesellschaft zur „Energieeffizienz in der Produktion" (2007) ein mittelfristiges Energieeinsparungspotenzial von 30 Prozent in der Industrie [SB12b, S. 47], [FhG08], (vgl. [Neu08], [EFSFFPLSR09]). Nach der Erhebung „Modernisierung der Produktion 2009" des Fraunhofer-Instituts für System- und Innovationsforschung ISI sehen die befragten Betriebe ein ähnliches Potenzial. So schätzen Betriebe des verarbeitenden Gewerbes ihr in der Produktion vorhandenes Materialeinsparungspotenzial auf durchschnittlich 7 Prozent und das Potenzial für Energieeinsparungen auf durchschnittlich 15 Prozent ein. Dies würde ein geschätztes Potenzial zur Senkung der Materialkosten von 48 Milliarden Euro pro Jahr bzw. bezüglich der Einsparung von Energiekosten in Höhe von 50 Milliarden Euro pro Jahr mit sich bringen [SchrLeJä11], [SchrWeBu09].

Im verarbeitenden Gewerbe machen dabei Energiekosten 2,4 Prozent des Bruttoproduktionswertes aus. Der Anteil der Material- und Rohstoffkosten liegt ebenso in steigender Tendenz sogar bei 44,6 Prozent (Daten von 2009) (siehe Abb. 1.17), (vgl. Daten von 2000:

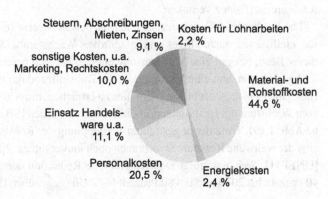

Abb. 1.17 Kostenanteile am Bruttoproduktionswert im verarbeitenden Gewerbe Deutschlands 2009 [SB11b, S. 372]

Steuern, Abschreibungen, Mieten, Zinsen 9,1 %

Kosten für Lohnarbeiten 2,2 %

sonstige Kosten, u.a. Marketing, Rechtskosten 10,0 %

Material- und Rohstoffkosten 44,6 %

Einsatz Handelsware u.a. 11,1 %

Personalkosten 20,5 %

Energiekosten 2,4 %

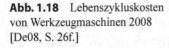

Abb. 1.18 Lebenszykluskosten
von Werkzeugmaschinen 2008
[De08, S. 26f.]

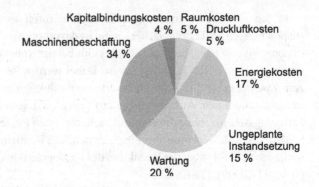

Energiekostenanteil: 1,6 Prozent, Material- und Rohstoffkostenanteil: 41,8 Prozent). Die
Bedeutung des Energieverbrauchs scheint damit auf den ersten Blick nicht sehr hoch.
Nimmt man allerdings die selbst erbrachte Bruttowertschöpfung der Unternehmen (ohne
Material und Handelsware) als Grundlage, steigt der Energiekostenanteil durchschnittlich
auf 5,2 Prozent. Damit steigt auch das Potenzial und die Wirkung möglicher Einsparungen
an [EbVe14], [SB11b, S. 372], [SB02, S. 188].

Betrachtet man dazu die Lebenszykluskosten der zur Produktion eingesetzten Maschinen, wird deutlich, dass Energiekosten hier einen wesentlichen Anteil an der Kosten-
struktur bilden. Bei Werkzeugmaschinen machen die Energiekosten beispielsweise
17 Prozent der Lebenszykluskosten aus (siehe Abb. 1.18).

Der Energieverbrauch einer Maschine wird dabei heute hauptsächlich durch die Grundlast verursacht (78 Prozent). Lediglich 22 Prozent des Leistungsverbrauchs entfallen auf
die eigentliche Bearbeitung. Auch hinsichtlich der Maschinenauslastung, welche unter
Umständen bei Großserien bei 38 Prozent und bei Kleinserien sogar bei 15 Prozent liegt
[NeuWe09], besteht noch Optimierungspotenzial. In Anbetracht einer zunehmenden Automatisierung ist demzufolge eine Optimierung notwendig.

Die aufgezeigten Entwicklungen als auch die Beispiele machen deutlich, dass die Notwendigkeit zum Handeln somit unabdingbar ist und sein wird. Entsprechend sind bereits
sowohl auf internationaler als auch auf nationaler Ebene Strategien und Ziele zum Thema
Ressourceneffizienz verankert.

Das Streben nach Ressourceneffizienz ist beispielsweise Teil der „Strategie Europa 2020
für intelligentes, nachhaltiges und integratives Wachstum". Deutschland nimmt innerhalb
dieser Bestrebungen eine Vorreiterrolle ein und hat sich bereits 2002 auf ein quantitatives
Ziel geeinigt, in dem eine Verdopplung der Rohstoffproduktivität bis 2020 gegenüber dem
Basisjahr 1994 angestrebt wird. Um dies zu erreichen, muss aber eine weitere Entkopplung
vom Wachstum des Bruttoinlandproduktes erzielt werden [SB10a], [WBWSZ14, S. 6] (siehe Abb. 1.19). Trotz der angestrebten Verdopplung der Rohstoffproduktivität würde dabei
aber der weltweite Ressourcenverbrauch noch immer um ca. 20 Prozent bis 2050 zunehmen
[UNEP11]. Weiter verfolgt Deutschland eine Reduktion der Treibhausgasemissionen um
40 Prozent bis 2020 und um 80 Prozent bis 2050 (gegenüber 1990). Zusätzlich soll ein An-

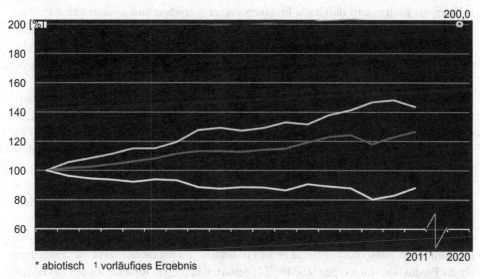

* abiotisch   1 vorläufiges Ergebnis

Abb. 1.19   Entwicklung der Rohstoffproduktivität in Deutschland (1994 – 2012) [SB12b, S. 40]

teil erneuerbarer Energien am Bruttoendenergieverbrauch von 18 Prozent bis 2020 erreicht werden. Für den Primärenergieverbrauch liegt das Ziel (auch in der Europäischen Union) bei einer Reduktion bis 2020 um 20 Prozent und bis 2050 um 50 Prozent gegenüber 2008. Dies würde eine Steigerung der Energieproduktivität um 2,1 Prozent pro Jahr bezogen auf den Endenergieverbrauch erfordern [WBWSZ14, S. 16], [Wa14, S. 29].

Bei der Umsetzung von Energie- und Rohstoffstrategien und den damit verbundenen Zielen müssen dennoch verschiedene Aspekte, wie Preis- und Kosteneffekte, Verschiebungen in den Nachfragestrukturen sowie Auswirkungen auf Exportmöglichkeiten, berücksichtigt werden [WaSch09]). Die damit verbundenen Herausforderungen sowie die bereits aufgezeigten Abhängigkeiten und Auswirkungen der Entwicklungen an den Energie- und Rohstoffmärkten für Unternehmen der deutschen Industrie erfordern Innovationen und Lösungen zur Energie- und Ressourceneffizienz. Entgegen häufig geäußerter Vermutungen zeigen Analysen, dass die Bewältigung dieser Herausforderungen, gerade für Deutschland als Innovationsträger und energieimportierendes Land, gesamtwirtschaftlich positive Effekte nach sich ziehen kann. Entstehende zusätzliche Kostenbelastungen können durch gesamtwirtschaftliche Mechanismen im Zuge einer steigenden Effizienz und der entstehenden Wertschöpfung durch Innovationen, beispielsweise im Rahmen grüner Energietechnologien, kompensiert werden [JoSch09], [RaSch10]. Aber auch für die einzelnen Unternehmen bieten die energie- und rohstoffpolitischen Entwicklungen Chancen, beispielsweise die eigene Energie- und Materialeffizienz zu erhöhen und damit die Wettbewerbsfähigkeit zu stärken [WBWSZ14, S. 23f.].

Vor diesem Hintergrund sind Bestrebungen in Richtung Energie- und Ressourceneffizienz von Nöten aber auch chancenbehaftet. Diese werden sowohl intern durch die Unternehmen als auch extern durch die Endverbraucher getrieben und fordern keine isolierte Entwicklung von Einzellösungen, sondern eine ganzheitliche Betrachtung und Integration mit dem Ziel einer sich über den gesamten Produktlebenszyklus erstreckenden ressourcenschonenden Produktion und Logistik. Unmittelbare Effekte liegen in einer Stärkung der Wettbewerbsfähigkeit von Unternehmen durch geringere Energiekostenbelastungen, der Entkopplung von Energieverbrauch und Wachstum sowie einer Reduzierung der Importabhängigkeit bei Energie. Als mittelbare Effekte lassen sich steuerliche Vorteile und geringere Umweltbelastungen durch CO_2-Emissionen benennen. Nicht zuletzt führen Entwicklungen zur Steigerung der Ressourceneffizienz auch zu einem Innovationsschub in typischen Industriebereichen, wie dem Maschinen- und Anlagenbau.

Darüber hinaus wird die Bedeutung als auch der Bedarf an neuen Konzepten und Ansätzen auch durch die zunehmende Anzahl an Netzwerken und Initiativen deutlich, welche sich intensiv mit den Herausforderungen im Zuge des Strebens nach Energie- und Ressourceneffizienz beschäftigen. 2008 hat die Bundesregierung beispielsweise das Förderprogramm zur „Ressourceneffizienz in der Produktion" im Rahmenkonzept zur „Forschung für die Produktion von morgen" [BMBF14] gestartet. In diesem Rahmen fördert das BMBF Verbundprojekte mit einem Volumen von insgesamt 50 Millionen Euro [BMBF08]. Das Spitzencluster eniPROD (Energieeffiziente Produkt- und Prozessinnovationen in der Produktionstechnik) der TU Chemnitz [Eni13], (vgl. [NeuSt12]) und des Fraunhofer IWU forscht an ganzheitlichen Lösungen für eine energieeffiziente, emissionsneutrale Produktion. Im Innovationscluster ER-WIN (intelligente, energieeffiziente regionale Wertschöpfungsketten in der Industrie) unter Führung des Fraunhofer IFF [Sch13], [IFF13] sollen Lösungen entwickelt werden, um die Effizienz im Energie- und Ressourcenverbrauch der produzierenden Industrie des Landes Sachsen-Anhalt zu verbessern. Im Leitprojekt E^3-Produktion der Fraunhofer-Gesellschaft [FhG14] beschäftigen sich Wissenschaftler mit Konzepten und Lösungen für eine effiziente, emissionsneutrale und ergonomische Gestaltung der Produktion und Fabrik von morgen.

Diese Projekte und Initiativen sind stellvertretend für umfassende Bestrebungen in der wissenschaftlichen und industriellen Umgebung in Deutschland. Dementsprechend sind die Lösungen und Ansätze zur Energie- und Ressourceneffizienz vielfältig.

Eine spürbare Steigerung der Energieeffizienz ist dann zu erreichen, wenn Maßnahmen auf der Nachfrage- und Angebotsseite von Energie miteinander kombiniert werden. Eine solche Kombination stellt beispielsweise die Verbindung von Maßnahmen zur Einsparung von Energie durch eine Reduzierung von Stand-by-Verlusten mit Maßnahmen zur Gestaltung von Energiekreisläufen zur Mehrfachnutzung von Wärme dar. Auf der Angebotsseite ist besonders die Verbindung von Maßnahmen zum Einsatz regenerativer Energien als Substitution fossiler Energieträger mit Maßnahmen zur gleichzeitigen Erhöhung des Wirkungsgrades von Energiewandlungsanlagen (z. B. Photovoltaikmodule, Windenergieanlagen, Feuerungsanlagen in Blockheizkraftwerken) interessant. Idealerweise werden solche ganzheitlichen Konzepte bereits in der Planungsphase einer Fabrik oder Anlage berücksichtigt. Erfahrungswerte zeigen, dass hier ca. 80 Prozent der Lebenszykluskosten einer Fabrik und damit auch der Energiekosten determiniert werden. Später, d. h. während

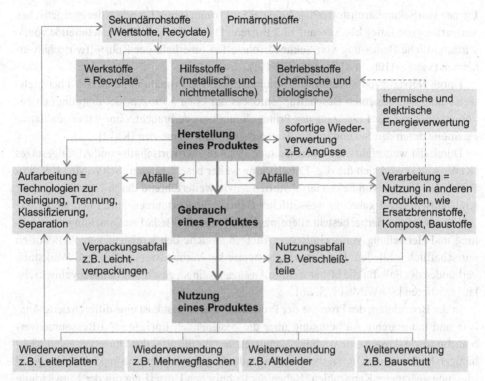

Abb. 1.20 Recyclingkreislauf am Beispiel Produktlebenszyklus [SchWiMü14, S. 84]

der Betriebsphase eingeleitete Maßnahmen können häufig nur Symptome für einen hohen Energieverbrauch korrigieren, ohne die wirklichen Ursachen zu akzeptablen Kosten zu beseitigen.

Zur Steigerung der Ressourceneffizienz können beispielsweise Recyclingkonzepte von Interesse sein. Die Entstehung von Recyclingfabriken bietet die Möglichkeit, aus vorhandenen Produkten in Kreisläufen sowie mit Ersatzstoffen zu produzieren [Kl11]. Bedeutend ist hierbei die Gewährleistung der Transparenz über die Energie- und Stoffströme [BKSS11]. In Recyclingnetzwerken erfolgt die Versorgung der Betriebe durch andere Betriebe mit Produktionsreststoffen, welche andernfalls keiner weiteren Nutzung zugeführt worden wären (vgl. [Schw94], [Sp98]).

Eine grobe Übersicht zu einem Recyclingkreislauf am Beispiel eines Produktlebenszyklus gibt Abb. 1.20 (vgl. [SchWiMü14, S. 83ff.]).

Die Verwendung von Sekundärrohstoffen geht dabei über das Recycling hinaus. Die Weiterverwertung kann hierbei auch in anderen als den ursprünglichen Verwendungsbereichen erfolgen. Abfälle können z. B. als Sekundärrohstoffe für die Strom- und Wärmeerzeugung eingesetzt werden [He10, S. 385], [Ba06, S. 4], (vgl. [SchWiMü14, S. 84]).

Die Substitutionsquote beschreibt „das Verhältnis der wieder in der Produktion einsetzbaren Sekundärrohstoffe zum gesamtwirtschaftlichen Materialeinsatz" [SB10b, S. 8]. Der

Einsatz von Sekundärrohstoffen lag 2006 bei 5,1 Prozent (unter Einbezug der energetischen Verwertung) und stieg bis 2009 auf 13,2 Prozent. Damit lässt sich eine zunehmende volkswirtschaftliche Bedeutung von Sekundärrohstoffen innerhalb der Rohstoffwirtschaft erkennen (vgl. [SB10b, S. 8], [Fi10], [RW10]).

Durch Nutzung von Sekundäraluminium anstelle von Primäraluminium wird beispielsweise über den gesamten Beschaffungsprozess nur etwa 5 Prozent der ursprünglich benötigten Energie zur Erzeugung des Primäraluminiums verbraucht, ohne dabei qualitative Nachteile durch den Sekundärrohstoff in Kauf nehmen zu müssen [Ka12].

Durch die weiterführende Überarbeitung des Kreislaufwirtschafts- und Abfallgesetzes (KrW-/AbfG) wird sich die o. g. Entwicklung weiter beschleunigen [SchWiMü14, S. 85]. Durch den Einsatz von Sekundärrohstoffen sowie weiterführend durch Umsetzung einer Kreislaufwirtschaft kann ein wesentlicher Beitrag zur Ressourcen- und Energieeffizienz geleistet werden. Hierbei besteht allerdings noch ein großer Bedarf an Forschung, Entwicklung und Herstellung von technischen Anlagen, welche den Kreislauf von Werkstoffen wirtschaftlich schließen. Dies ist beispielsweise bei Verbundwerkstoffen und Werkstoffverbunden der Fall, für die bisher wenige Ansätze zu einem geschlossenen Recyclingkreislauf existieren [SchWiMü14, S. 86].

In der Betrachtung der Prozesse der Produktion und Logistik ist eine differenzierte Analyse und transparente Aufbereitung über die bestehenden Energie- und Ressourcenverbräuche sowie -kosten eine wichtige Voraussetzung für die effektive Umsetzung von nachhaltigen Maßnahmen. Oftmals bestehen hier allerdings noch Probleme in der Erfassung und Messung geeigneter Kennzahlen. Neben der technischen Umsetzung mit der Entwicklung und Integration von Energiemesseinrichtungen (vgl. Abschn. 3.3 Energieeffiziente Produktion) bedarf es hier entsprechend klar definierter und vergleichbarer Leistungs- und Umweltkennzahlensysteme (vgl. [WBWSZ14, S. 22], [Ri14; S. 224f.], [HiSoRo11]). Durch Energieleistungskennzahlen kann beispielsweise der absolute und der spezifische Energieverbrauch von einzelnen Prozessen oder Verfahren dargestellt werden [KKKRS12, S. 63].

Betriebsdatenerfassungs- und Energiemanagementsysteme können dabei einen unterstützenden Beitrag leisten (vgl. Abschn. 3.3 Energieeffiziente Produktion). Diese helfen Unternehmen bei der Bestimmung des Energie- und Ressourceneinsatzes sowie bei der Identifikation von Energieeffizienzpotenzialen, fördern eine systematische Erfassung der Energieströme und dienen als Basis zur Entscheidung für Investitionen zur Verbesserung der Energieeffizienz in einem Unternehmen. In der Verknüpfung mit neuartigen Produktionsplanungs- und -steuerungssystemen wird darüber hinaus die Transparenz der betrieblichen Prozesse sowie der Energieverbräuche realisiert und erhöht [DIN12], [EK11], [Ka11].

Ein weiterer Ansatz zum effizienten Energiemanagement ist die Nutzung von Energiespeichern, um den Grundlastbetrieb zu erweitern und somit die notwendige installierte Spitzenleistung reduzieren zu können [DPZBA14, S. 173].

Insgesamt bestehen in dem Wandel zu einer ressourceneffizienten Produktion und Logistik Bestrebungen zum Einsatz und zur Entwicklung von energiesparenden Produkten und Herstellungstechnologien, zur ressourceneffizienten Gestaltung der Wertschöpfungskette, Betriebsorganisation und Strukturen (innerhalb und außerhalb der Fabrik) sowie der

Verlängerung der Nutzungsdauer der Betriebsmittel einschließlich Gebäude [KrHe10], (vgl. [SchWiMü14, S. 83ff.]). Ein ganzheitlicher Ansatz kann in der Entwicklung einer „Null-Verlust-Produktion" liegen, mit dem Ziel eines energieeffizienten und nachhaltigen Ressourcenmanagements [FhG08].

Mithilfe dieser beispielhaft aufgeführten Maßnahmen und Ansätze kann somit ein Beitrag zur Steigerung der Ressourcen- und Energieeffizienz geleistet werden. Ressourcenmanagement, Ressourceneffizienz und Recycling sind Kernelemente globaler politischer Strategien und Leitbilder, wenn es um eine nachhaltige Entwicklung bei wachsender Weltbevölkerung geht.

Trotz bisheriger und aktueller Bestrebungen zur Entwicklung optimierter Verfahren, nachhaltiger konzeptioneller und technischer Lösungen, innovativer Materialien und Zwischenprodukte, welche bereits den Einsatz von Energie und Rohstoffen reduzieren [Ha12, S. 128], ist die fortschreitende Entwicklung neuer Konzepte und Methoden erforderlich, um dem Spannungsbogen zwischen Ressourcenverknappung und gleichzeitigem Wachstum gerecht zu werden.

Die Ausrichtung auf Fragestellungen der Ressourceneffizienz bildet ein zentrales Differenzierungsmerkmal für viele deutsche Unternehmen im internationalen Wettbewerb. Dies ist insbesondere vor einer steigenden Abhängigkeit von Rohstoffen und Energiepreisen von hoher Bedeutung und erfordert in strategischer Konsequenz die Umsetzung technologischer und konzeptioneller Innovationen (vgl. [VDI12, S. 12f.]).

Es bedarf einem durchgängigen Lösungsansatz, um den bestehenden und zukünftigen Herausforderungen passende Lösungen entgegenzusetzen. Digital Engineering and Operation ermöglicht dabei schon heute effiziente und ressourcenschonende Entwicklungs-, Fertigungs- und Betriebsprozesse auf dem Weg zur ressourceneffizienten Fabrik (vgl. [Sch11, S. 54]). Zukünftig wird Digital Engineering and Operation sowie die digitale Planung und Steuerung lebenszyklusorientierter Produktionseinheiten noch stärker von Bedeutung für die Gestaltung und den Betrieb von ressourceneffizienten Produktions- und Logistiksystemen sein.

1.3 Digital Engineering and Operation – Neue Methoden des Digital Engineering and Operation

Marco Schumann

1.3.1 Einführung

Die Wurzeln des Themas Digital Engineering and Operation reichen bis in die 1960er Jahre zurück. Eine offensichtliche Voraussetzung für das Digital Engineering and Operation ist eine elektronisch verfügbare Datenbasis. In diesem Sinne können bereits die ersten rechnergestützten Konstruktionsprogramme – heute als CAD-Anwendungen (Computer Aided Design) bekannt – als der Beginn des Digital Engineering and Operation betrachtet werden [Kof66]. Dabei wurde zunächst der vom Reißbrett bekannte Konstruktionsprozess in den Rechner übernommen, d. h., die Darstellung beschränkte sich auf zweidimensionale Zeichnungen. Der Vorteil des Rechnereinsatzes lag in einem sehr sauberen Ausdruck der Zeichnungen. Außerdem konnten die Zeichnungen am Rechner leichter verändert werden, z. B. um neue Varianten abzuleiten. Die hohen Kosten für die Rechnerhardware beschränkten den Einsatz jedoch auf wenige Anwender.

Erst in den 1980er Jahren erfuhren CAD-Systeme aufgrund sinkender Arbeitsplatzkosten eine starke Verbreitung. Zunächst reichte die Rechenleistung nur zur Darstellung von Kantenmodellen (sogenannte Drahtmodelle). Mit weiter steigender Rechenleistung war es möglich, in der Darstellung zu Flächenmodellen überzugehen. Diese erlaubten es erstmals, konstruierte Körper an einem Rechner von allen Seiten virtuell zu betrachten.

Mit der weiteren Zunahme an Rechnerleistung konnte die Abbildung der Geometriemodelle in einzelne Grundelemente (Punkte, Kurven, geometrische Grundkörper, Flächen) und die Speicherung ihrer Beziehungen untereinander über Parameter erfolgen. Damit können nicht nur statische 3D-Modelle, sondern Konzepte abgebildet werden, z. B. eine Schraube, die durch Gewindedurchmesser und Länge beschrieben ist. Vorteil: Ein Konstrukteur kann durch Parameteränderung ein Konzept modifizieren, ohne das Geometriemodell neu aufbauen zu müssen.

Der Wunsch, auf physische CAD-Zeichnungen verzichten zu können, führte zum nächsten Entwicklungsschritt. Neben dem Geometriemodell wurden auch nicht geometrische Informationen in das Datenmodell aufgenommen, z. B. Farbe, verwendeter Werkstoff und zusätzliche Informationen für die Fertigung. In diesem Zusammenhang wird auch der Begriff „Produktmodell" verwendet.

Diese Entwicklung ist in Abb. 1.21 dargestellt. Sie veranlasste den damaligen Konzern DaimlerChrysler AG im Jahr 2002 anzukündigen, dass mit der Realisierung des Projektes „Digitale Fabrik" im Jahr 2005 keine Produktionsanlage mehr geplant, gebaut und betrieben wird, ohne zuvor vollständig digital abgesichert zu sein. Diese Nachricht sorgte für Aufsehen in der Fachpresse.

Nach nunmehr einem Jahrzehnt ist diese Vision gelebte Realität. Lässt sich daraus ableiten, dass damit alle Forschungsfragen gelöst sind? Das Gegenteil ist der Fall. Die hohe Komplexität neu zu entwickelnder Produkte überträgt sich in gleichem Maße auf die digitalen Entwicklungswerkzeuge. Die Beherrschung der Informationsvielfalt fordert neue Modelle, Methoden und Werkzeuge. Ihrer Erforschung und Weiterentwicklung widmet sich die neue Wissenschaftsdisziplin des Digital Engineering and Operation.

1.3.2 Motivation

Legt man den in Abb. 1.21 dargestellten Zuwachs an Rechenleistung zugrunde, so ließe sich zunächst vermuten, dass heutige Produktentwicklungsprozesse nur noch einen Bruchteil der Zeit benötigen, die ohne Nutzung von Rechnern erforderlich wäre. Jedoch gibt es auch eine Reihe von Faktoren, die zu einem gegenläufigen Trend beitragen.

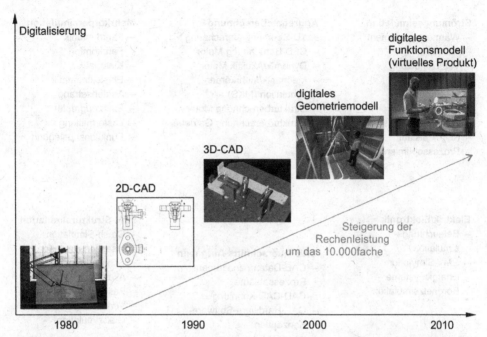

Abb. 1.21 Entwicklungsschritte vom Zeichenbrett zum digitalen Funktionsmodell. Grafik: Fraunhofer IFF

Beispielhaft soll dies an Zahlen aus der Automobilbranche belegt werden, die unverändert eine Vorreiterrolle bei der Umsetzung der digitalen Produktentwicklungskette einnimmt. Gab es im Jahr 1980 weltweit noch rund 30 unabhängige Automobilhersteller, so ist davon im Jahr 2010 nur noch ein Drittel verblieben, die sich zumeist zu großen Konzerngruppen zusammengeschlossen haben. Im gleichen Zeitraum hat sich die Modellvielfalt enorm erweitert. Konnte die Käufer 1980 bereits aus 80 verschiedenen Automodellen wählen, stehen heute mehr als 400 unterschiedliche Automodelle zu Verfügung, die darüber hinaus in zahlreichen Ausstattungsmerkmalen kundenindividuell konfiguriert werden können.

Neben der Beherrschung einer größeren Produktvielfalt ist es gleichzeitig notwendig, Produkte in kürzerer Zeit auf den Markt zu bringen. Wertet man hierzu Angaben der Automobilindustrie aus, so lässt sich ableiten, dass sich die Fahrzeugentwicklungszeit von mehr als vier Jahren zu Beginn der 1990er Jahre auf einen heutigen Stand von etwa zwei Jahren reduziert hat.

Diese eindrucksvollen Werte sind nur durch den Einsatz digitaler Methoden zur Produktentwicklung und Prozessplanung möglich geworden. Abb. 1.22 zeigt eine Auswahl heute etablierter computerunterstützter Berechnungs- und Simulationsmethoden und deren Anwendung im Fahrzeugentwicklungsprozess.

Ein weiterer Trend, der entscheidend zur Erhöhung der Produktkomplexität beiträgt, ist der zunehmende Einsatz von eingebetteten Systemen. Dadurch wird ein wachsender

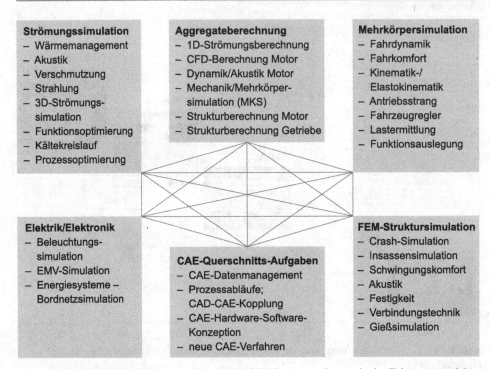

Strömungssimulation
- Wärmemanagement
- Akustik
- Verschmutzung
- Strahlung
- 3D-Strömungs-
  simulation
- Funktionsoptimierung
- Kältekreislauf
- Prozessoptimierung

Aggregateberechnung
- 1D-Strömungsberechnung
- CFD-Berechnung Motor
- Dynamik/Akustik Motor
- Mechanik/Mehrkörper-
  simulation (MKS)
- Strukturberechnung Motor
- Strukturberechnung Getriebe

Mehrkörpersimulation
- Fahrdynamik
- Fahrkomfort
- Kinematik-/
  Elastokinematik
- Antriebsstrang
- Fahrzeugregler
- Lastermittlung
- Funktionsauslegung

Elektrik/Elektronik
- Beleuchtungs-
  simulation
- EMV-Simulation
- Energiesysteme –
  Bordnetzsimulation

CAE-Querschnitts-Aufgaben
- CAE-Datenmanagement
- Prozessabläufe;
  CAD-CAE-Kopplung
- CAE-Hardware-Software-
  Konzeption
- neue CAE-Verfahren

FEM-Struktursimulation
- Crash-Simulation
- Insassensimulation
- Schwingungskomfort
- Akustik
- Festigkeit
- Verbindungstechnik
- Gießsimulation

Abb. 1.22 Digitale Methodenauswahl und beispielhafte Anwendungen in der Fahrzeugentwicklung. Grafik: Fraunhofer IFF

Anteil der Produktfunktionalität durch Software abgebildet. In Pkw der Oberklasse sind schon heute rund 100 eingebettete Systeme zu finden, die in Summe mehr als 15 Millionen Zeilen Quellcode beinhalten. Daran wird deutlich, dass damit auch dem Software Engineering eine größere Bedeutung zukommt, da Software in zunehmendem Maße für zentrale Produkteigenschaften wie Sicherheit und Zuverlässigkeit mitverantwortlich ist.

Damit wachsen auch die notwendigen Kompetenzen in den Entwicklerteams. Fachexperten aus dem Maschinenbau, der Elektrotechnik und Informatik müssen eng verzahnt miteinander arbeiten und ein Problemverständnis für die jeweils andere Fachdisziplin entwickeln. Hierbei sind die Verknüpfung der bisher separat betrachteten Berechnungs- und Simulationsmethoden, eine umfassende Visualisierung des digitalen Produktes und eine hohe Interaktivität der digitalen Modelle, die erlebbare virtuelle Umgebungen schaffen, wesentliche Elemente.

Der folgende Abschnitt zeigt aktuelle Trends in der Produktentwicklung und Prozessplanung auf. Daraus werden notwendige Erweiterungen der bisherigen Ansätze des Virtual Engineerings abgeleitet und daraus der Begriff des Digital Engineering and Operation definiert.

1.3.3 Einordnung in den Stand der Technik

Ausgangsbasis des Digital Engineering and Operation sind 3D-Geometrien der betrachteten Produkte und ihrer Produktionsmittel. Aufbauend auf diesen Geometriedaten können durch Nutzung der Technologien der Virtuellen und Erweiterten Realität komplexe Sachverhalte dargestellt werden und durch Interaktion mit der virtuellen Welt erlebbar gestaltet werden. Der industrielle Einsatz virtueller Techniken (als Oberbegriff für Techniken der Virtuellen und Erweiterten Realität) hat insbesondere in den letzten zehn Jahren kontinuierlich zugenommen und hat in entscheidendem Maße dazu beigetragen, die Vision der Digitalen Fabrik in vielen Bereichen Realität werden zu lassen [Bra08]. Nach wie vor spielen dabei insbesondere der Automobilbau und die Luftfahrtindustrie eine Vorreiterrolle. Bei einer Zuordnung der verfügbaren Methoden und Werkzeuge der Digitalen Fabrik auf die einzelnen Phasen des Produkt- und Produktionsmittellebenszyklus fällt jedoch auf, dass es zwischen den Phasen der Produktentwicklung, der Produktionsplanung und der Produktion technologische Brüche gibt [SSS09], [ZSM05], [ZS06]. Diese Brüche erschweren die Kommunikation zwischen den beteiligten Teams und behindern die gemeinsame Sicht auf Problemstellungen (siehe Abb. 1.23). Die Planung ist nur teilweise in die Änderungsprozesse der Produktentwicklung integriert. Späte Aufdeckung von Fehlern in realen Prototypen ist eine der Folgen [Bra08].

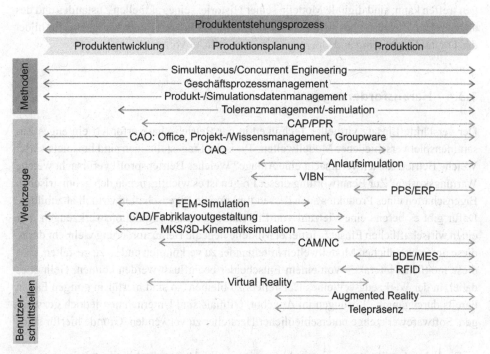

Abb. 1.23 Techniken der Digital Fabrik. Grafik Fraunhofer IFF nach [SSS10] in Anlehnung an [ZSM05]

Während bisherige Anstrengungen bei der Einführung der Digitalen Fabrik überwiegend vom Gedanken des Simultaneous Engineering getrieben waren und damit auf eine Verkürzung der Entwicklungszeit durch eine Parallelisierung von Produktentwicklung und Prozessplanung fokussierten, liegt die heutige Herausforderung darin, die digitalen Daten, Werkzeuge und Methoden verstärkt für die frühzeitige Planung der Produktions- bzw. Betriebsphase einzusetzen [Schl11]. Dies ist umso wichtiger, wenn man berücksichtigt, dass die Investitionskosten (Kosten von der Produktentwicklung bis zur Inbetriebnahme) nur etwa 20 bis 30 Prozent der Produktionslebenszykluskosten betragen. Die Betriebskosten haben dagegen einen Anteil von 70 bis 80 Prozent an den Produktionslebenszykluskosten.

Die marktführenden Hersteller von Werkzeugen zur Digitalen Fabrik reagieren auf diese Herausforderung mit der Erweiterung ihrer durchgängigen Werkzeugwelten [Schn09]. So bezeichnet beispielsweise Siemens PLM Solutions die nächste Implementierungsstufe der Digitalen Fabrik als „Digitale Fabrik 2.0", in der die Integration weiterer digitaler Werkzeuge zur Unterstützung der Inbetriebnahme und des Betriebes in eine durchgängige digitale Kette fortgesetzt wird. In diesem Sinne schließt das Digital Engineering and Operation die Lücke zwischen der Digitalen Fabrik und dem Anlagenbetrieb [Schl11].

Diese entstehenden digitalen Modelle des Produktes und seiner Fertigungsprozesse bilden die Grundlage für die Vision Industrie 4.0 [ACA14]. Damit ein Produkt über cyberphysische Systeme mit seiner Umgebung kommunizieren kann und dezentral Entscheidungen treffen kann, sind digitale Modelle seiner Historie, seines aktuellen Zustandes und des angestrebten Zielzustandes sowie der daran beteiligten Prozesse notwendig. Hierfür bildet das Digital Engineering and Operation eine wesentliche Voraussetzung.

1.3.4   Herausforderungen

Der verstärkte Einsatz virtueller Techniken in der Betriebsphase erfordert ein enges Zusammenspiel verschiedener Modellwelten. Typische Fragestellungen sind beispielsweise: Welche Betriebskosten verursacht eine Anlage? Welches Betriebsprofil verursacht welche Wartungskosten? Zur Beantwortung dieser Fragen ist es wichtig, neben den geometrischen Eigenschaften eines Produktes auch dessen funktionale Eigenschaften virtuell abzubilden. Dafür gibt es bereits eine Vielzahl von Entwicklungs- und Simulationswerkzeugen. Für einen wirtschaftlichen Einsatz virtueller Modelle liegt die Herausforderung vielmehr darin, diese unterschiedlichen Modellwelten miteinander zu verknüpfen und so zu gestalten, dass diese möglichst interaktiv von einem Entscheider beeinflusst werden können. Gelingt es dabei, in der Werkzeugwelt eines Herstellers zu bleiben, so sind hierfür in einigen Fällen bereits durchgängige Lösungen im Angebot. Oftmals sind Unternehmen jedoch gezwungen, Softwarewerkzeuge unterschiedlicher Hersteller zu verwenden. Gründe hierfür sind:

• Ein hoher Anteil externer Entwicklungspartner: In der Automobilindustrie ist es üblich, dass bis zu 80 Prozent der Entwicklungen bei externen Partnern stattfinden.

Diese verwenden unterschiedliche Entwicklungswerkzeuge. Ihre Anbindung an das Produktdatenmanagement ist komplex.

- Nutzung unterschiedlicher CAD-Systeme für abgegrenzte Aufgabenbereiche: Es liegt durchaus im strategischen Interesse eines global agierenden Unternehmens, keine in sich geschlossenen Systeme zu haben, sondern mit offengelegten Schnittstellen zu operieren. Dadurch wird Wettbewerb ermöglicht und eine Entwicklungsumgebung geschaffen, die kontinuierlich weiterentwickelt werden kann.

- Komplexe Simulationsumgebungen sind erforderlich: In der Automobilindustrie ist der Grad der virtuellen Absicherung weit vorangeschritten. Eine Vielzahl von Simulationssystemen, z. B. zur Berechnung von Mehrkörpersystemen, Akustikeigenschaften, Beleuchtungssituationen, Fahrkomfort, Mechanik, Verschmutzung, gehört heute bereits zum Stand der Technik. Die Herausforderung besteht darin, für diese heterogenen Systemwelten ein Simulationsdatenmanagement bereit zu stellen, das einen durchgängigen Datenfluss zwischen den Systemen erzeugt und eine hohe Kompatibilität herstellt.

Weiteres Potenzial zur Erhöhung des Reifegrades der Planung am virtuellen Modell kann durch frühzeitige Einbindung von Mitarbeitern aus allen Fabrikebenen ausgeschöpft werden. Insbesondere in sehr stark interdisziplinären Teams haben sich hierfür Design-Reviews in typischen VR-Umgebungen mit großem Display (Power Wall, CAVE), bei 3D-Interaktion und bei stereoskopischer Darstellung bewährt. Didaktische Vorteile virtueller Umgebungen sind vielfach belegt ([JS07], [JH09]).

Die Diskussionspartner müssen verstehen, was ihnen gezeigt wird und welche Auswirkungen das Gezeigte auf ihr Fachgebiet hat, ohne Detailkenntnisse im fremden Fachgebiet zu benötigen. Es geht darum, Lösungsräume abzubilden, die interdisziplinäres Arbeiten unterstützen. Für diese Arbeitstreffen ist die Interoperabilität entscheidend, d. h. in „Echtzeit" die Auswirkungen darzustellen, wenn Beteiligte etwas ändern. Das praxisnahe Selbsterleben ist für die Beteiligten sehr wichtig, da sie einen Vorgang nicht nur visuell wahrnehmen, sondern unmittelbar erleben müssen. Die Zusammenführung einer praktischen Expertise (z. B. wenn jemand ein Bauteil physisch verbaut) mit einem virtuellen Abbild in Form von erlebbaren Visualisierungen ist heute noch nicht gelöst. Die Herausforderung besteht darin, Produktdaten ohne aufwendige manuelle Vorverarbeitung (z. B. Detailreduktion) in eine VR-Umgebung zu übernehmen und durch Kopplung mit echtzeitfähigen Simulationssystemen interaktiv zu gestalten.

Die Komplexität wird weiterhin dadurch erhöht, dass die zu entwickelnden Produkte ihre Funktionalität durch einen wachsenden Anteil an Software realisieren. Die bisher etablierten Methoden der Produktentwicklung und Prozessplanung müssen daher auch auf das Software-Engineering erweitert werden. Darüber hinaus ist ein Verständnis notwendig, in welchem Maße Software auch nichtfunktionale Produkteigenschaften wie Sicherheit und Zuverlässigkeit bestimmt. Dies eröffnet eine Reihe neuer Forschungsfragen.

Von wirtschaftlicher Bedeutung ist hier die Fragestellung, mit welchen zusätzlichen Kosten die Qualität der Software verbessert werden kann und welcher quantifizierbare

Nutzen daraus entsteht. Hierfür ist die Beschreibung von Qualitätsmodellen für die Bewertung der Software eine wesentliche Voraussetzung. Die Aufgabe, belastbare Industriestandards für Qualitätsmodelle zu entwickeln, die zum einen hinreichend abstrakt sind und zum anderen systematische Anleitungen zur Anpassung an Firmenkontexte ermöglichen, ist eine zentrale Herausforderung bei Qualitätsmodellen [WBD+10].

1.3.4.1 Trends in der Produktentwicklung und Prozessplanung

Die Notwendigkeit der Ausweitung der Forschungsansätze wird anhand von aktuellen Trends aus der Produktentwicklung und Prozessplanung auszugsweise dargestellt:

▶ Trend: Die Funktionalität komplexer Produkte wird heute bereits schon bis zu 40 Prozent über Software realisiert.

Die bisher etablierten Methoden der Produktentwicklung und Prozessplanung müssen daher auch auf das Software-Engineering erweitert werden. Darüber hinaus ist ein Verständnis notwendig, in welchem Maße Software auch nichtfunktionale Produkteigenschaften wie Sicherheit und Zuverlässigkeit bestimmt.

▶ Trend: Aufgrund der verkürzten Produktlebenszyklen bei gleichzeitig höherer Variantenvielfalt wird von Produktionsmitteln als Bestandteil komplexer Produktionssysteme erwartet, dass diese sich den verändernden Produktionsbedingungen anpassen können.

Diese Anforderung verlangt von dem Entwicklerpersonal der Produktionsmittel in noch stärkerem Maße die Berücksichtigung der späteren Betriebsweise. Dies schließt Um- und Rückbauvarianten ein und macht es notwendig, Anforderungen von Betreibern und Bedienern zu berücksichtigen, d. h., diese müssen während der Entwicklungsphase bereits simuliert werden können bzw. dem Betreiber ist diese Option zu ermöglichen.

▶ Trend: Es ist oftmals nicht mehr ausreichend, nur ein Produkt anbieten zu können, sondern es sind Dienstleistungen mit zu entwickeln und zu erbringen.

Als eine Folgerung hieraus ist es nicht mehr ausreichend, ausschließlich funktionale Eigenschaften des Produktes während der Entwicklungsphase zu betrachten, sondern es ist eine Erweiterung beispielsweise um Aspekte der Logistik oder zu erbringende Quality-of-Service-Level und Geschäftsmodelle für Dienstleistungen unter Einbeziehung der späteren Nutzer notwendig.

▶ Trend: Bei der Konzeption neuer Anlagen (z. B. in der Verfahrenstechnik) erfolgt eine stärkere Modularisierung von Komponenten mit dem Ziel, die Anlage an schwankende Marktsituationen anzupassen und damit stets eine energieeffiziente Betriebsweise abzusichern.

Damit ein energieeffizienter Betrieb einer Anlage in unterschiedlichen Betriebsweisen möglich ist, müssen diese Betriebszustände bereits in der Planungsphase der Anlage berücksichtigt und ggf. simuliert werden. Dazu sind bereits in der Planungsphase detaillierte Informationen zur Betriebsweise (z.B. Prozesse zum Anlaufen und Herunterfahren von Modulen) erforderlich. Frühzeitig muss das Wissen von Energetikern, Steuerungstechnikern bzw. Verfahrenstechnikern in die Planung einfließen. Damit müssen die digitalen Werkzeuge onlinefähig sein.

▶ Trend: In vielen Anwendungsbereichen nimmt die Komplexität der Methoden und Werkzeuge zu. Sie erfordern daher eine Kooperation mit den Ingenieurwissenschaften.

Diese Aussage soll am Beispiel der Medizintechnik verdeutlicht werden: Immer genauere Diagnose- und Therapiemöglichkeiten erfordern die Entwicklung und den Einsatz neuer technischer Geräte (z.B. OP-Instrumente für minimalinvasive Eingriffe). Dies wiederum macht es notwendig, neue Trainings- und Ausbildungsmethoden für deren Einsatz zu entwickeln. Im Umkehrschluss heißt dies für den Ingenieur, dass er klassische Methoden, Modelle und Werkzeuge auf andere Anwendungsbereiche übertragen muss (z.B. Verwendung von Computertomographiedaten anstelle von CAD-Daten).

Zusammenfassend lassen sich aus den angeführten Trends drei wesentliche Schlussfolgerungen ableiten

- Eine Erweiterung der Domänen des Virtual Engineering auf neue Anwendungsbereiche ist notwendig.
- Zur Optimierung der Ergebnisse der Planungsphase sind detaillierte Informationen über die spätere Betriebsweise notwendig. Virtuelle Modelle sind für die Abbildung der Betriebsphase und der darauf folgenden Phasen zu erweitern. Dies erfordert Interoperabilität zur Kopplung der verwendeten Simulationswerkzeuge sowie eine Echtzeitfähigkeit zur Unterstützung von Interaktivität und gleichzeitiger Anbindung realer Hardware für eine schrittweise virtuelle Inbetriebnahme.
- Die Einbeziehung von interdisziplinärem Fachwissen nimmt zu. Dies erfordert die Einbeziehung neuer Nutzergruppen (z.B. Einbeziehung zukünftiger Bediener in die Planungsphase). Die z.T. sehr unterschiedlichen Werkzeugwelten müssen durch eine Kombination neuer Medien für die Darstellung und Interaktion in virtuellen Umgebungen überbrückt werden.

Deshalb sind gegenüber bisherigen Betrachtungen des Virtual Engineering wesentliche Erweiterungen notwendig, die in Abb. 1.24 dargestellt sind.

Die Verknüpfung heterogener Werkzeugwelten zur Abbildung funktionaler Produkteigenschaften mit dem Ziel, erlebbare Simulationen in interaktiven Umgebungen zu erzeugen und darüber hinaus softwaretechnische Eigenschaften neuer Produkte hinsichtlich Sicherheit und Zuverlässigkeit beurteilen zu können, führt zur Definition des Digital Engineering and Operation:

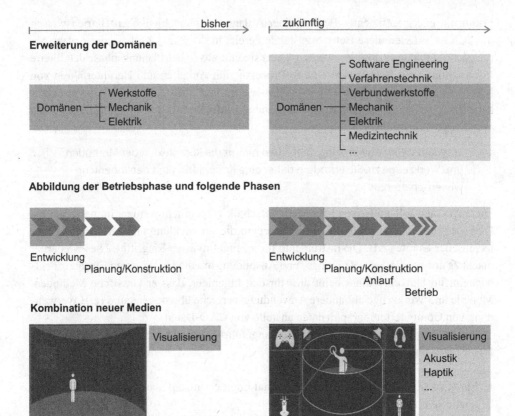

Abb. 1.24   Neue Ansätze des Digital Engineering and Operation. Grafik: Frauṅhofer IFF

Digital Engineering and Operation Digital Engineering and Operation ist die durchgängige Nutzung digitaler Methoden und Werkzeuge über den Produktentstehungs- und Produktionsprozess und zielt auf eine verbesserte Planungsqualität sowie auf die Prozessbeherrschung über den gesamten Produktlebenszyklus ab. Dabei erfolgt eine physikalisch korrekte Abbildung aller problemrelevanten Merkmale als auch der softwaretechnischen Eigenschaften (z. B. eingebettete Systeme). Für die frühzeitige Simulation des Produktionsprozesses in der Planungsphase sowie für die prozessbegleitende Simulation in der Betriebsphase ist die Interoperabilität der verwendeten Werkzeuge eine wesentliche Voraussetzung. Interoperabilität wird dabei in technische Ebene (z. B. Kompatibilität der Kommunikationsprotokolle), in semantische Ebene (inhaltliche Kompatibilität der zwischen den Werkzeugen auszutauschenden Daten) und in organisatorische Ebene (Einbindung in Prozessabläufe) unterschieden. Digitale Modelle und Werkzeuge müssen für einen Einsatz in interaktiven Erlebnisräumen und für die Kommunikation mit ihrer Umgebung (cyber-physische Systeme) erweitert werden. Durch eine problemorientierte Kombination interoperabler Werkzeuge entstehen interaktive Modelle, die alle für den Entscheidungsprozess im Engineering and Operation relevanten menschlichen Sinne ansprechen.

Diese enge Bindung der Disziplinen im Digital Engineering and Operation wird bei einer genaueren Betrachtung der unterschiedlichen Ebenen der Interoperabilität deutlich. Es ergeben sich technikspezifische und domänenspezifische Forschungsfelder, die über die Ebene der semantischen Interoperabilität eng miteinander verbunden sind (siehe Abb. 1.25):

Technische Interoperabilität

Die Ebene der technischen Interoperabilität realisiert die informationstechnische Grundlage verteilter, virtueller Umgebungen bzw. verteilter Simulation. Entwicklungs-, Simulations- und Testwerkzeuge für verschiedene Domänen müssen unabhängig von Hardwareplattformen und von Herstellern Informationen austauschen können. Formalisierte Beschreibungssprachen, Standards, Datenprotokolle etc. sind hierfür weitgehend vorhanden und können genutzt werden.

Diese im Wesentlichen informationstechnische Sicht berücksichtigt jedoch noch nicht die vielfältigen Interaktionen der Werkzeuge mit den Menschen in den Engineering- und Betriebsprozessen über den Lebenszyklus der zu betrachtenden Maschinen- und Anlagensysteme hinweg.

Semantische Interoperabilität

Heutige Entwicklungs- und Testwerkzeuge besitzen – wenn überhaupt – lediglich Kompatibilität auf technischer Ebene. Beispielsweise werden geometrische Daten eines Systems in einem anderen System als solche erkannt und richtig wiedergegeben. Funktionszusammenhänge (was soll z. B. die Maschine tun und warum ist sie deshalb gerade so ausgelegt; warum ist die Schnittstelle zur nachfolgenden Maschine so gestaltet, wie sie ist etc.) können in heutigen Systemen nicht abgebildet werden. Offensichtlich kommen spätestens an dieser Stelle menschliche Intuition, Kreativität und Erfahrungswissen ins Spiel. Seman-

Abb. 1.25 Enge Verknüpfung von Ingenieurwissenschaften und Informatik sowie Ableitung von Forschungsfeldern. Grafik: Fraunhofer IFF

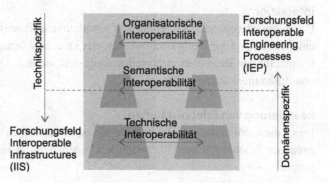

tisch interoperable Systeme müssen also neben funktionalen Beschreibungsmethoden auch Möglichkeiten zur Abbildung, Speicherung, Verarbeitung und zur Weitergabe von noch nicht formalisierbaren Informationen, wie z. B. erfahrungsbasiertes Wissen, besitzen. Im Hinblick auf virtuelle Entwurfs- und Testplattformen für technische Systeme muss hier ein neues Feld in der Grundlagenforschung betreten werden.

Organisatorische Interoperabilität

Die Vielfalt der physischen, funktionellen und organisatorischen Wirkzusammenhänge und Informationen ist in realen Produktionssystemen in der Regel auf eine Vielzahl von technischen und humanen Teilsystemen verteilt, welche in allen betrachteten Phasen auf verschiedensten Ebenen formal und nichtformal kommunizieren, d. h. Informationen austauschen. Eine virtuelle Abbildung von Engineering-Prozessen muss folglich auch in der Lage sein, diese Prozesse abzubilden, zu simulieren und in Testumgebungen entsprechende Interaktionen zuzulassen und richtig zu verarbeiten. Interoperabilität auf dieser Ebene setzt offensichtlich semantische Interoperabilität voraus, geht aber in ihrer Komplexität deutlich darüber hinaus.

Wenn die Vision Industrie 4.0 Realität werden soll, müssen alle genannten Ebenen der Interoperabilität in digitalen Modellen abbildbar und technisch umgesetzt sein. Dies ist ein Forschungsschwerpunkt der Disziplin Digital Engineering and Operation.

1.3.4.2 Was ist neu an diesem Ansatz?

Das Digital Engineering and Operation erweitert in folgenden wesentlichen Merkmalen die Ansätze des Virtual Engineering:

Gleichzeitiges Ansprechen mehrerer Sinne

Durch die Abbildung physikalischer Eigenschaften entstehen funktionale Modelle, die nicht nur visuell dargestellt werden, sondern gleichzeitig auch akustische Eigenschaften oder das Berührungsempfinden (Haptik) der zukünftigen Produkte vermitteln können. Der Realitätsgrad der virtuellen Modelle (Immersion) wird dadurch gesteigert und ermöglicht dem Betrachter, ein zukünftiges Produkt oder ein bestehendes System besser zu verstehen und somit sehr frühzeitig präzise Rückmeldungen zu geben.

Interaktion

Durch die interoperable Kopplung von Simulationswerkzeugen mit der Visualisierung in einer virtuellen Umgebung können Parameter interaktiv verändert werden und die Auswirkungen für den Betrachter unmittelbar dargestellt werden. Dadurch wird das Verständnis von Zusammenhängen erhöht.

Realisierung von Erlebnisräumen

Durch die Kombination von Interaktion und dem Ansprechen mehrerer menschlicher Sinne entstehen Erlebnisräumen, die virtuelle Umgebungen in einer neuen Qualität erlebbar machen.

Einbringen von Erfahrungswissen

Der Erfolg von Produkten hängt oft von der Kreativität und von den Erfahrungen der beteiligten Personen ab. Es gibt heute jedoch nur wenige Methoden und Medien, um das Erfahrungswissen zu formalisieren und für nachfolgende Produktgenerationen zur Verfügung zu stellen. Die Erlebnisräume unterstützen die Kommunikation in den Entwicklerteams und ermöglichen das „Zeigen" und „Ausprobieren" von Erfahrungswissen.

Enge Verknüpfung von klassischem Engineering und Software-Engineering

Da Produkteigenschaften in immer stärker werdendem Maße von Software realisiert werden, entscheidet diese auch über die Sicherheit und Zuverlässigkeit von zukünftigen Produkten und Produktionssystemen. Daher berücksichtigt das Digital Engineering and Operation sowohl physische als auch softwaretechnische Eigenschaften eines Produktes. Es erweitert die bisher etablierten Methoden der Produktentwicklung und Prozessplanung auch auf das Software-Engineering. Digital Engineering and Operation erfordert daher die enge Kooperation zwischen Informatikern und klassischen Ingenieuren sowie Experten für Didaktik und Medien.

1.3.4.3 Projektbeispiele

Bei der Komplexität der Aufgabenstellung wird deutlich, dass diese kaum durch ein einzelnes Softwarewerkzeug geleistet werden kann. Vielmehr ist Digital Engineering and Operation ein Konzept, dass einer gezielten Anpassung auf die Anforderungen eines Unternehmens bedarf.

Auch zukünftig ist davon auszugehen, dass ein derartiges Softwarewerkzeug nicht existieren wird, da die Erfahrung zeigt, dass ab einem gewissen Komplexitätsgrad der Anpassungsaufwand erheblich steigt und damit von kleineren und mittleren Unternehmen sowohl finanziell als auch personell nicht mehr zu bewältigen ist.

Dass es jedoch gerade auch in diesen Unternehmen Potenziale gibt, die mit den Methoden des Digital Engineering and Operation gehoben werden können, zeigen zahlreiche bereits durchgeführte Projektbeispiele. Der Schlüssel zum Erfolg liegt hier in einer sorgfältigen Auswahl der zu optimierenden Geschäftsprozesse.

Unabhängig von IT-Systemen ist zunächst die Frage zu beantworten, welche Geschäftsprozesse durch organisatorische und technische Maßnahmen neu gestaltet werden müssen. Erst danach sind die Fragen nach Datenverfügbarkeit, eingesetzten IT-Systemen zur Unterstützung bzw. geeignete Datenschnittstellen zu beantworten.

Grundlage für den Einsatz der Methoden des Digital Engineering and Operation ist ein zentraler Bestand von Produktdaten, der über den gesamten Lebenszyklus des Produktes weiter verwendet und aktualisiert wird. Im Idealfall wird hierfür ein Produktdatenmanagementsystem (PDM-System) verwendet. Bei geringeren Datenbeständen können einfachere Datenbanken oder strukturierte elektronische Ablagesysteme ausreichen.

Im nächsten Schritt sind die Datenquellen zu definieren, die interoperabel miteinander zu koppeln sind. Die Ansätze hierfür sind sehr unterschiedlich. Eine einfach zu realisierende Möglichkeit sind Dateischnittstellen, die über Konverter bedient werden. Online-

Schnittstellen können durch Nutzung gemeinsamer Speicherbereiche (Shared-Memory Interfaces) geschaffen werden. Für die Kopplung verteilter Systeme existieren zahlreiche etablierte Netzwerkprotokolle. Eine weitere Variante sind Hardwaresysteme (z. B. Industriebus-Systeme), welche beispielsweise für die Kopplung von realen Steuerungssystemen (SPS-, NC-Steuerungen) mit einem Simulationsprogramm für die Sensordaten oder mit einer Visualisierung in einer virtuellen Umgebung eingesetzt werden kann. Die Wahl hängt letztendlich oftmals davon ab, wie viel Flexibilität und Offenheit die Programmierschnittstelle (Application Programmers Interface) einer Anwendung bietet. In den folgenden Kapiteln wird hierzu eine Vielzahl an Beispielen beschrieben.

Aus der Sicht der Autoren am weitesten vorangeschritten sind die Anwendungen der Methoden des Digital Engineering and Operation im Bereich der Entwicklung komplexer mechatronischer Produkte. Die Produkte realisieren einen großen Teil ihrer Funktionalität durch Software in elektronischen Steuerungen. Daher ist hier die Verfügbarkeit von digitalen Daten und (Verhaltens-)Modellen besonders hoch, sodass hier ein Referenzprozess zur durchgehenden Produktentwicklung angegeben werden kann. Dieser ist in Kap. 5 Digital Engineering and Operation anhand von konkreten Beispielen dargestellt.

In den anderen Bereichen ist die Durchgängigkeit im Digital Engineering and Operation bisher noch eine Vision. In zahlreichen Projekten wurde jedoch mit der Umsetzung bereits begonnen. Die aktuellen Forschungsschwerpunkte werden in separaten Kapiteln dargestellt.

Kap. 2 Arbeitssysteme der Zukunft fokussiert auf die „Arbeitssysteme der Zukunft". Optische Sensoren, elektronische Bildverarbeitung in Echtzeit und Taktilsensorik ermöglichen eine Erkennung und Interpretation des Arbeitsumfeldes. Damit ist es möglich, Menschen zu erkennen, um sie herum Schutzräume zu definieren und damit die direkte Interaktion zwischen Mensch und Roboter zuzulassen.

Kap. 3 Produktionssysteme zeigt den Einsatz des Digital Engineering and Operation in „Produktionssystemen". In der Mess- und Prüftechnik können mit modellbasierten Verfahren Verbesserungen der Qualitätssicherung erreicht werden. Digitale Modelle tragen zur Steigerung der Energieeffizienz in Unternehmen bei. Selbst in der Landwirtschaft helfen digitale Modelle schon heute, Ressourcen zu sparen und den Pflanzenwuchs zu optimieren.

Kap. 4 Logistiksysteme zeigt auf, wie „Logistiksysteme" durch die automatisierte, elektronische Erfassung von logistischen Objekten neu gestaltet werden. Dabei werden Beispiele in ganz unterschiedlicher Skalierung zur Abdeckung der logistischen Kette entwickelt. Die Modenverwirbelungskammer wird genutzt, um mit RFID-Chips ausgestattete Objekte zuverlässig auf engstem Raum (z. B. auf einem Fließbandabschnitt) präzise zu erfassen. Die Virtuelle Draufsicht ermöglicht die Erfassung und Auswertung der Bewegungsabläufe in Fabrikhallen. Für weiträumige Umgebungen wird ein Wechselbehälterkonzept vorgestellt, welches die im Digital Engineering and Operation notwendige technische Interoperabilität durch einen standardisierten Logistikraum herstellt und dadurch die durchgängige Informationsübertragung zwischen den beteiligten Partnern einer Lieferkette sicherstellt.

1.4   Betrachtungsrahmen

Michael Schenk

Dieses Lehr- und Fachbuch erhebt den Anspruch, neue Lösungen für die Gestaltung von Arbeits-, Produktions- und Logistiksystemen aufzuzeigen. Diese werden an praktischen Beispielen, die gemeinsam mit Forschungs- und Industriepartnern erarbeitet werden, erläutert und demonstriert. Die Betrachtungen hierzu erstrecken sich über die Phasen der Planung, Entwicklung, Ausrüstung sowie des Betriebes. Deshalb richtet sich das Buch an jene Fachkräfte, die in diesen Phasen tätig sind. Die verbindende Methodik stellt dabei das digitale Engineering für die Neu-, Um- und Ausgestaltung der Arbeits-, Produktions- und Logistiksysteme dar. Hierbei kommen Modelle zur Funktionsbeschreibung mit unterschiedlichen Domänen zum Einsatz. Die notwendige Verknüpfung dieser Modelle zum durchgängigen Engineering ist eine besondere Herausforderung. Exemplarisch wird im Weiteren aufgezeigt, welche methodischen Wege hierzu erforderlich sind. Damit bietet das vorliegende Lehr- und Fachbuch eine Grundlage für die interdisziplinäre Ausbildung im Bereich der Ingenieurwissenschaften sowie der Informatik. Diese domänenübergreifenden Modelle und Methoden der Entwicklung und Planung der o. g. Systeme liefern darüber hinaus eine wesentliche Basis für die Befähigung im Sinne der Anforderungen zum Thema „Industrie 4.0". Die Grundlage für ein Digital Operation wird durch die Umsetzung der Planungs- und Entwicklungsmodelle im realen Betrieb geschaffen. Die Anwendungen einer sicheren Mensch-Roboter-Interaktion bzw. die Gestaltung entsprechender Arbeitssysteme zeigen u. a. Formen des Digitalen Operation auf und machen deutlich, wie Automatisierungslösungen der Zukunft aussehen werden. Die Ausführungen in diesem Buch veranschaulichen wie groß die Handlungsfelder für die Gestaltung der Arbeits-, Produktions- und Logistiksysteme sind und welche Rolle dabei das Digital Engineering and Operation auf dem Weg zur Industrie 4.0 spielt.

1.5   Literatur

[Ab10] Abele, E.: Herausforderungen für die Produktion(sforschung) 2020. In: Ruprecht, R. (Hrsg.): *Produktion in Deutschland hat Zukunft: Ergebnisse aus dem BMBF-Rahmenkonzept „Forschung für die Produktion von morgen"*. Karlsruhe, 2010, S. 223-240

[AbRe11] Abele, E.; Reinhart, G.: Zukunft der Produktion: Herausforderungen, Forschungsfelder, Chancen. München: Carl Hanser Fachbuchverlag, 2011

[ACA14] www.acatech.de/fileadmin/user_upload/Baumstruktur_nach_website/Acatech/ root/de/Material_für_Sonderseiten/Industrie_4.0/Abschlussbericht_Industrie4.0_barrierefrei.pdf

[Ar12] Arndt, V.: Trend: Demografischer Wandel. In: DGFP e.V. (Hrsg.): Megatrends: Zukunftsthemen im Personalmanagement analysieren und bewerten. Bielefeld: W. Bertelsmann Verlag, 2012, S. 46-82

[Ba06] Bardt, H.: Die gesamtwirtschaftliche Bedeutung von Sekundärrohstoffen. In: IW-Trends – Vierteljahresschrift zur empirischen Wirtschaftsforschung aus dem Institut der deutschen Wirtschaft Köln 33 (2006), Nr. 3

[Ba87] Baltes, P. B.: Theoretical propositions of life-span developmental psychology: On the dynamics between growth and decline. In: Developmental Psychology 23 (1987), Nr. 5, S. 611-626

[BA11] BA – Bundesagentur für Arbeit, 2011, Klassifikation der Berufe 2010 – Band 1: Systematischer und alphabetischer Teil mit Erläuterungen, URL: http://statistik.arbeitsagentur.de/ Statischer-Content/Grundlagen/Klassifikation-der-Berufe/ KldB2010/Printausgabe-KldB-2010/ Generische-Publikationen/KldB2010-Printversion-Band1.pdf [Stand: 2013-01-03]

[BaSchl14] Bauer, W.; Schlund, S.; Marrenbach, D.; Ganschar, O.: Industrie 4.0 – Volkswirtschaftliches Potenzial für Deutschland. Studie. Berlin, 2014

[BDEW13] BDEW: BDEW-Strompreisanalyse November 2013: Haushalte und Industrie. Berlin, 20. November 2013. URL http://www.bdew.de

[BDG13] Bundesverband der Deutschen Gießerei-Industrie: Der energieeffiziente Gießereibetrieb 2.0 – Leitfaden: Gießereiprozesse allgemein. Energiepolitische Rahmenbedingungen für Gießereien. 2013 (Version 2.0)

[BDTFLS12] Bechmann, S.; Dahms, V.; Tschersich, N.; Frei, M.; Leber, U.; Schwengler, B.: Fachkräfte und unbesetzte Stellen in einer alternden Gesellschaft: Problemlagen und betriebliche Reaktionen. Institut für Arbeitsmarkt- und Berufsforschung (IAB). Nürnberg, 2012 (IAB-Forschungsbericht 13/2012)

[Be07] Becker, H.: Auf Crashkurs: Automobilindustrie im globalen Verdrängungswettbewerb. 2., aktualisierte Auflage. Berlin, Heidelberg: Springer, 2007

[BeHä12] Becker, J.; Häusling, A.: Trend: Technologische Innovationen. In: DGFP e.V. (Hrsg.): Megatrends: Zukunftsthemen im Personalmanagement analysieren und bewerten. Bielefeld: W. Bertelsmann Verlag, 2012, S. 94-115

[BEJHW09] Börsch-Supan, A.; Erlinghagen, M.; Jürges, H.; Hank, K.; Wagner, G. G.: Produktivität, Wettbewerbsfähigkeit und Humanvermögen in alternden Gesellschaften. In: Börsch-Supan, A.; Erlinghagen, M.; Hank, K.; Jürges, H.; Wagner, G. G. (Hrsg.): Altern in Deutschland: Produktivität in alternden Gesellschaften. Halle (Saale): Dt. Akad. der Naturforscher Leopoldina, 2009 (Nova acta Leopoldina, Nr. 366, Bd. 102), S. 9-20

[BfA11] Bundesagentur für Arbeit: Perspektive 2025: Fachkräfte für Deutschland. Nürnberg, 2011

[BGR13] BGR: Energiestudie 2013: Reserven, Ressourcen und Verfügbarkeit von Energierohstoffen. Hannover, 2013 (17)

[BiB14] BiB: Bevölkerungsstand in Deutschland, 1950 bis 2060. A_02_02. 2014. URL http://www. bib-demografie.de/DE/ZahlenundFakten/02/Abbildungen/a_02_02_bevstand_d_1950_2060. html – Überprüfungsdatum 2014-05-14

[BKSS11] Becker, C. (Hrsg.); Klocke, F. (Hrsg.); Schmitt, R. (Hrsg.); Schuh, G. (Hrsg.): Das 27. Aachener Werkzeugmaschinen-Kolloquium: TOOLs: Rhiem Druck GmbH, 2011

[BMAS12] BMAS: Fortschrittsreport „Altersgerechte Arbeitswelt": Ausg. 1: Entwicklung des Arbeitsmarkts für Ältere. Bundesministerium für Arbeit und Soziales (BMAS). Berlin, 2012

[BMAS13] BMAS: Fortschrittsreport „Altersgerechte Arbeitswelt": Ausg. 2: Altersgerechte Arbeitsgestaltung. Bundesministerium für Arbeit und Soziales (BMAS). Berlin, 2013

[BMBF08] BMBF: BMBF Förderprogramm „Ressourceneffizienz in der Produktion". URL http:// www.cluster-ma.de/news/newseinzelmeldung/article//bmbf-foerderp/index.html. – Aktualisierungsdatum: 2008 – Überprüfungsdatum 2014-07-14

[BMBF14] BMBF: Forschung für die Produktion von morgen: BMBF-Rahmenkonzept. URL http:// www.produktionsforschung.de. – Aktualisierungsdatum: 2014 – Überprüfungsdatum 2014-07-17

[BMI11] BMI: Demografiebericht: Bericht der Bundesregierung zur demografischen Lage und künftigen Entwicklung des Landes. Berlin, 2011 (BMI11022)

[BMWi14a] BMWi: Fachkräfteengpässe in Unternehmen: In vielen Berufsgattungen bestehen seit Längerem Engpässe. Studie. Bundesministerium für Wirtschaft und Energie (BMWi). Berlin, Januar 2014a

[BMWi14b] BMWi: Zahlen und Fakten: Energiedaten. Nationale und Internationale Entwicklung. 2014b. URL http://www.bmwi.de/DE/Themen/Energie/energiedaten.html. – Aktualisierungs-datum: 2014-03-03 – Überprüfungsdatum 2014-07-17

[Bö09] Börsch-Supan, A.: Gesamtwirtschaftliche Folgen des demographischen Wandels. In: Börsch-Supan, A.; Erlinghagen, M.; Hank, K.; Jürges, H.; Wagner, G. G. (Hrsg.): Altern in Deutschland: Produktivität in alternden Gesellschaften. Halle (Saale): Dt. Akad. der Naturforscher Leopoldina, 2009 (Nova acta Leopoldina, Nr. 366, Bd. 102), S. 21-42

[BöDüWe09] Börsch-Supan, A.; Düzgün, I.; Weiss, M.: Alter und Produktivität – eine neue Sicht-weise. In: Börsch-Supan, A.; Erlinghagen, M.; Hank, K.; Jürges, H.; Wagner, G. G. (Hrsg.): *Altern in Deutschland: Produktivität in alternden Gesellschaften.* Halle (Saale): Dt. Akad. der Naturforscher Leopoldina, 2009 (Nova acta Leopoldina, Nr. 366, Bd. 102), S. 53-62

[BP13] BP: BP Statistical Review of World Energy 2013. BP p.l.c. London, 2013

[BR09] Bracht, U.; Reichert, J.: Die Digitale Fabrik – Stand und neue Entwicklungen. In: 5. Euro-forum Jahrestagung Digitale Fabrik, Ingolstadt 2009

[Bra08] Brandt, O.: Integrierte Werkzeuge von der Produktentstehung bis zur Fabrikplanung In: 8. Fabrikplanungskongress, Ludwigsburg, 28.10.2008

[Bu01] Buck, H.: Öffentlichkeits- und Marketingstrategie demographischer Wandel: Ziele und Herausforderungen. In: Bulinger, H.-J. (Hrsg.): Zukunft der Arbeit in einer alternden Gesellschaft (Demographie und Erwerbsarbeit). Stuttgart, 2001, S. 11-24

[Bul10] Bullinger, Hans-Jörg: Fraunhofer Grün (IL-Tagung). Dresden, 2010

[Ca71] Cattell, R. B.: Abilities: Their structure, growth, and action. Boston: Houghton Mifflin, 1971

[De08] Dervisopoulos, M.: CO$TRA – Life Cycle Costs Transparent. Abschlussbericht, Kurz-fassung, PTW. Technische Universität Darmstadt. Darmstadt, 2008

[DeHa11] Dercks, A.; Hardege, S.: Der Arbeitsmarkt im Zeichen der Fachkräftesicherung: DIHK-Ar-beitsmarktreport 2011. Ergebnisse einer DIHK-Unternehmensbefragung Herbst 2011. Deutscher Industrie- und Handelskammertag e.V. (DIHK). Berlin, 2011

[Dihk13] DIHK: Konjunktur aufwärts – Mittelstand wachsam: Sonderauswertung Mittelstand der DIHK-Konjunkturumfrage. Deutscher Industrie- und Handelskammertag e.V. (DIHK). Berlin, 2013

[DIN12] Deutsches Institut für Normung e.V.: DIN EN ISO 50001. Energiemanagementsysteme – Anforderungen mit Anleitung zur Anwendung. 2011-12. Berlin: Beuth Verlag GmbH

[DoMie12] Dombrowski, U.; Mielke, T.: Entwicklungspfade zur Lösung des Demografieproblems in Deutschland. In: Müller, E. (Hrsg.): Demographischer Wandel – Herausforderung für die Arbeits- und Betriebsorganisation der Zukunft. Berlin: GITO mbH Verlag, 2012 (Schriftenreihe der Hochschulgruppe für Arbeits- und Betriebsorganisation e.V. (HAB)), S. 55-79

[DPZBA14] Doetsch, C.; Pohlig, A.; Zeidler-Fandrich, B.; Bruzzano, S.; Althaus, W.: Energie-speicherung. In: Neugebauer, R. (Hrsg.): Handbuch ressourcenorientierte Produktion. München, Wien: Carl Hanser Verlag, 2014, S. 171-188

[Eb11] Eberl, U.; Schick, I.; Niere, C.: Zukunft 2050: Wie wir schon heute die Zukunft erfinden. Weinheim, Basel: Beltz & Gelberg, 2011

[EbVe14] Eberspächer, P.; Verl, A.: Energiedatensimulation: Zustandsbasierte Simulation des Energiebedarfs von Werkzeugmaschinen. In: Neugebauer, R. (Hrsg.): Handbuch *ressourcen-orientierte Produktion.* München, Wien: Carl Hanser Verlag, 2014, S. 253-262

[EF13] Eurofound: Developments in collectively agreed working time 2012. European Foundation for the Improvement of Living and Working Conditions. 2013. URL http://eurofound.europa. eu/observatories/eurwork/comparative-information/nationalcontributions/eu-member-states/ developments-in-collectively-agreed-working-time-2012 – Aktualisierungsdatum: 2013-06-25 – Überprüfungsdatum 2015-01-29

[EFSFFPLSR09] Eichhammer, W.; Fleiter, T.; Schlomann, B.; Faberi, S.; Fioretto, M.; Piccioni, N.; Lechtenböhmer, S.; Schüring, A.; Resch, G.: Study on the energy savings potentials in EU member states, candidate countries and EEA countries. Fraunhofer-Institut für Systemforschung- und Innovationsforschung (ISI). Karlsruhe, 2009

[Ei07] Eibenschutz, J.: Energy, Present and Future: A World Energy Overview. In: Klapp, J.; Cervantes-Cota, J. L.; Chávez-Alcalá, J. F. (Hrsg.): Towards a cleaner planet: Energy for the future. Berlin, New York: Springer, 2007

[EK11] Europäische Kommission: Energieeffizienzplan: COM/2011/0109. Europäische Kommission. Brüssel, 2011

[En13] Englisch, P.: Standort Deutschland 2013: Erfolg und Verantwortung. Ernst & Young GmbH. Essen, 2013

[Eni13] eniPROD: Spitzencluster eniPROD lädt zu Vortragsreihe „Energieeffiziente Produktion" ein. URL http://www.silicon-saxony.de/news/news-archiv-detail/archive/2013/may/ article/spitzencluster-eniprod-laedt-zu-vortragsreihe-energieeffiziente-produktion-ein.html?tx_ ttnews[day]=08&cHash= 48af8c5d73af1042e2aa72b270520ebe. – Aktualisierungsdatum: 2013-05-08 – Überprüfungsdatum 2014-07-17

[Eu11] Eurostat: Demography Report 2010: Older, more numerous and diverse Europeans. Commission staff working document. Luxembourg: Publications Office of the European Union, 2011

[EY13] Ernst & Young: European Automotive Survey 2013: Befragungsergebnisse. Ernst & Young GmbH. 2013

[FhG08] Fraunhofer-Gesellschaft: Energieeffizienz in der Produktion: Untersuchungen zum Handlungs- und Forschungsbedarf. Fraunhofer-Gesellschaft. 2008

[FhG14] FhG: E3-Produktion – nachhaltig fertigen. Presseinformation. URL http://www.fraunhofer. de/de/presse/presseinformationen/2014/Maerz/e3-produktion.html. – Aktualisierungsdatum: 2014-03-20 – Überprüfungsdatum 2014-07-15

[Fi10] finanznachrichten.de: IW-Studie – Die volkswirtschaftliche Bedeutung der Entsorgungs- und Rohstoffwirtschaft. 2010. URL http://www.finanznachrichten.de/nachrichten-2010-09/17917135-iw-studie-recyclingwirtschaft-ist-staerkste-wachstumsbranche-in-deutschland-sekundaerrohstoffe-machen-heimische-industrie-zunehmend-unabhaengig-von-007.htm – Überprüfungsdatum 2011-03-20

[ForAca13] Forschungsunion/acatech (Hrsg.): Umsetzungsempfehlungen für das Zukunftsprojekt Industrie 4.0: Abschlussbericht des Arbeitskreises Industrie 4.0. Deutschlands Zukunft als Produktionsstandort sichern. Promotorengruppe Kommunikation der Forschungsunion Wirtschaft – Wissenschaft. Berlin, April 2013

[FuSöWe11] Fuchs, J.; Söhnlein, D.; Weber, B.: Rückgang und Alterung sind nicht mehr aufzuhalten: Projektion des Arbeitskräfteangebots bis 2050. In: IAB-Kurzbericht: aktuelle Analysen aus dem Institut für Arbeitsmarkt- und Berufsforschung (2011), Nr. 16, S. 1-8

[Ge11] Geighardt-Knollmann, C.: DGFP Studie: Megetrends und HR Trends. Praxispapier 7/2011. Düsseldorf, 2011

[GöZw10] Göbel, C.; Zwick, T.: Which Personnel Measures are Effective in Increasing Productivity of Old Workers? ZEW Discussion Paper No. 10-069. ZEW – Zentrum für Europäische Wirtschaftsforschung GmbH. 2010

[GöZw11] Göbel, C.; Zwick, T.: Age and Productivity – Sector Differences? ZEW Discussion Paper No. 11-058. ZEW – Zentrum für Europäische Wirtschaftsforschung GmbH. 2011

[GrFi13] Grünheid, E.; Fiedler, C.: Bevölkerungsentwicklung: Daten, Fakten, Trends zum demografischen Wandel. Wiesbaden, April 2013

[Ha12] Hahn, A.-C.: Trend: Energie und Ressourcenorientierung. In: DGFP e.V. (Hrsg.): Megatrends: Zukunftsthemen im Personalmanagement analysieren und bewerten. Bielefeld: W. Bertelsmann Verlag, 2012, S. 128-136

[He10] Herrmann, C.: Ganzheitliches Life Cycle Management: Nachhaltigkeit und Lebenszyklusorientierung in Unternehmen. Berlin: Springer, 2010

[HiSoRo11] Hirzel, S.; Sontag, B.; Rohde, C.: Betriebliches Energiemanagement in der industriellen Produktion. Karlsruhe, 2011

[HTZIB09] Herrmann, C.; Thiede, S.; Zein, A.; Ihlenfeldt, S.; Blau, P.: Energy Efficiency of Machine Tools – Extending the Perspective. In: Proceedings of the 42nd CIRP Conference on Manufacturing Systems: Sustainable Development of Manufacturing Systems, 2009

[IAB10] IAB: Zuwanderungsbedarf und politische Optionen für die Reform des Zuwanderungsrechts. Hintergrundpapier. Institut für Arbeitsmarkt- und Berufsforschung (IAB). 2010

[IFF13] Fraunhofer IFF: Für Sachsen-Anhalts Unternehmen stellt sich die Energiefrage: Neues Fraunhofer-Innovationscluster soll Energie- und Ressourceneffizienz in der Produktion verbessern. URL http://www.iff.fraunhofer.de/de/presse/presseinformation/2013/fraunhofer-innovationscluster-soll-energie-und-ressourceneffizienz-in-produktion-verbessern.html. – Aktualisierungsdatum: 2013-04-15 – Überprüfungsdatum 2014-07-14

[IHK12] IHK: Kurzportraits wichtiger Metalle. Industrie- und Handelskammer für München und Oberbayern. 2012

[JH09] Jenewein, K.; Hundt, D.. Wahrnehmung und Lernen in virtueller Realität – Psychologische Korrelate und exemplarisches Forschungsdesign. Arbeitsberichte des Instituts für Berufs- und Betriebspädagogik der Otto-von-Guericke-Universität Magdeburg, IBBP-Arbeitsbericht Nr. 67, Juli 2009.

[JoSch09] Jochem, E.; Schade, W.: ADAM 2-degree scenario for Europe: Policies and impacts Deliverable M1.3 of ADAM Project. Fraunhofer-Institut für Systemforschung- und Innovationsforschung (ISI). Karlsruhe, 2009

[JS07] Jenewein, K.; Schulz, T.. Didaktische Potenziale des Lernens mit interaktiven VR-Systemen, dargestellt am Training des Instandhaltungspersonals mit dem virtuellen System „Airbus A 320". In: Kompetenzentwicklung in realen und virtuellen Arbeitssystemen, 53. Kongress der Gesellschaft für Arbeitswissenschaft in Magdeburg, GfA-Press, Dortmund, 2007, S. 323-326.

[Ka11] Karpuschewski, P.: Energieeffiziente Produktion. Magdeburg, Otto-von-Guericke-Universität, Fakultät für Maschinenbau – Institut für Fertigungstechnik und Qualitätssicherung. Vorlesungsskript. 2011

[Ka12] Karpuschewski, P.: Hochtechnologie. Magdeburg, Otto-von-Guericke-Universität, Fakultät für Maschinenbau – Institut für Fertigungstechnik und Qualitätssicherung. Vorlesungsskript. 2012

[KEG02] Kommission der EG: Mitteilung der Kommission betreffend die soziale Verantwortung der Unternehmen: ein Unternehmensbeitrag zur nachhaltigen Entwicklung. Kommission der Europäischen Gemeinschaften. Brüssel, 2002

[KKKRS12] Kahlenborn, W.; Kabisch, S.; Klein, J.; Richter, I.; Schürmann, S.: Energiemanagementsysteme in der Praxis: ISO 50001: Leitfaden für Unternehmen und Organisationen. Berlin, Dessau, 2012

[Kl11] Klocke, F.: Produzieren ohne Rohstoffe. Fraunhofer-Verbund Produktion. 2011

[Kof66] Koford, J. S., Sporzynski, G. A., Strickland, P. R.: Using a Graphic Data Processing System to Design Artwork for Manufacturing Hybrid Integrated Circuits – Proceedings of the Fall Joint Computer Conference, San Francisco, CA, 1966, pp. 229-246.

[KrHe10] Kristof, K.; Hennicke, P.: Materialeffizienz und Ressourcenschonung: Kernergebnisse des Projekts MaRess: Springer, 2010

[KuWe04] Kuhn, A.; Wenzel, S.: Digitale Logistik – (R)Evolutionäre Veränderungen in Planung und Betrieb? In: Wolf-Kluthausen, H. (Hrsg.): Jahrbuch Logistik 2004. Korschenbroich: free beratung, 2004, S. 60-63

[La09] Langhoff, T.: Den demographischen Wandel im Unternehmen erfolgreich gestalten: Eine Zwischenbilanz aus arbeitswissenschaftlicher Sicht. Berlin, Heidelberg: Springer, 2009

[LaAr91] Lang, E.; Arnhold, K.: Altern und Leistung: Medizinische, psychologische und soziale Aspekte; Referate der Vierten Informationsmedizinischen Tage in Hamburg 1989. Stuttgart: Enke, 1991 (Schriftenreihe der Hamburg-Mannheimer Stiftung für Informationsmedizin 5)

[Le07] Lehr, U.: Psychologie des Alterns. 11., korr. Aufl. Wiebelsheim: Quelle & Meyer, 2007

[MeKr12] Meier, H.; Krückhans, B.: Innovatives technisches Assistenzsystem zur Optimierung der Arbeitsgestaltung. In: Müller, E. (Hrsg.): Demographischer Wandel – Herausforderung für die Arbeits- und Betriebsorganisation der Zukunft. Berlin: GITO mbH Verlag, 2012 (Schriftenreihe der Hochschulgruppe für Arbeits- und Betriebsorganisation e.V. (HAB)), S. 167-189

[MELS09] Müller, E.; Engelmann, J.; Löffler, T.; Strauch, J.: Energieeffiziente Fabriken planen und betreiben. Berlin: Springer, 2009

[MeNy12] Meyer, G.; Nyhuis, P.: Alternsgerechte und kompetenzorientierte Arbeitsgestaltung in der Produktion. In: Müller, E. (Hrsg.): Demographischer Wandel – Herausforderung für die Arbeits- und Betriebsorganisation der Zukunft. Berlin: GITO mbH Verlag, 2012 (Schriftenreihe der Hochschulgruppe für Arbeits- und Betriebsorganisation e.V. (HAB)), S. 413-431

[Mü13] Müller, G. (Hrsg.): Produktion und Logistik mit Zukunft: Ehrenkolloquium anlässlich des 60. Geburtstages von Prof. Dr.-Ing. habil. Prof. E. h. Dr. h.c. mult. Michael Schenk. Magdeburg: Fraunhofer-Institut für Fabrikbetrieb und -automatisierung (IFF), 2013

[Mü84] Müller-Limmroth, W.: Lebensalter und Arbeit. In: ASP 84 (1984), Nr. 10, S. 34

[Neu08] Neugebauer, R.; Westkämper, E.; Klocke, F.; Kuhn, A.; Schenk, M.; Michaelis, A.; Spath, D.; Weidner, E.: Untersuchung zur Energieeffizienz in der Produktion. Abschlussbericht. Fraunhofer Gesellschaft. München, 2008

[Neu12] Neugebauer, R.: Ressourceneffizienz als Treiber für Produktinnovationen. Zürich, 30.08.2012

[Neu14] Neugebauer, R.: Vorwort. Wie wollen wir unseren Kindern und Enkeln diese Welt übergeben? In: Neugebauer, R. (Hrsg.): Handbuch ressourcenorientierte Produktion. München, Wien: Carl Hanser Verlag, 2014, S. v-vi

[NeuSt12] Neugebauer, R.; Sterzing, A.: Ressourceneffizient Produzieren mit Werkzeugmaschinen. In: MM Maschinenmarkt (2012), 1/2, S. 18-20

[NeuWe09] Neugebauer, R.; Wertheim, R.: Forschen für die Produktion von morgen – Nano- und Mikrotechnologien für Energie- und Ressourceneffizienz. Branchendialog „NanoEngineering". Branchendialog „NanoEngineering". Düsseldorf, 08.12.2009

[OECD08] OECD: Measuring Material Flows and Resource Productivity: Synthesis report. Paris, 2008

[Pa10] Paqué, K.-H : Wachstum!: Die Zukunft des globalen Kapitalismus. München: Hanser, 2010

[PC08] Proudfoot Consulting: Global Productivity Report 2008. 2008

[Pe10] Pehnt, M.: Energieeffizienz – Definitionen, Indikatoren, Wirkungen. In: Pehnt, M. (Hrsg.): Energieeffizienz: Ein Lehr- und Handbuch. Berlin, Heidelberg: Springer, 2010, S. 1-34

[RaSch10] Ragwitz, M.; Schade, W.; Breitschopf, B.; Walz, R.; Helfrich, N.; Rathmann, M.; Resch, G.; Panzer, Ch.; Faber, T.; Haas, R.; Konstantinaviciute, I.; Zagamé, P.; Fougeyrollas, A.; Le Hir, B.: EmployRES. The Impact of Renewable Energy Policy on Economic Growth and Employment in the European Union: Final Report. DG TREN. Brüssel, 2010

[Ri14] Richter, M.: Energiedatenerfassung. In: Neugebauer, R. (Hrsg.): Handbuch ressourcenorientierte Produktion. München, Wien: Carl Hanser Verlag, 2014, S. 191-226

[Rü06] Rürup, B.: Demografischer Wandel: Herausforderungen für Wirtschaft und Gesellschaft. Berlin, 30.08.2006

[RüKo07] Rürup, B.; Kohlmeier, A.: Wirtschaftliche und sozialpolitische Bedeutung des Weiterbildungssparens. Bonn, Berlin, 2007

[Ru10] Ruprecht, R. (Hrsg.): Produktion in Deutschland hat Zukunft: Ergebnisse aus dem BMBF-Rahmenkonzept „Forschung für die Produktion von morgen". Karlsruhe, 2010

[RW10] rohstoff-wirtschaft.de: IW Studie – Die volkswirtschaftliche Bedeutung der Entsorgungs- und Rohstoffwirtschaft. 2010. URL http://www.rohstoff-wirtschaft.de/archives/699 – Überprüfungsdatum 2011-03-20

[Sa93] Saup, W.: Alter und Umwelt: Eine Einführung in die ökologische Gerontologie. Stuttgart: Kohlhammer, 1993

[SB02] Statistisches Bundesamt: Statistisches Jahrbuch für die Bundesrepublik Deutschland. Wiesbaden: Statistisches Bundesamt, 2002

[SB09] Statistisches Bundesamt: Bevölkerung Deutschlands bis 2060: 12. koordinierte Bevölkerungsvorausberechnung. Statistisches Bundesamt. Wiesbaden, 2009

[SB10a] Statistisches Bundesamt: Nachhaltige Entwicklung in Deutschland – Indikatorenbericht. Statistisches Bundesamt. Wiesbaden, 2010a

[SB10b] Statistisches Bundesamt: Rohstoffeffizienz: Wirtschaft entlasten, Umwelt schonen. Ergebnisse der Umweltökonomischen Gesamtrechnungen. Statistisches Bundesamt. Wiesbaden, 2010b

[SB11a] Statistisches Bundesamt: Demografischer Wandel in Deutschland: Bevölkerungs- und Haushaltsentwicklung im Bund und in den Ländern. Statistisches Bundesamt. Wiesbaden, 2011a (Heft 1)

[SB11b] Statistisches Bundesamt: Statistisches Jahrbuch für die Bundesrepublik Deutschland. Wiesbaden: Statistisches Bundesamt, 2011b

[SB12a] Statistisches Bundesamt: Statistisches Jahrbuch: Deutschland und Internationales. Statistisches Bundesamt. Wiesbaden, 2012a

[SB12b] Statistisches Bundesamt: Umweltnutzung und Wirtschaft: Bericht zu den Umweltökonomischen Gesamtrechnungen. Statistisches Bundesamt. Wiesbaden, 2012b

[SB13] Schenk, M.: Fabrikplanung und -betrieb – Bilanz und Blick in die Zukunft. In: Schenk, M. (Hrsg.): Produktion und Logistik im 21. Jahrhundert: Ehrenkolloquium anlässlich des 75. Geburtstages von Prof. Dr. Dr.-Ing. Prof. E. h. Eberhard Gottschalk. Magdeburg, 2011, S. 21-50

[Sch13] Schenk, M.: Innovationscluster ER-WIN: Höhere Energieeffizienz in Sachsen-Anhalts Unternehmen. In: IFFocus, 2013, Nr. 1, S. 16-19

[SchEl12] Schenk, M.; Elkmann, N.: Sichere Mensch-Roboter-Interaktion: Anforderungen, Voraussetzungen, Szenarien und Lösungsansätze. In: Müller, E. (Hrsg.): Demographischer Wandel – Herausforderung für die Arbeits- und Betriebsorganisation der Zukunft. Berlin: GITO mbH Verlag, 2012 (Schriftenreihe der Hochschulgruppe für Arbeits- und Betriebsorganisation e.V. (HAB)), S. 109-120

[Schl11] Schlögl, W.: Digitales Engineering schließt die Lücke zwischen digitaler Fabrik und Anlagenbetrieb, In: Tagungsband der Fachtagung „Digitales Engineering und virtuelle Techniken zum Planen, Testen und Betreiben technischer Systeme", S. 223-233, Magdeburg, 2011

[Schn06] Schneider, L.: Sind ältere Beschäftigte weniger produktiv? Eine empirische Analyse anhand des LIAB. IWH-Diskussionspapiere Nr. 13/2006. Halle (Saale), 2006

[Schn07] Schneider, L.: Alterung und technologisches Innovationspotenzial: Eine Linked Employer-Employee Analyse. Institut für Wirtschaftsforschung. Halle, 2007

[Schn09] Schneck, M.: Planungstradition in Bits und Bytes – Die digitale Fabrik wird erwachsen!, 5. Euroforum-Jahrestagung, 17.-18. Februar 2009, Ingolstadt.

[SchrLeJä11] Schröter, M.; Lerch, Ch.; Jäger, A.: Materialeffizienz in der Produktion: Einsparpotenziale und Verbreitung von Konzepten zur Materialeinsparung im Verarbeitenden Gewerbe. Endberichterstattung an das Bundesministerium für Wirtschaft und Technologie (BMWi). Fraunhofer-Institut für Systemforschung- und Innovationsforschung (ISI). Karlsruhe, 2011

[SchrWeBu09] Schröter, M.; Weißfloch, U.; Buschak, D.: Energieeffizienz in der Produktion – Wunsch oder Wirklichkeit?: Energieeinsparpotenziale und Verbreitungsgrad energieeffizienter Techniken, Modernisierung der Produktion. Fraunhofer-Institut für Systemforschung- und Innovationsforschung (ISI). Karlsruhe, 2009 (Mitteilungen aus der ISI-Erhebung 51)

[Schw94] Schwarz, E. J.: Unternehmensnetzwerke im Recycling-Bereich. Wiesbaden, 1994

[SchWiMü14] Schenk, M.; Wirth, S.; Müller, E.: Fabrikplanung und Fabrikbetrieb: Methoden für die wandlungsfähige, vernetzte und ressourceneffiziente Fabrik. 2., vollst. überarb. u. erw. Aufl. Berlin, Heidelberg: Springer, 2014

[Sp01] Spahn, P. B.: Mikroökonomie I. Frankfurt am Main, Johann Wolfgang Goethe-Universität, Fachbereich Wirtschaftswissenschaften. Vorlesungsskript. 2001. URL http://www.wiwi.uni-frankfurt.de/professoren/spahn/lehre/ppt/micro/01.ppt

[Sp13] Spath, D. (Hrsg.); Ganschar, O.; Gerlach, S.; Hämmerle, M.; Krause, T.; Schlund, S.: Produktionsarbeit der Zukunft – Industrie 4.0. Studie. Stuttgart: Fraunhofer-Verlag, 2013

[Sp98] Spengler, T.: Industrielles Stoffstrommanagement: Betriebswirtschaftliche Planung und Steuerung von Stoff- und Energieströmen in Produktionsunternehmen. Berlin, 1998

[SSS09] Schenk, M.; Schumann, M; Schreiber, W.: „Die Innovationsallianz Virtuelle Techniken – ein Beitrag zum Virtual Engineering am Standort Deutschland" In: Augmented & Virtual Reality in der Produktentstehung, 8. Paderborner Workshop in der Produktentstehung, Nr.252, Jun. 2009, HNI Verlagsschriftenreihe, Paderborn, Seiten 17-27.

[SSS10] Schenk, M.; Schmucker, U.; Schumann, M.: Digitale Fabrik – Realisierungsstand und Chancen, VW-Konzerntagung „Digitale Fabrik", Braunschweig, 10. November 2010

[Su11] Suder, K.: Wettbewerbsfaktor Fachkräfte: Strategien für Deutschlands Unternehmen. McKinsey Deutschland. 2011

[Th12] Thiede, S.: Energy efficiency in manufacturing systems. Berlin, New York: Springer, 2012 (Sustainable production, life cycle engineering and management)

[Uh13] Uhlmann, E.: Produktionstechnik im Wandel. In: Müller, G. (Hrsg.): Produktion und Logistik mit Zukunft: Ehrenkolloquium anlässlich des 60. Geburtstages von Prof. Dr.-Ing. habil. Prof. E. h. Dr. h.c. mult. Michael Schenk. Magdeburg: Fraunhofer-Institut für Fabrikbetrieb und -automatisierung (IFF), 2013, S. 30-35

[UNEP11] UNEP: Decoupling Natural Resource Use and Environmental Impacts from Economic Growth. United Nations Environment Programme (UNEP). Genf, 2011

[VDI12] VDI: Produktion und Logistik in Deutschland 2025: Trends, Tendenzen, Schlussfolgerungen. Studie. Verein Deutscher Ingenieure e.V. (VDI). Düsseldorf, März 2012

[VDI14] VDI: Ingenieure auf einen Blick: Erwerbstätigkeit, Migration, Regionale Zentren. Verein Deutscher Ingenieure e.V. (VDI). Düsseldorf, 2014

[Wa11] Wackerbauer, J.: Material- und Ressourceneffizienz: Zunehmende Bedeutung im Verarbeitenden Gewerbe. In: ifo Schnelldienst 64 (2011), Nr. 21, S. 26-31

[Wa14] Wahren; S.: Energieeffizienz durch Energiemanagement. In: Neugebauer, R. (Hrsg.): Handbuch ressourcenorientierte Produktion. München, Wien: Carl Hanser Verlag, 2014, S. 27-40

[WaSch09] Walz, R.; Schleich, J.: The economics of climate policy: Macroeconomic effects, structural adjustments, and technical change. Heidelberg: Physica, 2009

[WBD+10] Wagner, S.; Broy, M.; Deißenböck, F.; Kläs, M.; Liggesmeyer, P.; Münch, J.; Streit, J.: Softwarequalitätsmodelle – Praxisempfehlungen und Forschungsagenda, In: Informatik-Spektrum, Volume 33, Issue 1 (2010), Seite 37ff, Springer Verlag, Berlin / Heidelberg

[WBWSZ14] Weissenberger-Eibl, M. A.; Bradke, H.; Walz, R.; Schröter, M.; Ziegaus, S.: Energie- und Rohstoffpolitik. In: Neugebauer, R. (Hrsg.): Handbuch ressourcenorientierte Produktion. München, Wien: Carl Hanser Verlag, 2014, S. 3-26

[Wo04] Wodok, A.: Deutschland altert: Die demographische Herausforderung. Institut der deutschen Wirtschaft, Roman Herzog Institut. Köln, 2004

[ZSM05] Zäh, M.F.; Schack, R.; Munzert, U.: Digitale Fabrik im Gesamtkontext. In: 2. Internationaler Fachkongress Digital Fabrik in der Automobilindustrie, Ludwigsburg 2005

[ZS06] Zäh, M.F.; Schack, R.: Methodik zur Skalierung der Digitalen Fabrik. Zeitschrift für wirtschaftlichen Fabrikbetrieb (ZwF) 101 (2006) 1-2, S. 11-14

Arbeitssysteme der Zukunft

Norbert Elkmann, Dirk Berndt, Stefan Leye, Klaus Richter, Rüdiger Mecke

2.1 Anforderungen an die Arbeitsplätze der Zukunft

Norbert Elkmann

Bereits heute arbeiten viele Erwerbstätige an ihrer Leistungsgrenze, wie bereits die im Jahr 2006 vom Bundesamt für Arbeitsschutz und Arbeitsmedizin durchgeführte Erwerbstätigenbefragung zeigt Abb. 2.1.

Dadurch steigt in der Arbeitswelt der Anteil an Muskel-Skelett-Beschwerden und -Erkrankungen, die seit Jahren zu den meisten Arbeitsunfähigkeitstagen führen (siehe Abb. 2.2) [BAuA11].

Die Folgen sind auch finanzieller Natur: Krankheit bedeutet Produktionsausfall. Auf 17,1 Milliarden Euro Ausfall an Bruttowertschöpfung summieren sich die volkswirtschaftlichen Folgen von Erkrankungen des Muskel-Skelett-Systems [BAuA11].

Alle Wirtschaftszweige zusammen kommen auf einen Produktionsausfall von 43 Milliarden Euro. Die mit Abstand größten Ausfälle sind im produzierenden Gewerbe und im Dienstleistungssektor zu verzeichnen (Tab. 2.1).

Dr. techn. Norbert Elkmann
Fraunhofer-Institut für Fabrikbetrieb und -automatisierung IFF, norbert.elkmann@iff.fraunhofer.de

Dr.-Ing. Dirk Berndt
Fraunhofer-Institut für Fabrikbetrieb und -automatisierung IFF, dirk.berndt@iff.fraunhofer.de

Dipl.-Ing. Stefan Leye
Fraunhofer-Institut für Fabrikbetrieb und -automatisierung IFF, stefan.leye@iff.fraunhofer.de

Prof. Dr.-Ing. Klaus Richter
Fraunhofer-Institut für Fabrikbetrieb und -automatisierung IFF, klaus.richter@iff.fraunhofer.de

Dr.-Ing. Rüdiger Mecke
Fraunhofer-Institut für Fabrikbetrieb und -automatisierung IFF, ruediger.mecke@iff.fraunhofer.de

© Springer-Verlag Berlin Heidelberg 2016
M. Schenk (Hrsg.), *Produktion und Logistik mit Zukunft*, DOI 10.1007/978-3-662-48266-7_2

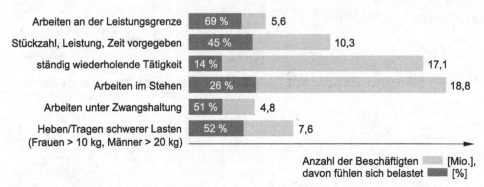

Abb. 2.1 Ausgewählte Arbeitsbedingungen in Deutschland und deren subjektive Belastung für den Beschäftigten [BAuA11]

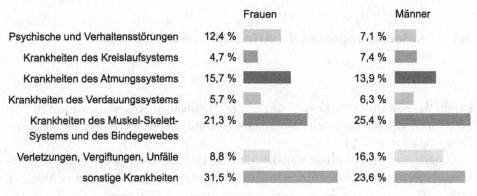

Abb. 2.2 Arbeitsunfähigkeitstage nach Diagnosegruppen [BAuA11]

Die Automobilindustrie mit rund 714.000 Beschäftigten und einem Umsatz von 315 Milliarden Euro im Jahr 2010 ist mit einem Anteil von 14 Prozent am Gesamtumsatz der wichtigste Produktionszweig in Deutschland [VDA12]. Die Herausforderungen infolge des demografischen Wandels sind damit in diesem Sektor besonders hoch.

Zahlreiche Prozesse im Fahrzeugbau, im Presswerk, im Karosseriebau und in der Lackierung, sind bereits hoch automatisiert. Dagegen ist die Baugruppen- und Fahrzeugmontage noch stark manuell geprägt und damit sehr personalintensiv. Typische Arbeitsplätze in der Montage bestehen aus manuellen Füge-, Handhabungs-, Kontroll- und Einstelloperationen. Die hohen Qualitätsanforderungen bei gleichzeitig zunehmender Variantenvielfalt erschweren die Automatisierung in der Montage, da hier die Anforderungen an Flexibilität, Feinmotorik und Intelligenz der Mitarbeiter weiterhin bestehen bleiben.

Angesichts des steigenden Altersdurchschnitts der Mitarbeiter und zur Verbesserung des Arbeitsschutzes müssen die Belastungen am Montagearbeitsplatz zukünftig weiter reduziert werden – ideale Aufgabenstellungen für eine Mensch-Roboter-Kooperation!

Tab. 2.1 Kosten durch Arbeitsunfähigkeit nach Wirtschaftszweigen [BAuA11]

Wirtschaftszweige	Produktionsausfall			Ausfall an Bruttowertschöpfung		
	Mrd. €	je Arbeitnehmer in €	pro Arbeitsunfähigkeitstag in €	Mrd. €	je Arbeitnehmer in €	pro Arbeitsunfähigkeitstag in €
Land- und Forstwirtschaft, Fischerei	0,3	555	56	0,3	552	55
Produzierendes Gewerbe ohne Baugewerbe	14,0	1.866	126	18,6	2.471	167
Baugewerbe	2,2	1.238	83	3,0	1.720	115
Handel, Gastgewerbe, Verkehr	8,4	944	76	11,3	1.269	102
Finanzierung, Vermietung, Unternehmensdienstleister	6,4	1.069	97	17,2	2.887	263
Öffentliche und private Dienstleistungen	14,6	1.291	88	19,0	1.678	114
Alle Wirtschaftszweige	43,0	1.200	94	74,9	2.087	163

Rundungsfehler Ursprungsquelle: Sicherheit und Gesundheit bei der Arbeit 2009 – Unfallverhütungsbericht Arbeit 1. Auflage. Dortmund: Bundesanstalt für Arbeitsschutz und Arbeitsmedizin 2010, S. 88

Bei der Vielzahl an Montageaufgaben müssen unterschiedlichste Körperhaltungen eingenommen werden. Neben den für die Gesundheit weniger bedenklichen Arbeitshaltungen, z. B. aufrecht stehend und normal sitzend, werden dabei auch Arbeitshaltungen mit erhöhten Belastungen eingenommen, z. B. Rückenbeugung, über Kopf arbeitend, verdreht arbeitend, arbeitend mit gestreckter Armhaltung etc.. Diese Haltungen führen überdurchschnittlich oft zu Erkrankungen des Muskel-/Skelettsystems. Eine Unterstützung der Montagemitarbeiter durch robotergestützte Assistenzsysteme bildet hier eine sinnvolle Maßnahme zur Belastungsreduzierung.

Im Vergleich zu anderen Wirtschaftszweigen weist der Dienstleistungssektor seit Jahren ein überproportional hohes Wachstum auf. In der Bundesrepublik Deutschland stieg der Anteil der Beschäftigten im Dienstleistungssektor an der Gesamtzahl aller Erwerbstätigen zwischen 1970 und 2009 von 43,6 Prozent auf über 70 Prozent.

Dienstleistungen sind in den entwickelten Industrieländern ein zentraler Bestandteil des Wirtschaftskreislaufs. Im internationalen Wettbewerb sind die erwerbswirtschaftlich orientierten Dienstleistungsanbieter auf eine kontinuierliche Erhöhung der Verfügbarkeit und Wirtschaftlichkeit ihrer Dienstleistungen angewiesen. Immer stärker wächst in diesen Bereichen der Bedarf an innovativen Automatisierungslösungen zur Rationalisierung und

Optimierung von Handhabungs-, Transport- und Bearbeitungsaufgaben. Zusätzlich können dabei Potenziale bei der ergonomischen Arbeitsplatzgestaltung und beim Ausgleich des zukünftigen demografischen Arbeitskräftemangels erschlossen werden [BMBF11].

Der Produktionsstandort Deutschland steht damit in Zukunft großen gesellschaftlichen Herausforderungen gegenüber, die es durch innovative Arbeitsplatzgestaltung zu lösen gilt.

Aus dem Konflikt zwischen der weiteren Produktionsstärkung und dem demografischen Wandel resultiert ein Bedarf an neuartigen Produktionsmethoden und veränderten Arbeitsplätzen. Im Wesentlichen lassen sich u. a. die folgenden Bedarfe für den Arbeitsplatz der Zukunft ableiten:

- Entlastung der Arbeitskräfte bei körperlichen Tätigkeiten und
- Unterstützung bei der Bedienung komplexer Anlagen durch Assistenzsysteme.
- Flexible Automatisierung von Produktionsbereichen, die aufgrund der hohen Produktvielfalt bisher einen geringen Automatisierungsgrad aufweisen.

Zukünftig sollen (ältere) Arbeitskräfte durch stationäre und mobile Assistenzsysteme weitestgehend unterstützt und entlastet werden. Hier bestehen die konkreten Anforderungen z. B. in der Entlastung beim Heben schwerer Lasten, in der Unterstützung beim hochgenauen Führen/Montieren von Bauteilen und beim Wiederholen monotoner Tätigkeiten. Die Assistenzsysteme werden sich dabei den Arbeitsraum gemeinsam mit dem Menschen teilen und mit einer einfachen Benutzerschnittstelle ausgestattet sein.

Auf der anderen Seite müssen die zukünftig eingesetzten Produktions- und Assistenzsysteme eine hohe Flexibilität und Anpassungsfähigkeit besitzen, um neue Anwendungsbereiche erschließen zu können. Durch individuelle und flexible Werkzeuge können neue Aufgaben ermüdungsfrei, wiederholgenau und präzise von Robotern erledigt werden. Der wachsende Einsatz von Robotern zur Produktionsassistenz in Bereichen mit bisher geringem Automatisierungsgrad und hoher Bauteilvielfalt spielt dabei eine wichtige Rolle [BMBF11].

Zur Umsetzung dieser Anforderungen sind neue innovative Technologien zu entwickeln und in den Arbeitsplatz der Zukunft zu integrieren. Weltweit wird an diesen innovativen Technologien geforscht. Deutschland nimmt hierbei eine führende Rolle ein.

2.2 Mensch-Roboter-Arbeitsplatz

Norbert Elkmann

2.2.1 Technologien und technische Voraussetzungen

In der Regel werden Arbeitsbereiche von Robotern heutzutage durch trennende Schutzeinrichtungen abgesichert. Neben den klassischen Anwendungsszenarien für Roboter im industriellen Umfeld, wie Handhabung, Montage u. a., werden Serviceroboter und Assistenzsysteme in der Produktion zusätzlich Einsatzfelder besetzen müssen. Roboter müssen künftig bei der Produktion von Kleinserien assistieren, den Menschen bei körperlich belastenden Arbeiten unterstützen und Transport- und Routineaufgaben übernehmen. Diese neuen Einsatzfelder in der Produktion erfordern neue Technologien der intuitiven bzw. nutzerfreundlichen und sicheren Mensch-Roboter-Interaktion (MRI).

Zur Überwachung und sicheren Gestaltung gemeinsamer Arbeitsräume von Mensch und Roboter sind verschiedene Schlüsseltechnologien erforderlich:

- Multisensorsysteme zur optischen Arbeitsraumüberwachung
- Taktilsensorik zur Kollisionserkennung
- Navigationslösungen für mobile Assistenzroboter
- Intuitive Interaktionswerkzeuge
- Intelligente Produktion mit flexiblen Roboterwerkzeugen
- Hochflexible Produktionsverfahren mit Industrierobotern

In den nachfolgenden Abschnitten werden die neuen Technologien für den (Roboter)-Arbeitsplatz der Zukunft detailliert beschrieben.

2.2.2 Multisensorsystem zur optischen Arbeitsraumüberwachung

Um bei der direkten physischen Mensch-Roboter-Interaktion (MRI) in einem gemeinsamen Arbeitsraum die Gefahren durch eine Kollision zu verhindern, ist es erforderlich, den Arbeitsraum sensorisch zu überwachen. Nur so lassen sich selbst leichte Verletzungen des Menschen oder Beschädigungen der Umgebung ausschließen, da eine Kollision sicher vermieden wird. Moderne Kameratechnik eröffnet in diesem Bereich völlig neue und innovative Möglichkeiten zur sensorischen Arbeitsraumüberwachung sowie der dynamischen Planung von Schutzräumen.

2.2.2.1 Stand der Technik

Sicherheitsbereiche definieren den Raum, in dem eine potenzielle Verletzungsgefahr für den Menschen besteht. Zur Etablierung von Sicherheitsbereichen werden bisher unterschiedliche Verfahren eingesetzt:

- Trennende Schutzeinrichtungen (teils in Kombination mit den folgenden),
- Mechanische Systeme (Schaltmatten, Türöffner),
- Optische Systeme (Lasertechnikscanner, Lichtschranken, Lichtvorhänge u. a.) sowie
- Optische, bildverarbeitende Systeme.

Trennende Schutzeinrichtungen trennen den Sicherheitsbereich des Roboters ab und stellen somit eine unüberwindbare Grenze zwischen Mensch und Maschine dar. Schnittstellen zum Sicherheitsbereich werden durch weitere Sensoren abgesichert und deaktivieren den

Roboter bei Bedarf. Kollisionen zwischen Mensch und Maschine sind somit ausgeschlossen. Die Nachteile dieser trennenden Schutzeinrichtung sind ein hoher Installationsaufwand, Unflexibilität und großflächiger Platzbedarf. Auch ist eine direkte Interaktion mit dem Roboter aufgrund der Trennwände nicht oder nur sehr eingeschränkt möglich.

Im Gegensatz dazu arbeiten optische Sicherheitslösungen nach dem Prinzip, dass in dem relevanten Arbeitsraum Personen bzw. Objekte permanent überwacht werden. Das Eindringen von Objekten oder Personen in sicherheitskritische Bereiche des Arbeitsraumes, d. h. in Bereiche, in denen sich Teile des Roboters oder der Maschine bewegen, wird dann mithilfe der gewonnenen Daten erfasst. Als Reaktion auf eine solche Situation kann beispielsweise das Anhalten der Anlage erfolgen.

In den letzten Jahren sind in der wissenschaftlichen Literatur vermehrt Entwicklungen hinsichtlich des Einsatzes optischer, bildverarbeitender Systeme zur Etablierung und Überwachung von Sicherheitsbereichen zu erkennen. Dabei kommen Multi-Kamera-Systeme, Stereo-Kameras oder Time-of-Flight-Kameras (3D-Kameras, die Distanzen messen) zum Einsatz.

2.2.2.2 Motivation

Ein wesentlicher Bestandteil der adaptiven und flexiblen Produktion ist die Mensch-Roboter-Koexistenz sowie die physische Interaktion im gemeinsamen Arbeitsraum. Die Gewährleistung der Sicherheit ist dafür wesentliche Voraussetzung. Eine Verletzung des Menschen durch Roboter muss definitiv ausgeschlossen werden. Der Roboter reagiert auf Annäherung von Personen, indem er langsamer wird oder ausweicht. Hierfür ist die zuverlässige sensorische Erfassung von Personen und anderen Objekten bzw. Hindernissen im Arbeitsbereich des Roboters bei unterschiedlichsten Umgebungsbedingungen notwendig.

Allen bisher etablierten Lösungen ist gemein, dass stets ein vorher festgelegter Bereich um den Roboter herum als Sicherheitsbereich definiert wird. Der Nachteil besteht darin, dass diese Bereiche pessimistisch ausgelegt werden müssen. Das kann dazu führen, dass Hindernisse auch an Positionen, für die keine akute Kollisionsgefahr besteht, eine Bereichsverletzung auslösen können. Der Sicherheitsbereich wird also vorab festgelegt und muss jeden nur denkbaren Kollisionspunkt einschließen. Er wird dadurch sehr groß und der Roboter stoppt öfter, als eigentlich notwendig ist. Die Alternative besteht darin, durch den Roboter selbst den Sicherheitsbereich je nach Situation stets neu berechnen zu lassen, wodurch die Punkte, die im jeweiligen Moment gar nicht erreichbar sind, nicht mit in diesen Bereich aufgenommen werden.

Der Vorteil einer solchen *virtuellen dynamischen Schutzraumplanung* besteht darin, dass diese Bereiche durch eine vom System selbstständig vorgenommene dynamische Auslegung optimiert und damit gleichzeitig auch minimiert werden, sowohl in ihrer räumlichen Ausdehnung als auch bezüglich ihrer zeitlichen Aufrechterhaltung. Das hat zur Folge, dass sich die Flexibilität des Gesamtsystems erhöht, da der Mensch sich den Maschinen weiter nähern kann, stärkere Überlappungen von Abläufen bzw. Tätigkeiten von Maschine bzw. Mensch möglich sind und weniger Arbeitsraum vom System beansprucht wird.

Für die Etablierung dieser virtuellen dynamischen Schutzfelder im direkten Arbeitsbereich eines Roboters ist die Entwicklung von robuster, hochauflösender Sensorik notwendig. Sie muss den Roboter, dessen Bewegungsraum und den des Menschen exakt
erfassen können. Vorteile einer solchen Technik liegen in der guten räumlichen Erfassung
und den flexiblen Möglichkeiten zur optischen Wiedergabe und Fortnutzung der erfassten
Daten. Die von den Kameras aufgenommenen Bilder lassen sich hervorragend in sogenannten „Augmented Reality"-Anwendungen visualisieren.

Auf dieser Grundlage sind die Messwerte optisch gut sichtbar und für den Bediener
besser zu handhaben. Das bietet Vorteile bei der Einrichtung und Steuerung des Roboters
sowie der direkten Überwachung und Diagnose seiner Bewegungen. Zudem sind virtuelle
Anwendungen skalierbar und damit sehr flexibel einzusetzen.

2.2.2.3 Technologiebeschreibung

Zum Aufbau und zur Überwachung der dynamischen Schutzfelder werden die aus den
2D- bzw. 3D-Kameras bestehenden Sensorsysteme direkt über oder sogar auf dem Roboter
angebracht. Das Verfahren beschränkt sich bei der Etablierung von Sicherheitsbereichen
auf jene Bereiche, bei denen auch tatsächlich eine direkte Kollisionsgefahr besteht. Grundlage für die Modellierung dieser Sicherheitsbereiche sind zum einen die Bewegungsaus-
führungen des Roboters, die vorab stets bekannt sind, sowie zum anderen die Maßgabe,
dass die Detektion von Verletzungen dieser Bereiche innerhalb einer maximalen Zeitdauer garantiert wird. Die Entwicklung beruht darauf, dass zu jedem Zeitpunkt die aktuelle
Lage des Roboters und der vom Roboter abzufahrende dreidimensionale Raum bekannt
sind. Objekte, die sich in diesem Raum befinden, sind direkt von Kollisionen mit dem
Roboter gefährdet. Dieser Raum definiert somit den minimal zu überwachenden Sicherheitsbereich.

Da der Sicherheitsbereich keinerlei Beschränkung in Größe und Form unterliegt, kann
die Detektion einer Verletzung ein sehr rechenintensives Problem darstellen. Um dem
entgegenzuwirken, wird der Sicherheitsbereich in eine Vielzahl einfacher dreidimensionaler Raumelemente (Würfel) zerlegt (sogenannte Diskretisierung, siehe Abb. 2.3). Ob hier
eine Kollision droht, ist mit wenigen einfachen Rechenoperationen und insgesamt geringerem Rechenaufwand möglich. Ein negativer Kollisionstest für alle Raumelemente bedingt
dabei einen verletzungsfreien Sicherheitsbereich.

Die Bestimmung des Sicherheitsbereiches veranschaulicht, vereinfacht auf zwei Dimensionen, Abb. 2.4 anhand der Bewegung eines Manipulators (2), der auf einer Plattform
(1) befestigt ist. Ein dreidimensionales Modell des Manipulators nimmt die einzelnen
Positionen (3) von Beginn bis Ende entlang seiner vorausberechneten Bahnkurve ein. Für
jede Position werden diejenigen Raumelemente (4) bestimmt, die in diesem Teilschritt der
Bewegung überstrichen wurden. Der Sicherheitsbereich (5) setzt sich danach aus all den
Raumelementen zusammen, die sich mit dem dreidimensionalen Modell des Roboters an
zumindest einer Position entlang der Bahnkurve schneiden.

Die Abb. 2.5 verdeutlicht diesen Sachverhalt mithilfe einer dreidimensionalen Darstellung. Der markierte Sicherheitsbereich besteht aus einer Vielzahl an Raumelementen

Abb. 2.3 Diskretisierung
des Sicherheitsbereichs:
Der Sicherheitsbereich ist in
mehrere kleine einzelne
Raumelemente zerlegt.
Bild: Fraunhofer IFF

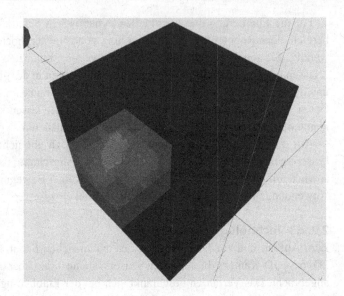

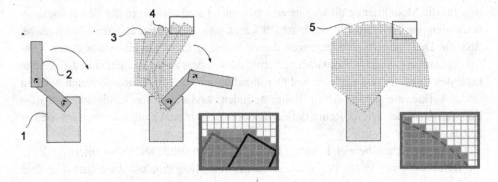

- Stellung im vorherigen Zustand
- Stellung im aktuellen Zustand
- Raumelemente, die in irgend einem der Zustände ganz oder teilweise
  innerhalb des geometrischen Modells des Roboters liegen
- Raumelemente, die bei der Transition zwischen zwei Zuständen überstrichen wurden
- nicht berührte Raumelemente

Abb. 2.4 Bestimmung des Sicherheitsbereiches. Grafik: Fraunhofer IFF

(Würfel einheitlicher Größe) und definiert den abzufahrenden dreidimensionalen Raum.
Dieser Raum wird nun zusätzlich um die Elemente erweitert, die dem Raum entsprechen,
der innerhalb der Reaktionszeit des Sensorsystems und der Anhaltezeit des Roboters bei
der geplanten Bewegungsgeschwindigkeit durchschritten werden könnte. Durch diese Vorgehensweise entsteht ein ausreichend großer Sicherheitspuffer.

Abb. 2.5 3D-Darstellung
des Sicherheitsbereiches.
Bild: Fraunhofer IFF

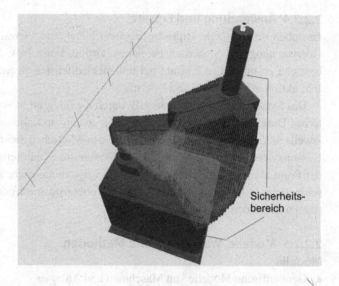

Sicherheits-
bereich

Neben Größe und Form der Raumelemente steht auch deren Anzahl aufgrund der beschränkten Größe des Arbeitsbereiches fest. Auf dieser Grundlage und unter Berücksichtigung der Anzahl der zu testenden Sensordaten kann eine Aussage zum maximalen
Rechenaufwand und somit auch zur Rechenzeit getroffen werden. Es kann also garantiert
werden, dass der Kollisionstest innerhalb eines bestimmten Zeitbereiches ein Ergebnis
liefert. Dies stellt die Voraussetzung für den Einsatz des Systems in zeitkritischen Anwendungen wie z. B. bei der Mensch-Roboter-Interaktion dar.

Der beschriebene Lösungsansatz zur dynamischen Arbeitsraumüberwachung weist die
folgenden Vorteile gegenüber dem Stand der Technik auf:

Kompakter Sicherheitsbereich

Der durch dieses Verfahren bestimmte Sicherheitsbereich deckt nur genau den dreidimensionalen Bereich ab, der vom Roboter tatsächlich während seiner Bewegung erreicht wird.
Der restliche Bereich ist freigegeben und kann vom Menschen genutzt werden.

Hohe Bahngeschwindigkeiten

Aufgrund der Planung des dynamischen Sicherheitsbereiches auf Basis der vorberechneten
Bahnkurve einer kompletten Bewegungsphase sowie der Erweiterung des Schutzraumes
um einen Sicherheitspuffer eignet sich das Verfahren auch zur Absicherung vergleichsweise schneller Bewegungen bei moderaten Reaktionszeiten des Sensorsystems.

Echtzeitfähigkeit

Nach der Bestimmung des Sicherheitsbereiches liegt ein diskretisiertes Raummodell in
Form einer Vielzahl von kleineren Raumelementen (Würfel) vor, die den Sicherheitsbe-
reich repräsentieren. Somit kann ein maximaler Rechenaufwand und daraus die maximale
Zeitdauer bis zur Feststellung einer Kollision/Nicht-Kollision angegeben werden.

2.2.2.4 Anwendung und Einsatz

Das oben beschriebene Multisensorsystem bietet eine Vielzahl an Möglichkeiten für die Überwachung von Sicherheitsbereichen. Größe, Form bzw. Musterung der Sicherheitsbereiche erlauben den Einsatz bei unterschiedlichsten Szenarien der Mensch-Roboter-Interaktion in Produktion und Logistik.

Das System ist darüber hinaus z. B. durch die Integration von Projektionstechnik erweiterbar. Durch das Einblenden bzw. Projizieren von zusätzlichen Informationen werden die jeweils aktuellen Sicherheitsbereiche für den Menschen sichtbar, was die Sicherheit des Gesamtsystems weiter erhöht. Ebenso können die Sicherheitsbereiche sowohl bezüglich der Form als auch hinsichtlich Größe und Lage dynamisch, z. B. in Abhängigkeit unterschiedlichster Umgebungsbedingungen (Roboterposition oder -bewegung), individuell angepasst werden.

2.2.2.5 Modelle, Werkzeuge und Methoden
Modelle
- Geometrische Modelle von Maschinen und Anlagen
- Bewegungs- und Kollisionsmodelle der Roboterkinematiken
- Funktionale Modelle des Sensorsystems

Werkzeuge
- Interaktives Softwaretool zur Visualisierung und Analyse räumlicher Zusammenhänge und Situationen

Methoden
- Inkrementell iterativer Prozess zur virtuellen Auslegung von Kollaborationsräumen

2.2.3 Taktilsensorik zur Kollisionserkennung (sichere MRI)

Ein direkter Kontakt zwischen Mensch und Roboter ist in der Praxis nicht immer zu vermeiden und in manchen Szenarien sogar erwünscht bzw. notwendig. Flächige taktile Sensoren, die wie eine künstliche Haut auf dem Roboter aufgebracht werden, können Berührungen sicher detektieren, die auftretenden Kräfte messen und die Bewegungen des Roboters stoppen. Dasselbe Sensorsystem kann auch als Eingabegerät verwendet werden, um den Roboter durch Anfassen zu steuern bzw. zu führen. Vielfältige Ausführungsvarianten, von extrem robust über wasserdicht bis hin zu luftdurchlässig, eröffnen ein breites Spektrum an Einsatzfeldern, das über die Robotik hinaus in die Produktion und die Medizintechnik reicht.

2.2.3.1 Stand der Technik
Roboter brauchen Sensoren, denn wir wollen, dass sie auf unseren Druck hin stehenbleiben, sich bewegen oder auf uns reagieren. Hierzu kann man ihre Außenfläche mit Sensoren bestücken. Damit der Roboter unsere Berührung auch möglichst überall registriert, ist es

wichtig, dass dieses Netz aus Sensoren möglichst engmaschig ist, es sollen also viele Sensorpunkte genutzt werden. Und diese Sensoren sollen spüren, ob wir sanft oder sehr stark Kraft ausüben, die Sensoren müssen somit auch sensibel sein. Dies klingt einfacher, als es ist, denn die Daten hunderter Sensorpunkte zu einem Auswertzentrum, einer Art Gehirn, zu transportieren, ist eine Herausforderung.

2.2.3.2 Motivation

Im Vergleich zu klassischen Schaltleisten bzw. -matten, die lediglich signalisieren können, dass eine Berührung stattgefunden hat, liefert eine künstliche Haut zusätzlich Informationen über den Ort der Berührung und die dabei auftretenden Kräfte. Durch intelligente Sensordatenverarbeitung können so Berührungen analysiert werden. Zudem können zulässige bzw. gewollte von unzulässigen bzw. ungewollten Berührungen unterschieden werden. Das System erkennt, ob sich der Roboter in eine bestimmte Richtung bewegt oder ob er sofort gestoppt werden soll. Wird eine unzulässige Berührung erkannt, können nachfolgende Sicherheitskreise z. B. einen Sicherheitshalt oder eine aktive Ausweichbewegungen einleiten. Aber auch die Überwachung von zulässigen Berührungen, wie z. B. das Greifen von Objekten, wird durch den Einsatz der künstlichen Haut möglich. Dabei kann dieses taktile Sensorsystem in der Form- und Messperformance der jeweiligen Applikation derart angepasst werden, dass selbst komplizierte Geometrien vollflächig bedeckt und entsprechend abgesichert werden können. Der Ansatz, einen Roboter mit einer druckempfindlichen Haut auszustatten, ist dabei einfach anpassbar und mit vergleichsweise geringen Kosten verbunden.

2.2.3.3 Technologiebeschreibung

Das Herzstück des Sensorsystems bildet ein ca. zwei Millimeter dicker flexibler Messaufnehmer. Um eine möglichst hohe mechanische Zuverlässigkeit zu erreichen, wurde dieser auf einer vollständig textilen Basis realisiert. Statt klassischer Kabel bilden textile Leiterbahnen eine Sensormatrix aus flexiblen Sensorzellen (Abb. 2.6). Die einzelnen Sensorzellen basieren auf variablen druckabhängigen Widerständen und weisen im unbelasteten Zustand einen definierten Wert auf. Abweichungen von diesem Wert sind das Maß für die auf den Sensor wirkende Kraft.

Abb. 2.6 Prototyp eines 8 × 8 Messaufnehmers mit 2 × 2 cm Zellengröße. Bild: Fraunhofer IFF

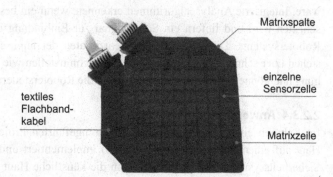

Matrixspalte

einzelne Sensorzelle

textiles Flachbandkabel

Matrixzeile

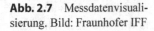
Abb. 2.7 Messdatenvisualisierung. Bild: Fraunhofer IFF

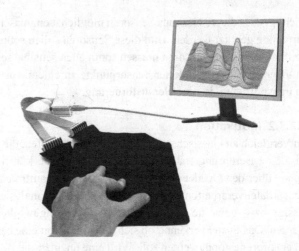

Da auch im unbelasteten Zustand ein auswertbares Signal vorliegt, können die Sensorzellen aktiv überwacht werden. Wenn eine einzelne Sensorzelle z. B. durch Kurzschluss oder Durchtrennung der textilen Leiterbahnen ausfällt, fehlt deren Signal und der Defekt wird bemerkt. Die damit erreichbare „Eigensicherheit" des Sensorsystems ist eine wichtige Grundlage für den Einsatz als Sicherheitssensor.

Um ein optimales Zusammenspiel zwischen der Geometrie des Robotersystems und der darauf installierten künstlichen Haut zu erreichen, sollte das Sensorsystem auf den jeweiligen Einsatzfall maßgeschneidert werden. Dies betrifft neben den stoßdämpfenden Eigenschaften insbesondere die Form und Größe der einzelnen Sensorzellen sowie den Kraftmessbereich. Die Größe der einzelnen Sensorzellen lässt sich bis auf ca. 5 mm^2 reduzieren. Dies entspricht der minimal erreichbaren Ortsauflösung. Das Sensorsystem ist in der Lage, schon geringe Kräfte ab ca. 0,1 N/cm^2 zu detektieren. Die Messdaten lassen sich über eine USB-Schnittstelle auf jedem handelsüblichen PC darstellen (Abb. 2.7).

Zum Schutz gegenüber Umwelteinflüssen kann der Messaufnehmer mit einem robusten, ggf. wasserdichten Material eingehüllt werden. Dadurch ist der Einsatz auch unter widrigen Umgebungsbedingungen möglich.

Vervollständigt wird das Sensorsystem durch eine intelligente Datenerfassungshardware. Integrierte Analysealgorithmen erkennen, wenn ein bestimmter Schwellwert überschritten wird und liefern ein Schaltsignal zur Einbindung in den Sicherheitskreis des Robotersystems. Die vollständigen Sensordaten der angeschlossenen Messaufnehmer stehen über schnelle Datenkommunikationsschnittstellen wie CAN oder USB zur Verfügung und können zur Weiterverarbeitung in die Robotersteuerung eingebunden werden.

2.2.3.4 Anwendung und Einsatz
Im Rahmen eines am Fraunhofer IFF durchgeführten Projektes wurde die künstliche Haut auf einem mobilen Roboter (LiSA) implementiert und arbeitet hier als primäres Sicherheitssystem. Darüber hinaus kann die künstliche Haut auch als „haptisches Inter-

face" zum Einsatz kommen und so die Steuerung des Roboters durch direktes Berühren ermöglichen.

Der LiSA Roboter übernimmt in einem realen Biolabor alle anfallenden Routineaufgaben, wie z. B. den Probentransport oder die Bestückung von Messgeräten. Dabei kommuniziert er mit den Labormitarbeitern in natürlicher Sprache und navigiert vollständig autonom in der ihm bekannten, semi-strukturierten Laborumgebung.

Am LiSA Roboter kommen geometrieadaptierte Sensorelemente zum Einsatz, die den Roboter in seinen Hauptbewegungsrichtungen absichern. Die einzelnen Sensorcontroller sind via CAN-Bus vernetzt und übermitteln die Sensordaten an einen Leitrechner, der sie zu einem virtuellen Abbild verschmilzt. Diese Daten stehen dann zur Weiterverarbeitung zur Verfügung und können z. B. zum Steuern des Roboters durch Berührung genutzt werden. Die Berührungssensoren sind in den Sicherheitskreis des Roboters eingebunden. Bei Überschreitung der zulässigen Interaktionskräfte wird der Sicherheitskreis aktiviert und die Roboterbewegung wird gestoppt.

2.2.3.5 Modelle, Werkzeuge und Methoden
Modelle
- Geometrische Modelle der abzusichernden Maschinen und Roboter

Werkzeuge
- Kollisionsprüfstände
- Prüfstände zur Materialcharakterisierung
- Prüfstände für Dauertests etc.

Methoden
- Kollisionsmessungen
- Simulation von Kollisionsszenarien

2.2.4 Navigationslösungen für mobile Assistenzroboter

Robotergestützte Assistenzsysteme stellen eine neue Klasse von Robotern dar: Sie teilen sich den Arbeitsraum direkt mit dem Menschen. Damit ermöglichen sie eine direkte Interaktion in teilweise unstrukturierten Umgebungen. Mithilfe von Sensoren und intelligenten Algorithmen sind sie in der Lage, ihre Umwelt sowie Personen wahrzunehmen, autonom zu navigieren, Hindernisse sicher zu erkennen und selbstständig Entscheidungen zu treffen. Viele Anwendungen im Bereich der Servicerobotik setzen eine Mobilität des Roboters voraus. Dabei stehen die Positionserfassung und autonome Navigation solcher Systeme im Vordergrund. Visuelle Positionsbestimmung und -verfolgung, die traditionell und schwerpunktmäßig im Bereich der virtuellen Technologien und Computervision beheimatet ist, lässt sich hierbei vielfältig einsetzen. Gezielt weiterentwickelt, kann sie in der Robotik und Logistik für mobile Navigationslösungen sorgen. Neben der funktionalen Sicherheit spielt auch die Akzeptanz des Mensch-Roboter-Arbeitsplatzes eine entscheidende Rolle. Im Zuge der Einführung von Robotersystemen am Arbeitsplatz des Menschen müssen einfache Schnittstellen zur Bedienung und Kommunikation geschaffen werden.

2.2.4.1 Stand der Technik

Der Einsatz von Trackinglösungen zur selbstständigen Navigation mobiler Einheiten stellt hohe Anforderungen an die Genauigkeit und die Zuverlässigkeit des Verfahrens. Es gibt hier Ansätze mit mechanischen, akustischen oder magnetischen Sensoren. Diese sind jedoch für die mobile Robotik wenig geeignet, da die Umgebung stets vorher mit Erkennungsmarken und Referenzmustern ausgestattet werden müsste.

Mobile Robotik aber funktioniert anders. Hier ist die Lokalisierung in Umgebungen wie Werk- oder Lagerhallen mit ganz speziellen Herausforderungen, z.B. kritische Beleuchtungsverhältnisse, zu berücksichtigen. In der mobilen Robotik sind also für Positionsbestimmung und Navigation Verfahren notwendig, die in bekannten wie auch unbekannten und weitläufigen Umgebungen arbeiten können. Umfangreiche Erfahrungen mit der Fusion von Daten verschiedener Sensoren sind heute bereits vorhanden. In den vergangenen Jahren wurde folglich auch das Thema des visuellen Trackings für mobile Roboteranwendungen in Forschung und Entwicklung verstärkt aufgegriffen. Ebenso wurden vielfältige Ansätze zur Handhabung von Zeitbedingungen und zur Einbindung von ressourcenbeschränkten oder verteilten Systemen erforscht. All diese Aspekte sind bei den aktuellen Entwicklungen von visuellen Trackingsystemen für mobile Roboterplattformen allgemein hilfreich.

2.2.4.2 Motivation

In der Praxis verfügbare bildbasierte Trackingsysteme sind robust, aber kostenintensiv. Zudem arbeiten sie noch immer mit künstlichen Markern oder setzen Oberflächen mit speziellen optischen Eigenschaften voraus.

Im Rahmen eines Forschungsprojektes am Fraunhofer IFF wurde an einer mobilen Einheit ein neues System zur visuellen Navigation entwickelt. Es nutzt zum einen kostengünstige Kameratechnik und arbeitet zum anderen nicht mit künstlichen Markern, sondern mit natürlichen Landmarken. Dies sorgt für eine hohe Flexibilität visueller Positionsbestimmung, womit diese Navigationslösung insbesondere für zukünftige mobile Serviceroboter oder kostengünstige fahrerlose Transportsysteme geeignet sein wird.

2.2.4.3 Technologiebeschreibung

Als Entwicklungsumgebung wurde eine mobile Versuchsplattform (Abb. 2.8) ausgewählt und mit einem monokularen Trackingsystem ausgestattet. Das System kommt in Werkhallen mit typischer Deckenhöhe und weitläufigen Gängen zum Einsatz. Ortsfeste Merkmale, die für eine Berechnung genutzt werden könnten, sind also in größeren Entfernungsbereichen zu erwarten. Die Ausrichtung der Kamera auf dem mobilen Roboter (Abb. 2.8) muss also einen Kompromiss leisten: Zwischen der Sicht auf ortsfeste Merkmale im Deckenbereich und der Möglichkeit zur Erfassung auch schnellerer linearer Be-

Abb. 2.8 Mobile Versuchsplattform „Agnus".
Foto: Fraunhofer IFF

wegungsgeschwindigkeiten durch Blick entlang der Fahrtrichtung. Das System wird
zum einen durch eine Navigation ergänzt, die referenzlos, d. h. unabhängig von jed-
weden Ortungssignalen aus der Umgebung, funktioniert (sogenannte Inertialnavigation
oder Trägheitsnavigation), und zum anderen durch eine radgebundene Odometrie, d. h., es
werden die Radumdrehungen gemessen und darauf basierend wird die aktuelle Position
errechnet.

Die visuelle Odometrie arbeitet so, dass Bewegungen in einzelne Teile zerlegt
werden (diskrete Bewegungen) und schrittweise (inkrementell) verfolgt werden, mit
entsprechend danach zusammengerechneten Fehlern. Um für die geplanten Anwendungsfälle ein einsetzbares System zur absoluten Positionserfassung aufzubauen, ist es notwendig, über diese reine visuelle Odometrie hinauszugehen. Entsprechend wurden die
Fähigkeiten zur Kartenerstellung anhand von natürlichen Umgebungsmerkmalen mit zusätzlichen Möglichkeiten zur punktuellen Referenzierung an künstlichen Landmarken
kombiniert.

Im Folgenden werden die wesentlichen Entwicklungsschwerpunkte der neuen Technologie im Kontext des betrachteten Anwendungsszenarios vorgestellt.

Merkmalsextraktion

Die Merkmalsextraktion sowie die nachfolgende Merkmalserkennung und -verfolgung
(Matching) sind wesentliche Schritte jedes Trackingsystems. Je nach Umgebung und den
darin zu erwartenden Objekten, deren visueller Ausprägung und weiteren Randbedingungen, wie zur Verfügung stehender Rechenleistung und geforderter Bildrate, ist es sinnvoll,
angepasste Merkmalsextraktoren zu verwenden.

Soll sich der Roboter z. B. an Strukturen orientieren, die er in der oberen Hälfte von
Hallenkonstruktionen findet, müssen an dieser punktförmige Merkmale identifiziert werden: Ecken, Kanten, Streben, Winkel usw. werden zuvor auf eindeutige Punkte untersucht,
die sich kein zweites Mal finden und die sich nicht bewegen können. Sie bilden die Land-

Abb. 2.9 Bestimmung der
Kameraausrichtung auf dem
mobilen System. Klassifikation
von horizontal bzw. vertikal
dominierten Blöcken (a).
Brauchbare und tatsächlich
ausgewählte Merkmale (b).
Bild: Fraunhofer IFF

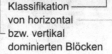

Klassifikation ——————
von horizontal ——————
└ bzw. vertikal
dominierten Blöcken

Brauchbare ——————
und tatsächlich ——————
ausgewählte Merkmale

karte für den Roboter. Die Hallenfläche wird zur Berechnung in 8 × 8 Pixel große Blöcke
aufgeteilt und untersucht, welche der in diesen Blöcken befindlichen Merkmale besonders
eindeutig sind. Ziel ist es, jeden Block entsprechend der vier verschiedenen Hauptaus-
richtungen in den vorhandenen Strukturen (horizontal, vertikal und zweimal diagonal) zu
klassifizieren. Besonders brauchbar sind dann genau jene Punkte, an denen unterschiedlich
klassifizierte Ausrichtungen zusammenstoßen (Abb. 2.9). Das Verfahren arbeitet effizient,
da nur wenige DCT-Koeffizienten (Diskrete Cosinus Transformation) zur Bewertung berechnet werden müssen. Die anschließenden Stufen der Merkmalserkennung bzw. -ver-
folgung in Folgebildern lassen sich mit allgemein bekannten Verfahren realisieren. Die
Rekonstruktion der 3D-Struktur von Merkmalspunkten erfolgt in der Bewegungsphase
anhand von Inertialmessungen, die eine ausreichende Genauigkeit für die notwendigen
kurzen Zeiträume bieten.

Bestimmung der Kameraausrichtung auf dem mobilen System

Das System hat den großen Vorteil, dass es auf verschiedenen mobilen Plattformen eingesetzt werden kann. Für den praktischen Einsatz stellt sich damit natürlich die Frage
nach der Justierung und dabei insbesondere nach der Bestimmung der Lage des visuellen
Trackingsystems zum Koordinatensystem der Plattform. Die Parameter der Kamera selbst
sind entsprechend dem Lochkameramodell auf bekannte Art und Weise bestimmbar. Der
häufige An- und Abbau eines Trackingsystems auf variierenden mobilen Einheiten erfordert dagegen eine einfache Methode zur Ausrichtungsbestimmung. Hierfür wird die
Kameraausrichtung unter Identifikation und Verwendung von Merkmalsbewegungen während verschiedener Bewegungsphasen gegenüber dem mobilen System bestimmt. Es sind
zwei kurze Bewegungen auszuführen: eine lineare, achsenparallele Bewegung entlang der
Fahrtrichtung und eine Drehung auf der Stelle. In Abb. 2.10 sind die über mehrere Bilder
verfolgten Merkmale (b) sowie die daraus abgeleiteten Fluchtlinien (a) dargestellt. Bewegungen um wenige Meter in Verbindung mit halben Drehungen haben sich hier als
ausreichend herausgestellt.

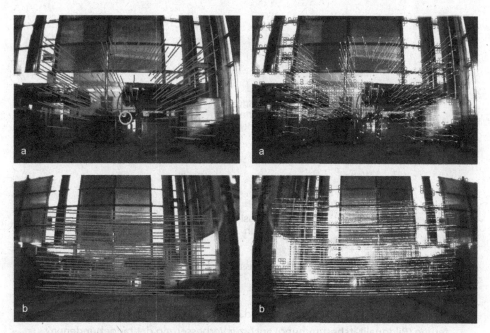

Abb. 2.10 Bestimmung der Ausrichtung durch Beobachtung der Umgebung während der Linearfahrt (a) und der Drehung (b). Bild: Fraunhofer IFF

Fusion mit anderen Datenquellen

Die beiden gängigen Verfahren zur Fusion von Sensordaten bei der Lokalisierung von mobilen Robotern sind Partikelfilter und erweiterte Kalmanfilter. Beide Verfahren sind in der Literatur ausführlich beschrieben [THBF05].

Partikelfilter werden bei der sogenannten Monte-Carlo-Lokalisierung (MCL) eingesetzt. Dabei beschreibt eine Pose exakt den Ort und die aktuelle Orientierung des Roboters. Eine Menge von Samples (Partikeln) wird dann dazu benutzt, die Wahrscheinlichkeitsdichte für einzelne Posen (inkl. Positionen und Orientierungen) näherungsweise zu berechnen. In der sich ergebenden „Wolke" aus vielen Partikeln ist jeder Partikel eine mögliche Pose des Roboters. Der Partikelfilter sortiert nun diese Wolke und im Ergebnis erhalten plausible Partikel eine höhere Wahrscheinlichkeit.

Bei der Lokalisierung mit erweiterten *Kalmanfiltern* (EKF-Lokalisierung) hingegen wird die wahrscheinlichste Roboterpose durch eine Normalverteilung (Median und Kovarianzmatrix) repräsentiert.

Beide Verfahren bestimmen den wahrscheinlichsten Systemzustand im Wechsel von Vorhersage (Prädiktion) und Korrektur. Zuerst wird die Pose des Roboters anhand der gewonnenen Daten durch die radgebundene Odometrie oder über Inertialmesswerte geschätzt und danach wird die Schätzung mithilfe anderer Sensoren verbessert.

In Abb. 2.11 sind die wesentlichen Komponenten des Softwaresystems und der Datenfluss dargestellt.

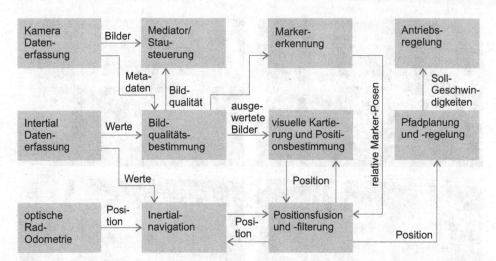

Abb. 2.11   Softwarekomponenten und Datenfluss. Grafik: Fraunhofer IFF

▶   **Inertialsensorik** Die *Inertialsensorik* wird neben der Verwendung zur Bildfil-
terung (Bildqualitätsbestimmung) auch zur Verbesserung der radgebundenen
Odometrie verwendet. Die Bilddaten dienen nach der Qualitätsfilterung zur
visuellen Positionsbestimmung. Visuelle Posen und solche der Inertialnavigation werden anschließend mithilfe eines erweiterten Kalmanfilters fusioniert.
Dieses Ergebnis wird zur Pfadregelung benutzt, um den Roboter auf der vorgegebenen Bahn zu steuern.

Das System kann um zusätzliche künstliche Landmarken (Marker) erweitert werden.
Künstliche Landmarken liefern in der Regel genauere Merkmale für die Lokalisierung. Sie
können leicht in das beschriebene System integriert werden, wobei sie als zusätzliche Daten
in die Berechnung eingehen. Die Verwendung von Markern kann dazu verwendet werden,
die Lokalisierung in Bereichen zu verbessern, in denen wenig natürliche Merkmale gefunden werden.

Evaluierung
Die Navigationslösung wurde in Versuchen mithilfe eines optischen Referenzmesssystems
(Abb. 2.12) evaluiert.

Der aufgenommene Pfad der mobilen Einheit ist zusammen mit einigen beispielhaften
Bildern der für das markerlose Tracking verwendeten Kamera in Abb. 2.13 dargestellt.

In Abb. 2.14 sind die Ergebnisse der visuellen Positionsbestimmung entlang des Pfades
(a) eingezeichnet. Die Kurven in Abb. 2.14 (b) zeigen die durch visuelle Positionsbestimmung korrigierten Positionsdaten. Ohne die Verwendung der Bildverarbeitungsergebnisse
würde der Roboter innerhalb kurzer Zeit um mehrere Meter vom Weg abdriften und sich
um fast 90° verdrehen. Bei dieser Darstellung sind bereits die Korrekturen der Odometrie

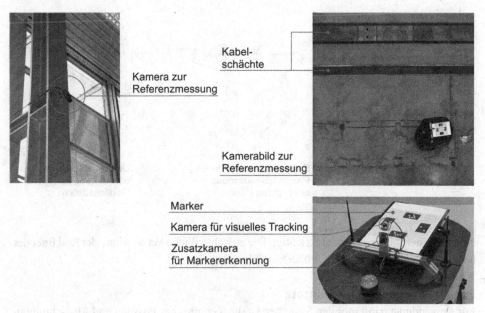

Abb. 2.12 Aufbauten für die Evaluierung des Systems. Bild: Fraunhofer IFF

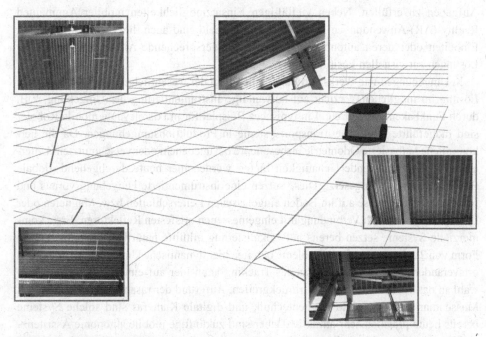

Abb. 2.13 Pfad des mobilen Roboters bei der Evaluierung des Systems. Bild: Fraunhofer IFF

Abb. 2.14   Visuell bestimmte
Position entlang des gefahre-
nen Pfades (a) und Abweichung
zwischen Inertialnavigation
und EKF-Lokalisierung (b).
Bild: Fraunhofer IFF

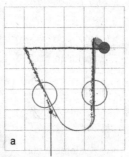 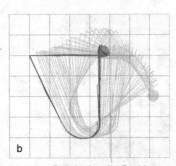

a

b

Ergebnisse der visuellen
Positionsbestimmung
entlang des Pfades.

Durch visuelle Positions-
bestimmung korrigierte
Positionsdaten.

durch die Inertialsensorik berücksichtigt. Die ausschließliche Verwendung der Rad Encoder
hätte einen um ein Vielfaches größeren Fehler zur Folge.

2.2.4.4 Anwendung und Einsatz

Für Anwendungen mit mobilen Systemen ist die Kenntnis der Position und Ausrichtung in
der Umgebung eine zentrale Voraussetzung, um mit anderen Objekten in dieser Umgebung
in Interaktion zu treten, genaue Informationen über diese Umgebung zu sammeln und
Aufgaben zu erfüllen. Neben vielfältigen Einsatzmöglichkeiten mobiler Augmented
Reality (AR)-Anwendungen im industriellen Umfeld sind auch die Verfolgung mobiler
Einheiten oder deren autonome Navigation vielversprechende Anwendungsfelder für
Lösungen zur visuellen Positionserfassung.

In Umgebungen wie Werk- und Lagerhallen liegt der wesentliche Vorteil einer solchen
Lösung im möglichen Verzicht auf aufwendige Instrumentierung der Umgebung, z. B.
durch Funkbaken, Marker etc. Ein typisches Beispiel für praxisrelevante mobile Roboter
sind radgeführte fahrerlose Transportsysteme in Produktionsumgebungen. Da die herkömmliche radbasierte Odometrie insbesondere bei unebenem oder verschmutztem Unter-
grund nur unzureichende Genauigkeit bietet, werden hier heute durchgehend globale
Positioniersysteme eingesetzt. Diese setzen eine instrumentierte Umgebung voraus und
basieren beispielsweise auf im Boden eingelassenen Leiterschleifen bzw. Magneten oder
Lasermesssystemen in Verbindung mit eingemessenen ortsfesten Reflektoren. Erste kommerzielle Systeme setzen bereits auf Lokalisierung mithilfe natürlicher Landmarken in
Form von 2D-Laserscannern. Probleme bereiten hier dynamische Umgebungen mit vielen
ortsveränderlichen Objekten. Visuelles Tracking kann hier auf eine reichhaltigere Auswahl an natürlichen Landmarken zurückgreifen. Aufgrund der rasanten Entwicklung des
Massenmarktes für mobile Rechentechnik und digitale Kameras sind solche Systeme
bereits heute preislich sehr attraktiv. Daher sind zukünftige mobile autonome Assistenz-
und Transportsysteme mit dieser Technologie dafür prädestiniert, neue Anwendungen und
Einsatzfelder in vollständig nicht instrumentierten Umgebungen, wie Laboren, Bürogebäu-
den oder sogar Wohnumgebungen, zu erschließen.

2.2.4.5 Modelle, Werkzeuge und Methoden

Modelle

- Selbstständig sensorisch akquirierte, anwendungsspezifische, merkmalsorientierte Umgebungsgeometrie von Innenräumen
- Fehlermodell der extrinsischen Anordnung der Sensoren

Werkzeuge

- Softwarepakete für Sensordatenverarbeitung, Modellerstellung, Sensorkalibrierung und Datenfusion

Methode

- Dynamischer Quality-of-Service-Ansatz für Echtzeitdatenverarbeitung

2.2.5 Intuitive Interaktionswerkzeuge

Roboter können ermüdungsfrei stets wiederkehrende und anstrengende Routinetätigkeiten übernehmen. Der Mensch zeichnet sich hingegen durch seine Kreativität und Flexibilität in der Problemlösung aus. In solchen Situationen bringt der Mensch stets seine Erfahrung in den Prozess der Lösungsfindung ein. Einfallsreich und schnell löst er unmittelbar Probleme, wie es andernfalls nur durch aufwendige Programmänderungen der Automatisierungssysteme zu schaffen wäre. Sind aber beide durch die direkte Interaktion miteinander verbunden, indem der Arbeiter z. B. direkt auf den Roboter einwirkt, können die Vorteile beider Seiten optimal genutzt werden. Für die Akzeptanz und Bedienergonomie ist eine intuitive Interaktion mit dem Roboter, z. B. über Sprache, Gesten, Führen u. v. m., von zentraler Bedeutung.

Beim Einsatz von Robotern ohne trennende Schutzeinrichtungen lassen sich in der Produktion gänzlich neue Automatisierungspotenziale erschließen. Aufgabe von Forschung und Entwicklung ist dabei die Flexibilisierung von Roboterwerkzeugen und Produktionsverfahren.

2.2.5.1 Stand der Technik

Die Mensch-Maschine-Interaktion spielt eine wesentliche Rolle bei der Nutzung technischer Systeme in Produktionsumgebungen. Um Produktionsprozesse effizient zu gestalten, wurden dafür insbesondere in den vergangenen Jahren neuartige Interaktionstechnologien entwickelt.

Neben der klassischen Interaktion über Touchpads und Bedientableaus, kommen zunehmend auch sprach-, kamera- oder Augmented Reality (AR)-basierte Interaktionstechnologien zum Einsatz. Ziel ist es dabei oftmals, auf komplizierte Eingabegeräte zu verzichten und stattdessen eine intuitive Bedienung einzuführen, für die nicht erst Gesten oder Befehle gelernt werden müssen. Einen wichtigen Forschungsschwerpunkt bildet in diesem Zusammenhang auch die direkte physische Mensch-Maschine-Interaktion, die weitgehend auf zusätzliche Eingabegeräte verzichtet und die Maschinen-/Robotersteuerung durch direktes Berühren von bewegten Maschinenteilen ermöglicht. Aktuell werden hier vor allem zwei sensorbasierte Strategien verfolgt:

Zum einen kommen *Kraft-Momenten-Sensoren* zum Einsatz. Sie ermöglichen es, die Kräfte zu erfassen, die auf einzelne Achsen eines Roboterassistenzsystems einwirken [DELU06]. Dieser Lösungsansatz ist auf spezielle Kinematiken beschränkt und setzt ein umfangreiches mathematisches Modell des Roboters voraus.

Wesentlich universeller lassen sich *drucksensitive Sensorsysteme* einsetzen. Je nach Ausführung und Messprinzip können diese an beliebige Geometrien angepasst werden und ermöglichen so die ortsaufgelöste Erfassung von Berührungen. In der Literatur wird eine Vielzahl an drucksensitiven Sensorsystemen beschrieben [As06]; [Ca08]; [Mu08]; [OhKN06], die jedoch in den seltensten Fällen kommerziell verfügbar sind. Kombinieren lassen sich drucksensitive Sensorsysteme zusätzlich mit vorausschauender Erfassungstechnik wie kapazitiven Sensoren, die es ermöglichen, berührungslos mit der Maschine zu interagieren [He03].

2.2.5.2 Motivation

Um die direkte Zusammenarbeit von Mensch und Roboter effizient und vor allem sicher zu gestalten, sind neuartige Sensoren, Interfaces und Bedienkonzepte notwendig. Auf Berührung reagierende Sensoren, sogenannte taktile Sensoren, verleihen diesen technischen Systemen haptische und sensorische Fähigkeiten. Anfassbare Interfaces, sogenannte „Tangible User Interfaces", stellen eine Schlüsseltechnologie für die intuitive Mensch-Maschine-Interaktion dar. Taktile Sensoren ermöglichen die Realisierung individueller und innovativer Lösungen und bilden die Schnittstelle zwischen virtueller und realer Welt. Dabei kommen verstärkt AR-/VR-Technologien zum Einsatz, die dem Bediener z. B. die virtuelle Programmierung des Roboters ermöglichen oder die Arbeitsräume und Bewegungen des Roboters bereits im Voraus visualisieren.

Am Fraunhofer IFF wurde ein solches taktiles Sensorsystem entwickelt. Auf seiner Basis können die Eingabegeräte in der Größe, Anordnung, Anzahl und Empfindlichkeit der Bedienfelder bzw. „Tasten" individuell angepasst werden. Zusätzlich sind die von der künstlichen Haut bereitgestellten Sensorinformationen zur Führung bzw. Steuerung von Robotern nutzbar, denn auf die künstliche Haut einwirkende Kräfte werden direkt als Steuerimpulse interpretiert. Ohne zusätzliches Fachwissen und Bediengeräte können somit Bewegungen in Gang gesetzt und beeinflusst werden. Dies ermöglicht zum einen neuartige Programmier- und Bedienmethoden im industriellen Bereich und zum anderen aber auch intuitive Interaktion mit Robotern im öffentlichen Raum.

Das taktile Sensorsystem kann kratz-, schlag- und schnittfest sowie chemikalienresistent ausgeführt werden und ist damit in der Robustheit klassischen Touchscreens überlegen. Entsprechende Sensorflächen lassen sich an gekrümmte Objekte anpassen und aufgrund des resistiven Messprinzips sogar mit Handschuhen bedienen. Tasten und Bedienelemente sind applikationsspezifisch definiert und auch nachträglich veränderbar.

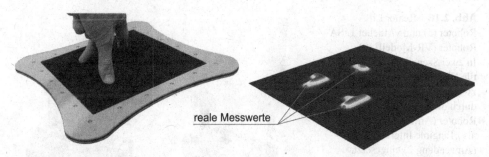

Abb. 2.15 Beispielanwendung der taktilen Haut und Darstellung der ortsaufgelösten Kraft-
messungen. Bild: Fraunhofer IFF

2.2.5.3 Technologiebeschreibung

Das Herzstück des Sensorsystems bildet ein vom Fraunhofer IFF entwickelter und paten-
tierter Messaufnehmer, der eine flächige Matrix aus einzelnen Drucksensoren (Sensorzellen) aufweist. Die Sensoren bestehen aus einem leitfähigen Elastomer, das seine Leit-
fähigkeit verändert, sobald Druck ausgeübt wird. Die einzelnen Sensorzellen können somit
als variable druckabhängige Widerstände angesehen werden. Sie weisen im unbelasteten
Zustand einen definierten Wert auf. Abweichungen von diesem Wert sind dann ein Maß für
die auf den Sensor wirkende Kraft.

Die Drucksensormatrix wird mit einem Sensorcontroller aktiv abgetastet. Es wird jeweils eine Spalte und eine Zeile ausgewählt und der Widerstand des am Kreuzungspunkt
befindlichen drucksensitiven Materials ermittelt. Nach und nach werden auf diese Weise
alle Sensorzellen abgetastet. Es entsteht ein vollständiges Abbild der auf den Messaufnehmer einwirkenden Kräfte (Abb. 2.15).

2.2.5.4 Anwendung und Einsatz

Interaktionssysteme, die auf taktilen Sensoren basieren, ermöglichen neuartige Konzepte
zur Steuerung und Bedienung von Maschinen, Anlagen und VR-Welten. Die Bedienung
durch Anfassen und den damit einhergehenden intuitiv anwendbaren Interaktionsmöglichkeiten, wie Ziehen, Drücken, Schieben oder Drehen, eröffnet einen schnellen Einstieg in
die Systembedienung. Es handelt sich folglich um eine wichtige Schlüsseltechnologie, um
beispielsweise Robotersysteme im öffentlichen Raum sicher und für Jedermann nutzbar
zum Einsatz zu bringen.

Auf Basis des neuartigen taktilen Sensorsystems wurde ein intuitiv einsetzbares Inter-
aktionswerkzeug zur Steuerung entwickelt. Es kann sowohl zur Steuerung virtueller als
auch realer Roboter genutzt werden. Seine Funktion wurde anhand des am Fraunhofer IFF
entwickelten Servicceroboters LiSA nachgewiesen (Abb. 2.16).

Abb. 2.16 Realer LiSA
Roboter (a) und virtueller LiSA
Roboter (VR-Modell) (b).
In zwei Szenarien wird die tak-
tile Haut für die Interaktion
zwischen Mensch und Roboter
durch direktes Führen am
Roboter (Anwendung 1) und
als „Tangible Interface"
(Anwendung 2) eingesetzt.
Bild: Fraunhofer IFF

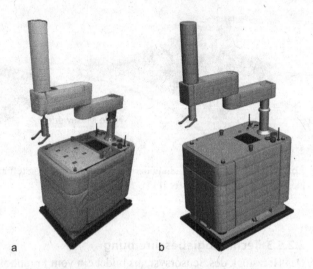

a   b

Anwendung 1: Kraftgekoppelte Bewegungssteuerung für den realen LiSA Roboter

Das taktile Sensorsystem des LiSA Roboters ermöglicht es, Berührungen auf der Oberfläche
des Roboters zu erkennen. Sie werden als Bewegungsimpulse interpretiert. Entsprechend
der auf den Roboter einwirkenden Kräfte wird eine aktive Ausweichbewegung in Richtung
des resultierenden Kraftvektors eingeleitet. Die Bewegungsgeschwindigkeit ist dabei abhängig von der auf den Roboter einwirkenden Kraft. Darauf aufbauend kann eine kraftgekoppelte Bewegungssteuerung implementiert werden, die es ermöglicht, den Roboterarm
des LiSA Roboters sowohl achsweise als auch kartesisch zu bewegen (Abb. 2.17).

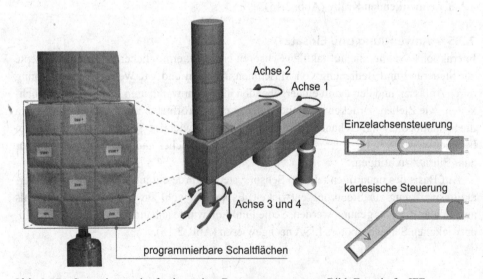

Abb. 2.17   Strategien zur kraftgekoppelten Bewegungssteuerung. Bild: Fraunhofer IFF

Grundlage der kraftgekoppelten Bewegungssteuerung sind Algorithmen zur Kraftkompensation. Diese ermitteln zunächst den resultierenden Kraftvektor aller auf den Roboter einwirkenden Kräfte. Anschließend wird eine aktive Ausweichbewegung in Richtung des resultierenden Kraftvektors eingeleitet. Je nachdem ob der Roboter achsweise oder kartesisch verfahren werden soll, sind an dieser Ausweichbewegung eine oder mehrere Achsen beteiligt. Die Bewegungsgeschwindigkeit ist dabei abhängig von der auf den Roboter einwirkenden Kraft. Zusätzlich können auf dem Roboter selbstbestimmte Bereiche als taktile Sensorflächen für Sonderfunktionen definiert werden. Werden diese berührt, wird keine Bewegung ausgelöst, sondern z. B. das Öffnen/Schließen des Greifers usw.

Anwendung 2: Tangible Interface zur Steuerung des virtuellen Roboters
Parallel zur Entwicklung der kraftgekoppelten Bewegungssteuerung für den realen LiSA Roboter erfolgte die Entwicklung eines Tangible Interface für den virtuellen Roboter (Abb. 2.18). Dieses unter Design- und Ergonomieaspekten entworfene Interface ermöglicht die Steuerung des virtuellen Roboters in all seinen Freiheitsgraden. Durch symmetrisch angeordnete taktile Schaltflächen kann es von Links- und Rechtshändern genutzt werden. Das Herzstück des Tangible Interface ist ein Sensorcontroller, der mit einem 3-Achs-Beschleunigungssensor ausgestattet ist. Es ist somit möglich, die Lage des Tangible Interfaces im Raum zu bestimmen und die taktilen Sensorflächen lageabhängig mit Bedienfunktionen zu belegen.

Im Gegensatz zu klassischen Touchscreens erhält das Tangible Interface durch die Erfassung der Betätigungskräfte eine dritte Dimension. Somit kann z. B. die Bewegungsgeschwindigkeit direkt mit der Betätigungskraft gekoppelt werden. Die Folge: Je stärker man drückt, desto schneller bewegt sich der Roboter.

Demonstrationssystem
Die kraftgekoppelte Bewegungssteuerung und das Tangible Interface wurden zu einem gemeinsamen Demonstrationssystem zusammengeführt (Abb. 2.19). So können Bewegungsabläufe am virtuellen Modell erstellt und anschließend auf den realen Roboter

Abb. 2.18 „Tangible Interface" zur Steuerung des virtuellen LiSA Roboters. Bild: Fraunhofer IFF

Schaltflächen mit Kraftauflösung

3-Achs-Beschleunigungssensor

Schaltflächen mit Kraft- und Ortsauflösung

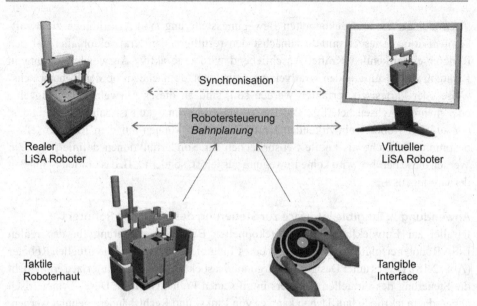

Abb. 2.19   Systemintegration des taktilen Sensorsystems. Bild: Fraunhofer IFF

übertragen werden (Offline-Programmierung) oder auch aus dem realen Bereich in das virtuelle Modell (Online-Programmierung).

2.2.5.5 Modelle, Werkzeuge und Methoden
Modelle
- Geometrische und kinematische Modelle der abzusichernden Maschinen und Roboter

Werkzeuge
- Tools zur Analyse von Interaktionsszenarien
- Bahnplanungs- und Simulationstools für Roboterkinematiken

Methoden
- Analyse, Entwurf und Implementierung von Taktilsensor-basierten Interaktions-metaphern

2.2.6   Intelligente Produktion mit flexiblen Roboterwerkzeugen

In Produktion und Fertigung wird mehr Flexibilität, Durchsatz und Variantenvielfalt nach-gefragt. Dies erfordert anpassbare Produktionssysteme, die eine maximale Effizienz erzie-len. Die Zuhilfenahme von intelligenten Werkzeugen, die ggf. sogar auf mobilen Robotern installiert sein können, ist eine Antwort auf diese Frage nach zunehmend flexiblen Produk-tionsumgebungen.

2.2.6.1 Stand der Technik

Ein breites und differenziertes Angebot an Fertigungsanlagen bedient die Märkte für die unterschiedlichsten Bearbeitungs- und Produktionsprozesse. Der Einsatz von Robotern zur Werkstückmanipulation und -positionierung nimmt dabei stetig zu. Bei vielen Montage-, Trenn- oder Fügeprozessen muss eine große Vielfalt an unterschiedlichen Bauteilen mit Robotern gehandhabt werden. Diese Bauteile können sehr unterschiedlich gestaltet sein und einfache, ebene oder komplex geformte Geometrien in verschiedenen Größen aufweisen. Diese große Produktvielfalt erfordert neben dem einfachen Umprogrammieren der Roboter ebenfalls ein schnelles Umrüsten der verwendeten Spann- und Greifsysteme an die jeweilige Bauteilgeometrie. Übliche Greifsysteme beispielsweise im Karosseriebau sind komplex gestaltet und für jedes Bauteil individuell konstruiert und gefertigt. Ein Wechsel des zu fertigenden Bauteils hatte immer einen Wechsel des gesamten Greifsystems zur Folge. Dies ist insbesondere bei kundenindividueller Fertigung ein großes Hemmnis, da nicht schnell und flexibel auf Produktionsänderungen reagiert werden kann.

Existierende Spann- und Handling-Einrichtungen für die Werkstückjustierung und -bewegung sind bereits modular aufgebaut und konfektionierbar, sie können sich aber nicht aktiv an unterschiedliche Bauteile anpassen. Bei Umstellung auf andere Teilegeometrien und -varianten müssen diese jedes Mal manuell ausgewechselt oder umgebaut werden. Es muss somit eine Großzahl an Greifern und Vorrichtungen vorhanden sein. Ein schnelles Reagieren auf neue Bauteile ist nicht möglich.

Eine bisher verwendete Methode zur Anpassung der Greifsysteme ist die Integration von zusätzlichen aktiven Verstellachsen, mit denen einzelne Greifer an geänderte Geometrien angepasst werden können. Dies ist jedoch mit hohem technischen Aufwand und zahlreichen Nachteilen, wie verringerter Traglast und Steifigkeit, verbunden.

Zukünftige Entwicklungen in der Automatisierungs- und Robotertechnik stellen sich diesem Thema, indem zunehmend intelligente Aktoren und Sensoren in die Produktion Einzug halten und dadurch die Produktion flexibilisieren.

2.2.6.2 Motivation

Variantenvielfalt und Stückzahlflexibilität sind wettbewerbsbestimmende Faktoren im produzierenden Gewerbe. Immer individueller gestaltete Produkte müssen bei kurzen Lieferzeiten zuverlässig und wirtschaftlich gefertigt werden. Die geforderte Flexibilität und Produktivität kann durch kostensparende Integration von mehreren Prozessschritten bei entsprechender Verkürzung der Prozessketten unterstützt werden. Hierzu ist der Einsatz von flexiblen Werkzeugen unabdingbar.

Die vorhandenen Einschränkungen hinsichtlich Flexibilität und Wirtschaftlichkeit vorhandener Fertigungsanlagen lassen sich zukünftig durch hochflexible, an das Werkstück anpassbare Spann- und Greiftechnik vermeiden. Somit kann die einmal installierte Greiftechnik nicht mehr nur für genau ein Werkstück und einen jeweiligen Arbeitsschritt genutzt werden, sondern ist universell an ein großes Teilespektrum automatisch anpassbar.

2.2.6.3 Technologiebeschreibung

Als wesentlicher Bestandteil zukünftiger flexibler Fertigungszellen wurde ein neuartiges adaptives Handling- und Greifsystem entwickelt, das verschiedenste Teile individuell im Bearbeitungsraum bewegen, genau positionieren und mit den erforderlichen Kräften der jeweiligen Bearbeitung einspannen kann. Das System verfügt als zentraler Bestandteil über mehrere passive Greifarme.

Die passiven Greifarme bestehen aus einer Kombination/Anordnung verschiedener Gelenke mit unterschiedlichen Freiheitsgraden, z. B. Dreh-, Schub-, Kugelgelenke, u. ä. Die Gelenke sind frei beweglich und nicht aktiv über Motoren angetrieben. Drehgelenke können dabei um bis zu 360° drehbar gestaltet werden. Der Drehbereich wird durch eventuell vorhandene Kabel oder Schläuche zur Energieversorgung begrenzt (Aufwickelproblematik). Schubgelenke sind translatorisch in einer Achse bewegliche Gelenke, die durch Endlagen in ihrem Bewegungshub begrenzt werden und entsprechend dem Einsatzbereich mit unterschiedlichem Hub ausführbar sind. Kugelgelenke sind in allen rotatorischen Achsen frei bewegliche Gelenke. Der Verdrehbereich wird durch die Gestaltung der Kugelgelenklagerung und durch eventuell vorhandene Kabel teilweise begrenzt. Die Gelenke sind durch starre Körper (Glieder) miteinander verbunden. Gelenke und Glieder bilden somit eine offene kinematische Kette. Die Anzahl der Freiheitsgrade der kinematischen Kette kann beliebig gewählt werden und wird in sinnvoller Weise an das jeweilige Bauteilspektrum angepasst.

Die Gelenke sind durch mechanisch, pneumatisch bzw. hydraulisch oder elektrisch wirkende Klemmeinrichtungen in ihrer Lage fixierbar. Die Klemmeinrichtungen wirken vorzugsweise kraftschlüssig, können aber auch formschlüssig ausgeführt werden. Die Klemmeinrichtungen werden über mehrere separate Aktoren oder einen zentralen Aktor angetrieben, dessen Antriebskraft mit Kraftübertragungseinrichtungen auf die Klemm-einrichtungen der einzelnen Gelenke wirkt.

Am freien Ende der passiven Greifarme können für den jeweiligen Anwendungsfall die unterschiedlichsten Werkzeuge montiert werden. Die Werkzeuge sind Greif- bzw. Spann-elemente, wie Backen-, Vakuum- oder Magnetgreifer, Spannhebel u. ä., zum Handling unterschiedlichster Objekte. Es kann auch eine automatische Werkzeugwechseleinrichtung montiert werden (Abb. 2.20).

Die passiven Greifarme können durch Bewegung des Roboters in eine neue Lage bzw. Konfiguration gebracht werden und somit auf ein anderes Bauteil eingestellt werden. Dazu wird das freie Ende der Greifarme an einem ortsfesten, definierten Punkt festgehalten bzw. eingespannt. Hierbei entsteht temporär eine geschlossene kinematische Kette. Die Einspannung erfolgt entweder durch den am Ende der Greifarme montierten Greifer oder durch separate ortsfeste Greifelemente.

Während der Einspannung werden einzelne oder mehrere Klemmeinrichtungen der Greifarme gelöst, um diese Gelenke frei bewegen zu können. Dabei ist auf den Zwangslauf der Kinematik zu achten (F ≤ 6), um eine eindeutige Stellung aller Gelenke der Greifarme für jede Konfiguration zu erreichen.

Der Roboter verfährt entlang einer zuvor berechneten Bahn der Kinematik von der vorhergehenden in die neue Konfiguration. Die Gelenke werden dabei passiv mitbewegt.

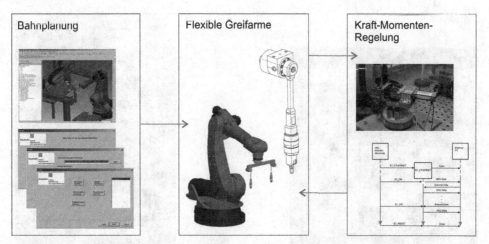

Abb. 2.20 Systemkomponenten der flexiblen Greiftechnik auf Basis passiver Greifarme.
Bild: Fraunhofer IFF

Anschließend wird die Kinematik durch die Klemmeinrichtungen in der neuen Konfiguration fixiert. Die Änderung der Gelenkstellungen erfolgt separat für jeden am Roboter befindlichen Greifarm. Zur Ansteuerung des Roboters ist eine separate Bahnplanungssoftware erforderlich. Die notwendigen Bahnkurven können über diese Software automatisch, unter Berücksichtigung von Kollisionen, generiert werden.

Verschiedene Greif- und Spannelemente werden dazu an mehreren Schwenk- und Linearachsen angebracht und anhand der 3D-CAD-Daten des jeweils zu fertigenden Teils angepasst. Mit einer zu entwickelnden Steuerungssoftware wird die Ansteuerung der Greiftechnik und die kollisionsfreie Bewegungsbahn des robotergeführten Bearbeitungskopfes automatisch berechnet. Mit dieser Entwicklung lassen sich vorrangig folgende Kundenvorteile erzielen:

- Verkürzung der Prozesskette der Werkstückbearbeitung durch Verfahrenskombination und Erzielen von effizienteren Fertigungsfolgen durch Einsparung redundanter Produktionsmittel sowie von Neben- und Rüstzeiten.
- Erhöhung der Einsatzvielfalt durch automatische Anpassung der Greif- und Spannwerkzeuge sowie einfache Programmierung und Bedienung.
- Erhöhung der Genauigkeiten durch Abarbeitung diverser Fertigungsschritte in einer Aufspannung in schnell wechselnder Folge.
- Erhöhung der Verfügbarkeiten durch Vermeidung von Verkettungsverlusten und bessere Anlagenauslastung durch breiteres Anwendungsspektrum.
- Automatische und wirtschaftliche Fertigung kleiner Losgrößen sowie Erweiterung des Produktspektrums, da neue Konstruktionsmöglichkeiten umsetzbar sind.

Abb. 2.21 zeigt ein Beispiel eines am Fraunhofer IFF entwickelten adaptiven Greifsystems für Industrieroboter.

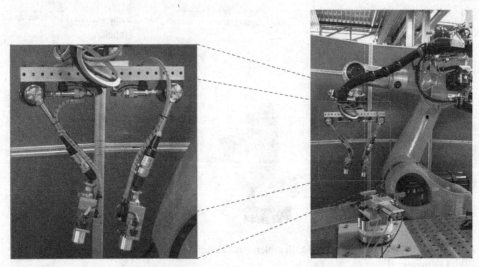

Abb. 2.21   Adaptives Greifsystem für Industrieroboter. Fotos: Fraunhofer IFF

2.2.6.4 Anwendung und Einsatz

Die Anwendung der passiven Greifarme wurde am Beispiel der Lasermaterialbearbeitung am Fraunhofer IFF untersucht und getestet. In einer mit einem industriellen Partner reali-sierten flexiblen Fertigungszelle wurden dazu verschiedene Laserbearbeitungsverfahren in schnell wechselnder und beliebiger Folge zur Herstellung komplexer Blechbauteile kom-biniert. Die entwickelte Greif- und Spanntechnik der Fertigungszelle passt sich automa-tisch an sich ändernde Bauteilgeometrien an und ermöglicht somit ein schnelles Umstellen auf neue Bauteile. Die Roboterzelle verfügt dabei über die folgenden Eigenschaften:

- hochflexibler, robotergeführter Greifarm mit Anpassungsmöglichkeiten an unter-schiedlichste Bauteilgeometrien,
- Implementierung einer Bahnplanungssoftware zum einfachen Umrüsten der flexiblen Greifarme mit einem Industrieroboter und
- Integration einer Kraft-Momenten-Regelung zur Kompensation von Verspannungen in der Mechanik von Roboter und Greiftechnik

2.2.6.5 Modelle, Werkzeuge und Methoden
Modelle
- Geometrische 3D-CAD-Modelle mit hierarchischen Kinematikbeschreibungen
- Ersatzmodelle zur kinetischen Analyse

Werkzeuge
- Bahnplanungs- und Simulationstools für Roboterkinematiken
- Softwaretools zur Echtzeitbahnbeeinflussung

Methoden
- Inverse Kinematik zur Generierung kollisionsfreier Trajektorien
- Online-Regelungsverfahren zur Fehlerkompensation

2.2.7 Hochflexible Produktionsverfahren mit Industrierobotern

Die Bearbeitung von großen Bauteilen im Bereich regenerativer Energien, wie beispielsweise die Rotorblattherstellung für Windenergieanlagen, erfordert neue Fertigungsmethoden, um den bisher stark manuell geprägten Fertigungsbereich weiterhin unter effizienten Wirtschaftsbedingungen in Deutschland zu halten. Zur Integration von Robotern für die Bearbeitung in diesen neuen Branchen sind Werkzeuge zu entwickeln und in Anwendungen zu überführen. Der Einsatz von Robotern als Werkzeugmaschine für die abtragende und generative Fertigung ist dabei ein sinnvoller Ansatz.

2.2.7.1 Stand der Technik

Kleine und mittelständische Unternehmen stehen zunehmend vor der Aufgabe, möglichst kundenindividuell auch in Kleinserien zu produzieren, und benötigen dazu hochflexible Produktionsmittel. Die seit langem etablierte Gießereitechnik ist aufgrund des hohen Aufwandes zur Gussform- und -modellherstellung bisher nur bei Mittel- und Großserien wirtschaftlich. Die Herstellung von Gussteilen über ein Modell lässt bisher keine schnelle Umstellung auf neue Produkte zu, da die Erstellung der Gussmodelle bzw. -formen sehr zeitaufwendig und personalintensiv ist. Bei Prototypen und Kleinserien verursacht der Modellbau bis zu 90 Prozent der Produktkosten. Das Gießen ist deshalb erst für die Produktion von Serienteilen ab einer größeren Stückzahl wirtschaftlich. Alternativ zu diesem herkömmlichen Verfahren werden die Sandformen zur Prototypen- und Kleinserienfertigung auch zunehmend direkt hergestellt. Hierbei kommen zum einen kostenintensive CNC-Fräsmaschinen sowie auch generative Verfahren zum Einsatz.

Das CNC-Fräsen garantiert zwar eine sehr hohe Formgenauigkeit, ist jedoch mit zahlreichen Nachteilen verbunden. Einerseits können nur im Bauraum sehr begrenzte Formen wirtschaftlich gefräst werden und andererseits ist die Zugänglichkeit der Maschinen durch den kompakten Aufbau sehr schlecht. Die Formen dürfen aufgrund der üblichen Portalbauweise und der geforderten Kollisionsfreiheit des Fräskopfes nur relativ flach ausfallen. Ein weiterer Nachteil ist der erhöhte Verschleiß der Maschinen beim Sandfräsen durch die stark abrasive Wirkung des Sandstaubes in den Führungen.

Bei den generativen Verfahren (sogenannte Rapid-Verfahren) wird die Sandform schichtweise aufgetragen und durch die Erhitzung des Binderanteils im Sand verfestigt. Zum Einsatz kommt hier vor allem das selektive Lasersintern von Croning-Formsand, das ebenfalls wie das CNC-Fräsen mit einigen Nachteilen verbunden ist. So können nur sehr kleine, dafür aber komplexe Formen aufgebaut werden. Der Zeitaufwand ist durch den schichtweisen Aufbau und das Aushärten mit dem Laser sehr hoch. Besonders negativ ist die verminderte Gussqualität der Teile durch den für das Lasersintern notwendigen hohen

Binderanteil im Sand. Im Modell- und Formenbau besteht somit ein erhebliches Optimierungspotenzial im Einsatz alternativer Verfahren zur Form- und Modellherstellung bei Prototypen und kleinen Serien.

2.2.7.2 Motivation

Der Modell-, Formen- und Werkzeugbau ist sehr stark durch große Produktvielfalt und häufigen Variantenwechsel geprägt. Jede Produktänderung bringt eine Änderung der Form und des Werkzeugs mit sich. Ein schnelles Reagieren auf Produktänderungen ist notwendig. Für das Gießen beispielsweise stellen Kleinserien und Prototypen eine große Herausforderung dar, da die notwendigen Modelle und Formen in zahlreichen aufwendigen manuellen Arbeitsschritten zu fertigen sind.

Besonders gravierend schlägt der hohe Modellbauaufwand bei größeren Gussteilen, wie Teilen von Windkraftanlagen, Schiffspropellern und Maschinenbetten von Werkzeugmaschinen, zu Buche, die oft in kleineren Stückzahlen und in kundenindividuellen Konfigurationen gefertigt werden. Die regionalen Firmen zur Herstellung dieser Modelle und Formen können dem wachsenden Kostendruck, auch durch nicht in Deutschland ansässige Anbieter, zukünftig nur durch einen hohen Innovationsgrad begegnen.

2.2.7.3 Technologiebeschreibung

Die Innovation im Modellbau besteht in der Entwicklung von hochflexiblen Anlagenkonzepten und Technologien zur schnellen und wirtschaftlichen Herstellung von endformnahen, großen und komplexen Modellen und Prototypen durch die Kombination von Industrierobotern und abtragenden sowie generativen Herstellungsverfahren. Auf der Grundlage von 3D-CAD-Daten sollen kosten-, material- und zeitaufwendige Zwischenschritte entfallen. Dabei kann zwischen zwei vom Fraunhofer IFF entwickelten innovativen Verfahren unterschieden werden:

- Fräsbearbeitung von Modellen mit Industrierobotern
- generative Modellherstellung mit Industrierobotern

Fräsbearbeitung mit Industrierobotern

Der Lösungsansatz besteht im Einsatz von Industrierobotern zum direkten Fräsen der Gussformen, wodurch auf die Herstellung von aufwendigen Modellen verzichtet werden kann. Auf Basis der 3D-Datensätze des Gussrohteils, die von den Kunden zur Verfügung gestellt oder gemeinsam entwickelt werden, erfolgt die Fertigung von individuellen großvolumigen Gussteilen mit einer Hauptabmessung von >2,5 Metern. Gerade bei der Herstellung großer und komplexer Formen kann der große Arbeitsraum und die hohe Flexibilität von 6-Achs-Robotern ausgenutzt werden. Die konzipierte Roboterzelle muss dabei über mehrere Bearbeitungsplätze verfügen, um eine möglichst hohe Auslastung zu gewährleisten und den Anlagenstillstand beim Be- und Endladen zu minimieren. Durch die Robustheit der Robotertechnik ist sie ideal für das Sandfräsen und den direkten Gießereieinsatz geeignet.

Abb. 2.22 Fräsapplikation
mit Industrieroboter.
Foto: Fraunhofer IFF

Die sechs Freiheitsgrade der Industrieroboter erlauben zusätzliche Gestaltungsmöglichkeiten des Gussteils, die bisher nicht möglich waren. So kann auf Entformungsschrägen vollständig verzichtet und eine komplexere, optimal auf das Gussteil angepasste Formteilung vorgenommen werden. Die gießereitechnische Umkonstruktion der Gussteile kann damit weitestgehend entfallen. Darüber hinaus ist die Bearbeitung der Formen an fünf Seiten möglich.

Die eingesetzte Technik ist für einen robusten Einsatz direkt in der Gießerei geeignet. Neben dem Formfräsen eröffnen sich weitere Funktionen, z. B. die Vermessung von Modellen. Die Technologie dient somit als Ergänzung des konventionellen Modellbaus. Durch das direkte Roboterfräsen, in Kombination mit der Fertigung der Serienmodelle, ist es möglich, den Serienstart zu beschleunigen (siehe Abb. 2.22).

Generative Modellherstellung mit Industrierobotern

In einem weiteren Lösungsansatz werden Industrieroboter mit generativen Herstellungsverfahren zur Fertigung von endformnahen, großen und komplexen Modellen und Prototypen kombiniert. Die folgenden grundsätzlichen, multidisziplinären Lösungsansätze tragen zum Erreichen der Zielsetzung bei:

- Schichtweiser Aufbau von Modellen und Prototypen durch einen robotergeführten Auftragskopf, wodurch der große Arbeitsraum und die Flexibilität der sechs Freiheitsgrade von Industrierobotern genutzt werden kann.
- Entwicklung spezieller auf die Herstellung großvolumiger Modelle ausgerichteter Auftragsdüsen zur Gewährleistung eines hohen Materialdurchsatzes und einer damit verbundenen Produktionszeitenreduktion. Anpassung des Auftragsvolumens und des Werkstoffes an den jeweiligen lokalen Komplexitätsgrad des Bauteils, d. h., bei geringer Komplexität erfolgt ein größerer Mengenauftrag als bei großer Komplexität.

- Aufbau der Modelle entlang eines aus dem 3D-CAD-Modell des Bauteils abgeleiteten und optimierten 3D-Extrusionspfades in variablen Schichten, wodurch eine Verbesserung der Bauteiloberfläche erreicht wird (Reduzierung des Treppeneffektes).
- Aufbau der Modelle in variablen Schichtdicken in Verbindung mit variablen Materialien, differierendem Materialauftrag und optimaler Stützstruktur. Dadurch kann der Aufbauprozess erheblich beschleunigt und der Materialeinsatz minimiert werden. Die Schichtstärken sollen dabei im Bereich von 10 bis 50 Millimeter liegen.
- Optionale Integration eines Systems zum Vermessen der aufbauenden Form (Online-Kontrolle des Formaufbaus), d. h., anhand des vorhandenen jeweiligen aktuellen Arbeitsstandes wird der Endeffektor (TCP) des Roboters positioniert und das Schmelzgut aufgebracht.
- Nutzung der flexiblen Robotertechnik zur Integration weiterer Anwendungen zum Aufbringen einer härteren Randschicht, zum Nachbearbeiten/Fräsen von besonders maßhaltigen Oberflächen; zur Montage und zum Zusammensetzen von Einzelmodellen; zum Einbau von zusätzlichen Komponenten in die Modelle (z. B. Temperatursensoren, RFID-Identifikationschips, o. ä.).
- Durchgehende informationstechnische Abbildung des Produktionsprozesses, d. h., vom 3D-CAD-Modell über die Datenaufarbeitung für den Bauprozess bis hin zur Ansteuerung des Roboters wird auf einen gemeinsamen Datensatz zurückgegriffen.

2.2.7.4 Anwendung und Einsatz

Der Einsatz von Robotern findet heutzutage nicht mehr nur im Automobilbereich statt. Die Roboterhersteller sind an einer großen Anwendungsbreite der Robotertechnik interessiert, um schwankende Absatzzahlen in den Teilmärkten kompensieren zu können. Die Robotik in der Materialbearbeitung ist ein Zukunftsmarkt, der vor allem durch kleine und mittelständische Betriebe bestimmt wird. Hier gibt es bisher eine nur sehr geringe Nutzerquote in den Betrieben (ca. 10 Prozent) bei gleichzeitig überdurchschnittlichem Erschließungspotenzial für Roboter.

Abb. 2.23 Generative Formherstellung mit einem Industrieroboter. Foto: Fraunhofer IFF

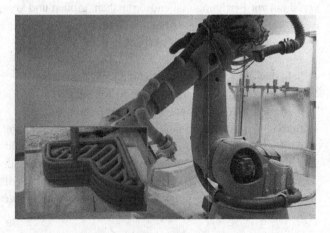

Das am Fraunhofer IFF entwickelte Verfahren weist durch seine vielfältigen Anwendungsmöglichkeiten ein hohes Marktvolumen auf. Es ist nicht nur auf eine saison- oder konjunkturabhängige Branche fokussiert, sondern ermöglicht den Einsatz u. a. in den Bereichen Regenerative Energien, Schiffbau, Pumpen- und Armaturenbau, Gießereitechnik und allgemeiner Maschinen- und Anlagenbau (Abb. 2.23). Die Wettbewerbsfähigkeit steigt nicht nur über die Schaffung von Kostenvorteilen, sondern durch den Einsatz innovativer Verfahren zur Erhöhung der Flexibilität, Schnelligkeit und Produkterweiterung.

2.2.7.5 Modelle, Werkzeuge und Methoden
Modelle
- Werkstückbezogene 3D-CAD-Modelle
- Beschreibungsmodelle für beide Fertigungsprozesse (Fräsen, Schichten)

Werkzeuge
- Software zur CNC-Datengenerierung aus CAD-Daten
- Bahnplanungs- und Simulationstools für Roboterkinematiken

Methoden
- Bauteilabhängige Roboterprogrammierung

2.2.8 Zwischenfazit: Herausforderungen

Mensch und Roboter werden sich zukünftig einen Arbeitsraum teilen und direkt zusammenarbeiten. In der industriellen Produktion ergeben sich damit zahlreiche neue Anwendungsfelder für die sogenannten Assistenzroboter, um wirtschaftliche Potenziale zu erschließen und den Menschen zu entlasten. Um eine sichere Mensch-Roboter-Kooperation zu gewährleisten, gibt es verschiedene Ansätze, die in den nächsten Jahren zentrale Themenschwerpunkte in der Roboterforschung bilden:

- Optische 3D-Arbeitsraumüberwachungssysteme mit dynamischen Schutzfeldern für die Personenerkennung sowie deren Zertifizierung als Sicherheitsbauteil,
- Sensorsysteme zur sicheren Erkennung und Dämpfung von Kollisionen sowie deren Zertifizierung als Sicherheitsbauteil,
- Ermittlung und Normung biomechanischer Grenzwerte für maximal zulässige Belastungen des Menschen im Kollisionsfall und
- Inhärent sichere Kinematiken und Manipulatoren.

2.3   Montage-Arbeitsplatz – Visuelle Assistenz und optische Prüfung

Dirk Berndt

2.3.1 Neue Technologien für Montageassistenz und Montageprüfung

Eine wachsende Individualität der Produkte geht mit stetig sinkenden Losgrößen und kurzen Produktlebenszyklen einher. Dies sind Herausforderungen, denen moderne Montageprozesse in der industriellen Fertigung gerecht werden müssen.

Die Konkurrenzfähigkeit der deutschen Unternehmen hängt laut einer Studie des Fraunhofer ISI [ScWD03] entscheidend davon ab, „mit technologisch führenden Produkten und einer flexiblen und leistungsfähigen Produktion kundenindividuelle Produkte höchster Qualität herstellen zu können".

Ein solches, ausreichend hohes Maß an Flexibilität ist häufig nur durch eine manuelle Montage oder hybride, teilautomatisierte Montagesysteme realisierbar.

Montage: Mensch versus Maschine Insbesondere bei der manuellen Montage komplexer Baugruppen mit hohem Variationsgrad punktet der Mensch gegenüber starren automatischen Lösungen – seine kognitiven Fähigkeiten ermöglichen ihm eine hohe Flexibilität seines Handelns. Der Mensch ist in der Lage, auf unvorhersehbare Ereignisse zu reagieren, zu lernen und Erfahrungen zu sammeln.

Nachteilig bei manueller Montage sind jedoch unausweichlich ein subjektiver Einfluss und Schwankungen in der Qualität des Ergebnisses. Faktoren der Montagemitarbeiter, wie seine Qualifikation, Kompetenz und Eignung in kognitiver und motorischer Hinsicht, haben ebenso Einfluss auf das Arbeitsergebnis, wie seine Motivation und Tagesform sowie sein Alter und sein Gesundheitszustand. Somit sind ein Auftreten von Montagefehlern und damit verbundene Folgeaufwendungen z. B. durch Nacharbeit, nicht auszuschließen und geeignete Maßnahmen zur Vermeidung einzusetzen.

Das Ziel ist also, diese Prozesse stabiler zu gestalten. Durch die Bereitstellung technischer Systeme zur Unterstützung manueller Montageprozesse, mit einer assistierenden Funktionalität bei der eigentlichen Durchführung der manuellen Tätigkeit, sowie durch eine objektive Qualitätsprüfung des Montageergebnisses kann das realisiert werden.

Nachfolgend werden eine neue Augmented Reality-basierte Technologie zu Montageassistenz und eine Technologie zur modellbasierten und damit flexiblen Prüfung für manuelle Montageprozesse beschrieben.

2.3.2 Visuelle Assistenz – Unterstützung für komplexe manuelle Montageaufgaben

In der industriellen Praxis sind bei manuell ausgeführten Montagetätigkeiten Arbeitsanleitungen und Baupläne in Papierform die gängige Praxis, d. h. in der Regel:

- Zusammenbauzeichnungen,
- textuelle Montageablaufpläne,
- Übersichts- und Detailfotos oder
- Bildschirmabzüge der CAD-Daten einzelner Zwischenschritte des Arbeitsablaufs.

Die Handhabbarkeit ist dabei wenig intuitiv und die Verständlichkeit in bestimmten Situationen mangelhaft.

Bei der Planung entstandene Fehler werden durch Ergänzungen per Hand dokumentiert, was der Verständlichkeit nicht immer zuträglich ist. Insbesondere bei einer Änderung von Bauteilen oder der Montagereihenfolge ist die Vorgehensweise wenig flexibel. Eine Durchgängigkeit der Prozesskette von der Konstruktion bis zur fertig montierten Baugruppe ist nur bedingt umsetzbar und erschwert damit einen effektiven Prozess mit einer gesicherten Qualität.

Neue Entwicklungen nutzen für die Bereitstellung von Informationen zur Unterstützung derartiger manueller Montageprozesse visuelle Projektionssysteme, z. B. Werklicht, Fa. Extend3D GmbH [Extend3D]. Dabei werden Daten aus dem digitalen Planungsstand (CAD-Modell) geeignet aufbereitet und punktgenau direkt auf das Werkstück projiziert (Augmented Reality). Damit können Anbauorte direkt am Bauteil visualisiert werden: Eine unmissverständliche Schritt-für-Schritt-Anleitung für den Montageablauf entsteht. Mit einer dynamischen Referenzierung (sogenanntes 3D-Tracking) kann die auf dem Werkstück angezeigte Projektion interaktiv an Bewegungen zwischen Werkstück und Projektor angepasst werden.

2.3.2.1 Technologie für Montageassistenz
Lösungsansatz

Ein neuer und erweiterter Ansatz basiert auf einer Technik zur computergestützten Erweiterung der menschlichen Realitätswahrnehmung (Augmented Reality):

Der Begriff „Augmented Reality" (AR, Erweiterte Realität) bezeichnet die Ergänzung der menschlichen Sinneswahrnehmung der realen Welt um computergenerierte Elemente.

Obwohl sich der Begriff „Augmented Reality" auf die Ergänzung aller Sinne bezieht, wird er heute meist als eine Ergänzung der visuellen Wahrnehmung des Nutzers aufgefasst.

In bestehenden Definitionen der Augmented Reality werden einerseits Merkmale wie „Interaktivität", „Echtzeitfähigkeit" und „Registrierung in drei Dimensionen" hervorgehoben [Al02]. Andererseits wird die situationsgerechte Anzeige von virtuellen Informationen mittels spezieller Hardwarekomponenten, wie kopfgetragener Anzeigegeräte (Head Mounted Displays HMD) als ausschlaggebendes Merkmal in den Vordergrund gestellt [MiC99].

Im Rahmen des vorliegenden Beitrags wird folgende Definition zugrunde gelegt:

▶   „Die *Augmented Reality* bezeichnet die Anreicherung der visuellen Wahrneh-
    mung durch die situationsgerechte Anzeige von computergenierten Inhalten
    im Sichtfeld der Anwender sowie die Bereitstellung von Möglichkeiten zur
    echtzeitfähigen Interaktion mit diesen Inhalten."

Augmented Reality versus Virtual Reality Sie sind verwandt, ganz ohne Frage: aber Augmented Reality ist bei Weitem nicht das Gleiche wie die Virtual Reality. Gemein ist ihnen, dass sie beide eine Mensch-Maschine-Schnittstelle darstellen. Der Unterschied liegt im Umgang mit der vorhandenen Umgebung. Virtual Reality-Systeme erschaffen vollständig computergenerierte Umgebungen, in denen Anwender in Echtzeit interagieren können. Im Gegensatz dazu wird die vorhandene Umgebung der Nutzer bei Augmented Reality um einige virtuelle Elemente angereichert.

Die Übergänge zwischen vollständig computergenerierten, mit virtuellen Informationen erweiterter und realer Umgebungen, sind fließend. Dies wird anhand Abb. 2.24, dem Reality Virtuality-Continuum [MiK94] verdeutlicht.

Der Begriff *Augmented Reality* umfasst also zunächst alle Modalitäten der menschlichen Sinneswahrnehmungen. Die häufigste Anwendung findet die Technik jedoch bei der visuellen Darstellung von Informationen. Indem Texte oder grafische Elemente ein- oder überblendet werden, z. B. mit Texten oder grafischen Elementen in stationären oder bewegten Bildern, werden Zusatzinformationen für den Menschen erschließbar. Am Arbeitsplatz heißt das: Für die Unterstützung der Montagemitarbeiter bei der Durchführung von Montagetätigkeiten kann die Augmented Reality-Technik für die Bereitstellung situationsangepasster Arbeitsanweisungen genutzt werden.

Nachfolgend werden Komponenten und Funktion der Technologie zur Montageassistenz beschrieben (vgl. Abb. 2.25).

Abb. 2.24 Erweiterte Realität durch Überlagerung von Kamerabild und Modellinformation. Bild: Fraunhofer IFF

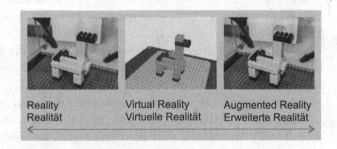

Reality   Virtual Reality   Augmented Reality
Realität   Virtuelle Realität   Erweiterte Realität

Abb. 2.25 Beispiel eines Montageassistenzsystems: Erfassung der Montagesituation über einen Verbund aus hochauflösenden Kameras (A), Montageanleitung und -unterstützung über geeignete Ausgabegeräte wie berührungssensitive Bildschirme (B) und Datenverarbeitung und -kommunikation mittels Industrie-PC mit 3D-CAD-Datenbank (C). Bild: Fraunhofer IFF

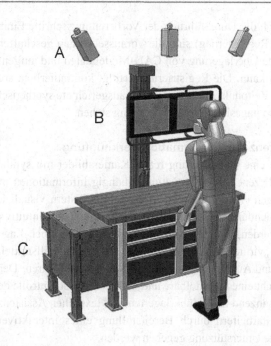

Systemkomponenten

Für einen Systemaufbau wird der Arbeitsbereich der Montage mit einer Videokamera beobachtet und im einfachsten Fall das Kamerabild im Sichtbereich der Montagemitarbeiter per Monitor visualisiert. Die Kamera kann fest angeordnet sein oder die Szene aus variabler Perspektive aufnehmen. Auch die Anordnung weiterer Kameras ist möglich, um die Montageszene aus unterschiedlichen Blickrichtungen beobachten zu können. Mit dieser Maßnahme können beispielsweise Abschattungen vermieden werden. Im Hintergrund steht dem System ein 3D-CAD-Modell der zu montierenden Baugruppe mit deren Einzelteilen zur Verfügung.

Dynamische Referenzierung

Für die lagerichtige, visuelle Überlagerung von CAD-Modelldaten und aufgenommenen Bilddaten ist eine Verknüpfung durch eine geometrische Registrierung notwendig. Dazu werden z. B. feste Referenzelemente im Arbeitsbereich angeordnet, die durch den Sichtbereich der Kamera erfasst werden können. Ist die Lage der Referenzelemente in Bezug auf die zu montierende Baugruppe bekannt, können anhand der Kamerabilder Abstand und Blickrichtung der Kameras bestimmt werden. Die beschriebene Methode wird als „Einmessen" bezeichnet. Diese Informationen können dazu genutzt werden, das CAD-Modell zur Sichtperspektive der Kamera auszurichten. In dieser Sichtperspektive lassen sich synthetisch generierte Ansichten der Modellszene erzeugen. Real existierende Kamerasysteme verfügen darüber hinaus über optische Abbildungsfehler. Diese lassen sich durch die Methode der Kamerakalibrierung mathematisch ermitteln.

Nach der Durchführung der Vorbereitungsschritte Einmessen und Kalibrieren der Kamera (Registrierung) sind die Voraussetzungen geschaffen, dass damit eine lagerichtige, visuelle Überlagerung von CAD-Modelldaten und aufgenommenen Kamerabilddaten erfolgen kann. Die Registrierung erfolgt kontinuierlich, sodass auch bei Bewegungen zu jedem Zeitpunkt exakt zueinander ausgerichtete synthetische und reale Daten für die aktuelle Montagesituation zur Verfügung stehen.

Assistenz durch Informationsverknüpfung

Durch eine Überlagerung realer Kamerabilder mit synthetisch erzeugten Ansichten der Modellszene können situationsabhängig Informationen in Form visueller Handlungsanleitungen erzeugt und den Montagemitarbeitern visualisiert werden. So kann durch die Überblendung des zu montierenden Bauteils eine intuitiv erfassbare Unterstützung gegeben werden, die den exakten Montageort bezüglich Lage und Orientierung wiedergibt. Diese „virtuelle Schablone" ersetzt zusätzliche Hilfsmittel, die für eine exakte Positionierung und Ausrichtung des Bauteils notwendig wären. Der visuelle Soll-Ist-Vergleich ermöglicht eine unmittelbare und intuitive Selbstkontrolle des aktuellen Montageschrittes.

Ergänzend zu bildüberlagerten und textlichen Assistenzinformationen kann den Montagemitarbeitern durch Bereitstellung eines interaktiven 3D-CAD-Modellbetrachters weitere Unterstützung gegeben werden.

Visueller Montageablaufplan

Die schrittweise Abarbeitung der einzelnen Montageschritte kann zusätzlich durch einen Montageablaufplan auf dem Bildschirm unterstützt werden. Hierfür können textuelle Informationen, wie beispielsweise eine Bauteil-Typnummer sowie eine Grafik des zu montierenden Bauteils, dargestellt werden.

Durchgängiger Prozess

Grundlage der Technologie ist die durchgängige Nutzung von Modelldaten der zu montierenden Baugruppe sowie zusätzlich assistierender Hilfsmittel. Das vom Konstrukteur vorgegebene Geometriemodell der Baugruppe kann genutzt werden, um anhand von Nachbarschaftsbeziehungen eine Montagereihenfolge für die Erstellung des Montageablaufplans zu berechnen. Auf dieser Grundlage kann die Arbeitsvorbereitung eine optimierte Montagereihenfolge festlegen. Durch Hinzunahme eines kamerabasierten, visuellen Assistenzsystems und deren ebenfalls modellbasierter Funktionsbeschreibung können den Montagemitarbeitern während des Montageprozesses visuelle Hilfsmittel zur Verfügung gestellt werden. Damit entsteht eine durchgängige Prozesskette von der Konstruktion bis zur montierten Baugruppe mit hoher Flexibilität und Zuverlässigkeit.

2.3.2.2 Technologischer Vorteil der visuellen Assistenz gegenüber alternativen Technologien

Der Mensch nimmt seine Außenwelt insbesondere über seine „fünf Sinne" (Riechen, Sehen, Hören, Schmecken und Fühlen) wahr. Jede Form dieser Wahrnehmung kann unterschiedliche Ausprägungen haben. So kann z. B. das Fühlen (Tastsinn) einerseits nach der Wahrnehmung von Berührung, Schmerz und Temperatur (Oberflächensensibilität) und andererseits aber auch in das aktive Erkennen (haptische Wahrnehmung) und das passive „berührt werden" (Oberflächensensibilität) unterteilt werden. Das Sehen wiederum dient der Wahrnehmung von visuellen Reizen, wie Helligkeit, Farbe, Kontrast, Linien, Form und Gestalt, Bewegung und Räumlichkeit [Ri08].

Die visuelle Wahrnehmung spielt eine herausragende Bedeutung für Lernprozesse und für die Behebung von Fehlprozessen [Nä09].

Bei der Durchführung und Unterstützung von Montageaufgaben kommen grundsätzlich nur zwei Arten der menschlichen Wahrnehmung in Betracht, das Sehen und das Hören. Aufgrund vielfältiger Umgebungsgeräusche in industriellen Umgebungen, stellt die akustische Wahrnehmung keine zuverlässige Möglichkeit der Informationsübertragung an den Menschen dar. Audioausgaben über Lautsprecher werden durch Umgebungslärm gestört und können zu Missverständnissen in der Interpretationsphase der akustischen Information führen. Alternative Lösungen mit Kopfhörern sind aus Arbeitsschutzgründen nicht zulässig. Deshalb werden Formen der akustischen Assistenz lediglich als eine Ergänzung der visuellen Wahrnehmung präferiert.

Bei der Gestaltung eines visuellen Assistenzsystems sind die menschlichen Eigenschaften und Ausprägungen der visuellen Wahrnehmung zu berücksichtigen. Es ist bekannt, dass insbesondere Personen mit einem ausgeprägten visuellen Verstand, grafische Darstellungen der Lage von Gegenständen besser nachvollziehen können als reine textliche Darstellungen. Ihre Vorteile bestehen in auf größerer Übersichtlichkeit, größerer Einprägsamkeit und größerer Attraktivität. Die grafische Darstellung weckt Interesse und erhöht damit die Lesebereitschaft, sie lockert einen Text im Sinne einer Abwechslung auf.

Rein textliche Beschreibungen sind nur bedingt für eine Montageassistenz geeignet. Komplexe Abläufe lassen sich verbal nur schwer und umständlich schildern, wichtige Daten können in längeren Texten leicht „untergehen". Grafische Darstellungen, die das räumliche Sehen des Menschen ansprechen und sich auf wesentliche abstrakte Informationen beschränken, zeigen die logische und zeitliche Aufeinanderfolge von Tätigkeiten bzw. Vorgängen oder von Ereignissen, meist unter näherer Angabe weiterer Daten für einzusetzende Arbeitsmittel und Arbeitsgegenstände.

Schlüsselmerkmale der Technologie

- intuitiv gestaltete Handlungsunterstützung bei manuellen Montageprozessen,
- situationsangepasste Bereitstellung von Informationen,
- eine „virtuelle Schablone" ersetzt zusätzliche Hilfsmittel für Positionierung und Ausrichtung von Bauteilen,
- unmittelbare Selbstkontrolle durch visuellen Soll-Ist-Vergleich,
- hohe Flexibilität und Zuverlässigkeit der Prozesskette,
- Vermeidung von Nacharbeit, Produktionsausfällen oder Maschinenstörungen sowie
- Erhöhung der Arbeitseffektivität und Verbesserung der Produktqualität.

Einsatzkriterien der Technologie

- manuelle Montagetätigkeiten mit hoher Komplexität,
- geringe Losgrößen und hohe Variantenvielfalt,
- Montageprozesse mit hohen Zuverlässigkeitsanforderungen und
- Vorhandensein von 3D-Konstruktionsdaten.

2.3.2.3 Anwendungsbeispiel: Moderne Buchbinderei – Visuelles Assistenzsystem für Montage von Spannmitteln

Die Kolbus GmbH & Co. KG ist Hersteller von Spezialmaschinen für die Buchbinde-industrie. Über 30 verschiedene Maschinentypen sorgen dafür, dass hier der gesamte Her-stellungsprozess gebundener Druckerzeugnisse realisierbar ist, vom einzelnen Bogen bis zum fertigen Buch.

Ausgangssituation

Für den Erfolg des Unternehmens setzt Kolbus auf eine hohe Fertigungstiefe. Viele der notwendigen Maschinenkomponenten und Einzelteile fertigt man hier selbst. Dadurch, dass die Fertigung stets an einzelne Aufträge gebunden ist, sind die Stückzahlen und Losgrößen der zu fertigenden Einzelteile gering, was in der Produktion eine hohe Individualität, Kom-plexität und Vielfalt der Produkte zur Folge hat.

Die Eigenherstellung schließt auch eine mechanische Teilefertigung mit ein. Zum Ein-satz kommen hochmoderne CNC-Bearbeitungsmaschinen. Vor der Bearbeitung der Bau-teile werden diese in Aufspannsystemen außerhalb der Bearbeitungsmaschine vorgerüstet. Die Spannsysteme ermöglichen eine feste und präzise Aufnahme der Teile für die Bearbei-tung. Die Vorrüstung garantiert einen schnellen Teilewechsel und ermöglicht somit einen hohen Ausnutzungsgrad der Bearbeitungsmaschine.

Typabhängig muss für jedes Bauteil ein individuelles Spannsystem aufgebaut werden. Dazu bedient man sich eines Baukastensystems aus verschiedenen Spannmittelkomponen-ten, die an manuellen Rüstplätzen zu fertigen Aufbauten montiert werden.

Typischerweise besteht jedes zu montierende Spannsystem aus ca. 30 bis 80 Einzel-teilen. Das bleibt nicht ohne Folgen: Derzeit existieren bei diesem Sondermaschinenbauer ca. 6.000 verschiedene Spannsystemkonfigurationen, deren Anzahl mit jeder Neuentwick-lung anwächst. Pro Tag und Arbeitsplatz werden etwa 70 verschiedene Spannsysteme montiert. Für alle Spannsysteme liegen 3D-CAD-Daten vollständig vor.

Motivation

Bislang erfolgten der Aufbau der Spannsysteme und das Vorrüsten der Bauteile anhand einer Anleitung auf Papier. Zeichnungen, Fotos und Screenshots von CAD-Ansichten ein-zelner Montageschritte bildeten die Grundlage für den Aufbau. Das Resultat: Die Montage war oft nicht gut handhabbar, nicht immer intuitiv verständlich und eine visuelle Selbst-kontrolle der einzelnen Montageschritte war nur begrenzt möglich.

Montagefehler waren nie sicher auszuschließen. Daher war es erforderlich, beim erst-maligen Bearbeiten eines Werkstücks in einem neu montierten Spannmittelaufbau das

NC-Programm der Maschine satzweise mit reduzierter Geschwindigkeit abzuarbeiten, um mögliche Kollisionen erkennen und unterbinden zu können. Die Konsequenz: Ein Verlust an Maschinenzeit. Insbesondere aufgrund der geringen Losgrößen und damit verbundener häufiger Auftragswechsel summierte sich das zu einer beachtlichen Summe. Es bestand ein erhebliches wirtschaftliches Potenzial bei einer Lösung des Problems.

Im ungünstigsten Fall führten Montagefehler trotz der Einfahrprozedur zu schwerwiegenden Konsequenzen durch eine Kollision zwischen Werkzeug und Bauteil oder Spannsystem. Die Folgen waren ein Ausfall der Maschine, Produktionsausfall und hohe Aufwendungen für die Reparatur der Maschine.

Ziel

Das Ziel bestand darin, durch eine geeignete technische Lösung die Spannmittelmontage so zu gestalten, dass eine fehlerfreie und schnellere Montage sowie ein Abarbeiten neuer NC-Programme mit erhöhter Bearbeitungsgeschwindigkeit möglich werden.

Mit einer Umsetzung der Lösung sollte ein gesicherter Prozess realisiert werden: Von der Spannmittelkonstruktion über die NC-Programmerstellung, die Simulation der kollisions- und fehlerfreien Bearbeitung im Rahmen der Arbeitsvorbereitung, eine fehlerfreie Spannmittelmontage bis hin zur realen Bearbeitungsmaschine.

Im Rahmen von Forschungs- und Entwicklungsaufträgen wurden durch das Fraunhofer IFF in Magdeburg Montageassistenzsysteme für verschiedene Arbeitsplätze zur Spannmittelmontage entwickelt und erfolgreich in die Fertigung bei der Fa. Kolbus integriert.

Durchgeführte Voruntersuchungen

Eine Analyse des konventionellen Montageprozesses zeigte mehrere Schwachstellen, die zu Montagefehlern führen können.

Zunächst erhalten die Mitarbeiter zu Montagebeginn eine Stückliste aller zu montierenden Bauteile und zwei bis drei statische Abbildungen des fertigen Aufbaus. In der Stückliste sind alle Bauteile mit Anzahl und ihrer eindeutigen Sachnummer aufgeführt.

Problematisch ist hier, dass die statischen Abbildungen Verdeckungssituationen enthalten und z. T. die Montagemitarbeiter über wichtige Details im Unklaren lassen. Da in den Abbildungen keine Bemaßungen vorhanden sind, ist es ebenso sehr schwierig, Einzelteile, deren Positionen nicht durch eine Rasterung oder Bohrungen exakt vorgegeben sind, genau zu montieren. Weiterhin existieren Bauteile, die sich optisch sehr ähnlich sehen. Durch die Stückliste und eingravierte Sachnummern in den Teilen ist es unwahrscheinlich, dass falsche Bauteile zum Arbeitsplatz geliefert werden, jedoch treten Fehler z. T. dadurch auf, dass innerhalb eines Aufbaus ähnliche Bauteile vertauscht werden. Sowohl falsche als auch nicht exakt platzierte Bauteile können zu Kollisionen führen.

Beschreibung der Lösung

Die entwickelten visuellen Assistenzsysteme basieren auf der oben beschriebenen Augmented Reality (AR)-Technologie, einer Verknüpfung realer Kamerabilder der Montageszene mit digitalen Modellinformationen. Hierfür werden der Arbeitsplatz und die Bauteile mit

Kameras aufgenommen. Auf einem Monitor werden diese Bilder mit den 3D-CAD-Modellen der zu montierenden Elemente lagerichtig und perspektivisch korrekt kombiniert.

Unter Berücksichtigung der zuvor beschriebenen Ausgangssituation und Analyse möglicher Fehlerquellen bei einer konventionellen Montage wurde ein System entwickelt, das durch eine Assistenzfunktion hilft, Fehler bei der Montage zu vermeiden. Es integriert sich vollständig in den bereits vorhandenen, für die Montagemitarbeiter gewohnten Arbeitsablauf. Das führte zu hoher und schneller Akzeptanz des Systems.

Es wird zunächst für jede Spannsystemkonfiguration eine aus mehreren Arbeitsschritten bestehende Montagereihenfolge festgelegt. In einem Arbeitsschritt können mehrere Bauteile gleichen oder unterschiedlichen Typs zu montieren sein (siehe Abb. 2.26). Da die Reihenfolge so festgelegt wird, dass unterschiedliche Bauteiltypen nicht in einem Arbeitsschritt gleichzeitig montiert werden, wird das Problem der Vertauschung von Objekten vermieden.

Das stationäre AR-System selbst besteht aus mehreren fest installierten Kameras, die auf den Arbeitsplatz ausgerichtet sind. Sie erzeugen eine Live-Darstellung der Montage, die auf mindestens zwei berührungssensitiven Monitoren direkt vor den Montagemitarbeitern ausgegeben wird. Die AR-Reality Applikation liest dann die 3D-CAD-Daten des zu montierenden Aufbaus sowie die festgelegte Montagereihenfolge ein. Während der Montage werden dann die 3D-CAD-Daten eines jeden Arbeitsschritts über die Live-Bilder der Kamera an der vorgesehenen Position überblendet (siehe Abb. 2.27). Parallel wird dazu die Stückliste des aktuellen Arbeitsschrittes in einfacher Tabellenform dargestellt. Haben die Montagemitarbeiter einen Arbeitsschritt beendet, bestätigten sie dies und das System schaltet zum nächsten Schritt.

Im Gegensatz zur mobilen AR, bei der für jede Visualisierung die Kameraposition durch Tracking neu berechnet werden muss, erfolgt hier nur eine einmalige Kalibrierung von

Abb. 2.26 Beispiel eines Montagschrittes: gleichzeitig zu montierende Bauteile sind umrandet. Bild: Fraunhofer IFF

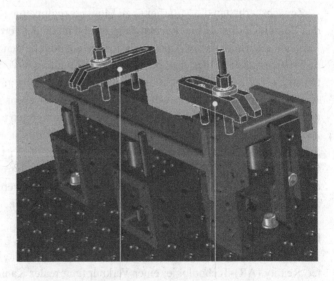

gleichzeitig zu montierende Bauteile (umrandet)

Abb. 2.27 AR-gestützte Über-
lagerung eines zu montierenden
Bauteils über das Kamerabild.
Bild: Fraunhofer IFF

Kamera zu Werkstückaufnahme. Dies ist möglich, da sowohl die Werkstückaufnahme als
auch die Kameras fest installiert sind. Dabei kommt ein hoch präziser Kalibrierkörper mit
180 Referenzmarken zum Einsatz. Über die Methode des sogenannten fotogrammetrischen
Rückwärtsschnitts [Lu00] können die Kamerapositionen so genau berechnet werden, dass
die Überlagerungsgenauigkeit deutlich unterhalb von einem Millimeter liegt.

Für die Visualisierung des Bauteils wird die Darstellung der Bauteilsilhouette genutzt
(siehe Abb. 2.28 (b)). Als Silhouette eines Objekts bezeichnet man alle aus der Betrach-
tungsperspektive sichtbaren Bauteilkanten.

Die stilisierte Darstellung der Objekte als Silhouette bietet gegenüber der Vollvolumendarstellung, bei der das gesamte Objekt gezeichnet wird (siehe Abb. 2.28 (a)), folgende
Vorteile: Sowohl Hinter- als auch Vordergrund bleiben weitestgehend sichtbar. Dies ist
wichtig, da sich häufig in diesen Bereichen Bohrungen oder Gewinde befinden, an denen
die Bauteile fixiert werden. Weiterhin kann eine Objektausrichtung anhand klar definierter

Abb. 2.28 Darstellung verschiedener Überlagerungsarten. Vollvolumendarstellung (a) und
Silhouettendarstellung (b). Bild: Fraunhofer IFF

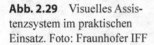

Abb. 2.29 Visuelles Assistenzsystem im praktischen Einsatz. Foto: Fraunhofer IFF

Linien erfolgen. Bei der Volumendarstellung gelingt dies nur an der Außenkante von Objekten. Und schließlich ist die Silhouettendarstellung unabhängig von virtuellen Lichtquellen und Oberflächenfarben, da sie eine einheitliche Farbe verwendet.

Bei der Konzeption der Systeme wurde je nach Größe des Montageszenarios der Arbeitsplatz mit zwei oder mehreren Monitoren ausgestattet. Mehrere hochauflösende Kameras erfassen den Arbeitsbereich der Montagemitarbeiter. Entlang einer vorgegebenen Montagereihenfolge werden deren Live-Bilder auf je einem der Monitore dargestellt und die zu montierenden Bauteile in der korrekten Lage und Ausrichtung überblendet. Das geschieht in Echtzeit, sodass die Montagemitarbeiter ihre Handlungen auf den Monitoren direkt verfolgen können. Schließlich müssen sie die zu montierenden Bauteile nur noch so positionieren und fixieren, dass sie exakt mit der auf dem Bildschirm dargestellten Überlagerung übereinstimmen (siehe Abb. 2.29).

Durch eine hochgenaue dynamische Referenzierung von Kamera- und CAD-Daten wird eine sehr hohe Genauigkeit der Überlagerung erreicht. Anhand der „virtuellen Schablone" ist eine exakte Positionierung und Ausrichtung des entsprechenden Bauteils möglich. Beispielsweise wird bei einem betrachteten Arbeitsbereich von ca. einem Quadratmeter eine Überlagerungsgenauigkeit von weniger als 0,5 Millimeter erreicht (siehe Abb. 2.30).

Weiterhin können die Montagemitarbeiter jederzeit das aktuelle CAD-Modell des Werkstücks als vollständige Baugruppe oder entsprechend dem aktuellen Montagestand aufrufen und darstellen. Durch eine interaktive Anpassung können beispielsweise verschiedene Ansichten und Ausschnittgrößen angezeigt werden, um daraus zusätzlich Unterstützungsinformationen ableiten zu können.

Ebenso ist es möglich, Stücklisten direkt aus den CAD-Daten zu extrahieren und aufzulisten. Da sowohl 3D-Daten als auch Stücklisten aus dem aktuellen CAD-Datenbestand extrahiert werden, sind alle Informationen stets aktuell, was eine fehlerfreie Montage garantiert.

Abb. 2.30 Montage und Ausrichtung eines Spannelements. Foto: Fraunhofer IFF

Zur Festlegung der optimalen Montagereihenfolge wurde ein eigenständiges Programm für die Arbeitsvorbereitung entwickelt. Der Montageablaufeditor berechnet auf Basis der CAD-Daten der zu montierenden Bauteile eine mögliche Montagereihenfolge und schlägt diese vor. Der Benutzer kann zwischen Alternativvorschlägen wählen oder eine Reihenfolge manuell festlegen.

Neben der Reihenfolge der Montage können zusätzliche textuelle oder bildliche Hinweise für jeden Schritt hinterlegt werden. Durch Auswahl eines Montageablaufdatensatzes kann das Assistenzsystem flexibel und schnell an wechselnde Montageszenarien angepasst werden.

Erfahrungen aus dem praktischen Einsatz

Bei der Kolbus GmbH & Co. KG wurden für verschiedene Montagearbeitsplätze Assistenzsysteme entwickelt und erfolgreich in die Arbeitsabläufe integriert.

Das visuelle Assistenzsystem wurde mit dem Ziel entwickelt, Fehler im Aufbau von Spannsystemen zu vermeiden. Es wurde daher zunächst betrachtet, wie hoch die verbleibende Fehlerrate ist. Hierbei konnte festgestellt werden, dass sie innerhalb der ersten vier Wochen im 3-Schicht-Betrieb auf quasi Null gesunken ist, d.h., es gab nach dem Wechsel auf eine assistenzsystemgestützte Montage keine Maschinenkollision. Ein Direktvergleich mit der ursprünglichen Montage ist jedoch nicht möglich, da über aufgetretene Fehler bei Verwendung der konventionellen Montage nicht Protokoll geführt wurde.

Weiterhin wurde überprüft, ob sich das visuelle Assistenzsystem negativ auf die Produktionsgeschwindigkeit auswirkt. Dabei ist zunächst die Zeit zu betrachten, die zusätzlich aufgewendet werden muss, um die Montagereihenfolge festzulegen. Unter normalen Umständen geschieht dies direkt während der Konstruktion eines Aufbaus im CAD-/CAM-System und ist nach Aussage der Konstrukteure vernachlässigbar klein. Für bisher vorhandene Aufbauten müssen die Reihenfolgen nachträglich erstellt werden, was durchschnittlich etwa 10 Minuten beansprucht. Dies entspricht etwa der Hälfte der Montagezeit. Allerdings ist zu beachten, dass die Reihenfolge nur ein einziges Mal festgelegt werden muss. Die Montagezeit selbst reduzierte sich um etwa 20 Prozent. Nach Aussage des Kunden ist dies vor allem in dem intuitiveren Platzieren der Bauteile begründet.

Ein weiterer Vorteil der stationären Assistenzsystemlösung im Verhältnis zu einem mobilen System ist die hohe Überlagerungsgenauigkeit von 3D-CAD-Modell und realer Kameraszene mit weniger als 1,0 bzw. 0,5 Millimeter. Diese ist Grundvoraussetzung für eine visuelle Kontrolle des Montageergebnisses durch die Montagemitarbeiter.

Fazit: Durch die intuitiv gestaltete Unterstützung der Montagetätigkeiten konnte eine signifikante Entlastung bei deren Durchführung erreicht werden.

2.3.3 Modellbasierte optische Montageprüfung

In einem Montageprozess entstehen aus Einzelteilen Baugruppen oder finale Produkte. Das Ziel einer objektiven Prüfung des Prozesses besteht darin, ein korrektes Montageergebnis durch Überprüfung der Anwesenheit von Einzelteilen und ihrer Richtigkeit bezüglich Identifikation, Anbauposition und Orientierung sicherzustellen.

Konventionelle optische Prüfsysteme nutzen für diese Aufgabe häufig starr angeordnete Kameras, um die zu prüfenden Bauteile zu erfassen. Wird die Anzahl der Prüfpositionen zu groß, sind starr angeordnete Kamerasysteme schnell unwirtschaftlich. Als Alternative dienen Handhabungssysteme, die eine Kamera an die jeweilige Prüfposition bewegen. Im Folgeschritt werden die aufgenommenen Bilder der zu prüfenden Montageszene mit Bildern des Soll-Zustandes verglichen, um Abweichungen aufzuspüren. Die Vergleichsbilder (Referenz) müssen dem System vorher bekannt gemacht werden. Sie werden in der Regel durch ein Einlernen am realen Bauteil generiert und anschließend fest im System hinterlegt. Der Prozess der Referenzbilderfassung erfolgt im Allgemeinen durch ein manuell durchgeführtes Anfahren und Aufnehmen der Bilder an den entsprechenden Prüfpositionen.

Insbesondere bei Baugruppen mit einem hohen Variationsgrad, häufigen Typenwechseln und kleinen Losgrößen ergeben sich hohe Aufwendungen für den auszuführenden Einlernvorgang. Die Vorgehensweise ist unflexibel und starr. Die Qualität der aufgenommenen Referenzbilder ist aufgrund des subjektiven Bedienereinflusses nicht immer optimal.

Ein weiterer Nachteil dieser Vorgehensweise besteht darin, dass Bauteilabweichungen in Form von zulässigen Fertigungstoleranzen sowie zulässige Positionsabweichungen beim Anfahren von Prüfpositionen nicht berücksichtigt werden können. Folglich stimmen die Bilder der aufgenommenen Ist-Situation mit denen der Referenz-Situation trotz einer korrekten Montage nicht überein. Dies führt zu Pseudofehlern und damit zu einer mangelnden Akzeptanz dieser Prüfmethodik.

2.3.3.1 Technologie einer modellbasierten optischen Montageprüfung
Eine neu entwickelte Technologie zur Montageprüfung, d. h. Vollständigkeitsprüfung, geht einen alternativen Weg, der Qualitätssicherungsmaßnahmen in der Montage mit einer hohen Flexibilität und Robustheit ermöglicht.

Grundlage dabei ist ein modellbasierter Ansatz, bei dem CAD-Daten der zu prüfenden Baugruppen und eine modellhafte Beschreibung der Messanordnung genutzt werden. Die optische Erfassung zu prüfender Bauteile wird mittels eines kamerabasierten Systems realisiert. Dieses kann Teil eines Arbeitssystems, z. B. zur Realisierung eines visuellen Assistenzsystems, oder eines Produktionssystems sein. In der Ausführungsart Produktionssystem wird ein kamerabasiertes System vollautomatisch und sequenziell mit einem flexiblen Handhabungssystem (z. B. einem Roboter) an die zu prüfenden Bauteile geführt. Ein Beispiel dafür wird im Abschn. 3.1.3 Realisierungsbeispiel: Geometrische Qualitätsprüfung von Aluminiumrädern beschrieben.

Beide Ausführungsarten, Arbeits- und Produktionssystem, nutzen einen modellbasierten Lösungsansatz zum Soll-Ist-Vergleich. Für die Prüfauswertung werden real von der Montageszene aufgenommene Bilddaten mit synthetisch generierten Bilddaten verglichen.

Synthetische Referenzbilddaten

Ein zentrales Element der modellbasierten optischen Montageprüfung stellt die Gewinnung synthetischer Vergleichsbilddaten anhand einer Simulation der Bildaufnahme dar. Unter Nutzung der 3D-CAD-Daten der Bauteile werden von einer virtuellen Ansicht einer CAD-Szene synthetische Bilder durch ein sogenanntes Rendering berechnet. Dazu wird die OpenGL-Schnittstelle verwendet. OpenGL stellt dreidimensionale Daten, im vorliegenden Fall 3D-CAD-Daten, basierend auf dem idealen Lochkameramodell dar. Dieses Modell trifft jedoch auf reale Aufnahmen mit digitalen Kameras nur bedingt zu, da in der Realität zusätzlich Verzeichnungen in der optischen Abbildung auftreten, die durch die Optik entstehen (nichtlineare, radiale Verzeichnung). Um nun dreidimensionale Daten, die mit OpenGL gerendert wurden, und reale Kameraaufnahmen in Übereinstimmung zu bringen, ist es erforderlich, die reale Kameraaufnahme so zu entzerren, dass sie einer Aufnahme mit einer idealen Lochkamera entspricht. Dabei wird das Verzeichnungsmodell gespiegelt auf die Kameraaufnahme angewendet, um so das Bild zu entzerren. Diese Vorgehensweise setzt eine Kalibrierung der realen Kamera voraus.

Mit dieser Simulation einer Bildaufnahme können beliebige Ansichten erzeugt werden. Diese können danach automatisiert synthetisch generierten Referenzbildern bereitgestellt werden und damit als Grundlage für einen Vergleich mit Bildaufnahmen realer Montageszenen dienen. Aufgrund der Verwendung der CAD-Modelle können Soll-Vorgaben mit einer idealen Qualität erstellt werden.

▶ **OpenGL** OpenGL Open Graphics Library (offene Grafikbibliothek) ist eine Spezifikation für eine plattform- und programmiersprachenunabhängige Programmierschnittstelle zur Entwicklung von 2D- und 3D-Computergrafik.
Seit seiner Einführung im Jahr 1992 ist OpenGL zur industriell am meisten genutzten und geförderten 2D- und 3D-Grafikschnittstelle für Anwendungsprogrammierung (Application Programming Interface (API)) herangewachsen.
Der OpenGL-Standard beschreibt etwa 250 Befehle, die die Darstellung komplexer 3D-Szenen in Echtzeit erlauben. Zudem können andere Organisationen (zumeist Hersteller von Grafikkarten) proprietäre Erweiterungen definieren.

Synthetische Messdaten

In Abhängigkeit von der Art der zu prüfenden Teile bzw. Baugruppen können bildbasierte Prüfungen nicht immer ein sicheres Prüfergebnis liefern. Hier kann eine Erweiterung durch die Erfassung der dritten Dimension helfen. Die modellbasierte optische Montageprüfung verwendet deshalb zwei Arten von synthetisch erzeugten Referenzdaten, die ihrerseits den Soll-Zustand repräsentieren. Die erste Art, die Verwendung von Bilddaten, wurde im vorherigen Abschnitt beschrieben. Die zweite Art ist die Verwendung von synthetisch erzeugten 3D-Oberflächenmessdaten. Diese kommen sinnvollerweise dann zur Anwendung, wenn zur Erfassung der realen Montagesituation messende Prüfsysteme zum Einsatz kommen. Eine Ausführungsform der messenden Prüfsysteme basiert auf dem Messprinzip der Triangulation und ist in der Lage, 3D-Oberflächenmessdaten der Bauteile oder Baugruppen zu erfassen.

Für die Erzeugung synthetischer Referenzdaten, die den Sollzustand der Montageszene repräsentieren, wird eine Triangulationsmessung simuliert. D. h., der Erzeugung von synthetischen Bilddaten, wie im vorherigen Abschnitt beschrieben, wird eine Modellbeschreibung von strukturierten Lichtquellen (Punktlichtquelle, Lichtschnitt, Flächenprojektion) sowie die mathematische Methode der Triangulationsmessung hinzugefügt. Das Ergebnis dieser Simulation sind synthetisch gemessene 3D-Oberflächenmessdaten (synthetische 3D-Punktwolke), wie sie auch das real messende System, ohne Berücksichtigung von Messartefakten infolge von Wechselwirkungen des projizierten strukturierten Lichts mit der Bauteiloberfläche aufgrund von Rauheit, Farbe, usw., erfassen würde. Diese synthetischen Messdaten repräsentieren den Soll-Zustand der Montageszene aus der „Perspektive" eines Triangulationsmesssystems.

Soll-Ist-Vergleich

Die eigentliche Prüfung von Bauteilen oder Baugruppen auf Anwesenheit und Richtigkeit erfolgt durch einen Vergleich der aufgenommenen realen Messdaten mit den durch Messsimulation generierten synthetischen Daten.

Dazu werden, entsprechend der jeweils zur Anwendung kommenden Prüfmethodik, entweder Bilddaten oder 3D-Punktwolken miteinander verglichen.

Im Fall der Verwendung von Bilddaten werden mittels klassischer Methoden der industriellen Bildverarbeitung entsprechende Bildbereiche segmentiert, Merkmale extrahiert, durch Vergleich der Merkmalsparameter eine Klassifikation vorgenommen und anhand dieser eine Qualitätsaussage über das Montageergebnis getroffen.

Werden zusätzlich 3D-Punktwolken verwendet, kommen mathematische Verfahren der Bewertung von Nachbarschaftsbeziehungen bzw. des Einpassens und Vergleichens von Geometriemodellen (z. B. Regelgeometrien in Form von Ebenen, Kreisen, Zylindern, Kugeln, usw.) zum Einsatz. Beispielsweise können mit einer Segmentierung und Extraktion interessierender Bereiche der Punktdaten entsprechende 3D-Merkmale separiert und eine darauf basierende Prüfung vorgenommen werden.

CAD-Daten-basierte Prüfplanung

Neben der Erzeugung synthetischer Vergleichsdaten bietet der modellbasierte Ansatz weitere Vorteile bei der Erstellung von „Arbeitsanweisungen" für das Prüfsystem.

Im Rahmen der Prüfplanungserstellung wird für die zu prüfenden Bauteile jeweils eine, aus Sicht der Prüffähigkeit, optimale Ansicht geplant, d.h., das Sensorsystem wird zum Prüfobjekt so angeordnet, dass eine bestmöglich optische Erfassung erfolgen kann. Weiterhin wird der Ablauf der sequenziellen Schritte der Prüfung der Einzelteile einer Baugruppe festgelegt.

Die beschriebene synthetische Messung (bildbasiert Erfassung oder 3D-Digitalisierung) wird dazu genutzt, durch eine Variation möglicher Sichtperspektiven des Messsystems auf das zu prüfende Bauteil eine optimale Anordnung zu bestimmen. Optimierungskriterien sind dabei die Vermeidung von Verdeckungen und ungünstigen Aufnahmebedingungen, wie beispielsweise Abschattungen oder flache Aufnahmewinkel.

Die CAD-Daten-basierte Prüfplanung kann offline ohne eine Beanspruchung des Prüfsystems erstellt werden.

Skalierbarkeit und Flexibilität

Die modellbasierte Prüftechnologie ist skalierbar und universell einsetzbar. Die wahlweise kombinierte Nutzung einer bildbasierten und 3D-Merkmalserfassung in Verbindung mit einer modellbasierten Referenzdatenerzeugung ermöglicht die Realisierung flexibler und robuster Lösungen zur optischen Montagekontrolle und Vollständigkeitsprüfung.

Schritthaltende, kontinuierliche Prüfung versus Endprüfung

Die modellbasierte optische Montageprüfung kann mit dem Montagefortschritt schritthaltend kontinuierlich oder als qualitätssichernde Endprüfung eingesetzt werden. Der Vorteil einer kontinuierlichen Prüfung ist, dass die Zugänglichkeit zur Erfassung von repräsentativen Merkmalen der Bauteile für deren Anwesenheit und Richtigkeit bestmöglich gegeben ist. Damit bestehen für eine Prüfung gute Voraussetzungen. Ein weiterer Vorteil der kontinuierlichen Prüfung ist, dass mögliche Montagefehler frühzeitig aufgedeckt werden. Kombiniert man die Montageprüfung mit der Funktionalität eines visuellen Assistenzsystems für die Montage, lassen sich vielfältige Synergien, z. B. in der gemeinsamen Verwendung von Bilderfassungssystemen, finden. Des Weiteren sind intuitive Interaktionen zwischen Systemfunktionalität und tätigem Mitarbeiter realisierbar. So können den Montagemitarbeitern Anweisungen gegeben werden. Nach jedem Montageschritt kann eine Überprüfung des Montageergebnisses erfolgen und das Prüfergebnis in die Logik der Montageanweisungen bzw. -korrekturen flexibel einfließen.

Eine qualitätssichernde Endprüfung hat den Vorteil, dass sie nur einmalig stattfindet. Jedoch kann sie Montagefehler, die durch andere Bauteile verdeckt werden, nicht erfassen.

Die Auswahl der Prüfmethode und des Prüfzeitpunktes muss jeweils in Abhängigkeit der zu garantierenden Baugruppenfunktion nach vollendeter Montage erfolgen.

Schlüsselmerkmale der Technologie
- Unterstützung der Montagemitarbeiter bei manuellen Montageprozessen durch Bereitstellung einer objektiven Prüfung,
- hohe Flexibilität und Zuverlässigkeit der Prozesskette durch modellbasierten Methodenansatz,
- hohe Prozesssicherheit der Prüffunktionalität durch synthetisch generierte Soll-Daten,
- Vermeidung von Nacharbeit bei Anwendung einer kontinuierlichen, dem Montagefortschritt schritthaltenden Prüfung und
- Erhöhung der Arbeitseffektivität und Verbesserung der Produktqualität.

Einsatzkriterien der Technologie
- Montagetätigkeiten mit hoher Komplexität,
- Montageprozesse mit hohen Zuverlässigkeitsanforderungen und
- Vorhandensein von 3D-Konstruktionsdaten

2.3.3.2 Anwendungsbeispiel: Modellbasierte optische Montageprüfung von Spannmitteln

Das Anwendungsbeispiel stellt eine funktionelle Erweiterung des Anwendungsbeispiels „Visuelle Assistenz – Unterstützung für komplexe manuelle Montageaufgaben" (siehe Abschn. 2.3.2) dar.

Ausgangssituation

Spannsysteme werden auf Wechselpaletten manuell unter Verwendung eines visuellen Assistenzsystems montiert. Das visuelle Assistenzsystem nutzt eine Anordnung von Kamerasystemen, die die Montageszene beobachten. Diese Kameras sind geometrisch kalibriert und wurden relativ zum Baugruppen-Koordinatensystem hinsichtlich ihrer Position und Orientierung eingemessen.

Motivation

Das zur Anwendung kommende visuelle Assistenzsystem zur Montageunterstützung wirkt präventiv, um Montagefehler zu vermeiden. Dies setzt eine hohe Akzeptanz und ein hohes Verantwortungsbewusstsein der Montagemitarbeiter voraus. Eine zusätzliche Maßnahme zur Qualitätssicherung kann sicherstellen, dass verbleibende Restfehler erkannt und behoben werden können.

Ziel

Das Ziel besteht darin, ein System einzusetzen, dass mit wenig technischem Aufwand eine objektive Qualitätssicherung ermöglicht. Das System soll dazu in der Lage sein, das bereits im Einsatz befindliche visuelle Assistenzsystem zur Montageunterstützung funktionell zu ergänzen. Erkannte Montagefehler sollen die Mitarbeiter angezeigt und durch sie behoben werden.

Durchgeführte Voruntersuchungen

Für den Vergleich zwischen den real aufgenommenen Ist-Bildaufnahmen einer Kamera und den synthetisch erzeugten Bildern des Soll-Zustandes gemäß dem 3D-CAD-Modell wurden Methoden der Bildverarbeitung entwickelt. Dabei ist die grundlegende Vergleichsoperation kantenbasiert. Das entworfene Verfahren bewertet die Übereinstimmung von Objektkanten (Intensitätssprünge) zwischen realem und synthetischem Bild. Da das synthetische Bild aus derselben (virtuellen) Position aufgenommen wurde wie die reale Bildaufnahme, ist zu erwarten, dass sich in der realen Kameraaufnahme dieselben oder mindestens ähnliche Kanten abbilden wie in der gerenderten, virtuellen Aufnahme. Stimmen die Kanten nicht überein bzw. sind sie nicht ähnlich, dann stimmen demzufolge auch die Geometrien bzw. deren Lage in der CAD-Umgebung und in realer Umgebung nicht überein.

Die Vergleichsoperation erfordert die präzise Übereinstimmung zwischen den Parametern der virtuellen und der realen Kamera. Hier wurden in einem Kalibrierungsschritt die intrinsischen Parameter (z. B. Brennweite) der realen Kamera einmalig eingemessen und dann der virtuellen Kamera zugewiesen. Die Lage der realen Kamera im Koordinatensystem (extrinsische Parameter, z. B. Position und Orientierung) wurde mithilfe eines markerbasierten Trackings ermittelt und ebenfalls der virtuellen Kamera zugewiesen. Die resultierenden Kameraaufnahmen sind in Abb. 2.31 beispielhaft dargestellt.

Nachdem vergleichbare Aufnahmen zwischen beiden Umgebungen erzeugt worden sind, wurden Verfahren untersucht, die einen bildbasierten Vergleich ermöglichen. Die zunächst naheliegenden Methoden des Farbwert- bzw. des Texturvergleichs wurden als ungeeignet eingestuft, da nicht sichergestellt ist, dass die Farbgebung im CAD-Modell der des realen Objektes entspricht. Des Weiteren kommen im Zielsystem aus Geschwindigkeitsgründen Graustufenkameras zum Einsatz, die eine weitere Informationsreduktion bewirken. Eine weitere analysierte Methode, um vergleichbare lokale Merkmale zu ermitteln, ist SIFT Scale Invariant Feature Transform. Hierbei werden die Gradientenverteilungen von markanten Punkten, z. B. Ecken und Kanten, in einem Fenster (z. B. 15 × 15 Pixel) verglichen. Diese Operation hat sich jedoch als wenig robust erwiesen, da im real erzeugten Kamerabild zu viele Gradienten aus dem Hintergrund enthalten sind (zusätzlich bedingt durch externe Lichteinflüsse und Kamerarauschen).

 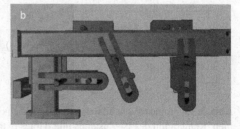

Abb. 2.31 Aufnahmen der realen Kamera (a) auf das reale Objekt und der virtuellen Kamera (b). Bild: Fraunhofer IFF

Abb. 2.32 Bestimmung von Kantenverläufen im real aufgenommenen Bild (a, a), im Bild der farbkodierten Normalenrichtung des synthetisch erzeugten Bilds (b, b) und lagekorrekte Überblendung der Realszene durch das CAD-Modell (c, c). Bild: Fraunhofer IFF

Als das weitaus robusteste Merkmal wurden Kanten ermittelt, wie sie an Übergängen zwischen verschiedenfarbigen Objekten im Bild entstehen. Dabei wurde festgestellt, dass nicht nur der Kantenort selbst, sondern auch deren Richtung, Ausprägung und Breite weitere nützliche Parameter für den Vergleich liefern. Die Kanten im CAD-Modell können zusätzlich anhand von 3D-Informationen ermittelt werden, wodurch zudem sichergestellt ist, dass gleichfarbige Objektkanten sichtbar werden (siehe Abb. 2.32).

Für die Bestimmung von 3D-Kantenmerkmalen wurden Methoden entwickelt, die Sprünge der Normalenvektoren an den Objektflächen detektieren (siehe auch Abb. 2.33). Diese entstehen an Ecken, Kanten und anderen Krümmungen von Objekten, an denen sich der Winkel der Normalenvektoren zwischen benachbarten Flächen ändert.

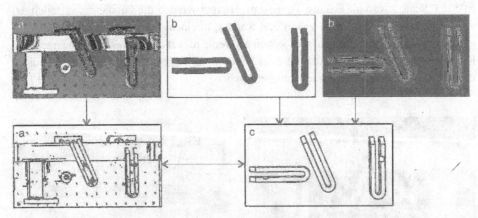

Abb. 2.33 Schema des bildbasierten Vergleichs zwischen realen und synthetischen Bildaufnahmen. Kamerabild des Ist-Zustands und daraus extrahierte Kanten (a, a). Soll-Zustand und farblich codierte Darstellung der Oberflächennormalen (b, b). Aus beiden Bildern generierte Kanten, die für den Vergleich herangezogen werden (c). Bild: Fraunhofer IFF

Zusätzlich werden mit diesem Ansatz Tiefensprünge erkannt, d.h. diejenigen Positionen, an denen Oberflächen denselben Normalenvektor haben, aber unterschiedlich weit von der Kamera entfernt sind. Insbesondere dieser Ansatz steigert die Robustheit der Gesamtmethode, da er unabhängig von Farbe und Flächenorientierung ist.

Zur weiteren Verkürzung der Berechnungszeiten können die Methoden der 3D-Konturerzeugung und -analyse mithilfe von Grafikkartenfunktionen umgesetzt werden. Hierfür bieten sich Funktionen moderner OpenGL-Grafikkarten kann.

Beschreibung der Lösung

Erzeugung robuster Objektmerkmale: Da im Allgemeinen in 3D-Datensätzen nur schematische Informationen über Oberflächeneigenschaften enthalten sind, werden für den Vergleich Geometriemerkmale verwendet. Dabei stellen die Kanten eines Objekts besonders gut detektierbare Merkmale dar.

Zur Generierung eines Kantenbildes werden die vorhandenen CAD-Daten aus dem Montageszenario zunächst standardmäßig gerendert und Kanten mit einem sogenannten Kanten-Detektor (Bildverarbeitungsalgorithmus) extrahiert. Diese Vorgehensweise hat jedoch zwei entscheidende Nachteile:

Einerseits ist die Kantenerkennung durch eine Software verhältnismäßig langsam und andererseits werden einige Kanten durch die eingeschränkt realistische Darstellung, die die CAD-Daten erlauben, nicht erkannt. Insbesondere wenn Objekte gleicher Farbe sich überlappen, kann es auftreten, dass dort kein Versatz erkennbar ist, und somit auch keine Kante detektiert wird, obwohl in der realen Welt durch Schattenbildung eine Kante erkennbar ist.

Aus diesen Gründen wird das Rendering so modifiziert, dass durch den Einsatz von Geometrie- und Pixel-Operatoren eine verfremdete Darstellung der Objekte entsteht und aus diesen dann direkt auf dem Grafikbeschleuniger die Objektkanten extrahiert werden. Dazu wird im ersten Schritt das Bild so gerendert, dass in einem Bildpunkt farblich die Richtung der Objektnormale kodiert ist (Normalenbild, siehe Abb. 2.34 (a)). Im zweiten Schritt wird der Tiefenpuffer dieses Bildes, der den Abstand eines jeden Punktes in der Szene enthält, extrahiert (Tiefenbild, siehe Abb. 2.34 (b)). Im Anschluss werden Kanten mittels eines Bildverarbeitungsalgorithmus dort berechnet, wo eine starke Farbveränderung im Normalenbild oder eine starke Helligkeitsveränderung im Tiefenbild vorhanden ist (siehe Abb. 2.34 (c)). Durch die Berechnung auf der GPU (Graphics Processing Unit (Grafikkartenprozessor) liegt hier der Geschwindigkeitsvorteil gegenüber der Kantenerkennung auf der CPU (Central Processing Unit (Hauptprozessor) ca. bei Faktor 8 (stark abhängig vom verwendeten Grafikbeschleuniger).

Die so gerenderte virtuelle Kantenaufnahme wird aus exakt der Position angefertigt, in der sich auch die reale Kamera befindet.

Berechnung von Vergleichsmessdaten: Anhand der zuvor bestimmten Kantenmerkmale werden nun dreidimensionale Vergleichsmessdaten (3D-Oberflächenmesspunkte) mit einem passiven Triangulationsverfahren (Stereo-Messprinzip) bestimmt. Dazu werden immer zwei Kameras als Stereo-Sensor betrachtet, um 3D-Oberflächenmessdaten zu generieren.

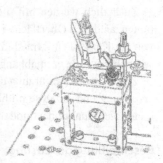

Abb. 2.34 Normalenbild, bei dem die Oberflächenrichtung farblich kodiert ist (a). Zugehöriger Tiefenpuffer (b). Je heller, umso weiter entfernt befindet sich ein Punkt im Bild. Resultierendes Kantenbild (c). Bild: Fraunhofer IFF

Die Verfahrensschritte dazu werden im Folgenden kurz benannt. Der erste Schritt umfasst das Kalibrieren und Einmessen der Kameras. Damit werden die Parameter eines mathematisch-physikalischen Kameramodells bestimmt. Der zweite Schritt beinhaltet das Auffinden korrespondierender Bildpunkte im Stereo-Bildpaar. Dazu werden z. B. die sogenannte Epipolarmethode und darauf aufbauend verschiedene Korrelationsverfahren (Bildverarbeitungsverfahren) genutzt. Im dritten Schritt werden unter Nutzung der parametrisierten mathematisch-physikalischen Kameramodelle, der ermittelten korrespondierenden Bildpunktpaare sowie der Methode des fotogrammetrischen Vorwärtsschrittes 3D-Oberflächenmesspunkte berechnet.

Zur beschleunigten Berechnung der korrespondierenden Bildpunktpaare können die dafür anzuwendenden Bildverarbeitungsalgorithmen auf einem, in jedem modernen mittels OpenCL für die GPU (Grafikkartenprozessor) implementiert. Aufgrund der hohen Parallelisierbarkeit der Algorithmen für diese Korrespondenzsuche eignet sich die GPU für diese Aufgabe besonders gut. Es zeigte sich, dass die Leistungsfähigkeit stark von der eingesetzten Grafik-Hardware abhängig ist. Sie reichte vom Faktor 3,8 bis zum Faktor 11,4.

Zur weiteren Geschwindigkeitssteigerung der 3D-Datengenerierung wurde das Vorwissen über die Sensorkonfiguration und die zu vermessenden Objekte eingesetzt: Es werden nur 3D-Daten an den Kanten von Objekten generiert, da die Kanten Objekte ausreichend gut beschreiben. Die Generierung der Kanten erfolgte auch hier wieder auf Basis der bereits gegebenen virtuellen 3D-Daten (vgl. Abb. 2.35).

Soll-Ist-Vergleich

Nach der Erzeugung von 3D-Oberflächenmessdaten im realen und synthetischen Bild wird ein Soll-Ist-Vergleich durchgeführt, um über die Anwesenheit und Richtigkeit von Bauelementen einer Montagebaugruppe entscheiden zu können.

Das dabei zur Anwendung kommende Verfahren funktioniert prinzipiell wie folgt: Zunächst wird um die zu prüfenden Objekte ein virtueller Hüllkörper gelegt. Der Hüllkörper selbst ist erforderlich, da nicht davon ausgegangen werden kann, dass die gemes-

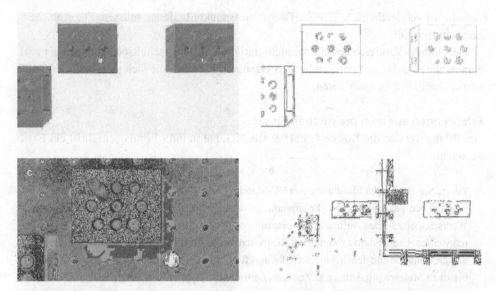

Abb. 2.35 Reduktion der zu berechnenden Stereo-Korrespondenzen. CAD-Daten der Soll-Geometrie (a), extrahierte Kanten aus den CAD-Daten (b), Ausschnitt aus zugehöriger Kamera-ansicht (c) und Visualisierung der generierten 3D-Messpunkte entlang der Objektkanten (d). Bild: Fraunhofer IFF

senen 3D-Oberflächenmesspunkte der montierten Bauelemente vollkommen exakt mit den synthetisch erzeugten Messpunkten der Soll-Geometrie übereinstimmen. Die Ursache dafür liegt in Abweichungen bei der Kamerakalibrierung und -einmessung sowie in zulässigen Bauteilabweichungen. Über die Größe des Hüllkörpers kann somit eine zulässige Toleranz in der Prüfung vorgegeben werden.

Die Generierung des Hüllkörpers erfolgt über die Oberflächenbeschreibung der gegebenen 3D-CAD-Daten. Dabei wird die Oberfläche entlang ihrer Normalen nach innen und außen verschoben, sodass zwei geschlossene Begrenzungsflächen entstehen, in denen

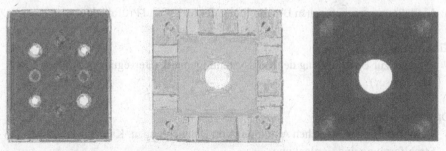

Abb. 2.36 Visualisierung des Hüllkörpers um ein komplexes CAD-Objekt. Originalobjekt und äußerer Hüllkörper (a), innerer Hüllkörper 90° gedreht (b), äußerer Hüllkörper 90° gedreht (c). Bild: Fraunhofer IFF

sich die zu vergleichenden 3D-Oberflächenmesspunkte befinden müssen. Die Abb. 2.36 zeigt ein Beispiel.

Der Soll-Ist-Vergleich besteht nunmehr darin, die Nachbarschaftsbeziehungen der real gemessenen Punkte mit den synthetisch erzeugten Punkten, die sich innerhalb des Hüllkörpers befinden, zu analysieren.

Erfahrungen aus dem praktischen Einsatz

Der Pilotanwender, die Kolbus GmbH & Co. KG, hat in ihrer Firmenzeitschrift ein Fazit gezogen:

> Zitat: „Seit Beginn der Einführung von NC-Maschinen bei KOLBUS, genau am 15. Mai 1970, mussten neu geschriebene NC-Programme sowie auch bestehende Programme beim ersten Werkstück eines jeden Auftrags satzweise mit verzögerter Eilganggeschwindigkeit eingefahren werden. Dieses führte zu erhöhten Rüstzeiten, mit anderen Worten, verlorene Zeit, die an den drei Unipros und den drei kleinen Makinos fünf Minuten und an den drei großen Makinos bis zu 15 Minuten pro Auftrag an Zeitbedarf erforderte. Aufgrund der hohen Teilevielfalt und der kleinen Produktionsstückzahlen ergeben sich täglich sehr häufige Austragswechsel, die immer wieder hohe Rüstzeiten verursachen. Um diese ›verlorenen Zeiten‹ zu minimieren, sind erhebliche Anstrengungen getroffen worden, aus denen sich das bisher nur bei KOLBUS existierende optische Spannmittelkontrollsystem ergeben hat."

Weitere Informationen sind in der Veröffentlichung [SaBNB10] zu finden.

2.3.4 Zusammenfassung verwendeter Modelle, Methoden und Werkzeuge

2.3.4.1 Digitale Modelle
Geometrie
- Modelle zur geometrischen Beschreibung der mechanischen Konstruktion von Messanordnungen und -systemen
- Modelle zur geometrischen Beschreibung der Mess- und Prüfobjekte

Kinematik
- Modelle zur Beschreibung der Messsystemkinematik (Bewegung von Messobjekt oder Sensor)

Optische Abbildung:
- Beschreibung der optischen Abbildung von Beleuchtungen, Kameras einschließlich Strahlformung und -umlenkung

2.3.4.2 Methoden und Werkzeuge

Entwurf und Dimensionierung von Sensoren und Systemen
- Konstruktive Gestaltung und optische Dimensionierung

Kalibrieren und Einmessen von Messanordnungen
- Modellierung optischer Abbildung
- Modellierung der Messsystemkinematik (Bewegung von Messobjekt oder Sensor)
- Modellierung der Verknüpfung von Sensordaten und kinematischer Kette (z. B. nach Denavit-Hartenberg), Erstellung eines Gesamtmodells der Systemanordnung
- Entwurf geeigneter Kalibriermittel
- Kalibrierung einzelner Sensoren
- Bestimmung von Parametern des Gesamtmodells der Systemanordnung durch Kalibriermessungen
- Bereitstellung der Ergebnisse für Folgeschritte

Modellbasierte Prüfplanung
- Nutzung der CAD-Modelle von Messanordnungen und Messobjektgeometrien sowie optischer Abbildungen für automatisierte Mess- und Prüfplangenerierung
- Nutzung der Konstruktionsvorgaben für Toleranzen und Prüfmethoden
- Berechnung von Sensoraufnahmepositionen und -orientierungen sowie von Sensor-bewegungsabläufen
- Bestimmung von Bewertungskriterien für die Qualität der Messdaten aus Aufnahme-parametern (Winkelverhältnis der optischen Achse des Sensors zur Oberflächennor-male des Messobjektes, Triangulationswinkel, Abstand von der optischen Achse, usw.)

Messung
- Synchronisation von Daten bei der Akquisition: mehrere Sensoren, Kinematisches System (Echtzeitfähigkeit)
- Modelle dynamischer Einflüsse: Aufnahmezeit, Bewegungsunschärfe, Shutter-Methode-Sensor

Datenauswertung:
- Synthetische modellbasierter virtuelle Messungen für Soll-Vorgaben
  - 2D: synthetische Berechnung von 2D-Bilddaten (Rendering unter Nutzung von virtuellem Sensor und 3D-CAD-Modell des Messobjekts
  - 3D: synthetische Berechnung von 3D-Messdaten mittels Triangulation (Vorwärts-schnitt)
  - nicht berücksichtigt werden Materialeigenschaften der zu messenden/prüfenden Bauteile
    2D: kein photorealistisches Rendering
    3D: keine Messunsicherheitseinflüsse durch diffuse Reflektion, keine Transmis-sion, keine Absorption
- Methoden der 3D-Datenauswertung anhand von Approximation geometrischer Primitive

Visualisierung von Messergebnissen
- grafische Visualisierung
- kombinierte Darstellung von CAD- und Messdaten
- Visualisierung von Handlungsanweisungen (Prozessrückführung)

2.4   Bedien-Arbeitsplatz

Stefan Leye

2.4.1   Anforderungen

Als einer der größten Industriezweige Deutschlands trägt der Maschinen- und Anlagenbau (MAB) maßgeblich zum Wachstum der deutschen Industrie bei. Über 971.000 Beschäftigte in mehr als 6.000 Unternehmen erwirtschafteten im Jahr 2012 rund 207 Milliarden Euro [VDMA13].

Mit seinem fertigungstechnischen Know-how leistet der MAB einen großen Beitrag zur Bewältigung der aktuellen Herausforderungen im globalen Wettbewerb. Gerade kleine und mittlere Unternehmen (KMU) mit weniger als 250 Mitarbeitern, die ca. 80 Prozent der Unternehmen im MAB ausmachen, stützen die Wirtschaftskraft der deutschen Industrie nachhaltig. Ihr Kerngeschäft ist größtenteils die Spezialisierung auf Einzel- und Kleinstserien kundenindividueller Lösungen. Dabei sichert u. a. der Einsatz innovativer Fertigungstechnologien die Flexibilität und Produktivität in der unternehmerischen Wertschöpfungskette wesentliche Wettbewerbsvorteile im Zeitalter der Globalisierung.

Hierbei stellen neue Fertigungsverfahren und Produktionssysteme insbesondere an Maschinenbediener spezielle Anforderungen. Umrüstvorgänge müssen flexibel und schnell durchgeführt werden, die Mitarbeiter müssen Maschinenkonfigurationen so wählen, dass eine maximale Qualität trotz hoher Flexibilität des Produktionsprozesses gewährleistet ist.

Mit der zunehmenden Automatisierung des Produktionsprozesses wandelt sich das Berufsbild des Maschinenbedieners und des Instandhalters. Die Maschinen sind zunehmend miteinander vernetzt und arbeiten autonom. Bediener und Instandhalter müssen in der Lage sein, die Maschine optimal zu steuern und in Fehlersituationen schnell instand zu setzen.

2.4.2   Technologische/Technische Voraussetzungen

Für Fertigungsunternehmen ist effizientes Produzieren ein Schlüsselfaktor, um immer kürzer werdenden Produktlebenszyklen gerecht zu werden. Aufgrund variabler Kundenforderungen ist ein permanenter Anstieg von Produktvielfalt und -komplexität zu verzeichnen. Gleichzeitig gilt es, die Qualität zu steigern sowie gesetzliche Regelungen und Vorschriften bzgl. der Herstellung und Produktsicherheit zu berücksichtigen.

Um diesen Herausforderungen im Sinne der vierten industriellen Revolution zu begegnen, werden verschiedenste Bereiche innerhalb der Produktentwicklung und Produktion zunehmend vernetzt. Darunter fällt beispielsweise im Rahmen der Herstellung die Verknüpfung intelligenter Werkzeugmaschinen (WZM). Diese werden auftragsabhängig zu effizienten Produktionssystemen gekoppelt.

Für eine effektive Steuerung derart flexibler Produktionssysteme bedeutet dies, jederzeit Zugriff auf unternehmensweite Informationen zu gewährleisten. Zur Einrichtung und Überwachung der WZM erhalten Bediener hierfür zahlreiche Daten und Informationen. Aus der Konstruktion und Fertigung werden CAD-Daten und Fertigungsunterlagen zur Verfügung gestellt. Diese beinhalten beispielsweise die Werkstückkontur, das zu bearbeitende Material sowie geplante Fertigungszeiten pro Werkstück. Auf Grundlage dieser Informationen erstellt der Bediener an der WZM den erforderlichen Bearbeitungszyklus. Technische Dokumentationen mit Kennzahlen und Operationsweisen der WZM unterstützen den Bediener bei der optimalen Maschinenprogrammierung. Der Maschinenbediener hat demnach eine Schlüsselfunktion in der optimalen Betriebsweise komplexer WZM und ihrer effektiven Kopplung in Produktionssystemen.

Ziel der Vernetzung intelligenter WZM ist es, Wettbewerbsvorteile gegenüber den Mitbewerbern zu sichern. Dies bedeutet, sich durch kurze Produktionszeiten, eine hohe Produktqualität sowie technische Alleinstellungsmerkmale abzugrenzen. Dabei ist die Effizienz und Fertigungsflexibilität der WZM von großer Bedeutung [Richt13].

Kurze Rüstzeiten, schnelle Werkzeugwechsel sowie flexible Maschinenkonfigurationen kennzeichnen die notwendige Anpassungsfähigkeit. Dies beinhaltet eine höhere Bearbeitungsgenauigkeit von Werkstücken, die durch eine Vielzahl von Maschinenfunktionalitäten realisiert wird. Daneben bietet der Energiebedarf von WZM große Einsparpotenziale. Der Einsatz moderner Antriebe und Komponenten, unterstützt durch ein steuerungsinternes Energiemanagement, gewinnt zunehmend im Hinblick auf eine ressourceneffiziente Produktion an Bedeutung. Eine bedarfsgerechte Ansteuerung und Abschaltung von Maschinenkomponenten erfolgt durch eine intelligente Steuerung. Dies führt innerhalb flexibler Produktionssysteme zu einer maschinenübergreifenden Abstimmung des gesamten Produktionsprozesses.

Derart komplex und intelligent vernetzt, bedarf es einer Reihe von Assistenzsystemen und effektiver Instandhaltungsstrategien, um das Bedien- und Wartungspersonal im laufenden Betrieb an der WZM zu unterstützen.

Aus Sicht eines Maschinenbedieners liegt der Unterstützungsfokus in der Gewährleistung einer sicheren Mensch-Maschine-Interaktion. Darunter zählt neben einem gefahrlosen Umgang mit der WZM u. a. eine intuitive Steuerungsbedienung. Schneller Zugriff auf Maschinendaten, wie beispielsweise Programmlauf-, Rüst- und Standzeiten sowie der Maschinenauslastungsgrad, bilden die Grundlage einer systemunterstützten Optimierung des Produktionsprozesses. Daraus lässt sich schlussfolgern, dass sich der Arbeitsinhalt des Bedienpersonals von arbeitsintensiven hin zu informations- und wissensintensiven Aktivitäten wandelt, vom direkten Eingriff in den Bearbeitungsprozess hin zum prozessbegleitenden Überwachen [AbRe11]. Die WZM müssen hierbei zur Entlastung des Bedienpersonals permanent Selbstkontrollen durchführen und in definierten Grenzen autonom auf Störungen reagieren können.

Bei systemuntypischen Fehlern sind zur Entscheidungsunterstützung des Instandhalters Informationen bedarfsgerecht im Arbeitsprozess bereitzustellen. Dies können beispielsweise die Anleitung für sofortiges Reagieren des Bedieners sein oder, nach Abstellen der Störung, spätere Optimierungsschritte zum zukünftigen Vermeiden gleicher Fehlerbilder sein. Das hoch qualifizierte Bedienpersonal erfährt auf diese Weise über Assistenzsysteme im Arbeitsprozess bedarfsgerecht Unterstützung.

2.4.3   Realisierungsbeispiele

2.4.3.1 Bedienung von Werkzeugmaschinen

Unternehmen, die sich auf Kleinstserien im Sondermaschinen- und Anlagenbau spezialisiert haben, unterliegen gesonderten Herausforderungen im internationalen Wettbewerb. Das Produktportfolio ist durch eine große Variantenvielfalt bei gleichzeitig geringer Stückzahl gekennzeichnet. Gerade hier sind eine flexible Produktionsgestaltung sowie die kontinuierliche Verbesserung der Produktionsprozesse wesentliche Erfolgsfaktoren. Der Einsatz neuer Methoden und Werkzeuge muss vorangetrieben werden, um auf stark schwankende Kundenforderungen effektiv reagieren zu können.

Investitionen in spezielle WZM zur Herstellung kundenindividueller Lösungen sind gerade für KMU kostspielig. Daher muss ein effizienter und fehlerfreier Betrieb innerhalb des Produktionsprozesses stets sichergestellt werden Die Bedienung dieser Sondermaschinen kann grundsätzlich nur durch entsprechend qualifiziertes Personal vorgenommen werden. Hierbei unterliegt das Aufgabenfeld des Maschinenbedieners, wie bereits in Abschn. 2.4.2 beschrieben, einem inhaltlichen Wandel. Im Kontext einer ressourceneffizienten Produktion verfügen die WZM über eine intelligente Automatisierungstechnik, die einen regulären Eingriff des Bedieners in den Bearbeitungsprozess nur in Ausnahmefällen erfordert.

Moderne Produktionssysteme bieten heutzutage eine Vielzahl an Modulen, welche die Fertigungszeit erheblich verkürzen. Integrierte Werkzeugrevolver (siehe Abb. 2.37) reduzieren beispielsweise anfallende Automations- und Peripheriekosten. Zeitaufwendige Rüst- und Umrüstvorgänge zur Bestückung der Maschine mit neuen Bearbeitungswerkzeugen werden so minimiert. Der Auslastungsgrad der WZM wird durch NC-gestützte

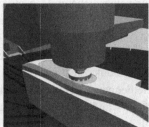

Abb. 2.37 Werkzeugrevolver und Funktion einer WZM, als virtuelle Modelle generiert. Bild: Fraunhofer IFF

Steuerungstechnik optimiert. Die Maschine bearbeitet automatisiert Werkstücke, unabhängig von Pausenzeiten der Bediener oder vom Schichtwechsel im Fertigungsunternehmen. Sensorgesteuerte Mess- und Prüftechnik überwacht während der kompletten Bearbeitung das Einhalten sämtlicher Toleranzen am Werkstück, gibt bei anfallenden Störungen ein entsprechendes Feedback an den Bediener und unterbricht eigenständig den Bearbeitungsvorgang.

Die Überwachung und Gewährleistung der maschinellen Vorgänge sowie eine fehlerfreie Bedienung sind die Hauptaufgabenfelder des Maschinenbedieners und müssen gerade im Hinblick auf die Komplexität aktueller WZM entsprechend geschult werden. Ziel ist es, den Mitarbeiter optimal auf den Einsatz an der neuen Maschine vorzubereiten. Fehlbedienungen der WZM belasten das Unternehmen finanziell stark, da die Produktion von Kleinstserien an sehr geringe Stückzahlen gebunden ist. Wird ein Werkstück innerhalb der Bearbeitung zum auslieferungsfähigen Bauteil durch auftretende Störungen unbrauchbar und somit Ausschuss, können die finanziellen Einbußen nur schwer durch den Absatz anderer Einzel- sowie Kleinstserien kompensiert werden. Daher gilt es, durch geeignete Qualifizierungsmethoden die Fähigkeiten einer fehlerfreien Maschinensteuerung zu schulen.

Für eine bestmögliche Schulung der Bediener ist es erforderlich, die für die Qualifizierung zur Verfügung stehende Zeit effektiv zu nutzen. Ein frühzeitiges, praxisorientiertes Bedienertraining unterstützt den zu erlernenden Umgang mit dem neuen Arbeitsmittel nachhaltig. Dieses erfolgt im optimalen Fall bereits vor der Installation und Inbetriebnahme der neuen WZM im Unternehmen. Da die reale Maschine in diesem Stadium zu Ausbildungszwecken noch nicht zur Verfügung steht, wird in technologiebasierten Lernumgebungen an 3D-Modellen virtuell trainiert.

Die Lernumgebung

Die Anwendung einer technologiebasierten Lernumgebung im Rahmen der Aus- und Weiterbildung von Bedienpersonal erfordert die Nutzung belastbarer Daten aus den frühen Phasen der Produktentstehung. Reale Maschinen stehen in diesem Stadium des Produktlebenszyklus als Lernobjekt für die Qualifizierung noch nicht zur Verfügung. Durch Nutzung digitaler Methoden und Werkzeuge innerhalb der Produktentwicklung und Produktion, wie es das Digital Engineering and Operation forciert, stehen die benötigten Maschinendaten jedoch bereits digital zur Verfügung. Mithilfe dieser können technologiebasierte Lernumgebungen erstellt werden, die dem Bediener ein realitätsnahes virtuelles Modell der WZM in seiner Arbeitsumgebung darstellen. An diesem Modell kann der Maschinenbediener seine Arbeitsaufgaben interaktiv erproben und trainieren, ohne dass eine greifbare, real existierende Maschine benötigt wird [VWBZ09].

Eine entsprechende Qualifizierungslösung wird auf Basis der übertragbaren Entwicklungsdaten entwickelt. Für eine Datenübernahme des virtuellen Modells aus einem CAD-System in eine virtuelle Lernumgebung, sind standardisierte Austauschformate festzulegen, die systemübergreifend genutzt werden können. Ein stark verbreitetes Standardformat zur Beschreibung von Produktdaten, das in verschiedenen Anwendungsbereichen genutzt

Abb. 2.38   Mixed Reality-Einsatz im Bedienertraining. Foto: Fraunhofer IFF/Dirk Mahler

wird, ist STEP (Standard for the Exchange of Product Model Data). Dieser Standard ist nach DIN EN ISO 10303 in seinem Umfang definiert und überträgt Informationen bezüglich der Objektgeometrien, deren hierarchische Strukturierung sowie zugeordnete Materialeigenschaften [DIN10303].

Die Entwicklung anwendungsbezogener technologiebasierter Lernszenarien baut dabei auf der realen Arbeitssituation auf. Ziel der Entwicklung ist eine maximale Nutzerakzeptanz der Qualifizierungslösung, gekoppelt mit einem Transfer der Lerninhalte aus der technologiebasierten Lernumgebung auf die realen Arbeitsvorgänge.

Anwendung und Einsatz

Hierfür bietet sich der Einsatz von Mixed Reality-Lösungen in der Qualifizierung von Maschinenbedienern an. Dabei erfolgt die Kopplung des virtuellen Maschinenmodells mit einer realen NC-Steuerung, wie sie die Bediener im späteren Betrieb an der realen Maschine vorfinden. Auf diese Weise wird das Lernen an realen Bedienelementen ermöglicht und gleichzeitig am virtuellen Modell der WZM die Reaktion auf Nutzereingaben visualisiert (siehe Abb. 2.38). Ebenso sind Störungen im laufenden Maschinenprogramm abbildbar und schulen den Bediener im späteren Umgang mit der realen Maschine [BNSL12]. Hier kommt es auf das Schulen der richtigen Vorgehensweise beim Diagnostizieren von Fehlern sowie deren Behebung an [DIN31051].

Prädestiniert für diese Art der Qualifizierung ist das Training in sogenannten Lerntandems. Diese setzen sich aus jeweils einem jungen und einem erfahreneren Mitarbeiter zusammen. Ziel von Lerntandems ist das gemeinsame gleichberechtigte Lernen. „In einer gemeinsamen Lösung einer Projektaufgabe werden durch die Zusammenführung unterschiedlicher Kenntnisse und Kompetenzen Lernprozesse ermöglicht und Synergieeffekte hervorgebracht" [Seit04]. Jüngere Mitarbeiter bringen aktuelles Fachwissen über die Bedienung von WZM ein und können Hemmnisse zur Nutzung technologiebasierter Lernumgebungen abbauen. Ältere Mitarbeiter steuern im Gegenzug ihr Erfahrungswissen bei, das sie im Laufe ihres Berufslebens gesammelt haben. Ein Wissenstransfer zwischen Novizen und Experten ist als ein Synergieeffekt gesichert.

Herausforderungen

Für einen nachhaltigen Lerneffekt ist eine realitätsgetreue Abbildung des Maschinenverhaltens ein Schlüsselfaktor. Hier besteht für die Zukunft Forschungsbedarf. Methoden für eine ganzheitliche Datenübernahme, speziell das simulierte Maschinenverhalten sowie Kinematiken, aus dem Entwicklungsprozess in die technologiebasierte Lernanwendung müssen entwickelt werden. Datenänderungen in der Produktentwicklung bedürfen einer Rückverfolgung, sodass eine entsprechende Aktualisierung der visualisierten Lerninhalte automatisiert in der virtuellen Lernumgebung erfolgen kann.

Weiterhin ist zukünftig eine Bedienerunterstützung derart denkbar, dass Grundeinstellungen der WZM durch die Maschinensteuerung autonom vorgenommen werden. Datenbankbasiert werden Informationen über das Material des zu bearbeitenden Werkstückes zur Verfügung gestellt. Diese dienen beispielsweise der Maschine zur selbst gesteuerten Vorgabe von Vorschubgeschwindigkeiten.

Die Vision der Zukunft ist die Integration künstlicher Intelligenz in WZM. Die momentane Situation, dass Bediener für das korrekte Steuern der Maschine intensiv qualifiziert werden müssen, soll der Vergangenheit angehören. Vielmehr lernen Maschinen vom Bediener, registrieren seine Vorgehensweisen beim Diagnostizieren und Beheben von Störungen. Diese werden in einer Datenbank abgelegt und anderen Bedienern beim Auftreten ähnlicher Maschinenfehler bedarfsgerecht als Lösungsvorschlag ausgegeben.

2.4.3.2 Instandhaltung eines Hochspannungsleistungsschalters

Instandhaltung

Instandhaltung wird gemäß DIN 31051 wie folgt beschrieben: „Instandhaltung ist die Kombination aller technischen und administrativen Maßnahmen sowie Maßnahmen des Managements während des Lebenszyklus einer Betrachtungseinheit zur Erhaltung des funktionsfähigen Zustandes oder der Rückführung in diesen, sodass sie die geforderte Funktion erfüllen kann."

Instandhaltung wird in die Grundmaßnahmen Wartung, Inspektion, Instandsetzung und Verbesserung unterteilt.

Die sich daraus ergebenden Aufgaben eines Instandhalters sind sehr komplex und vielschichtig. Sie erfordern gut ausgebildete Fach- und Führungskräfte, hochmotivierte Instandhaltungsteams und ein modernes Management, das differenzierte Instandhaltungsstrategien entwickelt und erfolgsorientiert umsetzt. Zur Gewährleistung der erforderlichen Anlagenverfügbarkeit und zur Sicherung der Produkt- und Prozessqualität bedarf es flexibler und kostengünstiger Lösungen. Nur so kann die Wettbewerbsfähigkeit eines Unternehmens langfristig gesichert werden.

Hochspannungsleistungsschalter

Für die Instandhaltung von Hochspannungsbetriebsmitteln, z. B. Leistungsschalter und Transformatoren, ist die Ausbildung in einem elektrotechnischen Beruf Voraussetzung. In der Ausbildung erwerben die zukünftigen Instandhalter Fachkenntnisse über Gerätefunktion, über Kenngrößen und Grenzwerte der Schaltgeräte, aber auch über den Einsatz von Messgeräten und Spezialwerkzeugen. [HaHu11] Die technischen Mitarbeiter müssen nach der Ausbildung in der Lage sein, eine Zustandserfassung an den Betriebsmitteln durchzuführen und die ermittelten Befunde angemessen zu bewerten, um daraus die richtigen Maßnahmen für eine mögliche Instandsetzung abzuleiten.

Hochspannungsbetriebsmittel sind durch eine lange Lebensdauer der Geräte gekennzeichnet, 40 Jahre Betrieb sind für einen Hochspannungsleistungsschalter keine Seltenheit. Die erfahrenen Instandhalter haben viele der Schalter über ihre gesamte Lebensdauer begleitet, von der Montage und Inbetriebnahme über die regulären Wartungszyklen und aufgetretene Störungen in der Betriebsphase bis zur Außerbetriebnahme. Ihre langjährige Berufserfahrung hat sie zu Experten gemacht. Sie sind in der Lage, auftretende Fehler zu analysieren und die erforderlichen Maßnahmen zur Instandsetzung durchzuführen. Sie greifen dabei auf vorhandenes Wissen, Erlebtes und die Fähigkeit, Erfahrungen auf neue Problemsituationen transferieren zu können, zurück.

Die Tätigkeit des Instandhalters ist in einem hohen Maß durch Problemlösefähigkeit geprägt, die z. B. bei der Störungsaufklärung zur Anwendung kommt. Diese Fähigkeit wird nicht in der Ausbildung erworben, sondern ist ähnlich wie der Prozess der Konstruktion und Fertigung [Ma05] zu einem großen Teil erfahrungsgeleitet.

Scheiden die erfahrenen Fachkräfte infolge des demografischen Wandels aus dem Arbeitsleben aus, so muss gewährleistet bleiben, dass die Instandhaltungsmaßnahmen in gleicher Qualität und Quantität ausgeführt werden. Nur so können die Unternehmen konkurrenzfähig bleiben. Die Herausforderung besteht also darin, das Wissen der Erfahrenen für die nachwachsende Generation verfügbar zu machen.

Erfahrung spielt eine entscheidende Rolle bei der Bearbeitung komplexer Arbeitsaufträge. Sie kann jedoch nur durch eigenes Handeln erworben werden. Diese Erfahrungen werden in der Regel im Rahmen der praktischen Ausbildung und im Berufsalltag gesammelt. In der Instandhaltung gibt es hier jedoch klare Grenzen. Verhaltensweisen komplexer Maschinen und Anlagen sind nur schwer nachzustellen und damit für Schulungen nur eingeschränkt verfügbar.

Im beschriebenen Beispiel unterliegt zudem die Betrachtungseinheit des Hochspannungsleistungsschalters starken Restriktionen in der praxisnahen Ausbildung. Die Integration der Schaltgeräte in nationale und internationale Netze und die daraus resultierende mangelnde Verfügbarkeit der Betriebsmittel für die Schulung ist neben der von den Geräten ausgehenden Gefahr der wichtigste Grund, der die Qualifizierung am realen Gerät stark einschränkt. Hinzu kommt, dass die im Schaltgerät ablaufenden Prozesse, deren Verständnis für das Verstehen von Zusammenhängen unerlässlich ist, aufgrund baulicher Beschränkungen und hoher Geschwindigkeiten, nicht sichtbar sind.

Um für die Ausbildung dennoch eine gute Anschauung zu gewährleisten, werden einige Betriebsmittel aufwendig zu Schulungsmodellen umgebaut. Damit kann den Schulungsteilnehmern zumindest einen Blick in das Innere der Geräte ermöglicht werden. Die Schaltvorgänge sind jedoch zu schnell für das menschliche Auge und somit nicht sichtbar. Die angehenden Instandhalter müssen bisher also eine gewisse Abstraktionsfähigkeit und Vorstellungsvermögen haben, um die Funktionsweisen der Betriebsmittel verstehen zu können.

In der Schulung ist es zudem kaum realisierbar, dass die Teilnehmer Instandhaltungsaufträge selbst durchführen und dabei bereits Erfahrungen sammeln können, aus denen heraus sie die benötigte Handlungskompetenz entwickeln können. Die Ursachen dafür sind vielfältig:

- Die zu erlernenden Arbeitsabläufe bedürfen aufgrund ihrer technischen Besonderheiten und den möglichen Konsequenzen bei falscher Handhabung besonderer Vorsichtsmaßnahmen. Die praktischen Übungen werden durch erfahrene Fachkräfte betreut. Selbst nach der erfolgreichen Ausbildung werden die Techniker zunächst im Team mit erfahrenen Fachkräften arbeiten, bevor sie eigenverantwortlich tätig werden. Daran wird deutlich, dass das alleinige Beherrschen der Handgriffe nicht ausreichend ist für eine erfolgreiche Qualifizierung. Die Mitarbeiter benötigen ein grundlegendes Verständnis für die Handlungen und ihre Konsequenzen, um daraus Sicherheit und Vertrauen in ihr eigenes Tun zu erlangen.
- Die Durchführung der praktischen Übungen erfolgt in der Werkstatt am Schulungsmodell. Da diese nur in geringer Stückzahl vorhanden sind, ist ein individuelles Training nur begrenzt möglich.

Die Lernumgebung

Technologiebasierte Lernumgebungen können die bisherigen Ausbildungsmaßnahmen unterstützen und die aufgezeigten Einschränkungen überwinden. Die Entwicklung einer solchen Lernumgebung nutzt die Werkzeuge des Digital Engineering and Operation.

Der Aufbau einer technologiebasierten Lernumgebung erfolgt in mehreren Ebenen. Die *strukturelle Ebene* bildet die geometrische Basis. Hierfür kann auf 3D-Daten aus der Konstruktion und Fertigung zurückgegriffen werden. Diese sehr detaillierten Daten müssen in einem ersten Vorverarbeitungsschritt reduziert werden. Ziel ist es, eine echtzeitfähige Interaktion mit dem virtuellen Modell zu ermöglichen. Die Performanz einer Virtual Reality-Szene wird dabei u. a. durch die Anzahl der zu visualisierenden Dreiecke bestimmt. Je detaillierter ein Modell dargestellt werden soll, umso mehr Dreiecke werden dazu benötigt. Eine Datenreduktion kann erreicht werden, indem Details nicht konstruktiv, sondern anhand von Texturen dargestellt werden. So lassen sich z. B. bei der Visualisierung eines Schraubengewindes viele Dreiecke einsparen.

Die Verfügbarkeit von 3D-Konstruktionsdaten ist gerade bei Betriebsmitteln älteren Baujahrs nicht immer gegeben. In diesem Fall müssen die Konstruktionsdaten durch zunächst auf Basis von 2D-Zeichnungen oder durch geeignete Laserscanverfahren generiert werden. Die Bereitstellung der Konstruktionsdaten durch den Hersteller ist leider noch nicht die Regel, wird aber in der zukünftigen Zusammenarbeit zwischen Herstellern und Dienstleistern ein wichtiges Leistungsmerkmal darstellen.

Aufbauend auf der strukturellen Szenarioebene wird die *funktionale Ebene* entwickelt. Sie beschreibt das Verhalten und die Interaktion mit dem virtuellen Modell. Verhalten beinhaltet sowohl die Erstellung von Animationen für die Darstellung des funktionalen Verhalten der Maschine, aber auch die formale Beschreibung kausaler Zusammenhänge. Informationen zu Bewegungsachsen lassen sich oft bereits aus den 3D-CAD-Daten übernehmen. Simulationsdaten können in der Entwicklungs- und Testphase genutzt werden, um z. B. den Materialfluss einer Fertigungslinie zu optimieren.

Die *didaktische Ebene* dient der Aufbereitung der funktionalen Inhalte für die Verwendung innerhalb einer Schulung oder als Wissensbasis im Arbeitsprozess. Die theoretischen Überlegungen und die verfügbaren Digital Engineering-Werkzeuge zum Aufbau dieser Ebene werden in Abschn. 5.2 Technologiebasierte Qualifizierung ausführlich beschrieben.

Im Folgenden wird die entwickelte Lernumgebung für die Instandhaltung eines Hochspannungsleistungsschalters vorgestellt. Dabei wird neben der inhaltlichen Umsetzung auch die praktische Anwendung beschrieben. Abschließend wird auf die Erfahrungen aus dem praktischen Einsatz näher eingegangen.

Die Lernumgebung erlaubt es dem Anwender im ersten Schritt, sich mit der Arbeitsumgebung sowie dem Aufbau und der Funktionsweise des Leistungsschalters vertraut zu machen. Die Funktionsweise des Gerätes kann bisher in der Schulung nicht vollständig sichtbar gemacht werden, zum einen aufgrund der baulichen Voraussetzungen und zum anderen aufgrund der hohen Geschwindigkeit, mit der die zu erlernenden Prozesse ablaufen. Im Arbeitsprozess ist es jedoch unerlässlich, dass der Mitarbeiter die Funktionsweise der komplexen Anlage versteht und beschreiben kann. Nur so kann ein sicheres Arbeiten gewährleistet werden.

Mittels virtueller Techniken kann jede Baugruppe des Leistungsschalters sichtbar gemacht werden und in Bezug auf angrenzende Bauteile und Komponenten interaktiv betrachtet werden. Bauteile, die die Sicht behindern, wie z. B. das Gehäuse, können ausgeblendet werden. Die Sichtposition ist individuell wählbar und erlaubt so auch Sichten auf das Gerät, die in der Praxis schwer erreichbar sind, z. B. von oben. Neben den mechanischen Bewegungsabläufen werden in der Lernumgebung der Stromfluss und das Verhalten des Gases innerhalb der Polsäule sichtbar gemacht. Anhand dieser Form der Darstellung kann die Veränderung der Parameter über die Prozesslaufzeit anschaulich und nachvollziehbar erklärt werden. Abb. 2.39 zeigt eine mögliche Nutzung der Lernumgebung zur Diskussion und Veranschaulichung der ablaufenden Prozesse.

Die Bauteile des Schaltgerätes sind mit Bezug auf die Stückliste eindeutig benannt. Damit wurde eine verbesserte Kommunikation zwischen den Mitarbeitern erreicht, weil jeder Mitarbeiter mit einem Begriff jetzt auch dasselbe Bauteil verbindet.

Neben Aufbau und Funktion wurden in der Lernumgebung Arbeitsprozesse visualisiert. Die Arbeitsaufträge wurden aufgrund ihrer Seltenheit und Komplexität ausgewählt. Ge-

Abb. 2.39 Virtuelles Modell eines Leistungsschalters (Hochspannungsbetriebsmittel) als Diskussionsgrundlage über dessen Aufbau und Funktionsweise. Foto: Fraunhofer IFF/Dirk Mahler

meinsam mit den Fachexperten wurde die optimale Vorgehensweise zur Bearbeitung des Arbeitsauftrages entwickelt und visualisiert. Eine Checkliste ermöglicht dem Nutzer die Navigation innerhalb des Ablaufes, sodass im Arbeitsprozess gezielt Informationen zu bestimmten Vorgehensweisen abgefragt werden können. In Ergänzung zur virtuellen Darstellung eines Arbeitsschrittes wurden vorhandene Medien ergänzt, z. B. Videosequenzen von der Auftragsbearbeitung am realen Gerät. Diese eignen sich als Ergänzung, um z. B. manuelle Handhabungen mit wenig Aufwand sichtbar zu machen.

Ziel der Anwendung einer technologiebasierten Lernumgebung im Seminar ist der Aufbau von Handlungskompetenz. Die Mitarbeiter sollen Vertrauen in ihr eigenes Tun entwickeln, um auch in Ausnahmesituationen sicher handeln zu können. Für die Entwicklung von Handlungskompetenz bedarf es der handlungsorientierten Gestaltung des Seminars. Dazu wurden in der Lernumgebung Lernaufgaben implementiert, die dem didaktischen Prinzip der vollständigen Handlung (siehe Abschn. 5.2 Technologiebasierte Qualifizierung) folgen. Ziel ist es, den Prozess von der Information über die Prozessplanung bis hin zur Durchführung und Bewertung in der technologiebasierten Lernumgebung nachzubilden. Dazu können die benötigten Werkzeuge und Hilfsmittel ausgewählt werden und es wird ein Arbeitsplan mit den erforderlichen Arbeitsschritten erstellt, die der Nutzer dann interaktiv, ähnlich wie in einem Computerspiel, bearbeitet. Das System gibt ihm die erforderlichen Rückmeldungen zu richtigem und falschem Verhalten und ermöglicht so die Einordnung der eigenen Leistung.

Anwendung und Einsatz

Die vorgestellte technologiebasierte Lernumgebung für die Instandhaltung von Hochspannungsleistungsschaltern wird in den folgenden drei Anwendungsszenarien zum Einsatz gebracht:

- In der als *Blended Learning-Konzept* gestalteten Aus- und Weiterbildung wird die technologiebasierte Lernumgebung sowohl durch den Dozenten als auch durch die Seminarteilnehmer eingesetzt. Dem Dozenten dient die Lernumgebung zur anschaulichen Vermittlung von Prozessen. Für die Präsentation kommen mobile Projektionssysteme oder handelsübliche Fernsehgeräte zum Einsatz. Optional kann die Anwendung in stereoskopischer Darstellung genutzt werden. So wird zum einen eine bessere räumliche Wahrnehmung der Arbeitsumgebung erreicht und, zum anderen fördert der Einsatz innovativer Technologien die Motivation der Teilnehmer. In Gruppen- und Einzelübungen können die Mitarbeiter in Präsenzphasen die Lernumgebung individuell am Laptop, Tablet-PC, Smartphone o. ä. nutzen. Inhalte können so selbst erarbeitet werden, die Rolle des Dozenten wechselt vom Wissensvermittler zum Lernbegleiter. Die Inhalte werden zunehmend selbst erarbeitet, der Dozent moderiert diesen Prozess unter Nutzung von Leitfragen.

- Resultierend aus der Langlebigkeit der Betriebsmittel und vergleichsweise großen Wartungszyklen muss der Instandhalter eines Hochspannungsleistungsschalters in der Lage sein, eine Vielzahl verschiedener Typen von Schaltgeräten instand zu halten und ggf. instand zu setzen. Die Spezifika der verschiedenen Schaltgeräte können innerhalb der Lernumgebung im Rahmen der *Arbeitsvorbereitung* nachgeschlagen werden. Somit dient die Lernumgebung auch als Wissensbasis, in der Informationen bei Bedarf abgerufen werden.

- Bei der Bearbeitung realer Störungen am Schaltgerät zur *Fehleranalyse* kommt die technologiebasierte Lernumgebung häufig zum Einsatz, um funktionale Zusammenhänge und Abhängigkeiten nachzuvollziehen. Inhalte, die am realen Modell nicht sichtbar sind, können am virtuellen Modell sichtbar gemacht werden. Zudem sichert das gemeinsame Nutzen der Lernanwendung einen einheitlichen Sprachgebrauch und fördert damit eine bessere Kommunikation zwischen den am Instandhaltungsprozess beteiligten Berufsgruppen.

2.5 Kommissionier-Arbeitsplatz

Klaus Richter

2.5.1 Definition und wirtschaftliche Bedeutung

Kommissionieren Nach der VDI-Richtlinie 3590 [VDI94] ist das *Kommissionieren* das Zusammenstellen von bestimmten Teilmengen (Artikel) aus einer bereitgestellten Gesamtmenge (Sortiment) aufgrund von Bedarfsinformationen (Auftrag). Die Ware wird von einem lagerspezifischen in einen verbrauchsspezifischen Zustand umgeformt.

Ein *Kommissioniersystem* besteht aus einem Organisationssystem, das für die materialflusstechnischen und informationstechnischen Prozesse zur auftragsgerechten Durchführung einer Kommissionierung verantwortlich ist. Das Organisationssystem beschreibt dabei die Prozesse aus aufbau-, ablauf- und betriebsorganisatorischer Sicht.

Das *Materialflusssystem* in einem Kommissioniersystem beschreibt die physische Struktur der materialflusstechnischen Komponenten und Güter sowie die Bereitstellungs- und Lagerprozesse im Zusammenwirken mit dem Menschen.

Das *Informationssystem* in einem Kommissioniersystem beschreibt alle Kommunikationsprozesse und -komponenten zur bedarfsgerechten Bereitstellung von Informationen für die Durchführung einer Kommissionierung.

Bei den Bereitstellungsprozessen wird zwischen der dezentralen und der zentralen Bereitstellung der Artikel unterschieden. Bei der zentralen Bereitstellung werden die Waren zu einem zentralen Standort gebracht, der üblicherweise als fester Kommissionier-Arbeitsplatz nach dem „Ware-zur-Person"-Prinzip bezeichnet wird. Da sich bei der dezentralen Bereitstellung die Kommissioniermitarbeiter, selbstständig oder durch materialflusstechnische Arbeitsmittel geführt, zum Bereitstellort der Ware bewegen, wird hier vom „Person-zur-Ware"-Prinzip gesprochen.

Innerhalb eines Kommissionierauftrages werden folgende Tätigkeiten ausgeführt:

- Auftragsannahme,
- Bereitstellen von Bewegungsinformationen zu Güter- und Behältereinheiten sowie von Standortinformationen für die Kommissioniermitarbeiter,
- Bewegen der Gütereinheiten/der Kommissioniermitarbeiter zum Bereitstellort,
- Bereitstellen der Entnahmeinformation,
- Entnahme einer Menge von Gütereinheiten (ggf. mit Identifikation und Zählung),

- Kontrolle und Quittieren des Entnahmevorganges,
- Bewegen der Güter- und Behältereinheiten zum Abgabeort,
- Abgabe einer Menge von Güter- und Behältereinheiten (ggf. mit Identifikation und Zählung),
- Kontrolle und Quittieren des Abgabevorganges sowie
- Fertigstellen des Kommissionierauftrages (ggf. Verpacken, Sortieren).

Das Kommissionieren nimmt eine Schlüsselrolle im operativen Logistikprozess ein. Automatisierte Hochleistungs-Kommissionierarbeitsplätze erreichen Leistungen bis zu 1.000 Auftragszeilen pro Stunde nach dem „Ware-zur-Person"-Prinzip, indem Ware dynamisch bereitgestellt und der kommissionierte Auftrag automatisch abgeführt wird. [Van13]

Aufgrund von Fertigungsstrategien, wie „Just-in-Sequence" oder „One-Piece-Flow" im Bereich der Produktion, sowie durch die fortschreitende Zunahme des Versandhandels im Logistikbereich steigen die Anforderungen an die Flexibilität der Kommissioniersysteme. Die Flexibilität eines Standard-Kommissionier-Arbeitsplatzes wird dabei definiert über seine Skalierungsmöglichkeiten bzgl. der beherrschbaren Aufgabenvielfalt von Kommissioniertätigkeiten, der Anzahl von nutzbaren Behältertypen und der Gestaltung des Arbeitsplatzlayouts, bezogen auf die Fähigkeiten der Kommissioniermitarbeiter.

Der Standard-Kommissionier-Arbeitsplatz mit manuell durch die Kommissioniermitarbeiter durchzuführenden Greif- und Abgabehandlungen gehört deswegen immer noch zu den meist untersuchten Arbeitsplätzen innerhalb logistischer Systeme. Produktivität und Qualität von Kommissionierhandlungen an diesem Arbeitsplatz können durch eine hohe Variabilität in der Konstruktion des Arbeitsplatzes, eine den Fähigkeiten der Kommissioniermitarbeiter angepasste ergonomische Gestaltung und natürlich durch allgegenwärtige informationstechnische Hilfsmittel zur Bedienerführung auf effiziente Art und Weise erheblich gesteigert werden.

Die Kommissionierliste als geordnete Zusammenstellung aller durchzuführenden Kommissioniertätigkeiten stellt die Grundlage für die richtige Entnahme und Abgabe von Artikeln in einem Kommissionierauftrag dar. Die Kosten in der Kommissionierung werden maßgeblich durch die Wegzeiten, die Tot- und Basiszeiten und die Greifzeiten bestimmt. Das Greifen zur Entnahme einer Menge von Gütereinheiten am Ort der Bereitstellung der Ware stellt innerhalb der Kommissionierung den wichtigsten Vorgang dar, da er einen großen Zeit- und Kontrollaufwand verursacht sowie bei einer großen Variabilität der Güter schwer mechanisierbar bzw. automatisierbar ist. Um die manuellen Greifvorgänge sicher und effizient zu gestalten, werden die aufzunehmenden Teile sortiert in Greifzonen abgelegt. Der Greifvorgang in eine Greifzone wird als „Pick" bezeichnet. Es können ggf. mit einem Pick mehrere Teile gleichzeitig aufgenommen werden.

Der Qualitätsfaktor einer Kommissionierhandlung gewinnt an Bedeutung, da sich Kommissionierfehler aufgrund minimierter Lager stark auf nach- oder nebengelagerte Produktions-, Dienstleistungs- oder Handelsprozesse auswirken, so z. B. bei „Just-in-Time"- oder „Just-in-Sequence"-Lieferungen. Im Hinblick auf die Produkthaftung stellt die Kommissionierung eine auf Revisionssicherheit zu überprüfende Handlung dar.

Um die verschiedenen Optimierungsziele

- hohe Kapazität,
- 100 Prozent Qualität,
- maximale Flexibilität und
- optimale Ergonomie

bedienen zu können, werden Assistenzfunktionen in den Kommissionier-Arbeitsplatz integriert. Hierbei wird zwischen informationstechnischen, körperlichen und kognitiven Assistenzfunktionen unterschieden (siehe Tab. 2.2).

Informationstechnische Assistenzfunktionen dienen dem Informationsaustausch zwischen Kommissioniersystem und Kommissioniermitarbeiter – also der Bereitstellung von Informationen, wie z. B. Picking-Listen, dem Verweis auf Greifbereiche oder auch der Anweisung komplexerer Arbeitsschritte in Montageoperationen. Zusätzlich werden durch die Mitarbeiter Informationen an das Steuerungssystem übergeben, z. B. durch Quittierungsvorgänge.

Die *körperliche Assistenz* umfasst materialflusstechnische Handlungen zur Zu- und Abführung der Ladungsträger und Kommissioniereinheiten, mögliche Technologien zur Entlastung des Körpers aus ergonomischer Sicht sowie zur schnellen und sicheren Durchführung körperlicher Handlungen.

In Zukunft wird weiterhin die *kognitive Assistenz* an Bedeutung gewinnen. Darunter sind die informationelle Analyse der Situation am Kommissionier-Arbeitsplatz sowie die darauf basierende Generierung situationsangepasster Handlungsanweisungen zu verstehen. Für solche selbstlernenden Arbeitssysteme befinden sich IT-gestützte Lösungen zu Wahrnehmungs-, Lern-, Wissens- und Handlungsmodellen in der Erforschung und Entwicklung.

Tab. 2.2 Assistenzfunktionen zur Optimierung der Kommissioniertätigkeiten

	Optimierungskriterien			
	Kapazität	Qualität	Flexibilität	Ergonomie
Informationstechnische Assistenz				
Handlungsanweisung	X	X		
Kontrolle		X		
Körperliche Assistenz				
Objektzuführung	X			X
Transport und Handhabung	X			X
Objektabführung	X			X
Kognitive Assistenz				
Situationsanalyse		X	X	

2.5.2 Der intelligente Kommissionier-Arbeitsplatz

Der Kommissionier-Arbeitsplatz ist wie andere Arbeitssysteme ein soziotechnisches Handlungssystem (Mensch-Maschine-System), bei dem der Mensch zur Erfüllung einer bestimmten Arbeitsaufgabe mit Betriebsmitteln zusammenwirkt. In der vierten industriellen Revolution kommt es in der Industrieautomation zu einem Paradigmenwechsel in der Mensch-Technik- und Mensch-Umgebungs-Interaktion mit neuartigen Formen der menschzentrierten, kollaborativen Fabrikarbeit. Mensch und Maschine arbeiten gemeinsam innerhalb eines definierten Arbeitsraums, im sogenannten Kollaborationsraum. Durch eine solche Zusammenarbeit wird es möglich, die Stärke und Ausdauer von Maschinen mit der Intelligenz, Anpassungsfähigkeit und Kreativität des Menschen zu kombinieren.

In Bezug auf die zunehmende Digitalisierung im Bereich der Produktion und Logistik besteht somit auch für den Kommissionier-Arbeitsplatz der Bedarf zur Integration technischer Assistenzsysteme, die Mitarbeiter hinsichtlich der bestehenden Herausforderungen, z. B. zunehmende Komplexität der Produktion, Flexibilität der Produktion und demografischer Wandel, unterstützen und besser in das digitale Unternehmensmodell einbinden. Die Entwicklung eines intelligent assistierten Kommissionier-Arbeitsplatzes geht einher mit der Zielstellung der Digitalisierung der Produktions- und Logistikprozesse als Bestandteil des Digital Engineering and Operation.

Damit werden auch wiederum die Anforderungen an Fähigkeiten der Mitarbeiter steigen in einem ständig veränderten Arbeitsumfeld mit immer komplexeren Werkzeugen. Die Technik soll deshalb die kognitive und physische Leistungsfähigkeit der Beschäftigten durch die richtige Balance von Unterstützung und Herausforderung fördern, insbesondere im Hinblick auf die industriellen Assistenzsysteme. Umfassende Mensch-Maschine- und System-Interaktionen werden somit an Bedeutung gewinnen.

2.5.3 Informationstechnische Assistenz

Das Informationssystem eines Kommissionier-Arbeitsplatzes stellt die Schnittstelle zur Verknüpfung der systemseitigen Auftragsplanung mit den Handling-Prozessen des Kommissioniermitarbeiters dar. Durch den Aufbau von Regelkreisen werden dabei, wie unter Abschn. 2.5.1 beschrieben, IT-seitig vor allem die Aufgaben der Auftragsübermittlung (mit Auftragsannahme durch den Bediener) sowie der Quittierung einzelner Arbeitsschritte vorgenommen. Der Regelkreis aus Handlungsanweisungen und Kontrolle kann dabei auf unterschiedliche Art und Weise durch IT-Systeme unterstützt werden. Neben etablierten Systemen, wie z. B. Pick-by-Light und der Quittierung mittels Barcode-Scanning, werden zunehmend neue technologische Ansätze verfolgt, die durch die intuitivere Vermittlung von Handlungsanweisungen oder die im Handling durchführbare automatische Kontrolle von Prozessschritten die Produktivität, Qualität und Flexibilität von Kommissioniertätigkeiten weiter steigern werden (siehe Abb. 2.40).

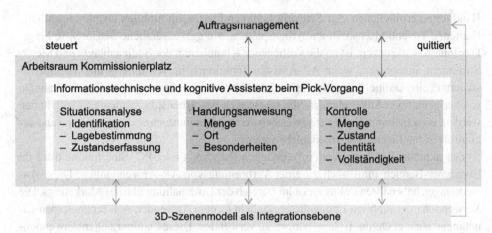

Abb. 2.40 Informationstechnische und kognitive Assistenz beim Pick-Vorgang.
Grafik: Fraunhofer IFF

2.5.3.1 Handlungsanweisung

Klassische Formen der Vermittlung von Handlungsanweisungen an die Mitarbeiter, wie „Pick-by-Light", „Pick-by-Voice" und einfache Displays, werden zunehmend durch neue Entwicklungen wie beispielsweise „Pick-by-Vision" ergänzt.

Die situationsadaptive Einblendung von visuellen Informationen zu prozess- und produktrelevanten Parametern innerhalb der Kommissionierung ermöglicht erhebliche Verbesserungen der bisherigen Arbeitsweise bzw. perspektivisch neuartige Assistenzfunktionen für die benannten Arbeitsabläufe an einem Kommissionier-Arbeitsplatz. Ein wesentliches Herausstellungsmerkmal bei heutigen Entwicklungen ist die Option, Informationen lagesynchron zur Arbeitsumgebung oder zum Betrachtungsobjekt (hier: Pick-Objekt) einzublenden. Neue bildbasierte Technologien augmentieren Informationen, beispielsweise zu Arbeitsanweisungen, Arbeitsplatzkonfigurationen, Identifikationsergebnissen, Datenblättern und 3D-Modellen identifizierter Objekte, mittels des eingesetzten Visualisierungssystems. Je nach den konkret definierten Anforderungen sind unterschiedliche Verfahren des bildbasierten Trackings sowie der Visualisierung für stationäre und mobile Systeme notwendig. Die Integration von AR-Anwendungen in ein 3D-Szenenmodell (siehe Abschn. 2.5.5.2) erleichtert die markerlose Bestimmung der Objektlage und reduziert dadurch die Notwendigkeit von Markerstrukturen in der Szene. Die Anbindung an das Auftragsmanagement des Gesamtsystems erfordert echtzeitnahe und situationsgerechte Augmentierungsoptionen.

Insbesondere bei mobilen AR-Systemen wie Head Mounted Displays (HMD) können herkömmliche Bedienparadigmen aus dem Desktopbereich nur bedingt verwendet werden. Es sind verschiedene Arten der Interaktion zur Bedienung der AR-Funktionalitäten im betrachteten Anwendungsszenario unter den definierten Anforderungen für eine fähigkeitsgerechte Unterstützung der Kommissioniermitarbeiter geeignet. Eine besondere Rolle spielen neuartige gestenbasierte Ansätze, die eine intuitive Interaktion über einfache

Handgesten ermöglichen. Als Sensorik kommen hierfür am mobilen Display installierte Kameras, Tiefenbildsensoren am Arbeitsplatz sowie ggf. zusätzliche Sensoren in Frage. Das Interaktionskonzept ist an die vorliegende Komplexität der Bedienabläufe und Menü-Strukturen anzupassen, wenn AR-Assistenzfunktionen in Verbindung mit der Gesten-steuerung eine Online-Rekonfiguration des Arbeitsplatzes unterstützen sollen. Im Rahmen solcher neuartigen Anwendungen, die im Bereich der Arbeitsplatzsysteme Einzug halten werden, verschwimmt die Grenze zwischen der informationstechnischen Assistenz und der kognitiven Intelligenz des Arbeitsplatzsystems.

Der aktuelle Trend mobiler Anwendungen (Laptop, Tablet-PC, Smartphone o.ä.) im Consumer-Bereich führt auch zu einer Verbreitung von AR-Anwendungen. Diese Anwendungen haben ihren Fokus meist im Bereich der Unterhaltung und des Marketings. Die Verwendung der mobilen Endgeräte ermöglicht es dem Anwender, AR-Technologien zunehmend auch in Outdoor-Umgebungen zu verwenden. Diese kommerziellen Anwendungen aus dem Consumer-Bereich zeigen, dass die Funktionalität der lagesynchronen Augmentierung weiter professionalisiert wird und damit für Anwendungen in Produktion und Logistik das Potenzial als zukünftige Unterstützungstechnologie bietet. Als Endgeräte werden zukünftig Datenbrillen eine zunehmende Rolle spielen. Insbesondere für industrielle Anwendungen kann hierüber die wichtige Anforderung, dass die Hände für die Primärtätigkeit frei sind („hands free"), erfüllt werden. Dennoch sind eine Reihe von Fragestellungen hinsichtlich der Ergonomie und Beanspruchung noch nicht hinreichend gelöst. Hierzu wurden am Fraunhofer IFF im Rahmen des Verbundprojekts AVILUS nutzerbezogene Untersuchungen durchgeführt, die das Potenzial und die gesundheitliche Unbedenklichkeit nachgewiesen haben. Augmented Reality-Systeme, die die notwendigen Informationen in ein „Head-up-Display" einblenden, befinden sich in der Testphase.

2.5.3.2 Kontrolle

Elektronische Informationssysteme in der Kommissionierung bieten viele Möglichkeiten, einen Kommissioniervorgang beleglos durchzuführen. Dabei wird den Kommissioniermitarbeitern die Liste z.B. elektronisch auf einem mobilen Datenerfassungsgerät (MDE) Offline zur Verfügung gestellt oder die einzelne Kommissionieroperation auf einem mobilen oder stationären Display Online übermittelt.

Um Fehler bei der Aufnahme von Gütern zu vermeiden sowie Such- und Totzeiten zu minimieren, werden dem Mitarbeiter akustisch oder bildbasiert der Lagerort für die Greifoperation, die Anzahl der zu greifenden Stücke und ggf. andere Informationen mitgeteilt. Pick-by-Voice- und Pick-by-Light-Systeme gehören hier zu den gängigsten Informationssystemen zur Unterstützung der Kommissioniermitarbeiter. Neu hinzugekommen sind Pick-by-Vision-Systeme, die z.B. über ein HMD die Informationen einblenden (vgl.Abschn. 2.5.3.1). Der Pick-Vorgang kann sowohl bei der Offline- als auch bei der Online-Kommissionierung durch einen Scan der zum Lagerort oder zum Artikel gehörenden Identnummer abgeschlossen werden.

Zu den eingeführten Verfahren in der Kontrolle gehören optische Scans eines Barcodes oder OCR-Codes (Optical Character Recognition) sowie funkbasierte Scans eines RFID-

Transponders (Radio Frequency Identification). Bei beiden Verfahren werden üblicherweise mobile Handscanner genutzt. Ungünstig dabei ist jedoch, dass diese mobilen Handscanner durch die Kommissioniermitarbeiter zur Ausführung der Scanhandlung in die Hand genommen werden müssen und somit zusätzliche Arbeitsschritte und Zeitaufwendungen verursachen. Eine weitere Möglichkeit der Kontrolle stellen Lichtschranken oder Lichtgitter in den Greifbereichen dar, die den Greifvorgang optisch detektieren. Diese Lichtschrankensysteme sind allerdings kostenintensiv und bedürfen eines relativ starren Aufbaus der Greifbereiche.

Zur integrierten Identifikation der einzelnen Artikel während des Greifprozesses eignen sich daher vor allem RFID-Verfahren. Hierbei kommt ein Funkchip zum Einsatz, der bei Annäherung durch einen Scanner ausgelesen werden kann. In diesem Bereich gibt es erste Entwicklungen für mobile Readerlösungen, wie das RFID-Armband des Fraunhofer IFF, das eine automatisierte Identifikation getaggter Artikel oder RFID-markierter Greifbereiche im Greifprozess ermöglicht. Das System des RFID-Armbandes, das die Quittierung von Greifprozessen mit „freien Händen", also ohne zusätzliche Handling-Prozesse, ermöglicht [Kir13], wird bzgl. der technischen Funktionsweise in Abschn. 4.3.1 Funkbasierte Systeme näher erläutert.

Ortungsverfahren zur Kontrolle von Greifoperationen auf Basis funkbasierter Verfahren gehören derzeitig noch zu den Nischenlösungen und sind durch die sich ständig ändernden Umgebungsbedingungen noch relativ störanfällig. Sensorsysteme, die den Arbeitsbereich mittels 3D-Bildanalysen überwachen und somit auch einzelne Greifprozesse quittieren können, befinden sich noch in frühen Entwicklungsstadien.

Aktuell werden somit im Bereich der industriellen Anwendung folgende Systemlösungen für die Kontrolle von Greifoperationen unterschieden:

- Durchführen eines zusätzlichen manuellen Scanvorganges (optisch oder funkbasiert) nach der eigentlichen Greifoperation z. B. mittels Barcode-Scanner.
- Nutzung von tragbaren, optischen oder funkbasierten Scaneinrichtungen im Hand-/Armbereich, die während der Greifoperation den Scanvorgang durchführen, z. B. mittels RFID-Armband.
- Lokalisierung der greifenden Hand während der Kommissionierhandlung mittels optischer Systeme, z. B. auf Basis von Lichtgittern im Greifbereich.
- Lokalisierung der greifenden Hand während der Kommissionierhandlung mittels funk- und akustikbasierter Systeme, z. B. auf Basis von Ultraschall.

2.5.4 Körperliche Assistenz

Die fähigkeitsgerechte Gestaltung eines Kommissionier-Arbeitsplatzes als ergonomische Zielstellung beinhaltet neben der Gestaltung der informationstechnischen Assistenz auch zunehmend Fragestellungen zur körperlichen Assistenz. Technische Lösungen zur Entlastung des Skeletts der Kommissioniermitarbeiter schaffen gesundheitlich unbedenkliche

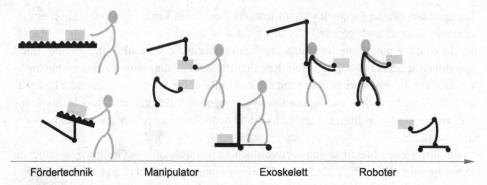

Fördertechnik   Manipulator   Exoskelett   Roboter

Abb. 2.41   Körperliche Assistenz in der Objektzu- und -abführung sowie Handhabung.
Grafik: Fraunhofer IFF

Arbeitsbedingungen, erhöhen die Produktivität und verbessern damit insgesamt ihr Wohl-
befinden.

Die VDI Richtlinie 3657 [VDI93] beschreibt allgemein Methoden zur ergonomischen
Gestaltung von Kommissionierarbeitsplätzen.

Die ergonomische Optimierung des Arbeitsplatzes zur körperlichen Entlastung der
Kommissioniermitarbeiter wird durch die Art und Weise der Handhabung von Pick-Objekten und die zurückzulegenden Wege im Arbeitsbereich des Kommissionier-Arbeitsplatzes
beschrieben.

Eine Vielzahl von technischen Lösungen widmet sich der Fragestellung, mittels der
Behälterfördertechnik die Entnahmeeinheiten bereitzustellen und die Kommissionier-
einheiten abzugeben. Für unhandliche Pick-Einheiten kommen vom Menschen gesteuerte
Hilfsmittel (Manipulatoren) für die Handhabung und den Transport zum Einsatz. Noch im
Entwicklungsstadium befinden sich Exoskelette als Technologie zwischen Manipulator-
Lösungen und dem selbstständig agierenden Roboter (Abb. 2.41)

Exoskelette unterstützen das gesamte Skelett, oder auch nur einzelne Körperteile wie
die Hand oder das Fußgelenk einer Person [AC13]. Letztere werden auch als Intelligent
Assisted Devices (IAD) bezeichnet [B13].

Weitere Formen der körperlichen Assistenz umfassen den Einsatz von Robotern,
die zusammen mit den Mitarbeitern kooperativ im gemeinsamen Arbeitsraum aktiv sind.
Entsprechende Entwicklungen werden im Abschn. 2.2 Mensch-Roboter-Arbeitsplatz beschrieben.

2.5.5   Kognitive Assistenz

Neue Technologien zur Analyse, Modellierung und Steuerung der Arbeitsprozesse von
Kommissioniermitarbeitern bieten ein hohes Unterstützungspotenzial für manuelle Kommissionierarbeitsplätze mit hoher Komplexität und Varianz.

Dazu zählen beispielsweise die automatisierte Bestimmung der Identität, der Lage und des Zustandes von Pick-Objekten, die situationsgerechte Einblendung von digitalen Modellen in das Sichtfeld der Kommissioniermitarbeiter oder die Kontrolle von Pick-Vorgängen mittels funkbasierter Identifikation oder bildbasiertem Tracking. Alle Tätigkeiten müssen virtuell über ein digitales Modell der Szene koordiniert werden, um Systembrüche zu vermeiden.

Die kognitive Assistenz beim Pick-Vorgang umfasst bzgl. der Situationsanalyse im Arbeitsraum des Kommissionier-Arbeitsplatzes, basierend auf einem 3D-Szenenmodell als Integrationsebene,:

- Wahrnehmungsmodelle,
- Lernmodelle,
- Wissensmodelle und
- Handlungsmodelle.

Die 3D-Repräsentanz des Arbeitsplatzsystems als digitales Planungs-, Simulations- und Steuerungsmodell eröffnet im Bereich der Kommissionierarbeitsplätze in Zukunft neue Anwendungsfelder für das Digital Engineering and Operation.

2.5.5.1 Situationsanalyse

In der Situationsanalyse werden vornehmlich funk- und bildbasierte Verfahren zur Objektidentifikation, Lage- und Zustandsbestimmung genutzt, um die aktuelle Situation im Arbeitsraum eines Kommissionier-Arbeitsplatzes für eine Entscheidungssituation zu rekonstruieren. Die Situation dient damit ursächlich auch der Aktualisierung des digitalen 3D-Szenenmodelles auf der Integrationsebene der informationellen Assistenz.

Mit der Erweiterung des Arbeitsraumes für Kommissionierarbeitsplätze und den kommunikationstechnischen Möglichkeiten für eine schnelle und sichere Datenübertragung werden auch die Ausprägungen für Sensorsysteme zur Situationsanalyse immer komplexer. Die Entwicklung und Miniaturisierung hochintegrierter, stromsparender sowie teilweise auch tragbarer Sensorsysteme führt zu einer breiten Vielfalt an Anbringungsorten, um die Situation multikriteriell auszuwerten (siehe Abb. 2.42).

Die *Konsumerisierung* von Sensortechnologien führt zu einer hohen Verfügbarkeit in mobilen Kommunikationsmitteln, die typischerweise in der Logistik und damit auch an Kommissionierarbeitsplätzen vermehrt zum Einsatz kommen werden [DHL13] (Abb. 2.43).

Während es bisher nur die Möglichkeit gab, mittels bildbasierter Verfahren aus der Produktionsautomatisierung die Situation am Kommissionier-Arbeitsplatz für ein 3D-Szenenmodell echtzeitnah zu erfassen, sind heute mit Tiefenbildsensoren und Time-of-Flight (TOF)-Kameras alternative Technologien verfügbar, die die Aktivitäten im Arbeitsraum eines Kommissionier-Arbeitsplatzes realitätsnah erfassen können.

Microsoft Kinect© war 2010 das erste Sensorsystem auf dem Markt, welches das Verhalten von Personen in einem Interaktionsraum effizient dreidimensional erfassen konnte. Verschiedene Entwicklungen bis hin zur Interpretation von Gesten führten zu einer

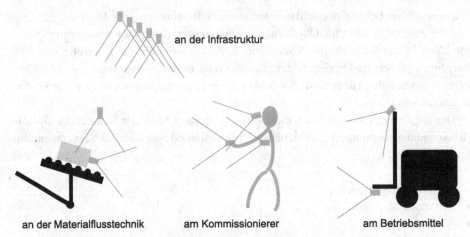

Abb. 2.42 Typische Anbringungsorte für bild- und funkbasierte Assistenzsysteme zur Situationsanalyse in der Kommissionierung. Grafik: Fraunhofer IFF

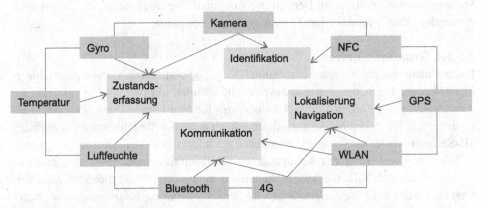

Abb. 2.43 Typische Sensortechnologien für mobile Geräte in der Logistik. [DHL13]

Vielzahl neuer Anwendungen, zunehmend auch in den Bereichen von Produktion und
Logistik.

Die große Vielfalt, Robustheit und Echtzeitnähe der Sensorinformationen ermöglicht
eine wirklichkeitsgetreue Modellierung der 3D-Szene als Voraussetzung für die individu-
alisierte Modellierung und Steuerung von Pick-Handlungen entsprechend der Fähigkeiten
der Kommissioniermitarbeiter in einer unstrukturierten und sich dynamisch ändernden
Arbeitsszene.

Für eine qualitativ gleichwertige Analyse der einzelnen Systembestandteile im sich
dynamisch ändernden Umfeld eines Kommissionier-Arbeitsplatzes müssen ständig
Kalibrierungsprozesse durchgeführt werden, um die bild- und funkbasierten Scanfunk-
tionen an die Veränderungen anzupassen. Entsprechend müssen mit den Verfahren zur

Situationsanalyse auch Verfahren zur „out-of-the-Box"-Kalibrierung entwickelt werden. Dynamische Veränderungen des Arbeitssystems umfassen z. B.:

- die Rekonfiguration des Arbeitsplatzsystems durch die örtliche Änderung von Greif- und Ablagebereichen oder durch Prozessumstellungen mit Änderungen der zu handhabenden Bauteile und Baugruppen,
- den Wechsel des Mitarbeiters, der z. B. auf den Prozessablauf und die ergonomische Handhabung einen Einfluss haben kann (Links-/Rechtshänger, Größe Greifbereich, etc.) und
- den veränderlichen Umfang der genutzten Sensortechnologien, insbesondere bei Einbeziehung verschiedener Bildsensoren zur Generierung des 3D-Szenenmodells.

2.5.5.2 3D-Szenenmodellierung

Als digitales Co-Modell im Sinne des Digital Engineering and Operation ist es für die kognitive Intelligenz des Arbeitsplatzsystems wichtig, über die Verfahren der Situationsanalyse ein 3D-Szenenmodell zu erstellen. Das 3D-Szenenmodell gibt insbesondere darüber Auskunft, an welchen Positionen des Arbeitsplatzes sich einzelne Greifbereiche wie auch Ablagebereiche befinden. Somit dient das Szenenmodell als Referenz für die automatisierte Überprüfung von Arbeitsprozessen auf Basis von bildbasierten Ortungsinformationen und als Grundlage für die AR-Darstellung von Arbeitsanweisungen, die im Sichtfeld des Mitarbeiters eingeblendet werden. Das Szenenmodell stellt gleichzeitig die zentrale Schnittstelle zum Auftragsmanagement zur Generierung von Arbeitsreihenfolgen und Arbeitsanweisungen dar. Zu diesem Zweck wird aus Ausgangsdaten und dynamischen Bilddaten ein 3D-Szenenmodell entwickelt, das z. B. als Referenzmodell für die Gestaltung von Arbeitsanweisungen genutzt wird.

Zum Aufbau des 3D-Szenenmodells werden fixe Parameter der Arbeitsumgebung genutzt (Abmessungen und Struktur des Kommissionier-Arbeitsplatzes inkl. seiner variablen Parameter) und um dynamisch erhobene Informationen ergänzt. Diese Informationen werden fortlaufend durch die im Arbeitsplatzsystem integrierten 3D-Bildsensoren generiert. Die Aufnahmen aus den einzelnen 3D-Sensoren enthalten dabei jeweils Teilinformationen der Szene aus einer Aufnahmerichtung. Um eine Szene vollständig dreidimensional zu rekonstruieren, werden viele 3D-Aufnahmen aus verschiedenen Ansichten generiert. Jede 3D-Einzelaufnahme besitzt dabei ein eigenes Koordinatensystem. Innerhalb der Registrierung werden die einzelnen Aufnahmen mittels ICP-Algorithmus (Iterative Closest Point) [Che91] in ein Koordinatensystem überführt und damit vereinigt.

Die verfügbaren Bildinformationen lassen eine automatisierte Klassifizierung der einzelnen Objekte im Arbeitsbereich sowie deren räumliche Verortung zu. Zusätzlich werden Greifoperationen der Kommissioniermitarbeiter am Arbeitsplatz verortet, um diese zu quittieren oder auch um Rekonfigurationen des Arbeitsplatzes automatisiert zu dokumentieren.

2.5.6 Ausblick

Die vierte industrielle Revolution wird insbesondere bei menschzentrierten Arbeitsplätzen wie den Kommissionier- und Montagearbeitsplätzen zu einem Paradigmenwechsel mit neuartigen Formen der kollaborativen Fabrikarbeit führen.

Die Arbeiten in diesem ständig veränderten Arbeitsumfeld mit immer komplexeren Werkzeugen führen zu extrem hohen Anforderungen an die Fähigkeiten des Mitarbeiters. Neue Kommunikationsschnittstellen, z. B. Head Mounted Displays HMD, werden die kognitive und physische Leistungsfähigkeit der Beschäftigten, insbesondere im Hinblick auf die industriellen Assistenzsysteme, fördern.

Diese umfassenden Mensch-Maschine- und System-Interaktionen werden neue Anforderungen an die Kommunikationstechnologien stellen: Multimedia-, Social-Media- und Cloud-Technologien, Endgeräte aus der Bürowelt und neuartige adaptive Assistenzsysteme sind wesentliche Elemente, auf die sich die Flexibilität sowie Lern- und Wandlungsfähigkeit des Kommissionier-Arbeitsplatzes stützen wird. Die Echtzeit-Kommunikation wird zu einem wesentlichen Grundelement in diesem Regelkreislauf, um Arbeits- und Prozesssicherheit des Menschen im gemeinsamen Arbeitsraum zu garantieren.

2.6   Arbeitsplatz zur medizinischen Behandlung

Rüdiger Mecke

2.6.1 Herausforderungen bei minimal-invasiven Therapieverfahren

Für Arbeitsplatzsysteme im Bereich der industriellen Wertschöpfung bestehen bestimmte Anforderungen und Trends. Und diese sind auf hoher Abstraktionsstufe in wesentlichen Punkten durchaus auch relevant für Wachstumsbranchen wie die Gesundheitswirtschaft. Insbesondere sind das

- ein hoher Grad an Spezialisierung
- und damit verbundene kollaborative Arbeitsformen
- sowie eine hohe Varianz und Komplexität im Objektbereich,
- wodurch ein stetig steigender Effizienzdruck im Arbeitsprozess vorliegt.

In der Medizin, deren Anliegen die Prävention, Erkennung und Behandlung von Krankheiten ist, liegen darüber hinaus jedoch eine Reihe spezieller Anforderungen vor. Diese ergeben sich vor allem aus der enormen Fülle patientenindividueller Gegebenheiten, beispielsweise bezogen auf die Anamnese sowie die Anatomie, die im „Objektbereich Mensch" auftreten. Dementsprechend bestehen besonders hohe Anforderungen in medizinischen Arbeitsplatzsystemen an die Qualifikation der dort handelnden Akteure (Ärzte, Assistenzpersonal) als auch bezüglich der eingesetzten Methoden (u. a.

Abb. 2.44 Operationssaal mit vernetzter Gerätetechnik. [Universitätsklinikum Magdeburg]

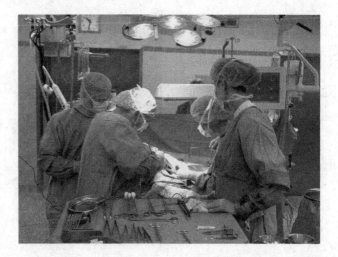

Wirksamkeit, Verträglichkeit und Patientensicherheit), verglichen mit industriellen Arbeitsplätzen.

Anhand eines medizinischen Arbeitsplatzsystems soll hier exemplarisch beschrieben werden, inwieweit Ansätze, Methoden und Modelle des digitalen Engineerings aus industriellen Anwendungsbereichen in den medizinischen Bereich übertragen werden können. Ebenso wird beispielhaft dargestellt, worin die besonderen Anforderungen im medizinischen Anwendungskontext bestehen und mit welchen erweiterten Technologien diese erfüllt werden können.

Beispielhaft soll hier ein *Arbeitsplatzsystem zur operativen Behandlung* von Patienten betrachtet werden. Zentrale Infrastrukturkomponente ist hierbei der Operationssaal, in dem eine Vielzahl z. T. vernetzter medizintechnischer Systeme vorhanden ist (Abb. 2.44). Die Behandlung erfolgt in enger Kollaboration mehrerer Akteure aus z. T. verschiedenen Fachdisziplinen.

Wie bereits in den vorherigen Kapiteln gezeigt, können wir auch hier auf das „Würfel"-Modell als Einordnungsschema zurückgreifen, um den Einsatz des digitalen Engineerings im medizinischen Anwendungskontext zu verdeutlichen. Das betrachtete medizinische Arbeitsplatzsystem stellt hierbei die Ebene des Objektbereiches mit der höchsten Detaillierungsstufe dar (siehe Abb. 2.45)[1].

Der Patient durchläuft einen *Behandlungs-Workflow*, der sich im Allgemeinen in die Phasen *Diagnose, Therapieplanung, Therapie* und *Verlaufskontrolle* unterteilen lässt (siehe Abb. 2.45). In den einzelnen Phasen kommen verschiedene Instrumente (Modelle, Me-

---

[1] Die bisher in diesem Lehr- und Fachbuch auf technische Produkte und Prozesse bezogene Begrifflichkeit „Lebenszyklus" mit den einzelnen Phasen soll im Rahmen dieses Abschnittes nicht auf den medizinischen Arbeitsplatz an sich (z. B. dessen Entwicklung und Betrieb) bezogen werden. Vielmehr wird auf die besondere Spezifik dieses Arbeitsplatzsystems eingegangen, die in der Betriebsphase darin besteht, dass dort eine individuelle Behandlung von Patienten erfolgt.

Abb. 2.45 Adaption des Ein-
ordnungsschemas als Basis
für die Darstellung von Modellen und Methoden des digitalen
Engineering im medizinischen
Anwendungskontext. Die zu
beschreibenden Instrumente
(×) des digitalen Engineering
sind dem Behandlungs-Workflow eines Patienten zugeordnet. Grafik: Fraunhofer IFF

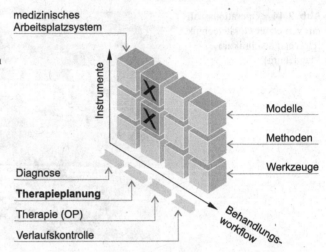

thoden und Werkzeuge) zum Einsatz, die die Behandlung unterstützen. Hierbei reicht das
Spektrum von einfachen Operations (OP)-Instrumenten bis zu komplexen Verfahren der
bildgebenden Diagnostik. Instrumente des *digitalen Engineerings* (z. B. Simulation, Visualisierung) können diesen medizinischen Behandlungs-Workflow unterstützen. Obgleich
derzeit primär in technischen Anwendungsdomänen eingesetzt, haben sie hierfür großes
Potenzial, vorausgesetzt, sie erfahren eine anwendungsspezifische Weiterentwicklung.
Dies trifft insbesondere bei komplexen Behandlungsverfahren mit hohem Risikopotenzial
zu, bei denen eine patientenindividuelle Planung notwendig ist.

In der operativen Medizin besteht zunehmend der *Trend zu patientenschonenden The-
rapieverfahren (z. B. minimal-invasive Chirurgie (MIC); interventionelle Verfahren)*, die
seitens der Ärzte ein sehr hohes Know-how sowie den Einsatz neuartiger und komplexer
Gerätetechnik erfordern [Ko00], [Ca10]. Dieser Trend wird zudem verstärkt durch die
demografische Entwicklung, da gerade für ältere Patienten patientenschonende Eingriffe,
die das Behandlungsrisiko reduzieren, präferiert werden. Die minimal-invasiven Operationsverfahren werden zunehmend auch bei Krankheitsbildern eingesetzt, die bislang mit
konventionellen Methoden (z. B. offener Chirurgie) behandelt wurden.

Minimal-invasive Chirurgie (MIC) und interventionelle Verfahren Bei der *MIC* werden
Operationen durch kleinste Körperzugänge durchgeführt, wodurch der Patient ge-
schont und die post-operative Genesung verbessert wird. Bei der klassischen Laparoskopie werden mehrere Zugänge durch Einschnitte von wenigen Zentimetern
geschaffen, durch die mit speziellen Stabinstrumenten operiert wird. Die neue Single
Port-Technik (SPT) ermöglicht die Durchführung von chirurgischen Eingriffen durch
einen einzigen Zugang (Port), der bei der Viszeral-Chirurgie meist im Bauchnabel

Abb. 2.46 Verschiedene operative Behandlungsverfahren und schematische Darstellung des damit verbundenen Grades patienten- und operationsbezogener Kenngrößen. Grafik: Fraunhofer IFF

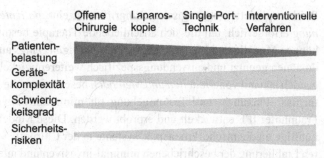

platziert wird. Durch diesen werden Instrumente und Kamera über nebeneinander liegende Kanäle (Trokare) in den Körper eingeführt. Single Port-Instrumente sind kleiner als klassische laparoskopische Instrumente und haben durch den gemeinsamen Port dicht beieinander liegende Drehpunkte, was zu einer noch stärkeren Einschränkung der Bewegungsfreiheit führt. Der Operateur hat bei der Laparoskopie und der Single Port-Technik über die Kamera eine zweidimensionale Sicht auf den OP-Situs. Die Kameranavigation erfolgt meist durch den OP-Assistenten gemäß den Anweisungen des Operateurs. Die Interaktion mit den zu behandelnden lokalen Zielregionen (Organe, Krankheitsmerkmale) erfolgt über endoskopische Instrumente und erfordert aufgrund des stark beeinträchtigten haptischen Feedbacks sowie der besonderen Hand-Auge-Koordination hohe Fertigkeiten des Operateurs. Die SPT wird bisher trotz ihrer Potenziale nur bei wenigen Operationen eingesetzt [Ca10], da weitere Studien zur Durchführbarkeit und Risikobewertung erfolgen müssen.

Noch geringere Zugangstraumata liegen bei *interventionellen Verfahren* vor, bei denen die Behandlung der anatomischen Zielstrukturen über dünne starre Nadeln oder flexible Katheter erfolgt, die unter Computertomographie (CT)- oder Magnetresonanz (MRT)-Bildgebung navigiert werden. In Abb. 2.46 sind die genannten Behandlungsverfahren sowie der jeweils damit verbundenen Grad wesentlicher patienten- und operationsbezogener Kenngrößen dargestellt.

Wesentliche Merkmale minimal-invasiver und interventioneller Behandlungsverfahren sind:

- Vorteile bzgl. der Patientenbelastung (geringes Zugangstrauma, schnelle Genesung),
- hoher operativer Schwierigkeitsgrad,
- Durchführung unter Echtzeitbildgebung (z. B. Videoendoskop, CT, MRT),
- sehr hohe Fertigkeiten der Operateure erforderlich (Ausbildung, Training),
- hohe Komplexität der Gerätetechnik,
- Berücksichtigung patienten-individueller Merkmale (Anatomie, Sicherheitsrisiken),
- medizinische 3D-Bildgebung als Diagnosebasis und
- starke Vernetzung der einzelnen Phasen im Behandlungs-Workflow.

Bei komplizierten chirurgischen Eingriffen ist eine *patienten-individuelle Therapieplanung* erforderlich, um die sich anschließende Therapie bestmöglich abzusichern. Hierfür können Modelle und Methoden des *digitalen Engineerings* aus technischen Anwendungsdomänen genutzt und anwendungsspezifisch weiterentwickelt werden. Dies wird im Folgenden anhand von *Modellen und Methoden* beschrieben, die im Rahmen des Forschungsthemas „Planungs- und Testumgebung für minimalinvasive Operationsverfahren" am Fraunhofer IFF entwickelt und erprobt werden. Diese Modelle und Methoden sollen zukünftige medizinische Arbeitsplatzsysteme in der Chirurgie unterstützen sowie zur weiteren Etablierung der beschriebenen minimal-invasiven und interventionellen Behandlungsverfahren beitragen.

2.6.2   Planungs- und Testumgebung für minimal-invasive Operationsverfahren

2.6.2.1 Motivation
In der operativen Medizin ist eine kontinuierliche Tendenz zu immer geringerer Invasivität zu verzeichnen. Konventionelle Operationstechniken werden durch minimal-invasive bzw. interventionelle Eingriffe ersetzt. Die durch die Operation verursachten Traumata werden dadurch verringert, sodass eine Verkürzung der Krankenhausliegezeiten bzw. eine Verlagerung der Eingriffe in den ambulanten Bereich erreicht wird. Dieser medizinische Trend wird maßgeblich durch die Fortschritte in der Medizintechnik vorangetrieben. Minimalinvasive Eingriffe bedienen sich sehr komplexer technischer Hilfsmittel und Systeme (Videoendoskope, endoskopische Instrumente beispielsweise zur Ultracision, usw.). Diese bestehen sowohl aus mechanischen Komponenten als auch aus eingebetteten elektronischen Systemen und müssen ein Höchstmaß an Sicherheit und Zuverlässigkeit garantieren. Diesbezüglich spielt die Wechselwirkung dieser Systeme mit dem Patienten eine wesentliche Rolle, da patientenseitig eine hohe Komplexität und Variabilität (individuelle Unterschiede der Organeigenschaften, verschiedene Zielorgane, vielfältige Krankheitsbilder und -ausprägungen) vorliegt. Bei der *Planung von komplizierten operativen Eingriffen* wird auf Patientendaten (z. B. CT, MRT) aus der Diagnosephase zurückgegriffen. Hohe Anforderungen an die Sicherheit und Zuverlässigkeit bestehen nicht nur bezüglich der medizinischen Gerätetechnik. Der sichere Umgang mit diesen komplexen Systemen setzt insbesondere auch ein entsprechend hohes Know-how der Operateure bei der Planung und Durchführung der operativen Eingriffe voraus.

Um bei komplizierten *minimal-invasiven Behandlungsverfahren*, die genannten Patientenvorteile bei höchster Patientensicherheit zu garantieren, sind neue Methoden zur *patienten-individuellen Operationsplanung* innerhalb des Behandlungs-Workflows (siehe Abb. 2.45) erforderlich.

Die Nutzung und Weiterentwicklung von *Modellen und Methoden des Digital Engineering and Operation*, die sowohl den Patienten als auch die medizinische Gerätetechnik innerhalb einer *virtuellen Test- und Planungsumgebung* simulativ abbilden, ist hierfür ein

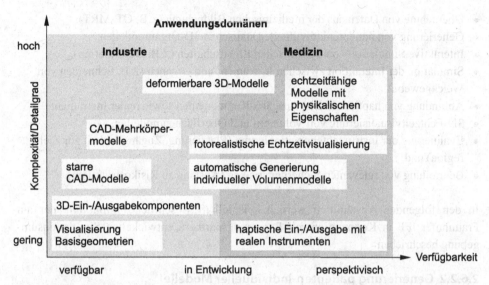

Abb. 2.47 Schematische Darstellung von ausgewählten Modellen und Methoden, die für Planungsumgebungen in den Anwendungsdomänen Industrie und Medizin erforderlich sind. Es erfolgt dabei eine grobe Einordnung bzgl. der vorliegenden Komplexität sowie der Verfügbarkeit. Grafik: Fraunhofer IFF

vielversprechender Ansatz. Damit kann neben der patienten-individuellen Operationsplanung auch die Entwicklung und Optimierung von neuen Behandlungsverfahren und -instrumenten unterstützt werden.

Verglichen mit Planungsumgebungen im industriellen Anwendungsbereich sind im beschriebenen medizinischen Anwendungskontext zwar prinzipiell ähnliche Modelle und Methoden erforderlich, aber aufgrund der besonderen Anforderungen gehen sie hinsichtlich der vorliegenden Komplexität z. T. über aktuell verfügbare Technologien weit hinaus. In der Abb. 2.47 ist dies anhand der Zuordnung von ausgewählten Modellen und Methoden zu den beiden Anwendungsdomänen schematisch dargestellt. So sind beispielsweise derzeit im industriellen Bereich Modelle vorhanden, mit denen Objektdeformationen nachgebildet werden können (z. B. Simulation von flexiblen Kabeln). Im medizinischen Kontext sind diese Modelle dahin gehend zu erweitern, dass eine echtzeitfähige Simulation physikalischer Eigenschaften (z. B. Organverhalten bei Interaktion mit einem Instrument und nichthomogenen Gewebeeigenschaften) möglich wird. Ebenso werden z. T. auch bezüglich Qualität der Visualisierung Anforderungen gestellt (z. B. Fotorealismus), die im industriellen Kontext in der Form kaum bestehen.

Mittels der virtuellen Planungs- und Testumgebung soll es möglich sein, alle erforderlichen Software- und Hardware-Komponenten (virtuelle Patientenanatomie und Simulationsmodelle, medizinische Gerätetechnik/Instrumente) für komplexe Operationsszenarien zu integrieren. Dabei sollen folgende Abläufe und Funktionalitäten ermöglicht werden:

- Übernahme von Daten aus der medizinischen Bildgebung (z. B. CT, MRT),
- Generierung von patientenindividuellen statischen 3D-Organmodellen,
- Interaktive Simulation von dynamischen Eigenschaften (z. B. Deformation),
- Simulation der Interaktion zwischen Instrument und Organen (z. B. Schneiden von Weichgewebe),
- Anbindung von haptischen Ein-Ausgabe-Komponenten sowie realer Instrumente,
- 3D-Echtzeitvisualisierung von Volumen- und Oberflächenmodellen,
- Evaluierung der Instrumentenpositionierung (Platzierung, Zugänglichkeit zur Zielregion) und
- Beurteilung von relevanten Sicherheitsrisiken (Abstand zu Risikostrukturen).

In den folgenden Abschnitten werden beispielhaft wesentliche *Teilmodule* der am Fraunhofer IFF in Kooperation mit Forschungspartnern entwickelten Simulationsumgebung beschrieben.

2.6.2.2 Generierung patienten-individueller Modelle

Für die patienten-individuelle Operationsplanung ist es von wesentlicher Bedeutung, dass diese auf einer realitätsnahen anatomischen Modellbasis aufsetzt. Dies kann ermöglicht werden, indem das Planungs- und Testsystem an die medizinische Bildgebung, die im Rahmen der Diagnosephase durchgeführt wird, angebunden wird. Zum Einsatz kommen dort u. a. die Computertomographie (CT) oder die Magnetresonanztomographie (MRT). Diese bildgebenden Verfahren generieren Schichtbilder der Patientenanatomie und bilden Anatomiemerkmale pro Bildpunkt als Intensität ab. Die Schichtbilddaten können zu Volumendatensätzen zusammengefügt werden, bei denen Raumbereiche der Patientenanatomie „Voxeln" im 3D-Datensatz entsprechen (siehe Abb. 2.48). Über Segmentierungsverfahren [CCMMP07], [CVCH95] werden 3D-Regionen mit ähnlichen Intensitäten als zusammengehörig interpretiert (Schattierung der Voxel in Abb. 2.48 (c)) und im Idealfall jeweils einer bestimmten anatomischen Struktur zugeordnet. Durch geringe Kontrastunterschiede zwischen benachbarten Strukturen sowie Artefakte der bild-

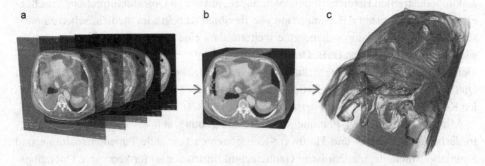

Abb. 2.48 Verarbeitungskette medizinischer Bilddaten am Beispiel eines Abdomendatensatzes. Schichtbilder (a), Voxeldatensatz (b), Segmentierung (c). Bild: Fraunhofer IFF

gebenden Verfahren laufen die Segmentierungsverfahren für komplexere Anatomien nicht automatisch ab, sondern erfordern in der Regel manuelle Parametrierung und Korrekturen [MöNHP10].

Aus den segmentierten Volumendaten können statische Oberflächen- bzw. Volumenmodelle einzelner anatomischer Strukturen generiert werden. Diese bilden die Basis für die physikbasierte Echtzeitsimulation von dynamischen Eigenschaften der für die OP-Planung relevanten Zielstrukturen. Diese wird im folgenden Abschnitt beschrieben.

Bei der Generierung von Oberflächenmodellen wird über die Voxel an den Grenzen der segmentierten Region ein Netz von miteinander verbundenen Oberflächenpunkten („Vertices") gelegt (siehe Abb. 2.49). Hierfür kommen Verfahren zur Triangulation zum Einsatz [LoCl87], [TPG98], bei denen jeweils drei Vertices über ein Dreieck (Polygon) im Raum verbunden werden. Die Anzahl der Vertices bestimmt dabei die Auflösung des polygonalen Oberflächenmodells. Eine für die Dynamiksimulation wesentliche Modelleigenschaft ist die Homogenität (gleichmäßige Verteilung) der Polygonmenge über das gesamte Oberflächennetz sowie eine möglichst homogene Länge der Polygonkanten. Weiterhin ist dafür zu sorgen, dass die Oberfläche das Volumen vollständig umschließt.

Für die Echtzeitsimulation von dynamischen Eigenschaften relevanter anatomischer Strukturen ist es erforderlich, dass die Organanatomien durch Volumenmodelle repräsentiert werden. Hierfür erfolgt eine Modellierung des Organinneren durch dreidimensionale Primitive (z. B. Tetraeder), die eine Netzstruktur bilden (Tetraedernetze) [AdMö10]. Wie auch bei den polygonalen Oberflächenmodellen spielt dabei die Homogenität der Tetraeder eine entscheidende Rolle für die Stabilität der Simulation.

Ein Ansatz zur Generierung eines Tetraedernetzes besteht darin, im Inneren des Organs homogene 3D-Primitive und als äußere Begrenzung ein polygonales Oberflächenmodell (siehe Abb. 2.49) zu verwenden. Das Problem hierbei besteht jedoch darin, dass in den Bereichen zwischen Oberflächenmodell und Organinneren degenerierte Volumenelemente

Abb. 2.49 Polygonales Oberflächenmodell einer Leber.
Die Gefäße sowie ein Tumor sind ebenfalls als Oberflächenmodelle dargestellt.
Bild: Fraunhofer IFF

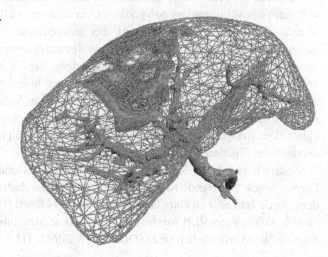

Abb. 2.50 Grenzvolumen eines Oberflächenmodells sowie
Unterteilung in Zellen gleicher
Größe (b); Darstellung einer einzelnen Zelle, die aus 24 Tetra-
edern (1 Tetraeder davon ist dargestellt) aufgebaut ist (a).
Bild: Fraunhofer IFF

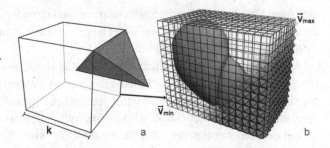

Abb. 2.51 Tetraedermodell
einer anatomischen Struktur:
Außenansicht (a) und Schnitt-
darstellung (b).
Bild: Fraunhofer IFF

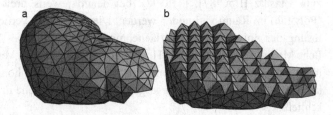

(u. a. stark variierende Kantenlängen und -winkel) entstehen. Um dies zu vermeiden, wird
eine Methode eingesetzt, die ausgehend von einer homogenen Innenstruktur die Organ-
struktur in den Randbereichen durch iterative Zerlegung der Primitiven approximiert
[TeMo05]. Ausgangsbasis für diese Methode zur Modellgenerierung ist das Grenzvolumen
des Oberflächenmodells, das in kubische Zellen (Kristallgitter) gleicher Größe unterteilt
wird (siehe Abb. 2.50 (b)). Für jede Seite dieser Zellen werden je vier Tetraeder generiert, die sich zwischen den Mittelpunkten von zwei benachbarten Zellen erstrecken (siehe
Abb. 2.50 (a)).

Für jeden Tetraeder des so generierten Gitters wird ermittelt, ob dieser innerhalb oder
außerhalb des Volumens des polygonalen Oberflächenmodells liegt bzw. von diesem ge-
schnitten wird. Im letzteren Fall wird über geometrische Unterteilungsstrategien dafür
gesorgt, dass eine Zerlegung der jeweiligen Tetraeder unter Beibehaltung der beschriebenen Gütekriterien erfolgt. Die Zerlegung erfolgt iterativ solange, bis eine bestimmte
minimale Tetraedergröße erreicht bzw. das Volumen hinreichend approximiert ist (siehe
Abb. 2.51). Hierbei muss zwischen der Genauigkeit der Volumenapproximation und der
resultierenden Anzahl der Volumenelemente abgewogen werden, da die Anzahl der Elemente einen maßgeblichen Einfluss auf die Berechnungszeit und Stabilität der Simulation
dynamischer Eigenschaften hat.

Weitere anatomische Strukturen wie beispielsweise Gefäßsysteme weisen komplexe
Formen sowie variierende Krümmungen und Gefäßdurchmesser auf, sodass eine Abbildung durch Tetraeder zu einer hohen Elementanzahl führt. Diese hohe Komplexität kann
nicht in Echtzeit simuliert werden, sodass für diese Strukturen spezielle Modellgenerie-
rungsverfahren erforderlich sind [SOBP07], [AdMöMe11].

2.6.2.3 Simulation von dynamischen Eigenschaften

Die im vorherigen Abschnitt beschriebenen Modelle bilden die Grundlage für die Simulation von dynamischen Eigenschaften in Echtzeit. Mittels dieser Simulation ist es möglich, bei der virtuellen Planung operativer Eingriffe nicht nur die statischen Modelle aus der medizinischen Bildgebung zu nutzen, sondern auch physikalische Effekte wie beispielsweise das Deformationsverhalten relevanter Organen zu berücksichtigen. Die verschiedenen in der Simulation abzubildenden Effekte stehen zudem in einer engen Wechselwirkung (siehe Abb. 2.52). So liefert beispielsweise die Kollisionsberechnung zwischen OP-Instrument und anatomischer Zielregion Informationen zur Krafteinwirkung als wesentliche Eingabegröße an die Deformationssimulation. Weiterhin müssen auch topologische Änderungen der Modellgeometrie berücksichtigt werden, wie sie z. B. bei der Durchtrennung von Gewebestrukturen durch OP-Instrumente auftreten [Ad08].

Verglichen mit der physikalischen Simulation, bei der das Ziel die exakte Berechnung von realen physikalischen Phänomenen über rechenintensive und zeitaufwendige Verfahren ist, wird für die hier im Fokus stehenden interaktiven Anwendungen der Begriff der physikbasierten Simulation verwendet. Um eine interaktive Echtzeitanwendung zu ermöglichen, sind vereinfachte Modellannahmen zu treffen, wie beispielsweise geringere Genauigkeitsanforderungen bezüglich der Deformationssimulation.

Bei der Deformationssimulation werden die Kräfte bestimmt, die bei der Verformung eines Körpers auftreten. Der Zusammenhang zwischen der Verformung und den hierdurch auftretenden Kräften wird über mathematische Beschreibungen des verformten Materials dargestellt. Bei linearen Materialeigenschaften ist das Verhältnis zwischen Verformung und Kraft konstant und kann einfach vorberechnet werden. Lineare Materialeigenschaften können daher in Echtzeitumgebungen effizient berechnet werden. Organisches Gewebe hat jedoch kein rein lineares Materialverhalten. Dieses nicht-lineare Verhalten kann allerdings durch mehrere bereichsweise lineare Beschreibungen angenähert werden.

Bei Schnitten in Organmodelle besteht zudem die Möglichkeit, die Volumenelemente zu unterteilen, damit das Modell der Schnittführung entsprechen kann. Hierbei steigt die Anzahl der Elemente und es sind häufige Aktualisierungen von Strukturen zur Kollisionserkennung oder der physikbasierten Simulation erforderlich. Die Realisierung von Schnit-

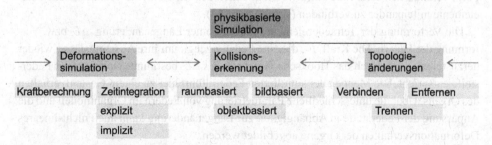

Abb. 2.52 Unterteilung der physikbasierten Simulation hinsichtlich der abzubildenden Effekte sowie deren Wechselwirkung. Grafik: Fraunhofer IFF

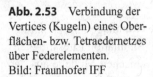 **Abb. 2.53** Verbindung der Vertices (Kugeln) eines Oberflächen- bzw. Tetraedernetzes über Federelementen. Bild: Fraunhofer IFF

ten durch Elementzerlegung kann die Stabilität der Gesamtsimulation gefährden, sodass weitestgehend die vorhandenen Begrenzungsflächen der Volumenelemente entsprechend des Schnittes ausgerichtet werden, um an diesen Flächen das Organmodell zu trennen.

Bei einer virtuellen Planungs- und Testumgebung, die von chirurgischem Fachpersonal verwendet werden soll, ist ein möglichst realitätsnahes Verhalten der Organmodelle essenziell. Eine realitätsnahe Deformationssimulation bildet die Grundlage, damit Methoden und Verfahren aus der virtuellen Umgebung auch in reale chirurgische Arbeitsabläufe übertragen werden können. Die Verformung von Weichgewebe ist bei der Planung von Zugangswegen zu berücksichtigen, beispielsweise wenn das Organmodell mit einem virtuellen Instrument berührt und dessen Lage verändert wird.

Im Kontext der virtuellen Planungs- und Testumgebung bildet die Deformationssimulation von Organgewebe einen wesentlichen Schwerpunkt. Bei Berührung des virtuellen Organs mit dem chirurgischen Instrument wird eine Kraft auf das Gewebe ausgeübt, die zur Verformung des generierten initialen Tetraedernetzes führt. Dafür ist es, bezogen auf das Organmodell, erforderlich, dass die einzelnen Massepunkte (Vertices) des Tetraedermodells über nichtstarre Verbindungen miteinander verbunden bzw. die Tetraeder in der Form veränderlich sind. Eine einfache Möglichkeit besteht darin, die Vertices über Federelemente miteinander zu verbinden (siehe Abb. 2.53).

Die Verformung der Tetraederelemente führt zu einer Längenänderung ΔL bzw. Verformung der Federn. Die Kraft F, die eine Feder erzeugt, um ihre Ausgangslänge wieder herzustellen, wird durch das Hooksche Gesetz $F = k\,\Delta L$ bestimmt, wobei k der Federsteife entspricht. Die Menge aller simulierten Federn führt hier zu einem Gesamtverhalten des Organs. Über die unterschiedliche Parametrierung von Federn im Organmodell und die Anpassung der Federsteife in Abhängigkeit zur Längenänderung kann auch nicht-lineares Deformationsverhalten der Organe abgebildet werden.

Lösungsverfahren für die Echtzeit-Simulation Bei einem Feder-Masse-System (FMS) werden die Kanten einer Geometrie als Federn interpretiert. Für jeden Punkt $\vec{p}_i$ wird dessen Masseanteil m_i an der Gesamtmasse des Körpers bestimmt. Zunächst erfolgt die *Kraftberechnung* für alle Punkte des Körpers. Nach dem Hookschen Gesetz wird die Federkraft bei einer Änderung der Federlänge ΔL durch $\vec{f}^k = k\,\Delta L$ bestimmt. Bei linearen Materialeigenschaften ist die Federsteife k konstant. Um den Zusammenhang zwischen Verformung und Kraft anhand der relativen Längenänderung zu beschreiben, wird der Spannungstensor ε_{ij} verwendet. Die Änderung der Federlänge l_{ij} zwischen zwei Punkten $\vec{p}_i$ und $\vec{p}_j$ wird hierfür auf die Ruhelänge l_{ij}^0 bezogen. Die Kraft $\vec{f}_i^k$ entspricht der Summe der am Punkt $\vec{p}_i$ auftretenden Federkräfte. Über die Dämpfungskraft $\vec{f}_i^d$ werden geschwindigkeitsanhängige Kräfte, wie beispielsweise Reibung, approximiert.

Durch Interaktionen des Anwenders mit dem Modell wirken auf die Massepunkte externe Kräfte $\vec{f}_i^{ext}$. Durch Verfahren der *Zeitintegration* (hier: explizite Eulerintegration) wird das Gleichgewicht zwischen den wirkenden Kräften iterativ ermittelt. Hierbei wird Geschwindigkeit $\vec{v}_i(t + \Delta t)$ und Position $\vec{p}_i(t + \Delta t)$ zum Zeitpunkt $(t + \Delta t)$ aus der Beschleunigung $\vec{a}_i(t)$ ermittelt.

Insbesondere bei großen Federsteifen, geringen Punktmassen und einer großen Zeitschrittweite Δt kann es vorkommen, dass das Lösungsverfahren instabil wird. In diesem Zusammenhang stellt die Parametrierung der Federkonstanten und der Dämpfungskonstanten d_i sowie deren räumliche Zuordnung eine besondere Herausforderung dar. Durch die Verwendung aufwendigerer Integrationsverfahren kann die numerische Stabilität weiter optimiert werden.

Kraftberechnung

$$\varepsilon_{ij} = \frac{l_{ij} - l_{ij}^0}{l_{ij}^0} \qquad \text{Gl. 2.1}$$

$$\vec{f}_i^k = \sum_{j=1}^n k_{ij}\varepsilon_{ij}\frac{\vec{l}_{ij}}{\left|\vec{l}_{ij}\right|} \qquad \text{Gl. 2.2}$$

$$\vec{f}_i^d = d_i\vec{v}_i(t) \qquad \text{Gl. 2.3}$$

Zeitintegration

$$\vec{a}_i(t) = \frac{1}{m_i}\left(\vec{f}_i^{ext} - \left(\vec{f}_i^d + \vec{f}_i^k\right)\right) \qquad \text{Gl. 2.4}$$

$$\vec{v}_i(t + \Delta t) = \vec{v}_i(t) + \Delta t\,\vec{a}_i(t) \qquad \text{Gl. 2.5}$$

$$\vec{p}_i(t + \Delta t) = \vec{p}_i(t) + \Delta t\,\vec{v}_i(t + \Delta t) \qquad \text{Gl. 2.6}$$

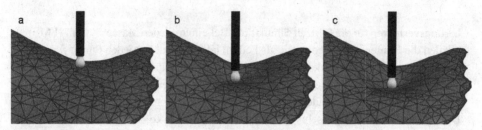

Abb. 2.54 Deformation eines Organmodells bei Interaktion mit einem OP-Instrument zu verschiedenen Zeitpunkten: Ausgangszustand (a), leichte Berührung (b) und stärkere Krafteinwirkung durch das Instrument (c). Bild: Fraunhofer IFF

Die Kraftberechnung und die Zeitintegration kann mithilfe moderner Grafikhardware parallelisiert werden, um auch bei komplexeren Modellen eine Simulation in Echtzeit zu ermöglichen [AdMeSc07].

In Abb. 2.54 ist das Deformationsverhalten eines Organmodells bei Interaktion mit einem OP-Instrument gemäß dem beschriebenen Simulationsverfahren für drei exemplarische Zeitschritte dargestellt. Nachdem die Berührung des Instruments detektiert wurde, erfolgt hierbei die Deformation des Organs in Echtzeit.

Das beschriebene Feder-Masse-System (FMS) kann als ein Spezialfall der Finiten Elemente Methode (FEM) interpretiert werden [LKSH08]. Während beim FMS die Geometriekanten stark vereinfacht als Federn mit linearem Verhalten modelliert werden, erfolgt bei der FEM eine Zerlegung der Modellgeometrie in kleine Volumenkörper, deren physikalisches Verhalten direkt beschrieben wird. Die FEM ermöglicht hierdurch die Abbildung von komplexerem Materialverhalten (z. B. Anisotropie) und die Gewährleistung einer Volumenerhaltung bei der Deformation. Bei den FMS kann diese Eigenschaft durch die Berücksichtigung zusätzlicher Winkelkräfte zwischen den Modellkanten erreicht werden [BoCa00]. Für interaktive Echtzeitanwendungen sind die FEM-basierenden Verfahren aufgrund des sehr hohen Rechenbedarfs derzeit nur mit großen Einschränkungen einsetzbar. Komplexere Anatomien, wie beispielsweise Gefäßstrukturen, erfordern entsprechend angepasste Verfahren, um deren Deformationseigenschaften realitätsnah zu simulieren [AdMöMe11].

2.6.2.4 Möglichkeiten der interaktiven Operationsplanung

Die virtuelle Planungs- und Testumgebung basiert auf den beschriebenen Modellen und Simulationsmethoden und soll eine patienten-individuelle Planung von komplexen mikrochirurgischen Eingriffen ermöglichen. Hierfür ist es erforderlich, dass in dieser Umgebung sowohl die individuelle Patientenanatomie als auch die entsprechenden Instrumente simuliert werden. Dabei besteht die besondere Anforderung, dass der Nutzer auf möglichst gleiche Art und Weise wie beim realen Eingriff mit dem System interagiert. Dafür ist es notwendig, die Simulations- und Visualisierungsverfahren in Echtzeit ablaufen zu lassen und dabei einen hohen Grad an Realismus zu erreichen. Bezogen auf die Nutzerinteraktion im 3D-Raum wird das Ziel verfolgt, diese mit den realen Freiheitsgraden zu realisieren.

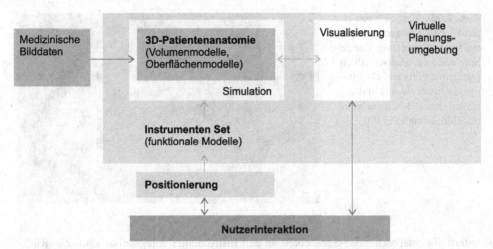

Abb. 2.55 Komponenten der virtuellen Planungs- und Testumgebung und deren Wechselwirkung. Grafik: Fraunhofer IFF

Das erfordert entsprechende Hardware-Komponenten für die Eingabe instrumenten-bezogener Positions- und Lagedaten. In der Abb. 2.55 sind die Komponenten der virtuellen Planungs- und Testumgebung und deren Wechselwirkung dargestellt.

Die Simulationsumgebung hat das Ziel, den Planungsprozess von minimal-invasiven Eingriffen in mehreren Phasen zu unterstützen. Dabei erfolgt zunächst die direkte Visualisierung und Exploration der präoperativ aufgenommenen patienten-individuellen Bilddaten. Dabei werden die Schichtbilder der gesamten erfassten Patientenanatomie über Verfahren der Volumenvisualisierung dargestellt. Für relevante Zielstrukturen werden Oberflächen- und Volumenmodelle in die Simulationsumgebung integriert. Auf dieser Basis ist es möglich, dynamische Eigenschaften bei der Interaktion zwischen Instrument und Zielstruktur auf Detailebene in Echtzeit zu simulieren.

Die Planung des Zugangsweges für eine minimal-invasive Operation erfolgt auf Basis der Volumenvisualisierung der anatomischen Bilddaten. Zunächst wird die Lage des Zugangs (bei der MIC: Trokare, bei der SPT: Port) auf dem Patientenmodell festgelegt. Dazu wird das Geometriemodell des Ports interaktiv auf der Außenkontur des Volumens platziert. Optional kann der Nutzer auch mehrere verschiedene Portplatzierungen vornehmen und miteinander vergleichen, um so einen optimalen Zugangsweg zu bestimmen (Abb. 2.56).

Nach Festlegung einer geeigneten Lage des Zugangs, können dann aus einer Datenbank (Instrumenten-Set) die jeweils benötigten Instrumente ausgewählt werden, die über spezielle Eingabekomponenten innerhalb der virtuellen 3D-Patientenanatomie positioniert werden (siehe Abb. 2.57). Je nach Bedarf kommen hierfür verschiedene Hardware-Komponenten zum Einsatz, die eine Anbindung realer Operationsinstrumente ermöglichen. Es ist zudem eine Erfassung der Position und Lage der Instrumente notwendig. Mechanische Verfahren erfordern eine direkte Anbindung von Sensorik an die Instrumente. Es können beispielsweise Verfahren auf Basis von Weg- und Winkelsensoren eingesetzt werden,

Abb. 2.56 Vergleich von alternativen Zugängen in der virtuellen Testumgebung. Darstellung von zwei unterschiedlich platzierten Ports im 3D-Volumendatensatz (b) und in den berechneten 2D-Schnittebenen (a). Bild: Fraunhofer IFF

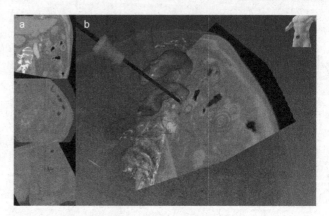

sofern die entsprechenden Sensoriken an den Instrumenten integrierbar sind. Zur Rückmeldung von Kräften bei Interaktion der Instrumente mit anatomischen Zielstrukturen werden Haptikkomponenten verwendet. Bei entsprechender Gerätespezifikation ist es damit möglich, Berührungen verschiedener Intensität erlebbar zu machen [CMKH10]. Limitierungen bestehen derzeit insbesondere hinsichtlich der für realitätsnahes Verhalten erforderlichen Ausgabefrequenz (mindestens 1.000 Hertz) als auch bezüglich der Auflösung und Größe der auszugebenden Kräfte.

Insbesondere bei miniaturisierten chirurgischen Instrumenten kann die Verwendung optischer Verfahren zur Positionsbestimmung erforderlich sein [SWHBM99]. Dabei werden Infrarotlicht reflektierende Marker, die am Instrument befestigt sind, mittels mehrerer Kameras berührungslos erfasst und während der Instrumentenbewegung verfolgt (Tracking). Der Nutzer kann durch den Port hindurch mit dem Instrument das virtuelle 3D-Volumen explorieren, wobei durch den fixierten Zugangspunkt die gleichen Beschrän-

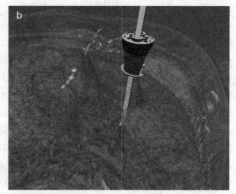

Abb. 2.57 Interaktion des Nutzers in der virtuellen Umgebung über reale Eingabekomponenten. Der Nutzer positioniert den Port in Echtzeit in den patienten-individuellen Volumendaten, um den Zugangsweg zur Zielregion zu planen (a). Detailansicht zur Positionierung des Ports (b). Bild: Fraunhofer IFF

Abb. 2.58 Visualisierung von Sicherheitsabständen in Echtzeit bei Bewegung des Instrumentes durch Visualisierung farbiger Markierungen (helle Bereiche im Bild) auf der Organoberfläche. Bild: Fraunhofer IFF

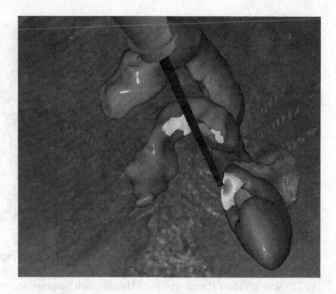

kungen der Instrumentenbewegung vorliegen, wie bei der späteren Interaktion auf Detailebene.

Nachdem der Zugangspunkt festgelegt und anhand der präoperativen Bilddaten bewertet wurde, kann in der folgenden Phase die Navigation in das Zielgebiet geplant werden (Abb. 2.58). Hierfür wird das visualisierte Volumen mit Oberflächenmodellen der relevanten anatomischen Strukturen überlagert. Diese Modelle werden hierbei für die Detektion von Kollisionen mit den Instrumenten sowie für die Berechnung des Abstandes der Instrumente zu diesen Strukturen verwendet. Bei Vorgaben bezüglich einzuhaltender Sicherheitsabstände zu relevanten Risikostrukturen können vom System Unterschreitungen automatisch signalisiert werden (siehe Abb. 2.58). Der Nutzer kann auch aus Perspektive einer virtuellen endoskopischen Kamera in das Zielgebiet der Operation navigieren. Hierdurch kann die zuvor festgelegte Zugangsposition evaluiert und die Vorbereitung auf die Vorgehensweise bei der realen Operation unterstützt werden.

Um eine direkte Verknüpfung mit den in der Diagnosephase aufgenommenen Bilddaten zu ermöglichen, werden in der virtuellen Planungsumgebung parallel zur Visualisierung der 3D-Modelle die originalen präoperativen Bilddaten dargestellt. Entsprechend der Hauptachsen des Instrumentes werden Schnittbilder durch das Bildvolumen in drei senkrecht aufeinander stehenden Ebenen generiert, die sich bei Änderung der Instrumentenpositionierung anpassen (Abb. 2.59 (a)) [AdSMPR10]. In jedes dieser Schnittbilder wird die Lage des Instrumentes eingeblendet. Dadurch kann der Nutzer sowohl die Vorteile der 3D-Visualisierung als auch die gewohnte Schnittbilddarstellung für die Planung nutzen.

Nach der Planung des Zugangsweges kann geprüft werden, ob die verbleibenden Freiheitsgrade der Instrumentenpositionierung ausreichen, um die angestrebte Intervention durchzuführen. Dazu kann der Nutzer im Zielgebiet besonders relevante Phasen des Eingriffs virtuell durchführen, wobei u. a. das Gewebeverhalten der Organe und der größeren

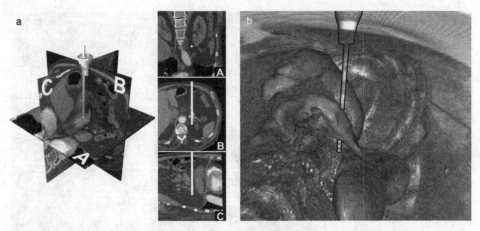

Abb. 2.59 Planung der Navigation in das Zielgebiet anhand von präoperativen Bilddaten und Oberflächenmodellen relevanter Zielstrukturen. Ausgehend von einem zuvor festgelegten Zugangspunkt erfolgt die Navigation des Instrumentes durch die virtuelle 3D-Patientenanatomie (b). Die 2D-Schnittbilder (a) sind an dessen Hauptachsen ausgerichtet und enthalten die Lage des Instrumentes. Während der Exploration der 3D-Anatomie werden die Schnittbilder in Echtzeit angepasst. Bild: Fraunhofer IFF

Gefäße in Echtzeit simuliert und visualisiert wird. Weitere zu simulierende Effekte und Prozeduren sind beispielsweise das Durchtrennen von Gewebe (Resektion) sowie der Transport des Resektats vom Zielgebiet zum Zugangsport.

2.6.3 Zusammenfassung und Ausblick

Die interaktive Planung von mikrochirurgischen Eingriffen hat Anwendungspotenzial insbesondere bei solchen Eingriffen, bei denen ein komplexes Krankheitsbild vorliegt (z. B. mehrere lokale Regionen sind betroffen), besondere anatomische Gegebenheiten bestehen, die Erreichbarkeit der Zielregion eingeschränkt ist sowie unterschiedlichste Instrumente teilweise auch gleichzeitig zum Einsatz kommen. Zudem kann es auch erforderlich sein, dass mehrere Operateure zusammenarbeiten und dies im Rahmen der Planung zu berücksichtigen ist. Bei diesen Eingriffen werden bisher die im Rahmen der Diagnose präoperativ aufgenommenen Bilddaten als Basis für die OP-Planung verwendet. In der vorgestellten Simulationsumgebung wurden in Erweiterung zu den bisherigen Methoden Ansätze untersucht, bei denen eine direkte Interaktion des Experten mit der individuellen virtuellen Patientenanatomie in verschiedenen Detailgraden erfolgt. Die höchste Detaillierungsstufe beinhaltet die Simulation von dynamischen Eigenschaften anatomischer Strukturen. In diesem Kontext werden aktuell Forschungsaktivitäten mit dem Ziel durchgeführt, das Deformationsverhalten weiterer anatomischer Strukturen realitätsnah und in Echtzeit abzubilden. Herausforderungen bestehen hierbei u. a. darin, auch komplexe Organtopologien und deren Zusammenwirken unter Berücksichtigung der realen Gewebeeigenschaften realitätsnah zu simulieren. Ebenso stellen die Methoden zur möglichst automatisierten Generierung von Organmodellen auf Basis medizinischer Bilddaten einen Schwerpunkt für zukünftige Arbeiten dar.

Es ist zu erwarten, dass die im medizinischen Kontext entwickelten erweiterten Modelle und Methoden auch die technische Basis für Anwendungen im industriellen Kontext liefern können (z. B. interaktive Planung für komplexe Montagevorgänge von verformbaren Komponenten), die derzeit noch nicht umsetzbar sind.

2.7 Literatur

[AbRe11] Abele, E.; Reinhardt, G.: Zukunft der Produktion – Herausforderungen, Forschungsfelder, Chancen. Hanser, München, 2011

[AC13] Availlable: http://www.accelopment.com/sites/default/files/downloads/Robomate_Swiss_Engineering_Final.pdf, 16.12.13

[Ad08] Adler, S.: Algorithmen und Datenstrukturen zur Echtzeitsimulation von Schnitten in Organmodelle, Universität Magdeburg, 2008

[AdMeSc07] Adler, S.; Mecke, R.; Schenk. M. (ed.): Echtzeit Simulation von Organmodellen, IFF-Kolloquium, 2007

[AdMö10] Adler, S.; Mönch, T.: Generierung krankheitsfallspezifischer Organmodelle für die interaktive Chirurgiesimulation; 13. IFF Wissenschaftstage, Digitales Engineering und virtuelle Techniken zum Planen, Testen und Betreiben technischer Systeme, Prof. Michael Schenk, S. 315-324, 2010

[AdMöMe11] Adler, S.; Mönch, T.; Mecke, R.: Physics-based Simulation of Vascular Trees for Surgery Simulation; 2nd international Workshop on Digital Engineering (IWDE); S 24-30; 2011

[AdSMPR10] Adler, S.; Salah, Z.; Mecke, R.; Preim, B.; Rose, G.: Overlay of Patient-Specific Anatomical Data for Advanced Navigation in Surgery Simulation; 1st international Workshop on Digital Engineering (IWDE), S. 52-58, 2010

[Al02] Alt, T.: Augmented Reality in der Produktion, Magdeburg: Dissertation, Otto-von-Guericke Universität Magdeburg, Fakultät für Maschinenbau und Volkswagen AG Wolfsburg, 2002

[As06] Asfour, T.; et al: ARMAR-III: A Humanoid Platform for Perception-Action Integration. In: Proceedings of 2nd International Workshop on Human-Centred Robotic Systems HCRS 2006. München, Deutschland: 6.-7. Oktober 2006

[B13] http://bleex.me.berkeley.edu/research/intelligent-assist-devices/16.12.2013

[BAuA11] Brenscheidt, F.; Brenscheidt, S.; Siefer, A.: Arbeitswelt im Wandel: Zahlen – Daten – Fakten (2011). Ausgabe 2011 1. Auflage. Bundesanstalt für Arbeitsschutz und Arbeitsmedizin, Dortmund: 2011. ISBN: 978-3-88261-683-5

[BMBF11] Fraunhofer IPA, Fraunhofer ISI: Wirtschaftlichkeitsanalysen neuartiger Servicerobotikanwendungen und ihre Bedeutung für die Robotik-Entwicklung, EFFIROB Studie im Auftrag des BMBF, 2011

[BNSL12] Blümel, E.; Novickis, L.; Schumann, M.; Leye, S.: Mixed Reality and Digital Engineering Solutions and their Promotion in the Baltic States. In: 3rd International Workshop on Intelligent Educational Systems and Technology-enhanced Learning. INTEL-EDU 2012. Riga, Latvia, 10/2012, S. 7-9

[BoCa00] Bourguignon, D.; Cani, M.-P.: Controlling Anisotropy in Mass Spring Systems, Eurographics; 113-123; 2000

[Ca08] Cannata, G.; et al: An Embedded Artificial Skin for Humanoid Robots. In: Proceedings of IEEE International Conference on Multisensor Fusion and Integration for Intelligent Systems. Seoul, Korea: 20.-22. August 2008. S. 434-438. ISBN 978-1-4244-2144-2

[Ca10] Carus, T.: Single-Port-Technik in der laparoskopischen Chirurgie; Klinik für Allgemein-, Visceral- und Gefäßchirurgie-, Zentrum für minimal-invasive Operationen, Krankenhaus Cuxhaven GmbH, In: Chirurg 2010 (81), Seiten 431-439, Online publiziert: 1. April 2010, Springer-Verlag

[CCMMP07] Campadelli, P.; Casiraghi, E.; Masulli, F.; Mitra, S.; Pasi, G. (ed.): Liver Segmentation from CT Scans: a survey; Applications of Fuzzy Sets Theory; Springer-Verlag Berlin/Heidelberg; 4578; S. 520-528; 2007

[Che91] Chen, Y.; Medioni, G: Object modeling by registration of multiple range images, In: Robotics and Automation, 1991. Proceedings., IEEE International Conference on, 9.-11. April 1991, Band 3, Seite 2724-2729

[CMKH10] Çakmak, H.; Maaß, H.; Kühnapfel, U.; Huang, J.L. (ed.): Surgical Simulation and Training – Surgery – Procedures, Complications, and Results; Collaborative Surgical Training in a Grid Environment; Nova Science Publishers; S. 59-88; 2010

[CVCH95] Clarke, L.; Velthuizen, R.; Camacho, M.; Heine, J.; Vaidyanathan, M.; Hall, L.; Thatcher, R.; Silbiger, M.: MRI segmentation: Methods and applications; Magnetic Resonance Imaging; 13; S. 343-368; 1995

[DeLu06] De Luca, A.; et al: Collision Detection and Safe Reaction with the DLR-III Lightweight Manipulator Arm. In: Proceedings of the 2006 IEEE/RSJ International Conference on Intelligent Robots and Systems. Beijing, China: 9.-15. Oktober 2006. S 1623-1630. ISBN 1-4244-0259-X

[DHL13] DHL Trend Report, Wegner, M.: Low-cost Sensor Technology – Implications and Use Cases for the Logistics Industry. Bonn, 2013

[DIN10303] Deutsches Institut für Normung e.V.: DIN EN ISO 10303: Industrielle Automatisierungssysteme und Integration Produktdatendarstellung und -austausch (STEP). Berlin Köln: Beuth-Verlag, Erscheinungsjahr 2001

[DIN31051] Deutsches Institut für Normung e. V.: DIN 31051 Grundlagen der Instandhaltung. Berlin Köln: Beuth Verlag, 2003

[Extend3D] Extend3D GmbH, www.extend3d.de, 2011. [Online]. Available: www.extend3d.de/de/industrial-solutions.html. [Zugriff am 04 April 2012].

[HaHu11] Haase, T.; Hugenberg, H.: A virtual interactive training application for supporting manual work processes of service technicians in the field of high voltage equipment. In: Proceedings of Annual International Conference „Virtual and Augmented Reality in Education" (VARE 2011), Valmiera, Latvia, March 18, 2011

[He03] Heiligensetzer, P.: Sichere Mensch-Roboter-Kooperation durch Fusion haptischer und kapazitiver Sensorik. Dissertation, Universität Karlsruhe: Berichte aus der Robotik. Shaker Verlag, Aachen. ISBN 978-3-8322-1371-8, 2003

[Kir13] Kirch, M.: RFID sorgt für Transparenz in der Montage. In: Jahrbuch 2012, Fraunhofer IFF, 2013

[Ko00] Kogel, H.: Einsatz des Ultraschallskalpells in der Chirurgie; Gefäßchirurgie; 5; S. 58-41; 2000

[LKSH08] Lloyd, B.A.; Kirac, S; Székely, G.; Harders, M.: Identification of Dynamic Mass-Spring Parameters for Deformable Body Simulation; Eurographics 2008 – Short Papers, S. 131-134

[LoCl87] Lorensen, W. E.; Cline, H.E.: Marching Cubes: A high resolution 3D surface construction algorithm; SIGGRAPH Comput. Graph.; ACM; 21; S. 163-169; 1987

[Lu00] Luhmann, T.: Nahbereichsphotogrammetrie, Heidelberg: Wichmann Verlag, 2000

[MA05] Martin, H.: Computergestützte erfahrungsgeleitete Arbeit (CeA). In: Rauner, Felix (2005): Handbuch Berufsbildungsforschung. Bielefeld: Bertelsmann 2005

[MiC99] Milgram, P.; Coloquhoun, J. J.: Mixed reality: merging real and virtual worlds, Kapitel A Taxonomy of Real and Virtual World Display Integration; Springer, 1999

[MöNHP10] Mönch, T.; Neugebauer, M.; Hahn, P.; Preim, B.: Generation of Smooth and Accurate Surface Models for Surgical Planing; Proceedings of SPIE, 7625, doi: 10.1117/12.844235, 2010

[Mu08] Mukai, T; et al: Development of the Tactile Sensor System of a Human-Interactive Robot „RI-MAN". In: IEEE Transactions on Robotics, Vol 24 (2008) 2. S 505-512. ISSN 1552-3098

[Nä09] Nänni, J.: Visuelle Wahrnehmung/Visual Perception. 2. Aufl., Niggli, Sulgen [u. a.] 2009, ISBN 978-3-7212-0618-0]

[OhKN06] Ohmura, Y.; Kuniyoshi, Y.; Nagakubo, A.: Conformable and Scalable Tactile Sensor Skin for Curved Surfaces. In: Proceedings of the 2006 IEEE International Conference on Robotics and Automation. Orlando, Florida: 15.-19. Mai 2006. S 1348-1353. ISBN 0-7803-9505-0

[Ri08] Ried, M.: Alltagsberührungen in Paarbeziehungen, VS Verlag, 2008, S.24, ISBN 3-531-15896-1]

[Richt13] Richter, K.: Die Zukunft heißt Qualität und Innovationskraft. In: VDI-Z – Integrierte Produktion 155 (2013), Nr. 1/2, S. 3

[SaBNB10] Sauer, S.; Berndt, D.; Niemann, J.; Böker, J.: Worker Assistance and Quality Inspection for Manual Mounting Tasks – A Virtual Technology for Manufacture, 2010

[ScWD03] Schirrmeister, E.; Warnke, P.; Dreher, C.: Untersuchung über die Zukunft der Produktion in Deutschland: Sekundäranalyse von Vorausschau-Studien für den europäischen Vergleich, Karlsruhe, 2003

[Seit04] Seitz, C.: Qualifizierung älterer Mitarbeiter Lebenslanges Lernen ein Selbstverständnis? In: W&B Zeitschrift für Wirtschaft und Berufserziehung (2004), Nr. 11, S. 14

[SOBP07] Schumann, C.; Oeltze, S.; Bade, R.; Preim, B.: Visualisierung von Gefäßen mit MPU Implicits, Informatik atuell, Springer-Verlag, S. 207-211, 2007

[SWHBM99] Schill, M. A.; Wagner, C.; Hennen, M.; Bender, H.-J.; Männer, R.: EyeSi – A Simulator for Intra-Ocular Surgery; Proceedings of the 2nd international Conference on Medical Image Computing and Computer-Assisted Intervention; Springer-Verlag; S. 1166-1174, 1999

[TeMo05] Teran, J.; Molino, N.: Adaptive physics based tetrahedral mesh generation using level sets. Engineering with Computers, V21(1):2-18, 2005

[ThBF05] Thrun, S.; Burgard, W.; Fox, D.: Probabilistic Robotics. MIT-Press. ISBN 978-0-262-20162-9, 2005

[TPG98] Treece, G.M.; Prager, R. W.; Gee, A. H.: Regularised Marching Tetrahedra: Improved Iso-Surface Extraction; Computers and Graphics, 23; S. 583-598; 1998

[VDA12] VDA Jahresbericht 2011 – Verband der Automobilindustrie. www.vda.de, Berlin Verband der Automobilindustrie 2012

[VDI93] VDI 3657: Ergonomische Gestaltung von Kommissionierarbeitsplätzen, Beuth Verlag 1993

[VDI94] VDI 3590 Blatt 1: Kommissioniersysteme – Grundlagen, Beuth Verlag 1994, S. 2ff

[VDMA13] VDMA – Volkswirtschaft und Statistik (2013): Maschinenbau in Zahl und Bild 2013. Frankfurt am Main, März 2013

[VWBZ09] Vajna, S.; Weber, C.; Bley, H.; Zeman, K.: CAx für Ingenieure. Springer-Verlag Berlin Heidelberg, 2009

[Van13] www.vanderlande.de/de/LagerAutomatisierung/Produkte-und-Losungen/Ergonomische-Arbeitsstationen/PICKEASE-2.htm letzter Abruf: 11.11.2013

Produktionssysteme

Dirk Berndt, Matthias Gohla, Holger Seidel, Udo Seiffert

3.1 Optische Technologien für die Mess- und Prüftechnik – Qualitätskontrolle – Inlinefähiges Messen und Prüfen

Dirk Berndt

3.1.1 Allgemeine Rahmenbedingungen und Herausforderungen

Ein enormes Wirtschaftswachstum in den bevölkerungsreichen Volkswirtschaften Asiens, allen voran China und Indien, sowie der Erneuerungsbedarf in den osteuropäischen Ländern hat zu einem erheblich gestiegenen Rohstoffbedarf geführt. Da Deutschland infolge seiner geologischen Gegebenheiten sowie der Struktur der industriellen Produktion stark rohstoffabhängig ist, führt der mit der gestiegenen Nachfrage verbundene Anstieg der Rohstoffpreise zu einer enormen Kostenbelastung der deutschen Industrie.

Dieser Trend geht einher mit einem steigenden Wettbewerbsdruck der Produzenten von Industriegütern. Geringste Änderungen der vielfältigen Einflussfaktoren auf den Fertigungsprozess, wie schwankende Qualität der Vormaterialien, Werkzeugverschleiß, Temperaturänderungen in der Werkhalle usw., führen zu Bauteilabweichungen. Werden die

Dr.-Ing. Dirk Berndt
Fraunhofer-Institut für Fabrikbetrieb und -automatisierung IFF, dirk.berndt@iff.fraunhofer.de

Dr.-Ing. Dipl.-Wirtsch.-Ing. Matthias Gohla
Fraunhofer-Institut für Fabrikbetrieb und -automatisierung IFF, matthias.gohla@iff.fraunhofer.de

Dipl.-Ing. Holger Seidel
Fraunhofer-Institut für Fabrikbetrieb und -automatisierung IFF, holger.seidel@iff.fraunhofer.de

Hon.-Prof. Dr.-Ing.Udo Seiffert
Fraunhofer-Institut für Fabrikbetrieb und -automatisierung IFF, udo.seiffert@iff.fraunhofer.de

© Springer-Verlag Berlin Heidelberg 2016
M. Schenk (Hrsg.), *Produktion und Logistik mit Zukunft*, DOI 10.1007/978-3-662-48266-7_3

produzierten Bauteile zudem noch in kurzen Fertigungstakten produziert, entstehen umfangreiche Serienfehler.

Typische Mess- und Prüftechnologien überwachen Qualitätsmerkmale, insbesondere innen liegende Materialschädigungen wie Lunker, Risse, Delaminationen u. a., Oberflächenfehler sowie Form und Gestalt.

Den Qualitätsmerkmalen Form und Gestalt, nachfolgend Geometrie genannt, kommt hinsichtlich einer erhöhten Ressourceneffizienz in der Produktion eine besondere Bedeutung zu. Dies ist darin begründet, dass jeder Bauteilproduzent bemüht ist, übliche Aufmaße bei ur- und umformenden Fertigungsverfahren so gering wie möglich zu halten. Der damit einhergehende Vorteil ist, dass nachfolgende Bearbeitungsverfahren weniger Material abtragen müssen und folglich weniger Material, Energie und Fertigungszeit verbraucht wird. Die Herausforderung besteht im Gegenzug darin, dass eine umfassende Fertigungsprozessüberwachung erforderlich ist. Der Geometrieüberwachung des zu fertigenden Bauteils in unterschiedlichen Prozessstufen kommt dabei eine wichtige Rolle zu, da Geometrieabweichungen eine wichtige Eingangsinformation für notwendige Prozessregelkreise darstellen.

Das rechtzeitige Erkennen von Geometrieabweichungen mit Methoden der optischdimensionellen Messtechnik und die entsprechend frühzeitige Reaktion darauf mit aktiven Verfahren der Prozessregelung ermöglichen in allen Ressourcenbereichen deutliche Einsparungen, z. B. durch Reduzierung von Ausschuss und Nacharbeit.

Produzierende Unternehmen werden zukünftig nur erfolgreich sein, wenn sie Technologien einsetzen, die adaptiv auf veränderte Bedingungen reagieren können. Berührungslos, robust und verschleißfrei arbeitende optisch-dimensionelle Messsysteme haben sich hier bei der fertigungsintegrierten 100 Prozent-Geometrieprüfung bewährt. Sie ermöglichen die Realisierung von prozess- oder maschinenintegrierten Lösungen zur Erfassung von Bauteilabweichungen. Damit sind schnelle Qualitäts- und Prozessregelkreise realisierbar und ein wichtiger Schritt in Richtung einer Null-Fehler-Produktion ist getan.

3.1.2 Neue Technologien für Inlinefähiges Messen und Prüfen

3.1.2.1 Ausgangssituation

Die moderne Produktion verlangt nach schnellen, robusten und automatisierbaren Messtechnologien, die in Inlinefähigen Lösungen einsetzbar sind. Triangulationsbasierte optische Messverfahren, wie z. B. das Laserlichtschnittverfahren, erfüllen diese Anforderungen. Sie ermöglichen eine Integration messtechnischer Lösungen in vorhandene Materialflüsse bzw. direkt in Bearbeitungsmaschinen.

Das inlinefähige Messen und Prüfen mit bildverarbeitenden Verfahren stellt eine Querschnittstechnologie dar. Sie ist branchenunabhängig in einer Vielzahl von Produktionsschritten einsetzbar und ist deshalb jeweils unterschiedlichen Anforderungen durch die gegebenen Rahmenbedingungen, wie z. B. Zugänglichkeit, Taktzeit, Mess- und Prüfmerkmale, ausgesetzt. Gleichzeitig werden sehr hohe Anforderungen an die Flexibilität dieser

Qualitätsprüfsysteme gestellt, um auf Änderungen des zu überwachenden Bautcilspektrums reagieren zu können.

3.1.2.2 Modellbasierte Technologiebausteine

Die Technologie „OptoInspect 3D" umfasst Methoden und Werkzeuge für den Entwurf, die Dimensionierung und Simulation von bildgebenden Mess- und Prüfsystemen. Sie beinhaltet Werkzeuge für das Kalibrieren und Einmessen anwendungsspezifisch konfigurierter Systeme aus mehreren Sensoren und Sensorbewegungskomponenten. Dieser Schritt ist Voraussetzung für eine messtechnische Gesamtfunktionalität, d.h., erst danach ist eine geometrisch korrekte Erfassung von Geometriemerkmalen möglich. Ein weiterer zentraler Bestandteil sind Funktionen und Methoden für eine schnelle, taktgebundene und automatische Messdatenauswertung und Geometriemerkmalsbestimmung.

Modellinformationen als technologische Grundlage

Eine grundlegende Voraussetzung für die Anwendbarkeit der Technologie des modellbasierten Messens und Prüfens ist das Vorhandensein von 3D-Geometriemodellen der auf Qualität zu überwachenden Bauteile. Weitere wichtige Modellinformationen sind 3D-Geometrieinformationen über die Abmessungen und Lage aller Komponenten eines bildgebenden Mess- oder Prüfsystems. Und schließlich sind mathematisch-physikalische Modellinformationen über die Erzeugung von 2D-Abbildungen auf Kamerabildern bzw. 3D-Oberflächenmessdaten mit Verfahren der aktiven Triangulation erforderlich.

Entwurf und Dimensionierung von bildgebenden Mess- und Prüfsystemen

Bildgebende Mess- und Prüfsysteme bestehen aus jeweils einer oder mehreren Kameras und Beleuchtungssystemen. Die Beleuchtungssysteme können zur Ausleuchtung einer Szene dienen, um 3D-Bilder mit hoher Abbildungsqualität aufnehmen zu können. Oder, es handelt sich um aktive strukturierte Beleuchtungssysteme, die Lichtmuster, wie Punkte und Linien, auf Bauteiloberflächen projizieren.

Der Entwurf derartiger Mess- und Prüfanordnungen erfolgt üblicherweise in zwei Schritten. Im ersten Schritt wird eine optische Dimensionierung bestimmt. Unter Nutzung von Abbildungsgesetzmäßigkeiten zur mathematisch-geometrischen Beschreibung der Zusammenhänge von Objekt und Bildaufnahmechip bzw. Projektionssystem werden Parameter, wie Messbereich, Auflösung, Strahlformungs- und Sensorkenngrößen usw., ermittelt. Im zweiten Schritt werden unter Verwendung der ermittelten geometrischen Parameter die Einzelkomponenten zu Messanordnungen zusammengefügt. Hierfür werden konventionelle 3D-CAD-Programme genutzt, um die geometrische Anordnung der funktionsrelevanten Komponenten (Kameras, Beleuchtungen, Positionierachsen) in ihren Abmessungen und ihrer Relativlage zueinander zu beschreiben.

Messsimulation

Die Nutzung von mathematisch-physikalischen Modellinformationen über die Erzeugung von 2D-Abbildungen auf Kamerabildern bzw. 3D-Oberflächenmessdaten mit Verfahren der aktiven Triangulation ermöglichen die Erzeugung von synthetischen Messdaten. D. h., unter Verwendung von Modellinformationen über das Messobjekt, eine bildgebende Messanordnung und mathematisch-physikalischen Messfunktionsprinzipien lassen sich 2D-Bilddaten aus einer virtuellen Kameraperspektive bzw. synthetische 3D-Oberflächenmessdaten, wenn zusätzlich strukturierte Lichtquellen zum Einsatz kommen, erzeugen. Diese daraus abgeleiteten synthetischen Messdaten entsprechen einem, von einer realen Messanordnung erzeugten, idealen Messdatensatz. Ideal bedeutet hier, dass Messunsicherheitseinflüsse infolge von Temperaturveränderungen, Rauheit der Bauteiloberfläche, Kalibrierfehler, usw. nicht berücksichtigt werden. D. h., ein Messdatensatz, der von einem realen Messsystem entsprechend des konstruktiven Entwurfs erzeugt worden ist, wird zusätzliche Messartefakte enthalten.

Optimierung von bildgebenden Mess- und Prüfsystemen

Der Technologiebaustein Messsimulation ermöglicht eine qualitative Bewertung der messtechnischen Funktionalität von bildgebenden Mess- und Prüfsystemen im Entwurfsstadium. Relevante Faktoren für die Beurteilung sind z. B. die Erfassbarkeit von Mess- und Prüfmerkmalen, Hinterschneidungen an Messobjekten, die Orientierung der Messsensorik zur Oberflächennormale des Bauteils oder die Anzahl und Qualität von 3D-Oberflächenmesspunkten auf dem Messobjekt. Auf der Grundlage dieser bewertenden Faktoren kann eine gezielte Optimierung des Mess- und Prüfsystems in einem iterativen Prozess erfolgen.

Erzeugung synthetischer Mess- und Prüfdaten für die Repräsentation des Soll-Zustands

Bildgebende Mess- und Prüfsysteme erfassen Prüf- bzw. Messmerkmale zunächst in Form von digitalen Bilddaten. Diese werden mit numerischen Methoden der Bildverarbeitung analysiert und interpretiert. Soll z. B. eine Anwesenheit von Bauteilen anhand von 2D-Bildern überprüft werden, so stellen beispielsweise Bauteilkanten geeignete Prüfmerkmale dar. Diese können durch ihre Lage, Form und Dimension quantitativ beschrieben werden.

Der Vorteil einer synthetischen bildbasierten Repräsentation des Soll-Zustandes besteht gegenüber der konventionellen Methode, die real aufgenommene Vergleichsbilder (sogenannte „Golden Sample") der Prüfsituation nutzt, darin, dass lediglich Modellbeschreibungen von Prüfsystem und Prüfling erforderlich sind. Damit wird eine hohe Flexibilität und Unabhängigkeit möglich, da weder das reale Messsystem noch der Prüfling dafür notwendig sind.

In einer Erweiterung des Ansatzes lassen sich aus den 2D-Bildern mit einer modellhaften mathematischen Beschreibung des Verfahrens der Triangulation synthetische 3D-Oberflächenmesspunkte auf geometrisch zu digitalisierenden Messobjekten mittels Messsimulation berechnen. In diesem Fall kann die Repräsentation des Soll-Zustands z. B. durch die Messung eines geometrisch einwandfreien Messobjektes erfolgen. Der resultierende Datensatz an 3D-Messpunkten wird als Referenz hinterlegt und dient als Soll-Zustand für einen späteren Soll-Ist-Vergleich.

Die neue Technologie zur Erzeugung synthetischer Mess- und Prüfdaten bietet eine sehr flexible und zuverlässige Methode für die Definition des Soll-Zustandes. Anhand der

Erzeugung von synthetischen Bilddaten des Prüfobjektes, unter Berücksichtigung des aktuellen Konstruktionsstandes der zu prüfenden/messenden Bauteile und des Konfigurationszustandes des Prüf-/Messsystems, steht ein stets aktueller Soll-Zustand des Prüflings für 2D-Merkmale in Form von synthetischen Bildern und für 3D-Merkmale in Form von synthetischen 3D-Oberflächenmessdaten zur Verfügung.

Herstellen einer Maßstabsverkörperung

Für das Messen oder Prüfen anhand geometrischer Merkmale, z. B. von Abständen, Abmessungen, Form- und Lageabweichungen, ist das Herstellen einer Maßstabsverkörperung eine notwendige Voraussetzung. Die Umsetzung der Maßstabsverkörperung erfolgt dabei durch eine sogenannte Rückführung des Mess- und Prüfmittels auf ein nationales Längennormal. Der Begriff Rückführung beschreibt einen Vorgang, durch den die Anzeige eines Messgerätes mit einem nationalen Normal für die betreffende Messgröße, hier das Meter, verglichen werden kann.

Für die mit digitalen Bildsensoren erzeugten Daten bedeutet dies konkret, eine Beschreibung des Zusammenhangs von Längeneinheiten am realen Objekt zur Abbildung in Form von Bildpunkten (Pixeln) auf dem Sensorchip zu ermitteln. Dazu werden sogenannte Kalibrierverfahren benutzt, die diese Umrechnung unter Berücksichtigung vielfältiger Einflüsse, wie optische Abbildungsfehler, Temperatur usw., ermöglichen.

Sensorfusion

Für eine schnelle und umfassende Prüfung oder Messung technischer Objekte sind häufig Anordnungen erforderlich, die eine Vielzahl von Kamerasystemen und strukturierten Beleuchtungen enthalten. Damit lassen sich komplexe Bauteile messen und prüfen bzw. zusätzliche Mess- und Prüfinformationen, z. B. durch das Erfassen von Bildinformationen in unterschiedlichen Lichtwellenlängenbereichen, gewinnen.

Hoch flexible und automatisierbare Lösungen setzen voraus, dass eine präzise Umrechnung aller digitalisierten Messdaten von dem jeweils individuellen Sensorkoordinatensystem in ein gemeinsames Weltkoordinatensystem möglich ist. Dazu werden Technologien für das sogenannte Einmessen der Sensorkomponenten in ein Weltkoordinatensystem genutzt.

3D-Digitalisiermethoden

Die 3D-Digitalisierung umfasst in diesem Anwendungsfall die diskrete 3D-Abtastung der Form von Mess- und Prüfobjekten. Dazu kommen häufig triangulationsbasierte optische Messverfahren zum Einsatz. Jeweils drei Elemente spannen ein Messdreieck auf. Dabei ist der Abstand zwischen zwei Elementen bekannt. Der Abstand zwischen der Basislinie, die diese zwei Elemente verbindet, und dem dritten Element wird durch eine präzise Winkelmessung innerhalb dieses Dreiecks bestimmt. Eines dieser drei Elemente ist immer das zu messende Prüfobjekt.

Passiv arbeitende Triangulationsverfahren nutzen mindestens zwei digitale Kamerasysteme. Diese bestimmen in den digitalisierten Bildern natürliche Objektmerkmale, wie aneinandergrenzende Oberflächenbereiche, deren Normalenrichtungen einen signifikanten Unterschied aufweisen. Sie entstehen, wenn n Oberflächenbereiche mit unterschiedlichen Normalenrichtungen aneinandergrenzen. Bei $n = 2$ entstehen Linien (Körperkanten) und bei $n = 3$ entstehen Eckpunkte (Ecken). Nachdem natürliche Objektmerkmale in den beiden Kamerabildern bestimmt worden sind, werden Korrespondenzen zwischen diesen Bildern gesucht. Auf diese Weise kann jeweils für einen identifizierten Objektpunkt das Triangulationsdreieck geschlossen werden.

Bei aktiv arbeitenden Triangulationsverfahren wird eine der zwei Kameras durch eine strukturierte Lichtquelle ersetzt. Diese erzeugt auf der Messoberfläche künstliche Objektmerkmale. Durch Verwendung des Vorwissens über die Lichtmusterprojektion kann auch in diesem Fall eine Korrespondenz mit dem digitalen Bild der verwendeten Kamera bestimmt werden.

Im Ergebnis aller 3D-Digitalisiermethoden werden sogenannte 3D-Punktwolken erzeugt. Diese bestehen aus vielen tausend 3D-Oberflächenmesspunkten, die jeweils durch eine x-, y- und z-Koordinate im Sensorkoordinatensystem repräsentiert sind.

Analyse und Auswertung von 3D-Daten

Die vielfältigen Anwendungen der optischen Mess- und Prüftechnik in Produktionssystemen erfordern im Anschluss an die Digitalisierung Methoden zur Auswertung und Analyse der 3D-Daten, um beispielsweise gesuchte Maß-, Form- und Lageabweichungen zu bestimmen.

Fertigungsintegrierte Systeme erfordern eine zugeschnittene schnelle und automatisierte Datenauswertung. Dazu sind Methoden zur Punktewolkenverarbeitung notwendig, wie z.B. eine Ausrichtung, Referenzierung und Abstandsbestimmung von Datensätzen, Approximation geometrischer Primitive (2D-, 3D-Regelgeometrieelemente), automatische Datensegmentierung, Bestimmung von Messgrößen aus Parametern der geometrischen Primitive sowie Ausdünnung, Homogenisierung und Glättung.

Diese Methoden bilden die Grundlage für einen darauf aufbauenden Soll-Ist-Vergleich und die Ableitung einer Gut-Schlecht-Klassifikation.

Schlüsselmerkmale der Technologie

- Inlinefähigkeit und damit verbundene Möglichkeit zur schnellen Reaktion auf Prozess- und Qualitätsabweichungen
- Nutzung eines modellbasierten Ansatzes für einen effektiven und sicheren Entwurf- und Dimensionierungsprozess für aufgabenangepasste Lösungen
- hohe Flexibilität durch Nutzung von Messsimulation und synthetischer Messdaten für Soll-Repräsentation
- Nutzung von Werkzeugen des digitalen Engineerings und vollautomatische Informationsverarbeitungsketten
- hohe Zuverlässigkeit der Prozesskette
- Erhöhung der Produktivität, Verbesserung der Produktqualität und Schonung von materiellen und immateriellen Ressourcen

Einsatzkriterien der Technologie

- Bauteil- und Prozessabweichungen können auf geometrische Veränderungen zurückgeführt werden
- geometrische Mess- und Prüfmerkmale sind an der Außenhülle des Bauteils erfassbar und zugänglich
- Die Oberflächenrauheit der Bauteiloberfläche lässt eine diffuse Lichtreflexion zu.

3.1.3 Realisierungsbeispiel: Geometrische Qualitätsprüfung von Aluminiumrädern

Neben der Motorisierung stellt das Fahrwerk das Herzstück eines jeden Automobils dar. Die Bereifung – und damit ist die Kombination aus Reifen und Rad gemeint – ist maßgebend für Komfort und Sicherheit eines Fahrzeugs. Die Automobilindustrie rüstet ihre Fahrzeuge heute gleichermaßen mit Stahl- und Aluminiumrädern aus.

Aluminiumräder werden im Gießverfahren hergestellt. Der Gussrohling muss zunächst auf innere Materialfehler geprüft werden. Je nach Radhersteller erfolgen im Anschluss an das Gießen ein Umformprozess sowie eine Wärmebehandlung zur Reduzierung innerer Bauteilspannungen. Im nächsten Fertigungsschritt werden die Gussrohlinge durch Fräsen, Drehen und Bohren mechanisch bearbeitet und anschließend oberflächenbehandelt.

Die beschriebenen Herstellungsverfahren erfordern Qualitätskontrollen nach verschiedenen Fertigungsschritten. So ist sichergestellt, dass nur Räder mit optimalen Gebrauchseigenschaften der Fahrdynamik, wie Rund- und Planlaufgenauigkeit, und der Fahrsicherheit, wie Maßhaltigkeit sowie Zug- und Druckfestigkeit durch Materialstärke und -gefüge, an den Kunden ausgeliefert werden.

3.1.3.1 Ausgangssituation

Die beschriebenen Anforderungen an moderne Aluminiumräder erfordern eine 100-Prozent-Prüfung funktionsrelevanter Geometriemerkmale nach der mechanischen Fertigbearbeitung.

Funktionsrelevante Geometriemerkmale eines Rades sind die Montagefläche, die Mittenbohrung sowie die beiden Reifensitze (siehe Abb. 3.1). Die Montagefläche und die Mittenbohrung definieren ein Bauteil-Koordinatensystem (Zylinder-KS). Dieses Koordinatensystem bildet den Bezug für die Beschreibung der Geometriemerkmale der beiden Reifensitze.

Aus den Lagen des äußeren und inneren Reifensitzes lassen sich deren Rund- und Planlaufabweichung, die 1.-n. Harmonische der Abweichungen, der Umfang sowie deren horizontaler (Maulweite) und vertikaler (Einpresstiefe) Abstand im Bauteil-Koordinatensystem berechnen.

Abb. 3.1 Funktionsrelevante Geometriemerkmale
eines Aluminiumrades.
Grafik: Fraunhofer IFF

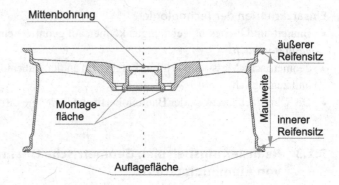

3.1.3.2 Motivation

In konventionellen Produktionsanlagen werden heute für die Geometrieprüfung tastend arbeitende Mehrstellenmesseinrichtungen eingesetzt. Die Räder werden dazu mit einem Rollenband transportiert und an der Prüfposition ausgehoben und in Drehung versetzt. Nun berühren sogenannte Kegelrollen den äußeren und inneren Reifensitz und messen während der Abrollbewegung des Rades um 360° dessen horizontale und vertikale Auslenkung sowie die insgesamt zurückgelegte Wegstrecke. Daraus lassen sich dann Merkmale, wie Rund- und Planlaufabweichung, Maulweite, Einpresstiefe und Reifensitzumfang, er-mitteln. Zusätzlich taucht ein Prüfdorn in die Mittenbohrung ein und ermittelt deren Lage und Durchmesser.

3.1.3.3 Neue Herausforderungen

Die Anforderungen an moderne Räder haben sich in den vergangenen Jahren ständig er-höht, sodass neben den o. g. Basis-Geometriemerkmalen eine Reihe weiterer funktions-relevanter Geometriemerkmale, insgesamt bis zu 80 Merkmale, überprüft werden müssen, um modernen Qualitätsanforderungen gerecht zu werden. Dafür bedient man sich taktil arbeitender Koordinatenmessmaschinen. Aufgrund des dafür notwendigen Zeitaufwandes kann die Prüfung nur stichprobenartig erfolgen. Auftretende Fertigungsfehler können so nur mit erheblichem Zeitverzug erkannt und korrigiert werden.

Die Wettbewerbsbedingungen in der Räderfertigung erfordern eine umfassende Effi-zienzsteigerung der zum Einsatz kommenden Ressourcen in allen Bereichen. Bei der Räderfertigung finden sehr energie- und materialintensive Produktionsprozesse statt. Die-se sind beispielsweise das Gießen der Radrohlinge und das anschließende mechanische Bearbeiten der Räder zum Abtragen der Materialzugabe, die beim Gießen aufgrund von Bauteilabweichungen immer erforderlich ist. Dieser erhebliche Energie- und Materialver-brauch ist als Wertschöpfungsanteil zu diesem Prozessschritt bereits in jedes Rad ein-geflossen. Umso wichtiger ist es, zu diesem Zeitpunkt jedes produzierte Rad auf seine geometrische Qualität (Form- und Lageabweichungen) zu prüfen. Stichprobenmessungen erfüllen die o. g. Anforderungen nicht.

3.1.3.4 Ziel

Für die Umsetzung der Forderungen an eine moderne und wettbewerbsfähige Produktion von Automobilrädern ist ein inlinefähiges Messsystem zur 100-Prozent-Prüfung sämtlicher funktionsrelevanter Geometriemerkmale an Aluminiumrädern erforderlich. Das Messsystem soll in der Lage sein, Pkw- und Lkw-Räder mit unterschiedlichen Rad-Durchmessern und -Breiten geometrisch prüfen zu können.

Die Flexibilität des Messsystems ist eine weitere wichtige Anforderung. Neue Räder stehen als 3D-CAD-Modell vor Produktionsbeginn zur Verfügung. Auf dieser Grundlage soll die Messfähigkeit überprüft werden sowie ein Messprogramm erstellt werden und anhand synthetisch erzeugter Messdaten auf Zuverlässigkeit und Robustheit bei der Erfassung der Geometriemerkmale überprüft werden.

3.1.3.5 Beschreibung der Lösung

Das Messsystem muss einfach in den automatisierten Fertigungsfluss einer modernen Räderfertigung integrierbar sein. Die Zu- und Abführung der Bauteile für das Messsystem erfolgt auf Rollenbahnen.

Zur Erfassung der funktionsrelevanten Geometriemerkmale werden Verfahren der punkt- und linienförmig messenden Triangulation gewählt. Unterschieden wird zwischen drei Prüfbereichen (siehe Abb. 3.2) an einem Rad: äußerer Reifensitz (A), innerer Reifensitz (B) und Anlagefläche (C) sowie Mitten- und Befestigungsbohrungen.

Für die Erfassung der Geometriemerkmale in den Prüfbereichen A und B kommt jeweils ein Sensor auf Basis der linienförmig messenden Triangulation zum Einsatz (Sensoren S1 und S2 in Abb. 3.3). Der Prüfbereich C umfasst Geometriemerkmale, die entweder nur von außen oder nur von innen erfassbar sind. Aus diesem Grund kommen zwei Sensoren zur Anwendung. Ein Sensor auf Basis der linienförmig messenden Triangulation (Sensor S3), der die Merkmale von innen erfasst, sowie ein Sensor auf Basis der punktförmig messenden Triangulation (Sensor S4), der Merkmale von außen erfasst.

Die Gesamtanordnung besteht aus den zuvor beschriebenen vier Sensoren und einem komplexen Bewegungssystem. Das Bewegungssystem sorgt für die erforderliche Flexibilität der Messanordnung, um den Anforderungen hinsichtlich der verschiedenen zu mes-

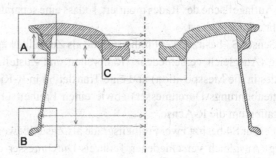

Abb. 3.2 Geometrisch zu erfassende Prüfbereiche eines Rades. Grafik: Fraunhofer IFF

Abb. 3.3 Prinzipielle Anordnung der Sensoren S1 bis S4
zur Erfassung der funktionsrelevanten Geometriemerkmale.
Grafik: Fraunhofer IFF

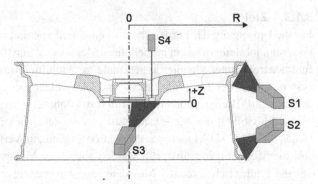

senden Radtypen gerecht zu werden. Aufgrund der größeren Masse der Prüfobjekte im Verhältnis zu den Sensoren werden dabei die Sensoren um das Rad bewegt.

Es wird zwischen Zustell- und Messbewegungen unterschieden. Die Zustellbewegungen erfolgen vor Durchführung einer Messung, um die Sensoren entsprechend der Abmessungen des Rades in eine korrekte Messposition zu verfahren. Die Messbewegung erfolgt während der Messdatenaufnahme und gewährleistet eine vollständige Datenerfassung des Rades.

Kinematisches Modell für Zustellung und Scanbewegung

Die nachfolgenden Beschreibungen beziehen sich auf das definierte Objektkoordinaten-system des Rades. Dieses ist ein Polarkoordinatensystem und wird anhand der Lage der Montagefläche (Ebene $Z = 0$) und der Lage der Mittenbohrung (Radius $R = 0$) definiert.

Das Bewegungssystem besitzt insgesamt acht Freiheitsgrade. Dabei entfallen sechs Freiheitsgrade auf Zustellbewegungen der Sensoren und zwei Freiheitsgrade auf Mess-bewegungen.

Sensor S1 besitzt zwei Freiheitsgrade als Zustellbewegung, eine Translation in R-Rich-tung (Ausgleich verschiedener Rad-Durchmesser) und eine Translation in Z-Richtung (Ausgleich verschiedener Radbreiten) sowie einen Freiheitsgrad als Messbewegung und eine Rotation um die R-Achse.

Sensor S2 besitzt einen Freiheitsgrad als Zustellbewegung, eine Translation in R-Rich-tung (Ausgleich verschiedener Rad-Durchmesser) sowie einen Freiheitsgrad als Mess-bewegung sowie eine Rotation um die R-Achse. Sensor S2 wird mit geometrischem Bezug zur Auflagefläche des Rades montiert, sodass eine separate Zustellbewegung in Z-Richtung nicht erforderlich ist.

Sensor S3 besitzt zwei Freiheitsgrade als Zustellbewegung, eine Translation in Z-Rich-tung (Ausgleich verschiedener Radbreiten und Zustellung nach dem Positionieren des Rades in die Messposition) und eine Translation in R-Richtung (Ausgleich verschiedener Mittenbohrungs-Durchmesser) sowie einen Freiheitsgrad als Messbewegung und eine Rotation um die R-Achse.

Sensor S4 besitzt zwei Freiheitsgrade als Zustellbewegung, eine Translation in R-Rich-tung (Ausgleich verschiedener Teilkreis-Durchmesser der Befestigungsbohrungen) und eine Translation in Z-Richtung (Ausgleich verschiedener Radbreiten und Einpresstiefen) sowie einen Freiheitsgrad als Messbewegung und eine Rotation um die R-Achse.

In Tab. 3.1 sind die danach bezeichneten Komponenten aufgeführt.

Tab. 3.1 Bestandteile des Messsystems und Funktionen. Quelle: Fraunhofer IFF

Abkürzung	Bezeichnung	Funktion
AT-0	Armteil 0	ruhende Basis
AT-1	Armteil 1	Verbindungsglied zwischen AT-0 und G1
AT-2	Armteil 2	Verbindungsglied zwischen G1 und G2
AT-3	Armteil 3	Verbindungsglied zwischen G2 und G3
AT-4	Armteil 4	Endeffektor zur Fixierung des Sensors S3
AT-5	Armteil 5	Verbindungsglied zwischen AT-0 und G4
AT-6	Armteil 6	Verbindungsglied zwischen G4 und G5 sowie G4 und G7
AT-7	Armteil 7	Verbindungsglied zwischen G5 und G6
AT-8	Armteil 8	Endeffektor zur Fixierung des Sensors S4
AT-9	Armteil 9	Verbindungsglied zwischen G7 und G8
AT-10	Armteil 10	Endeffektor zur Fixierung des Sensors S1
AT-11	Armteil 11	Endeffektor zur Fixierung des Sensors S2
G1	Gelenkachse 1	Rotation (Messbewegung)
G2	Gelenkachse 2	Translation (Zustellbewegung)
G3	Gelenkachse 3	Translation (Zustellbewegung)
G4	Gelenkachse 4	Rotation (Messbewegung)
G5	Gelenkachse 5	Translation (Zustellbewegung)
G6	Gelenkachse 6	Translation (Zustellbewegung)
G7	Gelenkachse 7	Translation (Zustellbewegung)
G8	Gelenkachse 8	Translation (Zustellbewegung)
S1 bis S3	Sensor 1 bis Sensor 3	linienförmig messende Triangulationssensoren
S4	Sensor 4	punktförmig messender Triangulationssensor

Die Abb. 3.4 stellt das Prinzip der Sensorzustell- und Scankinematik dar und Abb. 3.5 zeigt das kinematische Modell für Zustellung und Scanbewegungen der Sensoren.

Abb. 3.4 Prinzip der Sensor-
zustell- und Scankinematik.
Grafik: Fraunhofer IFF

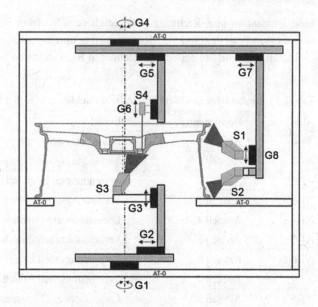

Abb. 3.5 Kinematisches
Modell für Zustellung und
Scanbewegung der Sensoren.
Grafik: Fraunhofer IFF

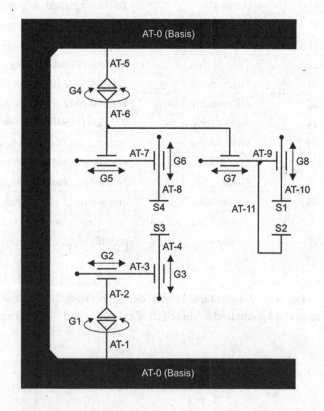

3.1.3.6 Realisierung des Messsystems

Messablauf

Die Räder laufen über eine Rollenbahn in die Messvorrichtung ein und werden mithilfe einer Spannvorrichtung zentrisch ausgerichtet und fixiert. Eine vorgelagerte bildgestützte Identifikationseinrichtung erkennt anhand des Raddesigns den jeweiligen Radtyp. Mit dem Typ verknüpft sind die radspezifischen Merkmale, wie Raddurchmesser, Radbreite, Einpresstiefe und Maulweite. Anhand dieser Merkmale werden die Zustellachsen auf die jeweils korrekte Position positioniert. Der Sensorverbund wird nun um 360° gedreht und erfasst die Messwerte. Im Ergebnis liegen von den linienförmig messenden Sensoren 3 × 360 Datensätze und vom punktförmig messenden Sensor 3.600 Datensätze vor. Diese repräsentieren die Oberflächengeometrie der relevanten Bauteilbereiche und bilden für die nachfolgende Auswertung die Grundlage. Nach Auswertung aller Geometriemerkmale wird eine Gut-/Schlecht-Klassifikation getroffen.

Einmessen des Messsystems

Bedingt durch die Gerätekonstruktion der Messvorrichtung gibt es zwei Polar-Koordinatensysteme, das Maschinen- und das Objekt-Koordinatensystem.

Das Maschinen-Koordinatensystem wird von den zueinander justierten Gelenkachsen G1 bis G8 (Rotationen und Translationen) sowie von den Planauflageflächen der Spann- und Zentriervorrichtung gebildet.

Das Objekt-Koordinatensystem wird von der theoretischen Drehachse des Rades (repräsentiert durch die Mittenbohrung) sowie die Montagefläche des Rades an der Nabe gebildet.

Beide Koordinatensysteme haben gleiche Azimut-Winkel, d. h., die Drehwinkelposition beider Koordinatensysteme ist identisch.

Das Maschinen-Koordinatensystem wird durch die Justierung der Messvorrichtung und durch den Einmessprozess definiert und wird als konstant für alle Messungen betrachtet. Das Objekt- Koordinatensystem kann gegenüber dem Maschinen-Koordinatensystem letztlich eine variable Lage im Raum (Verkippung, laterale Verschiebung der Drehachse) einnehmen. Dies kann durch Abweichungen bei der Bauteilaufnahme und -zentrierung oder durch die zu bestimmenden Geometrieabweichungen des Rades auftreten.

Das Einmessen dient einerseits der Überprüfung der erreichten Justierabweichungen und andererseits, sofern diese zulässige Grenzen nicht überschreiten, der Zuordnung der Sensor-Koordinatensysteme aller Sensoren S1 bis S4 und der lokalen Koordinatensysteme der Gelenkachsen G1 bis G8 zum Maschinen-Koordinatensystem.

Dazu wird ein Kalibrierobjekt verwendet, dessen Geometrie vorher mit höherer Genauigkeit ermittelt wird. Mit hoher Präzision herstellen und vermessen lassen sich Kalibrierobjekte, die aus Kugeln, Ebenen und Zylindern bestehen. Abstand und Flächennormale lassen sich einfach in geschlossener Form berechnen, ein iteratives Verfahren zur Bestimmung des nächstgelegenen Punktes ist nicht notwendig. Für Kegel gilt dies ebenfalls, jedoch sind Kegel mit einer geringen Formtoleranz und einer optisch kooperativen Oberfläche schwer erhältlich.

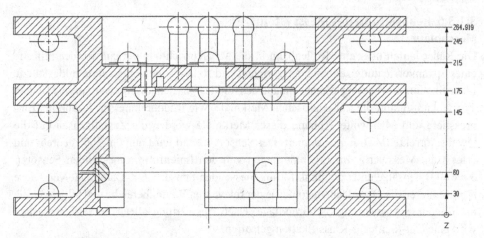

Abb. 3.6 Schnitt durch den Kalibrierkörper für das Einmessen der Rädermessvorrichtung.
Grafik: Fraunhofer IFF

Die Abb. 3.6 zeigt die Anordnung der Kugeln auf einem radähnlichen Träger mit zwei äußeren Reifensitzen.

Das Kalibrierobjekt wird in das Messvolumen der Rädermessvorrichtung gebracht und gemessen, wobei für die Konfigurationsparameter geeignete Startwerte verwendet werden. Die gemessenen Punkte werden dann mit der bekannten Geometrie des Kalibrierobjektes verglichen, indem der Abstand für jeden Messpunkt zum Kalibrierobjekt berechnet wird. Diese Abstände werden als „Residuen" bezeichnet. Sie werden mit der Methode der kleinsten Quadrate minimiert, um eine Schätzung für die gesuchten Konfigurationsparameter zu finden.

Für die Methode der kleinsten Quadrate wird außerdem die Ableitung der Residuen nach den zu schätzenden Konfigurationsparametern benötigt, das „Jakobian". Für die Abstandsbestimmung muss für einen gegebenen Messpunkt der nächstgelegene Punkt auf dem Kalibrierobjekt ermittelt werden. Für die Berechnung des Jakobians werden die Flächennormale in diesem nächstgelegenen Punkt und die Ableitungen der Transformationen benötigt.

Mit den geschätzten Parametern und dem mathematischen Modell der Rädermessvorrichtung können die Messdaten der Sensoren in das Objekt-Koordinatensystem transformiert werden (Abb. 3.7).

Messsimulation und Erzeugung von Mess- und Prüfprogrammen

Jeder zu messende Radtyp ist durch spezifische Konstruktionsmerkmale, wie Raddurchmesser, Radbreite, Einpresstiefe der Anlagefläche, Nabenbohrungsdurchmesser, Lage der Befestigungslöcher, Speichendesign usw. charakterisiert. Die zugehörige Modellinformation liegt im Allgemeinen als 3D-CAD-Datensatz vor.

Die radtypspezifischen Konstruktionsmerkmale erfordern ein individuelles Messprogramm, um sicherzustellen, dass sich während der Messdatenaufnahme die Sensoren

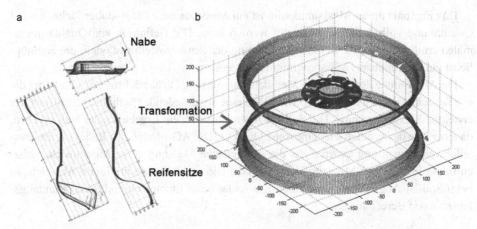

Abb. 3.7 Transformation der Messdaten der einzelnen Sensoren (Ergebnisse eines Messzyklus einzelner Profilmessungen (a)) mithilfe des Modells der Rädermessvorrichtung in das Objekt-Koordinatensystem (3D-Messdaten (b)). Grafik: Fraunhofer IFF

innerhalb des spezifizierten Messbereiches befinden und in ausreichender Anzahl Messdaten von der Radoberfläche erfasst werden.

Für das Erstellen und Testen von Messprogrammen ist eine maschinenunabhängige Methode wünschenswert, um einen Verlust an Fertigungskapazität zu vermeiden. An dieser Stelle können die Methoden des Digital Engineering zur Erzeugung synthetischer Messdaten genutzt werden. Die Messfunktion der optischen Sensoren kann als mathematisches Modell beschrieben werden. Für die Transformation der Messdaten im Sensorkoordinatensystem in das Maschinenkoordinatensystem liegt, nach dem Einmessen, ebenfalls ein mathematisches Beschreibungsmodell vor. Die Nutzung dieser Modellbeschreibungen ermöglicht nun eine synthetische Messung einer idealen Radgeometrie in Form des 3D-CAD-Modells des Rades. In Abb. 3.8 ist am Beispiel der Simulation einer Lichtschnitt-Messung die Generierung synthetischer Messdaten dargestellt.

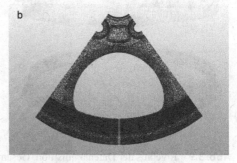

Abb. 3.8 Erzeugung synthetischer Messdaten durch Messsimulation. Bild: Fraunhofer IFF

Das Ergebnis dieser Messsimulation ist ein Messdatensatz der Radoberfläche, der auf Qualität und Vollständigkeit überprüft werden kann. Die Definition von Qualitätsmerkmalen ermöglicht dann z. B. eine Optimierung der Sensorzustellpositionen, um ein möglichst gut verwendbares Messprogramm zu erzeugen.

Die Anwendung der originalen Messdatenauswertung (siehe nächster Abschnitt) auf die synthetisch erzeugten Messdaten ermöglicht eine abschließende Qualitätsüberprüfung des erstellten Messprogramms. Der Soll-Ist-Abgleich sollte ein Ergebnis nahe Null ergeben, da einerseits das synthetisch gemessene Objekt (3D-CAD-Modell des Rades) keine Bauteilabweichungen und andererseits die synthetische Messung keine Messunsicherheitseinflüsse infolge von Messartefakten enthält. Die verbleibende minimale Abweichung beim Soll-Ist-Abgleich entsteht durch Restfehler beim Einmessen und durch Rundungsfehler in den Berechnungen.

Messdatenauswertung und Qualitätsbewertung der gemessenen Räder

Im Ergebnis einer Messdatenaufnahme eines Rades steht eine 3D-Punktwolke für die Messdatenauswertung bereit (siehe Abb. 3.9).

Die Messdatenauswertung erfolgt in zwei Schritten.

Im ersten Schritt erfolgt die Ermittlung der Referenzmerkmale für die Bestimmung des Bauteil-Koordinatensystems aus der Drehachse der Mittenbohrung und der Ebene der Montagefläche. Grundlage hierfür sind die digitalisierten 3D-Punktwolken des entsprechenden Bereiches.

Zur Ermittlung der $Z = 0$-Ebene (siehe Abb. 3.10), werden die repräsentativen Messpunkte der Montagefläche anhand der Lage von Befestigungsbohrungen ausgewählt und eine Ausgleichsebene durch diese Messpunkte berechnet.

Zur Ermittlung der $R = 0$-Achse werden Messpunkte auf der zylindrischen Oberfläche der Mittenbohrung ausgewählt. Die resultierende 3D-Punktwolke repräsentiert einen Zylinder, der in seiner Länge durch die innere Montagefläche begrenzt ist. In die ermittel-

a   b

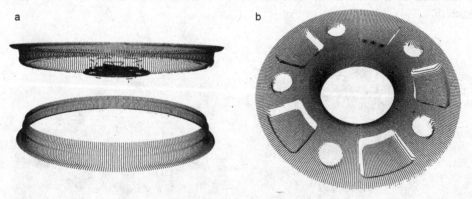

Abb. 3.9 Ergebnis der Datenakquisition, Gesamt-3D-Punktwolke (a) und 3D-Punktwolke der Montagefläche und Mittenbohrung (b). Bild: Fraunhofer IFF

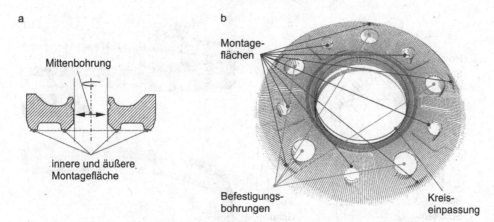

Abb. 3.10 Bestimmung des Objekt-Koordinatensystems: Definition der Mittenbohrung (a) sowie der inneren und äußeren Montagefläche (b). Grafik: Fraunhofer IFF

ten 3D-Messdaten wird nun ein Zylinder eingepasst. Im Anschluss werden alle digitalisierten Messdaten, die auf diesem eingepassten Zylinder liegen, auf die zuvor ermittelte $Z = 0$-Ebene projiziert. Die Ergebnisdaten (2D-Projektion) erlaubt nun eine sehr robuste und zuverlässige Kreiseinpassung. Der berechnete Kreismittelpunkt sowie die Lage der $Z = 0$-Ebene definieren die gesuchte $R = 0$-Achse.

Damit ist das Objekt-Koordinatensystem definiert. Eine sich anschließende Transformation wandelt die 3D-Punktwolke vom Maschinen-Koordinatensystem in das Objekt-Koordinatensystem um.

Im zweiten Schritt werden die qualitätsrelevanten Geometriemerkmale des Rades in den Prüfregionen A, B und C (siehe Abb. 3.2) berechnet.

In den Prüfregionen A und B, den sogenannten Reifensitzen, sind drei signifikante Merkmale relevant: das Horn (engl. rim flange), die Schulter (engl. shoulder oder rim taper) und der Buckel (engl. hump) (siehe Abb. 3.11). Der Flansch stellt dabei die äußere Anlagefläche des Reifens und die Schulter die radial innere Anlagefläche des Reifens dar. Der Buckel ist eine Sicherheitsmaßnahme und soll ein Verrutschen des Reifens bei großen Beanspruchungen verhindern.

Für die Bestimmung der Merkmale werden a-priori Informationen über die Soll-Geometrie verwendet und damit eine Segmentierung der merkmalsrelevanten Datenbereiche der Reifensitze vorgenommen.

Im folgenden Schritt werden die Schnittkonturen einzeln ausgewertet. Dazu wird in jeder Schnittkontur mittels numerischer Approximation ein Kreis mit einem festen Durchmesser (16 Millimeter) bestimmt, welcher tangentiale Berührungspunkte mit den Messdaten von Horn und Schulter aufweist. Der so bestimmte Mittelpunkt repräsentiert für diese radiale Schnittebene die Lage des Reifensitzes im Bauteilkoordinatensystem. Dieser Berechnungsschritt wird für alle Messungen entlang des vollständigen Umfangs durchgeführt und liefert damit eine vollumfänglich Lage der beiden Reifensitze. In Folgeschritten

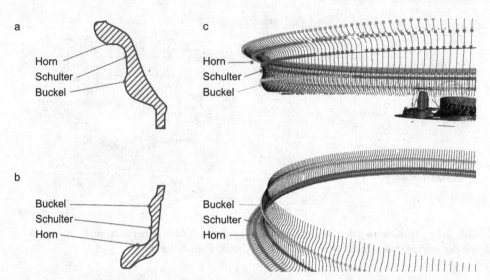

Abb. 3.11   Signifikante Merkmale in den Prüfregionen A und B: äußerer Reifensitz (a), innerer Reifensitz (b), extrahierte Merkmale in der digitalisierten Punktwolke (c). Grafik: Fraunhofer IFF

können damit Geometrieparameter des Rades wie z. B. Rund- und Planlaufabweichungen der Reifensitze berechnet werden.

In der Prüfregion C, die Region von Montagefläche sowie Mitten- und Befestigungs- bohrungen, sind drei signifikante Merkmale relevant: die Montagefläche, die Mittenboh- rung (Nabenbohrung), die Bolzenlöcher (Befestigungsbohrungen).

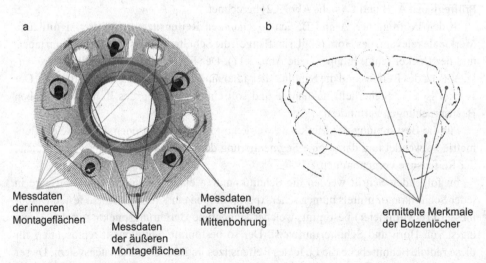

Abb. 3.12   Ermittlung von Prüfmerkmalen im Prüfbereich C: Montagefläche und Mittenbohrung (a), Bolzenlöcher (b). Grafik: Fraunhofer IFF

Die in Abb. 3.12 ermittelten Messdaten repräsentieren Teilflächen der sogenannten inneren Montagefläche und der sogenannten äußeren Montagefläche. In diese Teilflächen werden Ausgleichsebenen eingepasst sowie deren Lage relativ zum Objekt-Koordinatensystem bestimmt und auf Konizität und Ebenheit hin analysiert. Aus der ermittelten Mittenbohrung werden Durchmesser sowie Phasenwinkel und -breite ermittelt.

Aus der mit dem punktförmig messenden Triangulationssensor S4 digitalisierten Punktwolke, insgesamt ca. 5.000 Messwerte, werden Merkmale der Bolzenlöcher (Befestigungsbohrungen) ermittelt. Dazu werden Kreise in die digitalisierten Konturschnitte eingepasst. Die daraus zu ermittelnden Merkmale sind z. B. die Bolzenlochpositionen, der Teilkreisdurchmesser und dessen Exzentrizität, Formabweichungen des Bolzenlochs (Kalotte, Konus) u. a.

Jedes zu messende Geometriemerkmal des Rades ist durch eine Soll-Vorgabe und zulässige Toleranzen charakterisiert. Ein Soll-Ist-Vergleich ermöglicht eine zuverlässige Qualitätsbewertung des jeweils zu prüfenden Rades.

3.1.3.7 Erfahrungen aus dem praktischen Einsatz

Die zuvor beschriebenen Technologien zur Inline-Messung von Rädern werden in der Automobilzulieferindustrie industriell genutzt. (siehe Abb. 3.13)

Sie ermöglichen einerseits ein deutlich verkürztes Einfahren der Bearbeitungsmaschinen bei der Umstellung auf einen neuen Radtyp. Bisher wurden dazu geometrische Messungen mit taktilen Koordinatenmessmaschinen durchgeführt. Die Dauer der Messung beträgt ca. 45 bis 60 Minuten. Erst im Anschluss können systematische Fehler im Bearbeitungsprogramm korrigiert werden.

Abb. 3.13 Schlüsselfertige Messvorrichtung für die automatische Vermessung von Aluminium-Rädern. Foto: Fraunhofer IFF/Bernd Liebl

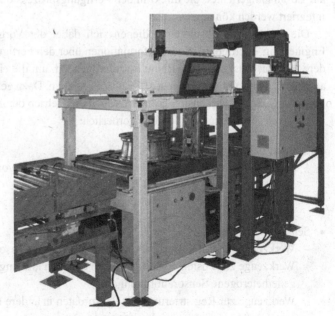

Andererseits ermöglichen diese Technologien im Produktionstakt mithaltende Messvorrichtung zur Bestimmung von Bauteilabweichungen der Räder unmittelbar nach der mechanischen Bearbeitung. Erkannte Bauteilabweichungen infolge Werkzeugverschleiß oder -bruch werden schnell erkannt und können unmittelbar an die Bearbeitungsmaschinen rückgemeldet werden. Damit werden Serienfehler und nicht erwünschte Schadwirkungen im Fertigungsprozess vermieden.

Eine Einsparung materieller und energetischer Ressourcen führt zu ökologisch und ökonomisch positiven Effekten.

Die Methoden des Digital Engineering ermöglichen eine funktionell zielgerichtete Entwicklung sowie einen wirtschaftlichen Betrieb der Radmessvorrichtung.

So konnten bereits in der Entwicklungsphase zuverlässige Prognosen über die messtechnische Funktionalität auf Grundlage der vorliegenden digitalen Modelle abgegeben werden. Die Modelle bildeten ebenso die Voraussetzung für das Herstellen einer Messfähigkeit nach dem Errichten der physischen Messvorrichtung im Rahmen des sogenannten Einmessens. Und schließlich können in der Betriebsphase der Radmessvorrichtung synthetische Messdaten generiert werden, um Messprogramme zu erstellen und virtuell, d.h. ohne produktive Verwendung der eigentlichen Messvorrichtung, zu testen.

3.1.4 Zusammenfassung und Ausblick

Die beschriebenen Technologien ermöglichen die Automatisierung von Mess- und Prüfprozessen zur Erfassung von geometrischen Informationen und deren automatischer Auswertung mit Verfahren der Bildverarbeitung und Computergrafik. Der Fokus ist dabei auf Lösungen gerichtet, die direkt in den Fertigungsprozess oder die Fertigungsmaschine integriert werden können.

Die praktischen Lösungen bedienen sich dabei der Vorgehensweise des digitalen Engineering. Verfügbare Modellinformationen über den Fertigungsprozess und insbesondere über das herzustellende Bauteil werden genutzt, um die einzelnen Phasen des Messanlagen-Lebenszyklus möglichst effizient zu gestalten. Dazu gehören sowohl die Entwicklung (Entwurf und Dimensionierung) als auch der Betrieb derartiger Messsysteme.

Folgende Werkzeuge sind dafür erforderlich:

- Entwurf und Dimensionierung
  - Werkzeuge für den Entwurf und die Dimensionierung von Sensoranordnungen
  - Werkzeuge für die Mess- und Prüfplanung
  - Werkzeuge für die Simulation von Messungen

- Sensordatenfusion
  - Werkzeuge für das Kalibrieren und Einmessen von Sensoranordnungen
  - Werkzeuge zur Fusion von Sensordaten gleichen und ungleichen Datentyps (homogene/heterogene Sensoranordnungen)
  - Werkzeuge zur Registrierung von Sensordaten in andere Koordinatensysteme

- Modellbasierte Datenverarbeitung
  - Werkzeugbaukasten auf Grundlage von Geometriemodellen (CAD)
  - Werkzeuge für die Erzeugung synthetischer Prüfdaten
  - Werkzeuge zur adaptiven Messdatenfilterung
  - Werkzeuge zur Analyse und Geometriemerkmalsextraktion in digitalisierten 3D-Punktwolken

Die genannten Technologien weisen folgende wichtige Eigenschaften auf:

- automatisierbar,
- inlinefähig,
- adaptiv,
- anwendungsspezifisch anpassbar und
- modular.

Die Eigenschaften der Technologien des Digital Engineering für optische Geometrie-messsysteme sind Grundlage für die stete Herausbildung von Wettbewerbsvorteilen für die deutsche Industrie. Die Methodenkompetenz zur Entwicklung modellbasierter Werkzeuge für die Konzeption, Entwicklung und das Betreiben optischer Prüfanordnungen versetzt den Lieferanten der Messtechnik in die Lage, innovative und aufgabenspezifische Prüf-anordnungen in kurzer Entwicklungszeit und sehr hoher funktioneller Zuverlässigkeit zu realisieren. Funktionelle Eigenschaften werden bereits in der Konzeptions- und Entwick-lungsphase simuliert und optimiert, noch bevor das reale Prüfsystem entsteht. Zudem ermöglichen die modellbasierten Werkzeuge eine standardisierte, zuverlässige und effi-ziente Datenerfassung und -verarbeitung. Weiterhin entfallen viele Aufwendungen in der Arbeitsvorbereitung, bei der Prüfplanung und der Erstellung von repräsentativen Ver-gleichsdaten, da die modellbasierten Werkzeuge diese Informationen zum Zeitpunkt der Prüfung automatisiert aus den CAD- und Prozessmodellen generieren.

Zukünftige Entwicklungen verfolgen das Ziel, sich im Rahmen des Digital Engineering weiter an die Realität anzunähern. Das umfasst eine stete Verbesserung einerseits der Modellinformationen und andererseits der Simulationsmodelle. Beispiele sind z. B., dass 3D-CAD-Modelle zukünftig nicht nur Geometrieinformationen, sondern auch Informa-tionen über die Materialzusammensetzung, Farbe und Oberflächeneigenschaften haben werden. Damit können Fertigungsverfahren diese Informationen direkt nutzen und Pro-zessparameter darauf anpassen. Aber auch Messsimulationen für optische Geometriemess-verfahren profitieren davon. So werden spektrale Rendering-Verfahren entwickelt, die eine nahezu praxisgleiche Messsimulation ermöglichen werden.

3.2   Effiziente Energiewandlung und -verteilung

Matthias Gohla

3.2.1 Grundlagen zum Energieeinsatz in Produktionsprozessen

Im Rahmen der Verknappung fossiler Energieträger und der damit einhergehenden Preissteigerung für alle Endenergien steigt die Bedeutung des Energiekostenanteils in den Produktionsprozessen. Die Kostensteigerung im Bereich der energieintensiven Prozesse, wie Eisen- und Stahlindustrie, (Nichteisen) NE-Metallindustrie oder Glas- und Ziegelindustrie, fällt dabei überproportional aus. Gleichzeitig zur Kostensteigerung bei fossilen Energieträgern besteht die Forderung, Quellen für erneuerbare, meist dezentrale Energieträger mit der logischen Konsequenz der Erweiterung der Verteilungsnetze auszubauen. Die dabei anfallenden Kosten haben ebenfalls Einfluss auf die Energiepreise. Um im Rahmen des Wettbewerbs bestehen zu können, besteht für produzierende Unternehmen die Herausforderung, Möglichkeiten zur Kostensenkung im Energiebereich zu nutzen.

In der industriellen Produktion werden mit 2.641 Petajoule Energieträgereinsatz 19 Prozent der gesamten Primärenergieaufwendungen Deutschlands verbraucht. Dies liegt in der Größenordnung des jeweiligen Energieträgereinsatzes für Verkehr bzw. Haushalte (vgl. Abb. 3.14).

Dabei ist zu beachten, dass ca. 25 Prozent des Verbrauchs an Primärenergie als Wandlungsverluste aufgezehrt werden. Es werden hier mehr Primärenergieträger eingesetzt als für den jeweiligen Nutzenergieeinsatz in den Sparten Industrie, Verkehr, Haushalte sowie Dienstleistungen. Ein erster Ansatzpunkt zur Energiekostenreduzierung besteht somit in der Reduzierung der Wandlungsverluste durch effiziente Energiewandlungsprozesse.

Der Anteil an regenerativen Energieträgern am Primärenergieaufkommen kann, bezogen auf Deutschland im Jahr 2013 [AGBi14], auf 10,4 Prozent beziffert werden. Dieser Anteil ist künftig auszubauen, um von endlichen, fossilen Energieträgern unabhängig zu werden.

In Abb. 3.15 ist diese Entwicklung in den Jahren von 1990 bis 2012 erkennbar, wobei hier auch der jeweilige Anteil der regenerativen Energieform ausgewiesen ist. Es ist festzustellen, dass der Einsatz von Biomasse zur Wärme- und Stromproduktion dabei den größten Anteil ausmacht. Wasserkraft zur Stromproduktion ist, wie erkennbar, aus Gründen der vorhandenen Potenziale nicht marginal entwicklungsfähig, jedoch hat die Nutzung der Windkraft für die reine Stromproduktion den Anteil ausgebaut. Zuwächse sind auch bei der Nutzung erneuerbarer Abfälle für die Wärme- und Stromproduktion, nach zwischenzeitlichem Rückgang, festzustellen.

Im Bereich der industriellen Produktion sind insbesondere die Nutzung der regenerativen Energieträger Biomasse und erneuerbare Abfälle zuordenbar.

Eine allgemeine Darstellung für einen industriellen Produktionsprozess mit den entsprechenden Stoff- und Energieflüssen kann Abb. 3.16 entnommen werden. Die Darstellung dient dazu, Ansatzpunkte für eine ressourceneffiziente Produktion zu identifizieren.

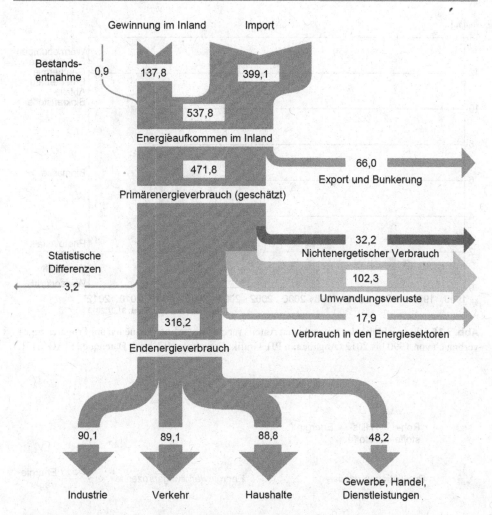

Abweichungen in den Summen sind rundungsbedingt. 1 Mio. t SKE ≙ 29,308 Petajoule (PJ)
Quelle: Arbeitsgemeinschaft Energiebilanzen (AGEB)

Abb. 3.14 Primärenergieträgereinsatz in Deutschland im Jahr 2013 [AGBi14]

Neben Roh- und Hilfsstoffen wird in nahezu jedem Produktionsprozess Energie, meist in Form von Strom und Prozesswärme, benötigt. Bei der Herstellung von Produkten fallen in der Produktion auch Rest- und Abfallstoffe an und es kann ebenfalls Abwärme entstehen. Die für den Produktionsprozess benötigten Energieformen werden mit Energiewandlungsprozessen bereitgestellt, die entsprechende Primärenergieträger einsetzen. Hier ergibt sich der erste mögliche Ansatzpunkt für eine ressourceneffiziente Produktion, mit dem Ziel, möglichst regenerative Energieträger sowie eine effiziente Energiewandlung mit minimalen Verlusten einzusetzen. Die energetische Nutzung von Abwärme und von Reststoffen

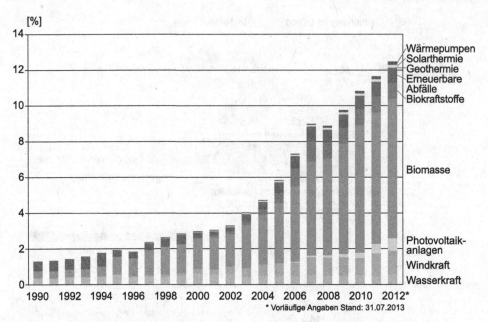

Abb. 3.15 Entwicklung des prozentualen Anteils regenerativer Energiequellen am Primärenergie-verbrauch von 1990 bis 2012 (Angaben in PJ). Grafik: Fraunhofer IFF nach Datenquelle [AGBi13]

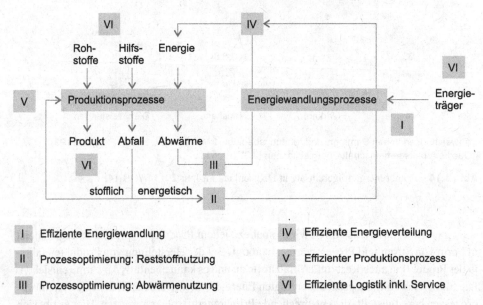

I	Effiziente Energiewandlung	IV	Effiziente Energieverteilung
II	Prozessoptimierung: Reststoffnutzung	V	Effizienter Produktionsprozess
III	Prozessoptimierung: Abwärmenutzung	VI	Effiziente Logistik inkl. Service

Abb. 3.16 Vereinfachte Darstellung des Produktionsprozesses mit Stoff- und Energieflüssen. Grafik: Fraunhofer IFF

aus dem Produktionsprozess ist ein weiterer Ansatzpunkt zur Effizienzerhöhung, ebenso wie eine mögliche Ressourcenschonung durch geschlossene stoffliche Kreisläufe, d. h. eine Produktion möglichst ohne Abfälle.

Einen weiteren Ansatzpunkt stellt die möglichst verlustfreie Energieverteilung dar, die im Rahmen der Nutzung von schwankenden regenerativen Energieressourcen auch die Implementierung von Energiespeicherkapazitäten enthalten kann.

Aufgabe der Produktionsprozessgestaltung ist es, eine möglichst effiziente Produktion zu ermöglichen. Im Rahmen der Ver- und Entsorgung des Produktionsprozesses, der Produktdistribution sowie der Versorgung des Energiewandlungsprozesses mit entsprechenden Primärenergieträgern sind Ansatzpunkte für eine effiziente Gestaltung dieser Logistikprozesse unter der Zielsetzung eines effizienten Gesamtprozesses gegeben.

3.2.2 Energiewandlungsprozesse

Die Grundlage der Bereitstellung von Nutzenergien, meist in Form von Wärme- oder Elektroenergie, sind Wandlungsprozesse mit dem Einsatz von fossilen Primärenergieträgern, wie Erdgas, Kohle oder Erdöl, oder auch zunehmend von regenerativen Energieträgern, wie Sonne, Wind oder Biomasse. Diese Prozesse müssen möglichst effizient ablaufen, um entsprechende Energieverluste zu minimieren. Das Potenzial dazu wird in Abb. 3.14 deutlich, wo sich die Energiewandlungsverluste mit einem Viertel auf den Primärenergieträgerverbrauch in Deutschland mit 13.828 Petajoule beziffern. Die Steigerung von Wirkungsgraden bei Energiewandlungsprozessen bereits im Bereich weniger Prozentpunkte hat somit einen marginalen Effekt auf den Energieträgereinsatz.

Energiewandlungsprozesse unterliegen naturwissenschaftlichen Gesetzmäßigkeiten, die Summe der Energien in einem geschlossenen System ist immer konstant. Entscheidend ist der Wirkungsgrad der Energiewandlung in die geforderte Nutzenergie, meist elektrische Energie. Bei der Energiewandlung treten entsprechende Verluste, meist in Form von Wärmeenergie mit niedrigem Temperaturniveau, auf. Derartige Energieverluste gilt es zu nutzen, z. B. als Heizwärme durch Kraft-Wärme-Kopplungsprozesse aber auch als Prozesswärmeversorgung in Produktionsprozessen. Niedertemperaturabwärme kann auch eingesetzt werden, um der Vorwärmung von Wärmeträgern zu dienen, die Prozesswärme auf einem höheren Temperaturniveau liefern. Die intelligente Kopplung von dezentraler Stromerzeugung und Prozesswärmeversorgung unter Nutzung zwangsläufig anfallender Wärme aus Energiewandlungsprozessen oder produktionsprozessbedingter Abwärme kann effiziente Versorgungssysteme generieren.

3.2.2.1 Übersicht über regenerative Energieformen

Der Einsatz von regenerativen Energieträgern für die Prozessenergiebereitstellung stellt eine weitere Einsparungsmöglichkeit für fossile Primärenergieträger dar, wobei auch hier auf möglichst ressourcenschonenden, d. h. effizienten Einsatz der regenerativen Energieträger, zu achten ist. Dies bedeutet auch bei der Wandlung eines regenerativen Energieträgers in die entsprechende End- oder Nutzenergie die Erzielung eines möglichst hohen Wandlungswirkungsgrades. Tab. 3.2 zeigt dabei die möglichen Formen regenerativer Energieträger sowie die bei Einsatz der derzeitigen Energiewandlungstechnologien erreichbaren Wirkungsgrade auf.

Als regenerative Energiearten stehen die Solarenergie, die Wasser- und die Windkraft, die Geothermie und die Biomasse zur Verfügung. Sowohl die Wasser- als auch die Windkraft wandeln die Strömungsenergie der entsprechenden Medien ausschließlich in Strom um, während die anderen Energiequellen neben der Stromgenerierung auch Wärme bereitstellen können.

Tab. 3.2 Regenerative Energieformen. Quellen: [BMU11], [EPIA11], [DENA11], [Wa06], [BLU10], [BWE11], Fraunhofer IFF

Arten	Solarenergie		Wasserkraft
Energieformen	Wärme	Strom	Strom
Betriebsführung	Mittellast (PV)		Grund-/Spitzenlast
Installierte Leistung zur Stromerzeugung in Dt., 2010 [BMU11]	17.320 MW$_p$* (PV)		4.780 MW
Stromerzeugung/ Wärmebereitstellung in Dt., 2010	5.200 GWh	11.683 GWh	20.630 GWh
Volllaststunden	ca. 800 – 1.000 (PV) h/a		ca. 3.500 – 6.000 h/a
Leistungsbereiche (elektrisch)	einige kW – wenige MW (PV)		kW – mehrere MW
Wirkungsgradbereiche	7 – 12 % (PV)*** [EPIA11]		bis zu 90 % [DENA11]
Vorteile	+ zeitlich unbegrenzte Verfügbarkeit + keine Emissionen		+ zeitlich unbegrenzte Verfügbarkeit + preiswerte Stromerzeugung + keine Emissionen + hohe Wirkungsgrade + einfache und bewährte Technologie + Möglichkeit der Energiespeicherung
Nachteile	– zeitlich und räumlich schwankend – entsprechend geografischer Bedingungen begrenzt – geringe Energiedichte – hohe Kosten – hoher Energieverbrauch bei Herstellung (PV) – niedrige Wirkungsgrade (PV)		– Beeinträchtigung Landschaftsbild und natürliche Lebensbedingungen – entsprechend geografischer Bedingungen begrenzt – relativ hohe Investitionskosten – Störung des Wasserhaushalts in der Umgebung

* MW$_p$ (Megawatt Peak)
**für Offshore-Anlagen [BWE11]
***derzeit maximal kommerziell erreicht mit Dünnschichttechnologie

Die Nutzung der Solarenergie zur Stromproduktion wird als Photovoltaik (PV) bezeichnet. Aus Solarzellen bestehende PV-Systeme generieren bei Lichteinfall ein elektrisches Feld und Strahlungsenergie wird in elektrische Energie umgewandelt. Im Bereich der Dünnschichttechnologie wurden im kommerziellen Bereich bisher Wirkungsgrade von 7,1 Prozent bis maximal 12,1 Prozent, je nach Material, erzielt [EPIA11]. Die Solarthermie wird dagegen in Deutschland überwiegend zur Wärmebereitstellung genutzt. Das Sonnenlicht wird mithilfe von Kollektoren und Absorbern in Wärme umgewandelt. Eine Kopplung von Strom- und Wärmebereitstellung ist allerdings möglich, in dem ein durch die Solarenergie direkt oder indirekt verdampftes Arbeitsmittel eine Turbine antreibt.

Windkraft	Geothermie		Biomasse	
Strom	Wärme	Strom	Wärme	Strom
Mittellast	Grundlast		Grundlast	
27.204 MW	7,5 MW		4.960 MW	
37.793 GWh	5.585 GWh	27,7 GWh	113.446 GWh	28.681 GWh
1.400 – 5000** h/a	ca. 6.500 – 8.000 h/a		ca. 7.000 – 8.000 h/a	
einige kW – mehrere MW	einige Hundert kW – mehrere MW		wenige kW – mehrere MW	
ca. 30 % [Wa06]	bei 80 – 160 °C ca. 8 – 13 % [BLU10]		je nach Umwandlungsverfahren ca. 15 – 35 %	
+ zeitlich unbegrenzte Verfügbarkeit + keine Emissionen	+ zeit- und witterungsunabhängig		+ dezentral + regenerativ + gilt als CO_2-neutral + speicherbar + in der Regel geringerer Aschegehalt im Vergleich mit Kohle	
− zeitlich und räumlich schwankend − entsprechend geographischer Bedingungen begrenzt − Beeinträchtigung Landschaftsbild − Geräuschentwicklung − geringe Energiedichte	− hohe Investitionskosten − entsprechend geologischer Bedingungen begrenzt − hoher Energieeigenbedarf bei Anlagen zur Nutzung tiefer Geothermie		− dezentraler Anfall − inhomogener Brennstoff (abhängig von diversen Faktoren) − ggf. hoher Wassergehalt − geringe Energiedichte − schwieriger Brennstoff (hoher Gehalt problematischer Elemente wie Cl, K, Na, N)	

Abb. 3.17 Schwimmendes
Flussstromkraftwerk
„VECTOR1" auf der Elbe. Foto:
Fraunhofer IFF/Dirk Mahler

Die Wasserkraft zeichnet sich vor allem durch die hohe Verfügbarkeit und eine einfache und bewährte Technologie aus, die eine preiswerte, emissionsfreie Möglichkeit der Stromerzeugung mit Wirkungsgraden bis zu 90 Prozent bietet [DENA11]. In Form von Pumpspeicherkraftwerken ist diese regenerative Energieart in der Lage, Energie zu speichern und somit bei Bedarf zuverlässig Spitzenlasten abzudecken. Flusskraftwerke (s. a. Abb. 3.17) können dagegen sehr gleichmäßig Strom produzieren und werden deshalb vor allem als Grundlastkraftwerke eingesetzt. Allerdings ist die Nutzung der Wasserkraft durch geografische Bedingungen stark begrenzt, ein Eingriff in den Naturraum und die Beeinträchtigung des Landschaftsbildes sind unumgänglich.

Im Gegensatz zur Wasserkraft ist die Windkraftnutzung stark von der Witterung abhängig. Dies spiegelt sich auch in den geringeren Volllaststunden der Windkraft gegenüber der Wasserkraft wieder (vgl. Tab. 3.2). Die Windkraft wird derzeit zur Deckung der Mittellast verwendet, in der Praxis wird ein Gesamtwirkungsgrad bis zu ca. 30 Prozent erreicht [Wa06].

Eine weitere regenerative Energieart zur Deckung der Grundlast stellt die Geothermie dar. Je nach Tiefe wird hierbei unterschieden zwischen oberflächennahen, hydrothermalen und petrothermalen (Hot Dry Rock) Systemen und tiefen Erdwärmesonden. Die Möglichkeit der Nutzung dieser Energieart ist stark durch geologische Bedingungen begrenzt. In Deutschland herrschen z. B. in ca. 1.000 bis 5.000 Meter Tiefe Warmwasservorkommen mit Temperaturen zwischen 40 und 190 °C. Da sehr hohe Investitionskosten zur Nutzung dieser Erdwärme anfallen, ist die Wirtschaftlichkeit dieser Anlagen auf diesem geringen Temperaturniveau, zumindest für die Stromerzeugung, oft mangelhaft. Der Wirkungsgrad eines geothermischen Kraftwerks ist temperaturabhängig und liegt bei ca. 8 bis 13 Prozent bei Temperaturen zwischen 80 und 160 °C [BLU10].

Wie in Abb. 3.15 erkennbar, stellt die Biomasse den größten prozentualen Anteil der regenerativen Energiequellen am Primärenergieverbrauch in Deutschland (2009) dar. Außerdem verzeichnet dieser Anteil seit 1990 den stärksten Zuwachs. Die Biomassenutzung hat auch weiterhin das größte Wachstumspotenzial, da es eine Vielzahl von biogenen Einsatzstoffen, Konversionsverfahren und Nutzungsmöglichkeiten gibt. Vor allem der Beitrag zur Wärmebereitstellung aus Biomasse in Deutschland im Jahr 2010 ist mit 113.446 GWh dominierend im Gegensatz zu den anderen regenerativen Energiequellen [BMU11]. Im kleinen Leistungsbereich ermöglicht der Einsatz von Biomasse eine dezentrale Versorgung mit Strom und Wärme. Je nach Umwandlungsverfahren können Wirkungsgrade von ca. 15 bis 35 Prozent erzielt werden. Da hohe Volllaststunden mit dieser Energieart erzielt werden können, dient sie auch überwiegend zur Abdeckung der elektrischen Grundlast. Nachfolgend wird aufgrund des hohen Einsatzpotenzials für Produktionsprozesse die Energiewandlung aus regenerativen Festbrennstoffen, wie Biomassen, landwirtschaftlichen Reststoffen oder anderen Abfällen, noch näher betrachtet.

3.2.2.2 Nutzung regenerativer Energieträger in Produktionsprozessen

Der Einsatz von regenerativen Energieträgern sowie entsprechenden Wandlungsverfahren zur Versorgung von Produktionsprozessen mit Nutzenergie ist generell von der erforderlichen Endenergieform abhängig. Für die Bereitstellung von elektrischer Energie sind generell alle genannten regenerativen Energieformen einsetzbar. Für eine entsprechende Anwendbarkeit spielen jedoch die Standortfaktoren die entscheidende Rolle. Die Nutzung von Wasserkraft war, historisch gesehen, z. B. ein entscheidender Standortfaktor für die Ansiedelung von Getreidemühlen oder Hammerwerken an strömenden Gewässern mit entsprechender Kapazität und möglichen Anstau- bzw. Fallhöhen. Bei der Nutzung von Windkraft, ebenfalls für Getreidemühlen, war der Standortfaktor Anhöhe oder freies Umfeld der wichtigste Standortfaktor für den Produktionsprozess. Bei der Nutzung regenerativer Energieressourcen nimmt die Bedeutung derartiger Kriterien, neben den heute wichtigen Faktoren wie Verkehrsanbindung oder Arbeitskräftepotenzial, wieder zu.

Beispiele für derartige Kopplungen mit Standortfaktoren zur Nutzung regenerativer Energieressourcen sind heute oft in der Holzindustrie zu finden, wo eine effiziente Holztrocknung und -bearbeitung nur durch thermische Nutzung der Holzreststoffe, wie Rinde, Sägereste und Hackschnitzel, in Kraft-Wärme-Kopplungsprozessen gelingt. Neben der Stromerzeugung wird die prozessbedingte Abwärme zur Beheizung von Holztrockenkammern eingesetzt, die vor einiger Zeit z. T. noch mit erdgas- oder ölgefeuerten Heißwasser- oder Dampfkesseln realisiert wurde.

Im Bereich der landwirtschaftlichen Produktion werden Biogasanlagen mit dem Ziel der Stromerzeugung zur Netzeinspeisung betrieben. Durch die Vergütung der eingespeisten Elektroenergiemengen nach dem Gesetz zum Ausbau erneuerbarer Energien (EEG) werden derzeitig gezielt Pflanzen angebaut, die einen hohen Biogasertrag erbringen (z. B. Mais), weiter aber kaum genutzt werden. In der Zukunft ist zu erwarten, dass mittels neuer Aufschlussverfahren ein breites Biomassespektrum genutzt werden kann, so z. B. landwirtschaftliche Abfälle aus der Nahrungsgüterproduktion. Die bei der Stromerzeugung prozessbedingt entstehende Abwärme kann dann auch für Trocknungsprozesse in der Nahrungsgüterindustrie genutzt werden. Es könnten auch anfallende Gärreststoffe aus der Biogasproduktion getrocknet werden, die dann als Energieträger für andere thermische Verfahren zur Verfügung stehen. Derzeitig sind nur die genannten beiden Bereiche Holzindustrie und Biogasanlagenbetrieb mit entsprechender Anlagenanzahl untersetzt, die

Durchsetzung derartiger Technologien zur kalorischen Nutzung von anderen Produktionsreststoffen scheint jedoch in Zukunft gegeben, wenn dabei die Einhaltung der gesetzlichen
Randbedingungen gewährleistet ist. Dies betrifft insbesondere die Nutzung von Rest- und
Abfallstoffen auf der Basis thermischer Energiewandlungsverfahren zur reinen Wärmeerzeugung und in Kraft-Wärme-Kopplungsprozessen zur Bereitstellung von Strom und
Wärme. Der Charakter der Reststoffe muss ein entsprechendes kalorisches Potenzial aufweisen, d. h. einen ausreichenden Gehalt an brennbaren Substanzen, z. B. durch Vorhandensein von Kohlenstoff oder Kohlenwasserstoffverbindungen, besitzen. Grundsätzlich
sollte jedoch die stoffliche Nutzung von Reststoffen im Vordergrund stehen, um geschlossene Stoffkreisläufe für die Produktion zu ermöglichen. Da jedoch die Reststoffe meist
nicht mehr stofflich nutzbar sind, stellen diese eine wiederkehrende Ressource dar, auch
wenn sie nicht unbedingt regenerativen Ursprungs ist.

Neben diesen Ressourcen ist der Einsatz anderer regenerativer Energieformen möglich,
wie z. B. die Nutzung von Solarenergie oder Geothermie zur Wärmeversorgung oder
Dampferzeugung sowie aller in Frage kommenden, regenerativen Energieformen zur
Stromerzeugung. Diese Nutzungsformen sind jedoch nicht nur spezifisch auf Produktionsprozesse ausgerichtet, sondern dienen der Substitution von fossilen Energieträgerressour-
cen auch in allen Bereichen des Endenergieeinsatzes. Unter Beachtung des möglichen
Einsatzes von Biomasse sowie Rest- und Abfallstoffen in Produktionsprozessen soll nach-
stehend insbesondere auf den Einsatz von Kraft-Wärme-Kopplungs-Technologien eingegangen werden.

3.2.2.3 Kraft-Wärme-Kopplung mit regenerativer Energie

Die Kraft-Wärme-Kopplung (KWK) dient der Umwandlung von thermischer Energie aus
heißen Rauchgasen, z. B. resultierend aus der chemischen Energiewandlung von regenerativen Festbrennstoffen, in elektrische Energie, meist über die Zwischenwandlungsstufe
mechanischer Energie zum Antrieb eines Generators, zur gleichzeitigen Bereitstellung von
Strom und Wärme. Die Wärme kann sowohl zu Heizzwecken als auch als Prozesswärme
genutzt werden. Damit kann die prozessbedingt anfallende Abwärme bei der Stromerzeugung genutzt werden. Die Folge ist ein hoher Ausnutzungsgrad des eingesetzten Energieträgers. Unter umwelttechnischen Gesichtspunkten ist dabei der Einsatz von regenerativen
Energieträgern besonders effizient.

Der Wandlungswirkungsgrad liegt bei großen Kondensationskraftwerken mit Dampf-
turbinenprozess zwischen ca. 33 Prozent für ältere Anlagen und oberhalb 50 Prozent für
modernste, gasgefeuerte Kombikraftwerke mit zusätzlichem Gasturbinenprozess. Aufgrund der meist nicht genutzten Abwärme sind die Wirkungsgrade jedoch begrenzt und
beziehen sich nur auf die Stromerzeugung. Für KWK-Anlagen sind Gesamtwirkungsgrade
von 80 Prozent und mehr bei entsprechend anteiliger Wärmenutzung ohne weiteres zu erreichen. Da diese Anlagen jedoch auf die entsprechende Wärmenutzung ausgelegt werden,
sind diese dezentral angeordnet und in der Leistungsgröße begrenzt. Die Wirkungsgrade
bei der Stromerzeugung sind daher im Vergleich zu Großkraftwerken kleiner, da im dezentralen Leistungsbereich zusätzliche Investitionskostenanteile zur Wirkungsgradsteigerung

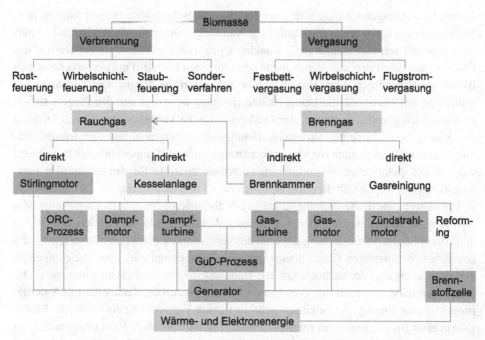

Abb. 3.18 Übersicht über Kraft-Wärme-Kopplungs-Prozesse auf der Grundlage der thermischen Verwertung regenerativer Festbrennstoffe (z. B. Biomasse). Grafik: Fraunhofer IFF

nicht immer wirtschaftlich darstellbar sind. Die elektrischen Wirkungsgrade im dezentralen Leistungsbereich bewegen sich ab ca. 15 Prozent für Kleindampfturbinenprozesse bis derzeitig ca. 35 Prozent für aufwendigere Energiewandlungsverfahren. Dieser Wirkungsgradnachteil kann jedoch durch den hohen Anteil an der Wärmenutzung wettgemacht werden. Wird jedoch die Wärme für Heizzwecke oder eine diskontinuierliche Prozesswärmeversorgung eingesetzt, hat der Wirkungsgrad der Stromerzeugung einen größeren Einfluss auf die Gesamteffizienz der KWK-Anlage. Dieser Wirkungsgrad wird im Wesentlichen durch die Technologie beeinflusst, die zur Energiewandlung im KWK-Prozess eingesetzt wird. Mögliche Technologiepfade können der Darstellung in Abb. 3.18 entnommen werden.

Die Biogasherstellung durch die Fermentationsprozesse wird in der Darstellung nicht beachtet, da diese auf den Bereich der landwirtschaftlichen Produktion abgegrenzt sind. Die im Rahmen der industriellen Produktion ggf. anfallenden Festbrennstoffe können mittels Verbrennungs- oder Vergasungstechnologien thermisch verwertet werden. Das bei der Verbrennung, d. h. der vollständigen Oxidation des Einsatzstoffes im überstöchiometrischen Bereich, entstehende heiße Rauchgas gibt seine Wärmeenergie in einer Kesselanlage an ein Wärmeträgermedium ab, das erhitzt (z. B. Heißwasser oder Thermoöl) oder verdampft (Wasserdampf) wird. Mittels Dampfkraftprozess (Clausius-Rankine-Kreisprozess) kann über eine Turbine mechanische Energie auf die Generatorwelle zur Stromerzeugung übertragen werden. Statt einer Strömungsmaschine können auch Kolben- bzw. Verdrängermaschinen mit Wasserdampf zur Wandlung thermischer in mechanische Energie eingesetzt werden. Der Organic Rankine Cycle (ORC)-Prozess ist ein Derivat des Clausius-Rankine-Prozesses, der in einem geschlossenen Kreislauf mit einem organischen Arbeitsmittel betrieben wird. Vorteil ist hier zum einen die Möglichkeit der indirekten Beheizung mit Thermoöl, das keiner Phasenwandlung unterliegt und den Prozess sicherheitstechnisch günstiger gestaltet. Zum anderen kann die Verdampfung, je nach Auswahl des Arbeitsmittels, auch bei niedrigeren Beheizungstemperaturen realisiert werden. Dadurch kann der Prozess auch zur Abwärmenutzung in unteren Temperaturbereichen genutzt werden. Die elektrischen Wirkungsgrade derartiger Prozesse für den dezentralen Leistungsbereich bewegen sich derzeitig zwischen ca. 15 und 22 Prozent.

Um höhere elektrische Wirkungsgrade zu gewährleisten, können z. B. Gasmotoren oder -turbinen eingesetzt werden, deren Wandlungswirkungsgrade im Bereich von 30 bis 40 Prozent liegen. Voraussetzung dafür ist die Verfügbarkeit eines brennbaren Gases, das den Einsatzbedingungen (max. Staub- und Schadgasbestandteile, max. Aerosolgehalt, Temperaturvorgabe) der nachgeschalteten Wandlungstechnologie entsprechen muss. Daher ist meist eine entsprechende Brenngasreinigung erforderlich. Relativ geringe Anforderungen an eine Brenngasaufbereitung stellt die direkte Verbrennung der erzeugten Brenngase in einer Brennkammer zur reinen Wärmeerzeugung oder als KWK-Lösung mit einem Stirling-Prozess. Hier ist meist nur eine Heißgasfiltration zur Staubabscheidung notwendig. Das Brenngas kann ungekühlt eingesetzt werden, Rußbildung und Kohlenwasserstoffkondensation wird damit unterdrückt. Mit einer Brenngaserzeugung mit nachfolgender Gasverbrennung können höhere Temperaturen gegenüber einem Feststoffverbrennungsverfahren erreicht werden, jedoch ist der Aufwand dafür ungleich höher. Bei den Vergasungsverfahren wird nur eine Teiloxidation des Festbrennstoffs durch unterstöchiometrische Bedingungen (im Gegensatz zur Verbrennung) realisiert. Dadurch entstehen brennbare Gaskomponenten wie Kohlenmonoxid und durch teilweise exotherme Reaktionen werden im Festbrennstoff gebundene flüchtige Bestandteile ausgetrieben. Das dadurch entstehende Brenngas kann dann weiter aufbereitet und in nachgeschalteten Energiewandlungsprozessen genutzt werden. Durch die Teiloxidation bei Vergasungsprozessen sind die erreichbaren Brenngasheizwerte relativ gering, wenn als Vergasungsmittel Luft eingesetzt wird. Der Brenngasheizwert kann dadurch gesteigert werden, dass als Vergasungsmittel Sauerstoff oder Wasserdampf eingesetzt wird oder reine Pyrolyseverfahren zur Anwendung kommen. Bei der Pyrolyse werden die flüchtigen Brennstoffbestandteile durch Wärmeenergiezufuhr ohne Sauerstoffzufuhr zum Brennstoff ausgetrieben. Derartige Verfahrenskombinationen sind jedoch relativ aufwendig und aufgrund der wirtschaftlichen Randbedingungen für den dezentralen Leistungsbereich oft ungeeignet, meist befinden sich derartige Verfahren auch noch im Entwicklungsstadium.

Das Brenngas, erzeugt auf der Basis des thermochemischen Wandlungsprozesses, ist einer hinsichtlich der Anforderungen relativ aufwendigen Gasreinigung zuzuführen, um eine Nutzung in nachgeschalteten Energiewandlungsanlagen, wie Gasmotor oder -turbine, zu ermöglichen. Dabei ist der Einfluss der Gasreinigung auf den Gesamtwirkungsgrad der

Abb. 3.19 Versuchsanlage zur hocheffizienten KWK am Fraunhofer IFF Magdeburg. Foto: Fraunhofer IFF/Dirk Mahler

Anlage zu beachten. Neben der reinen gasmotorischen Nutzung kann auch ein Brenngaseinsatz in Zündstrahl-Gasmotoren erfolgen, um niedrige Brenngasheizwerte und ggf. Schwankungen in der Gaszusammensetzung auszugleichen. Höchste Wirkungsgrade bei der Energiewandlung verspricht der Einsatz einer Brennstoffzelle zur Stromerzeugung unter Nutzung von Brenngas aus regenerativen Festbrennstoffen. Derartige Anlagen befinden sich jedoch noch im Entwicklungsstadium, s. a. Abb. 3.19. Für diese Zwecke vielversprechend erscheint der Einsatz von Festoxidbrennstoffzellen (SOFC), die Anteile von Kohlenwasserstoffen und Kohlenmonoxid neben Wasserstoff im Brenngas erlauben.

Die voranstehend beschriebenen Energiewandlungsprozesse erlauben einen vielfältigen Einsatz zur Realisierung von KWK-Lösungen im Rahmen von Produktionsprozessen. Anhand der Anforderungen aus der Sicht der bereitzustellenden Endenergie, wie Strom, Prozess- oder Heizwärme, sowie unter Beachtung des einzusetzenden Festbrennstoffs, wie Biomasse, Reststoff oder Abfall, ist eine geeignete Realisierungslösung auszuwählen.

Um derartige Prozesstechnologien gezielt auswählen und auslegen zu können, werden rechnergestützte Simulationsmethoden eingesetzt. Diese Ergebnisse aus der Phase der Prozessauswahl und Anlagenauslegung können auch im Rahmen der Anlageninbetriebnahme, des Anlagenregelbetriebs oder für Anlagenänderungen, d. h. im gesamten Lebenszyklus, eingesetzt werden, wenn Methoden des Digital Engineering zur Anwendung gebracht werden.

3.2.2.4 Digitale Methoden und Werkzeuge im Anlagenlebenszyklus

Durch Verwendung digitaler Methoden und Werkzeuge sollen nach der VDI-Richtlinie 4499-1 betriebswirtschaftliche, organisatorische und technische Ziele erreicht werden. Vorteile im Bereich der Wirtschaftlichkeit bei der Anwendung digitaler Methoden und Werkzeuge liegen vor allem in der Prozessbeherrschung und in der Zeit- und Kostenverbesserung besonders in der Phase der Anlagenentwicklung. So ist es möglich, die Entwicklungsprozesse basierend auf digitalen Modellen optimal zu parallelisieren und die Zusammenarbeit der einzelnen Gewerke und die Einbindung von Lieferanten zu verbessern. Im Ergebnis sollen durch die Anwendung digitaler Methoden und Modelle redundanzfreie, aktuelle und richtige Daten und Informationen zur Verfügung gestellt werden, die zur Beschleunigung von Abläufen führen und die Qualität von Produkten und Prozessen verbessern. Der Aufwand zur Suche, Beschaffung und Übermittlung von Daten und Informationen wird infolge der strukturierten Ablage erheblich reduziert. Ziel ist es, die Nutzenpotenziale, die durch den Einsatz digitaler Methoden und Werkzeuge in der Anlagenentwicklung erreicht werden können, auch in der Betriebsphase mithilfe dieser Methoden und Werkzeuge zu erschließen.

Ein Beispiel für eine konkrete Technologie des digitalen Engineering ist das Produktdatenmanagement, um digitale Modelle der Anlagentechnik in Form von computergestützten Berechnungs- und Simulationsmodellen zur Modellierung verfahrenstechnischer Prozesse und Technologien der virtuellen Realität für ganzheitliche Untersuchungen aufzubauen, die im Folgenden näher vorgestellt werden.

Produktdatenmanagement

Die Begriffe EDM (Engineering Data Management) und PDM (Product Data Management) werden oftmals synonym verwendet. EDM beinhaltet die ganzheitliche, strukturierte und konsistente Verwaltung aller Abläufe und Daten, die bei der Entwicklung von neuen oder bei der Änderung vorhandener Produkte anfallen. PDM hat zum Ziel, produktdefinierende, -repräsentierende und -präsentierende Daten sowie Dokumente als Ergebnis der Produktentwicklung zu speichern und zu verwalten. EDM-/PDM-Systeme haben folgende Ziele:

- Inhalte, Abhängigkeiten und Strukturen der produktbeschreibenden Daten zu übernehmen bzw. zu erzeugen und transparent zu machen,
- das Auffinden, Weitergeben und Verwalten dieser Daten effektiv durchzuführen,
- optimierte Abläufe abzubilden und zu unterstützen sowie
- eine Integration bzw. Kopplung an benachbarte IT-Systeme, wie Produktionsplanung und -steuerung, Büroautomatisierung und Projektmanagementsysteme, zu ermöglichen.

Um diese Ziele zu erreichen, haben EDM-/PDM-Systeme nach der VDI-Richtlinie 2219 folgende grundsätzliche Funktionalitäten:

Produktdaten- und Dokumentenmanagement

Hier erfolgt die allgemeine Verwaltung von Produktdaten und der dazugehörigen Dokumente, wie beispielsweise CAD-Modelle oder Zeichnungen, inkl. der Kopplung zu den jeweiligen Erzeugersystemen. Dies beinhaltet eine Versions- bzw. Statusverwaltung und die Verwaltung von Ordnern. Weiterhin werden zu diesen Objekten Metadaten verwaltet.

Produktstruktur- und Konfigurationsmanagement
Produktstrukturen können erstellt und verwaltet werden. Ebenso ist es möglich, Stücklisten zu generieren. Darüber hinaus können zeitliche Veränderungen von Produktstrukturen in Form von Konfigurationen und Versionen sowie Produktvarianten verwaltet werden.

Klassifizierung und Teilefamilienmanagement
Teile können beispielsweise über Sachmerkmalslisten identifiziert werden. Effiziente Mechanismen zum Suchen und Wiederfinden von Teilen bzw. Produktinformationen werden bereitgestellt.

Prozess- und Workflowmanagement
Abläufe wie Freigabe- und Änderungsprozesse werden abgebildet. Es ist somit möglich, Statusinformationen über Arbeitsfortschritte bereitzustellen.

Benutzermanagement
Organisationsstrukturen werden abgebildet bzw. Benutzer oder Benutzergruppen können verwaltet werden. Es können damit Zugriffsrechte auf die Datenbestände festgelegt werden.

Projektdatenmanagement
Aktivitäten, Abhängigkeiten und Zeitpläne sowie Projektmanagementinformationen wie Meilensteine können verwaltet werden.

Neben diesen Hauptfunktionen können EDM-/PDM-Systeme weitere Funktionalitäten wie E-Mail-Anbindung, Vorschau-, Annotations- oder Markierungsfunktionalitäten in Dokumenten oder Datensicherungs-/Archivierungsfunktionen unterstützen. Mithilfe von Administrationswerkzeugen kann das EDM-/PDM-System an die Unternehmensstruktur angepasst werden.

EDM-/PDM-Systeme haben eine Client-Server-Architektur. Die Basis dieser Systeme bildet in der Regel ein Datenbanksystem. Über eine grafische Benutzeroberfläche können die Anwender auf die Funktionalitäten zugreifen, um so z. B. Daten manipulieren zu können. Die Funktionalitäten gewährleisten auch, dass nur ein Anwender gleichzeitig schreibenden Zugriff auf die gleichen Daten hat. Mithilfe der Administrationswerkzeuge kann das EDM-/PDM-System entsprechend angepasst werden. EDM-/PDM-Systeme bieten nach außen diverse Schnittstellen an, um Daten mit anderen Systemen austauschen zu können. Eine grobe Systemarchitektur ist in Abb. 3.20 dargestellt.

Derzeitige EDM-/PDM-Systeme können nur die Produktentwicklungsprozesse abbilden. Die Unterstützung von nachgelagerten Produktlebenszyklusphasen und somit auch die der Instandhaltung fehlen. Die zugrunde liegenden Konzepte und Funktionalitäten werden jedoch auch in der Instandhaltung benötigt, sodass eine Erweiterung von EDM-/PDM-Systemen auf Betriebsprozesse sinnvoll ist.

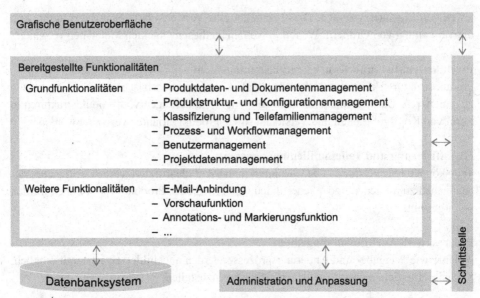

Abb. 3.20   Architektur von EDM-/PDM-Systemen in Anlehnung an [VDI2219][1]

Computergestützte Berechnungs- und Simulationsmodelle

Eine Simulation ist die Abbildung eines realen Systems mithilfe eines Simulationsmodells. Es wird dabei auf die für den Simulationsinhalt wesentlichen Merkmale reduziert.

Für den Anwender ist eine Simulation in der Regel eine Blackbox. Es werden Daten im Vorfeld aufgearbeitet (Pre-Processing), damit sie als Input in die Blackbox eingehen können. Der Simulationsvorgang (Solving) wird durch spezielle Parameter innerhalb der Blackbox gesteuert. Die Daten des Output können dann, wie in Abb. 3.21 dargestellt, weiter verarbeitet werden (Post-Processing), z. B. in Form einer Visualisierung der Simulationsergebnisse.

Im Bereich der Verfahrenstechnik werden unterschiedliche Simulationsmethoden eingesetzt, so z. B. die Strömungs- oder die Stoffstromsimulation.

Eine mögliche Strömungssimulationsmethode ist die CFD-Simulation (Computational Fluid Dynamics). Dabei wird das Strömungsverhalten von fluiden Medien (Gase, Flüssigkeiten) simuliert. Dazu wird ein Volumenmodell diskretisiert, um über die Zeit die Be-

---

[1] Wiedergegeben mit Erlaubnis des Verein Deutscher Ingenieure e.V.

Abb. 3.21   Simulation
als Blackbox.
Grafik: Fraunhofer IFF

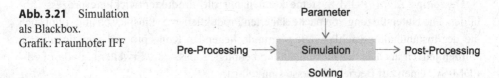

Abb. 3.22 Beispiel für ein
Mesh. Bild: Fraunhofer IFF

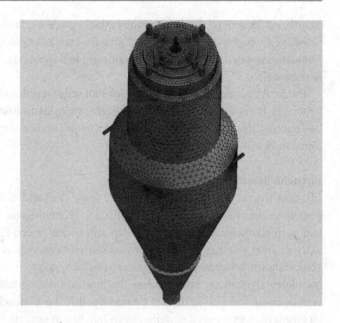

wegungsvektoren der Einzelpunkte (finite Elemente) bestimmen zu können. Die Durchführung der Berechnungen erfolgt dabei durch approximatives Lösen von numerischen Gleichungssystemen, meist mithilfe der „Finite Elemente Methode" (FEM).

Bevor die Simulation durchgeführt werden kann, wird das Pre-Processing durchgeführt. Das Volumenmodell des Ausgangskörpers muss dafür invertiert werden, um den „hohlen Innenraum" abzubilden. Dieser dabei entstehende Strömungsraum wird anschließend in Einzelelemente unterteilt, die durch ein Netz miteinander verbunden sind. Dieser Vorgang wird „Meshen" genannt. In Abb. 3.22 ist ein Beispiel für ein Mesh dargestellt.

Je feiner die Maschen des aufgespannten Netzes sind, umso mehr finite Elemente existieren und desto genauer ist die Berechnung, jedoch auf Kosten der Rechenzeit. Das Maß der „Feinkörnigkeit" und die Beschaffenheit des Gitters werden durch die Granularität und die Netzform festgelegt. Beide Größen sind entscheidende Parameter für das Meshen, da sie sich maßgeblich auf die Ergebnisse (z. B. Genauigkeit) der Simulation auswirken.

Die Simulation selbst benötigt ebenfalls das System beschreibende Parameter. Solche Parameter können z. B. die Betriebstemperatur, Strömungsgeschwindigkeit und Strömungsrichtung oder andere physikalische Eigenschaften sein. Diese steuern den Simulationsablauf.

Mithilfe der Stoffstromsimulation wird das chemische bzw. reaktionskinetische Verhalten von Stoffen unter bestimmten äußeren Umständen ermittelt. Es werden Stoffstrompläne erzeugt, die Zustandsgrößen, Umgebungsgrößen und Simulationsmethoden, z. B. die Verbrennung als spezielle Berechnungsmethode, beinhalten. Sie ähneln elektrischen Schaltplänen und beschreiben den genauen Simulationsverlauf. Die Umsetzung kann beispielsweise mit MATLAB®/Simulink® als MATLAB-Programm erfolgen. Diese Art der

Simulation kann auch mit Programmiersprachen wie Borland Delphi als ausführbare Anwendung erzeugt werden. In diesem Fall wird kein Schaltablaufplan erzeugt, sondern das Simulationsmodell mit sämtlichen Parametern und Input-Modellen direkt als Anwendung implementiert.

Da der Anwender in diesem speziellen Fall selbst das Simulationsmodell und die dazugehörigen Berechnungsvorschriften aufstellt, stellt die Stoffstromsimulation eine Whitebox dar. Der Inhalt (Umgebungsvariablen) und der Verlauf (Berechnungsgleichungen) der Simulation sind transparent.

Virtuelle Realität

Mit dem Begriff der „Virtuellen Realität" (engl. Virtual Reality, kurz: VR) wird im Allgemeinen eine Kombination von Methoden, Technologien, Unterstützungswerkzeugen und auch Hardwaresystemen verstanden, mit denen es den Benutzern möglich ist, interaktiv in einer von einem Computer generierten Welt, d. h. einer virtuellen Welt, mit zu vermittelnden Inhalten zu interagieren. Deshalb stehen in der VR neben den Inhalten und deren Darstellung insbesondere die Interaktionsmöglichkeiten im Mittelpunkt. Um bei den Benutzern ein Gefühl der Immersion, d. h. das Eintauchen in eine künstliche Welt, zu erzeugen, werden zur Darstellung von Inhalten in virtuellen Welten spezielle Ausgabegeräte, d. h. Hardwaresysteme mit spezieller Software, benötigt. Bekannt sind heute vor allem das Head Mounted Display, Großbildleinwände sowie die CAVE-Umgebungen. Um einen räumlichen Eindruck zu erzeugen, werden zwei Bilder aus unterschiedlichen Perspektiven nach dem Prinzip einer Stereoprojektion erzeugt und dargestellt. Für die Interaktion mit virtuellen Welten werden zusätzlich spezielle Eingabegeräte benötigt. Zu nennen sind hier u. a. Spacemouse, Datenhandschuh und Flystick. Teilweise werden aber auch Standardeingabegeräte, wie Tastatur oder Maus, oder sehr spezialisierte Geräte verwendet.

Zur Positionserfassung von Objekten der realen Welt werden Trackingsysteme verwendet. Für die Erzeugung virtueller Welten werden speziell für diesen Zweck entwickelte Softwaresysteme benötigt. Diese Systeme müssen komplexe dreidimensionale Welten in Echtzeit, d. h. mit mindestens 25 Bildern pro Sekunde, in Stereo, getrennt für das linke und das rechte Auge, berechnen können. Für die Modellierung dreidimensionaler virtueller Objekte und Welten kommen verschiedene Autorensysteme zum Einsatz. Ferner existieren unterschiedliche Daten-Standards zur Beschreibung von Inhalten in virtuellen Welten. Hierzu gehört z. B. die Modellierungssprache Extensbile 3D (X3D) als Nachfolger der Virtual Reality Modeling Language (VRML) für die Modellierung ganzer virtueller Szenen oder auch spezieller 3D-Datenformate für die Modellierung von Objekten, wie das Object File-Format (OBJ).

Im Anlagenlebenszyklus können Technologien der virtuellen Realität zu verschiedenen Zielstellungen eingesetzt werden.

Im Engineering entstehen frühzeitig virtuelle Modelle von Gesamtanlagen und Anlagenkomponenten. Mit diesen werden in der Phase des Basic-Engineering gezielt Aufstellungsplanungen von Apparaten geprüft und ggf. optimiert. Ziel ist die frühzeitige Vermeidung notwendiger Änderungen und damit die Einsparung von Folgekosten im Detail-Engineering.

Im Detail-Engineering selbst lassen sich mit virtuellen interaktiven Modellen beispielsweise geplante Rohrleitungen auf Richtigkeit und Qualität hin überprüfen, was wiederum zu möglichen Einsparungen von Folgekosten während der Montageausführung führt. Auch die Prüfung der Übereinstimmung mit geplanten R&I-Schemata (Rohrleitungs- und Instrumentenfließschemata), wartungs- und sicherheitstechnischen Fragestellungen, von der Bedienbarkeit von Armaturen und Apparaten bis hin zur Überprüfung technischer Vorgaben, lassen sich frühzeitig mithilfe virtueller Modelle durchführen. Weitere zu lösende Fragestellungen im Rahmen sogenannter Design Review-Aufgaben im Engineering sind z. B. die Durchführung von Kollisionsprüfungen, die Prüfung auf Arbeitsschutz und Zugänglichkeit oder auch die Prüfung der Anordnung von MSR-Einrichtungen (Mess-, Steuer- und Regelungseinrichtungen). Das Ziel dieser Untersuchungen liegt darin, die Vorteile abgesicherter digitaler Entwürfe von Anlagen zu nutzen, um effizient den Übergang in die „Bau- und Montage"-Phase zu realisieren. Virtuelle Anlagenmodelle können generell im Rahmen des Engineering einen entscheidenden Beitrag leisten, um fach- bzw. Gewerke übergreifende Besprechungen gemeinschaftlich durchzuführen. Der Vorteil ist dabei, dass die Darstellung in der virtuellen Welt überaus anschaulich und intuitiv ist.

Technologien der virtuellen Realität können auch dazu eingesetzt werden, die Ergebnisse durchgeführter Strömungssimulationen intuitiv dazustellen. In den letzten Jahren sind durch die Leistungssteigerungen der Rechner und die Fortschritte auf dem Gebiet der numerischen Verfahren 3D-Strömungssimulationen möglich geworden. Die hierbei produzierten komplexen Datenmengen können heute nicht mehr effizient untersucht und bewertet werden, da mit den bisher im verfahrenstechnischen Anlagenbau eingesetzten Simulations- und Konstruktionssystemen die verfahrenstechnischen Prozesse nicht oder nur minimal interaktiv präsentiert werden können. Stand der Technik ist dabei, wie in Abb. 3.23 dargestellt, die Präsentation der Simulationsergebnisse auf Basis von 2D-Schnitten, sodass eine gezielte Interpretation der Simulationsergebnisse nur durch Experten und nur in begrenztem Umfang der zweidimensionalen Layer möglich ist.

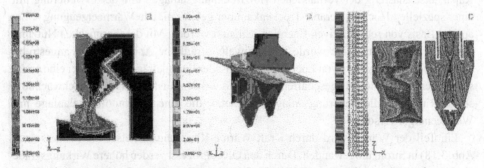

Abb. 3.23 Präsentation von Simulationsergebnissen auf Basis von 2D-Schnitten: Temperaturverteilung (a), Druckverteilung (b) und Absolut-Geschwindigkeiten (c). Bild: Fraunhofer IFF

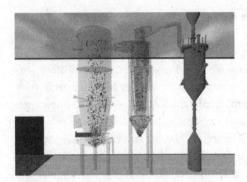

Abb. 3.24 Zusammenführung unterschiedlicher Produktdaten zu interaktiven VR-Szenarien.
Bild: Fraunhofer IFF

Interaktive Werkzeuge, die zusammen mit der Simulation und unter Ausnutzung aller Möglichkeiten der 3D-Darstellung, wie Geometrie, Beleuchtung oder Texturen, neue Darstellungsmethoden für verfahrenstechnische Prozessparameter und Strömungen sowie deren effiziente Aufbereitung zu interaktiven VR-Szenarien ermöglichen, können dabei helfen, dieses Problem zu lösen. Diese Werkzeuge basieren auf der Idee, vorhandene verschiedenartige Produktdaten zu nutzen und zusammenzuführen, um beispielsweise auf Basis interaktiver Visualisierungen neues „Wissen" ableiten zu können. Verfahrenstechnische Prozessparameter einzelner Apparate inkl. des Strömungsverhaltens sollen dabei räumlich und flexibel dargestellt werden. Hierbei steht vor allem die gleichzeitige Visualisierung der geometrischen, konstruktiven, prozesstechnischen und parametrischen Daten im Ziel der Entwicklungen. Beispiele für solche Visualisierungsmethoden sind in Abb. 3.24 dargestellt.

3.2.2.5 Realisierungsbeispiel: Wärme und Strom aus regenerativen Quellen für die Holzindustrie

Der Wärmebedarf eines holzverarbeitenden Unternehmens ist aufgrund der erhöhten Kapazitätsauslastung der vorhandenen Holztrocknungsanlagen und der Erweiterung mit einer speziellen Hochtemperatur-Trockenkammer gestiegen. Die Wärmeerzeugung sollte auf der Basis von regenerativen Energien realisiert werden. Mit der thermischen Nutzung von naturbelassenem Holz wurde eine umweltverträgliche Anlagenlösung angestrebt. Durch die Unabhängigkeit von Energiepreisen fossiler Energieträger konnte hier eine preisstabile Versorgungslösung geschaffen werden. Es werden Ausforstungs- und Schwachholz sowie Rinde für die Feuerungsanlage eingesetzt, die eine Thermoölkesselanlage mit Wärmeenergie versorgt.

Ein Teil der Wärme wird durch Kraft-Wärme-Kopplung mittels ORC-Prozess (s. a. Abb. 3.18) in Strom umgewandelt. Durch den ORC-Prozess werden höhere Wirkungsgrade als beim konventionellen Clausius-Rankine-Kreisprozess (Dampfkraftprozess) in dieser Leistungsgröße erreicht und die Betriebskosten der Anlage gesenkt, da kein Frischwasserverbrauch entsteht, keine Chemikalien zur Wasseraufbereitung benötigt werden und keine Abwässer anfallen. Durch die verfahrenstechnische Auslegung und die automatisierungstechnische Ausrüstung der vorliegenden Anlagenvariante sowie durch den drucklosen Betrieb der Kesselanlage ist eine ständige Überwachung durch Personal nicht erforderlich.

Für das Unternehmen wurde ein biomassegefeuertes Heizkraftwerk mit einer Feuerungswärmeleistung von 4,7 Megawatt entwickelt, projektiert und während der Realisierung begleitet. Es ist eine thermische Leistung von 2,8 Megawatt als Prozesswärme auskoppelbar, gleichzeitig wird eine elektrische Leistung von 600 Kilowatt generiert, die ins öffentliche Stromnetz auf der Grundlage des Erneuerbare-Energien-Gesetzes (EEG) eingespeist wird. Die entstehende Abwärme dient maßgeblich zur Prozesswärmeversorgung mit einem hohen Ausnutzungsgrad und wird über ein Nahwärmenetz verteilt. Da das gesamte Brennstoffaufkommen der Anlage aus der Holzgewinnung für die Produktionsanlage sichergestellt wird, entfällt die anderweitige Entsorgung der Holzabfälle durch Straßentransport zu anderen Verwertern. Durch das Kraft-Wärme-Kopplungskonzept wird zum einen die Prozesswärmeversorgung sichergestellt und zum anderen profitiert der Betreiber von den Einnahmen aus dem Elektroenergieverkauf. Die Anlage wurde im Jahr 2005 errichtet und ist seitdem nahezu ununterbrochen im Betrieb (siehe Abb. 3.25).

Mittlerweile wird dieses Anlagenkonzept mehrfach an Produktionsstandorten in der Holzindustrie eingesetzt. Dabei können durch Einsatz einer angepassten Feuerungstechnologie auch andere Brennstoffe eingesetzt werden. Eine mögliche Technologie zur thermischen Verwertung eines breiten Brennstoffbandes wird noch nachfolgend beschrieben. Das genannte Anlagenkonzept findet jedoch auch Anwendung hinsichtlich einer breiten Einsatzmöglichkeit zur Bereitstellung unterschiedlicher Prozessenergien, wie im vereinfachten verfahrenstechnischen Schema in Abb. 3.26 dargestellt ist. Der Vorteil dieses Konzeptes zeigt sich dadurch, dass zum einen Strom und Wärme gleichzeitig generiert werden und zum anderen die Wärmeenergie auf unterschiedlichen Temperaturniveaus mit verschiedenen Wärmeträgern zur Prozessversorgung bereitgestellt werden kann.

Abb. 3.25 Biomassegefeuertes Heizkraftwerk.
Foto: Fraunhofer IFF

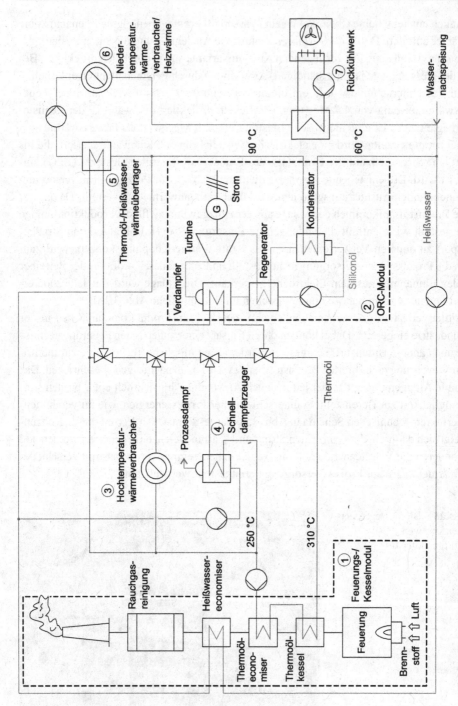

Abb. 3.26 Beispiel für ein vereinfachtes verfahrenstechnisches Schema für eine KWK-Anlage mit Prozesswärmeauskopplung auf unterschiedlichen Temperaturniveaus. Grafik: Fraunhofer IFF

Das Schema in Abb. 3.26 zeigt eine Feuerungs- und Kesselanlage (1), die aus der allgemein dargestellten Feuerung, einem Thermoölkessel und -economiser sowie einem Heißwasser-Economiser, dem eine allgemeine Rauchgasreinigung nachgeschaltet ist, besteht. Eine mit regenerativen Festbrennstoffen befeuerte Anlage erfordert, im Gegensatz zu einer Öl- oder Gasfeuerung, einen möglichst kontinuierlichen Anlagenbetrieb ohne schnelle Lastwechsel, was auf der anderen Seite eine ebenso kontinuierliche Lastabnahme erfordert. Dies ist im Rahmen der Anforderungen von Produktionsprozessen nicht immer gegeben, hier können ständig wechselnde Anforderungen an die Versorgung mit Prozesswärme oder -dampf vorliegen. Wechselnde Wärmeauskopplungslasten können auch mit einer Festbrennstofffeuerung ermöglicht werden, wenn zusätzlich zur Prozesswärmeauskopplung eine auch im unteren Teillastbereich betreibbare KWK-Anlage installiert wird. Dies ist bei vorliegendem Schaltungsentwurf mit einem ORC-Modul (2) realisiert. Die Schaltungsvariante bietet dabei vielfältige Anwendungen zur Wärmeauskopplung. So kann mit dem erhitzten Thermoöl, neben der Versorgung des ORC-Moduls, auch Hochtemperaturprozesswärme (3) bereitgestellt werden oder mittels thermoölbeheiztem Schnelldampferzeuger (4) kann eine Prozessdampfversorgung erfolgen. Durch die Kombination mit einer KWK-Anlage zum Lastausgleich können die Hochtemperaturwärmemengen anforderungsgerecht bereitgestellt werden. Die aus dem KWK-Modul (2) ausgekoppelte Wärmeenergie kann von Wärmeverbrauchern (6) auf einem niedrigeren Niedertemperaturniveau genutzt werden. Ist das KWK-Modul außer Betrieb oder im unteren Teillastbereich, kann über einen Thermoöl-/Heißwasser-Wärmeübertrager (5) die erforderliche Leistung für die Verbraucher (6) zur Verfügung gestellt werden. Dazu ist es ebenfalls möglich, mit einem Heißwassereconomiser weitere Wärmeleistung für den Heißwasserkreis zur Verfügung zu stellen. Wird von den Niedertemperaturwärmeverbrauchern (6) nur eine geringe Wärmeleistung abgefordert, muss die bei Regellast des KWK-Moduls (2) anfallende Abwärme mittels Rückkühlwerk aus dem Heißwasserkreis ausgekoppelt werden.

Mit dem Schema wird gezeigt, dass eine intelligente Verschaltung der Wärmebereitstellungslösung mit einer KWK-Anlage sowie unterschiedlicher Möglichkeiten der Wärmeauskopplung eine optimale Anlagenanpassung an einen mit Energie zu versorgenden Produktionsprozess erfolgen kann. Dabei müssen nur die Apparatekomponenten eingesetzt werden, die für die angepasste Anlagenlösung erforderlich sind.

3.2.2.6 Realisierungsbeispiel: Wirbelschicht-Kompaktfeuerungsanlage zur Nutzung unterschiedlicher Brennstoffe

Um KWK-Lösungen mit der thermischen Nutzung von regenerativen Festbrennstoffen realisieren zu können, sind Feuerungstechnologien erforderlich, die in der Lage sind, den einzusetzenden Brennstoff hinsichtlich der Erfüllung effizienz- und emissionstechnischer Anforderungen zu nutzen.

Als Feuerungstechnologie für kohle- und auch biomassegefeuerte Anlagen hat der Verbrennungsrost aus Verfügbarkeits- und Entwicklungsgründen eine weite Verbreitung gefunden. Rostfeuerungen unterschiedlichster Ausführung, wie Schräg-, Wander-, Schwingschub-, Unterschubrostfeuerung, werden für die thermische Nutzung von Holzhackschnitzeln und Rinden eingesetzt. Nachteile der Rostfeuerung sind jedoch in den mechanisch bewegten Teilen im hochtemperaturbelasteten Feuerraum und in der relativ unregelmäßigen Rostbeladung und eines damit ungleichmäßigen Temperaturprofils oberhalb des Rostquerschnittes zu sehen. Die Folge der unregelmäßigen Beladung und des damit ungleichmäßigen Luftdurchtritts durch den freien Rostquerschnitt ist eine relativ ungleichmäßige Verbrennung sowie das Auftreten von Gassträhnen aus unverbranntem Kohlenmonoxid und Kohlenwasserstoff.

Um diese Nachteile, insbesondere beim Einsatz von Nicht-Standard-Brennstoffen, also anderen Festbrennstoffen als Kohle oder Holz, ausschließen zu können, sind Feuerungstechnologien zu wählen, die einen intensiven Gas-Feststoff-Kontakt sowie eine gleichmäßige Brennstoffbeladung des Feuerraumquerschnittes gestatten. Einen sehr guten Kontakt zwischen dem Sauerstofflieferanten Gas und dem Brennstofflieferanten Feststoff stellt die Staubfeuerung dar, die jedoch eines relativ hohen, technologiebedingten Aufwandes der Brennstoffaufbereitung, d. h. einer mechanischen Zerkleinerung des festen Brennstoffes bis in Partikelfraktionen < 1 Millimeter, bedarf. Bei dem insbesondere für Biomassen hohen spezifischen Brennstoffvolumenstrom aufgrund der relativ geringen Feststoffdichte ist eine derartige Brennstoffaufbereitung meist nicht wirtschaftlich.

Alternativtechnologien zur Staubfeuerung mit hohem Gas-Feststoff-Kontakt und gleichmäßiger Brennstoffvermischung sind die Wirbelschichtverfahren, die zudem den Vorteil von sehr hohen Wärmeübergangszahlen im Brennraum besitzen und in denen ein breites Brennstoffband hinsichtlich Wassergehalt und Stückigkeit eingesetzt werden kann. Die üblichen Feuerraumtemperaturen von Wirbelschichten betragen 850 bis 900 °C, was einerseits die Bildung von thermischen Stickoxiden und andererseits die Verschlackung durch Überschreitung des Ascheschmelzpunktes verhindert. Bei Wirbelschichtanlagen besteht die Möglichkeit zur gestuften Verbrennung, d. h. einer Luftzufuhr an unterschiedlichen Stellen im Brennraum, was dem Ausbrandgrad und der weiteren Minderung von Stickoxidemissionen zugutekommt. Beim Einsatz von Brennstoffen, die einen Gehalt an Schwefel- oder Halogenbestandteilen aufweisen, führt eine Zugabe von Additiven in den Feuerraum oder Rauchgaskanal zu einer diesbezüglichen Emissionsminderung und, beim Einsatz entsprechender Zugabestoffe, zu einer Minderung der Verschlackungsneigung der Asche.

Damit stellt sich die Wirbelschicht gegenüber den Rostfeuerungen, bei der derartige Emissionsminderungsmaßnahmen meist nicht im Feuerraum realisierbar sind, und auch gegenüber den Staubfeuerungen, für die der genannte hohe Brennstoffaufbereitungsaufwand und Brennkammertemperaturen oberhalb der Rostfeuerungen typisch sind, als vorteilhafte Alternative für den Einsatz von regenerativen Festbrennstoffen dar. Im kleinen und insbesondere mittleren Feuerungswärmeleistungsbereich von 1 bis 10 Megawatt findet die Wirbelschicht jedoch bisher kaum Anwendung.

Aus diesem Grund wurde eine Feuerungsanlagenlösung auf der Basis der stationären Wirbelschicht entwickelt, die bei gleicher Feuerungswärmeleistung denselben umbauten Raum und vergleichbare Realisierungskosten aufweist wie eine herkömmliche Rostfeuerung. Dabei waren die genannten Vorteile des Einsatzes eines breiten Brennstoffbandes und

Abb. 3.27 3D-Konstruktionsmodell der Anlage. Bild: Fraunhofer IFF

niedrigerer Emissionen umzusetzen. Um diese Zielstellung zu erreichen, wurden für die Entwicklung der Anlage digitale Methoden und Werkzeuge eingesetzt.

Um die Anlage kompakt zu gestalten, wurde als Zielgröße das Volumenraster der Rostfeuerungsanlage zugrunde gelegt und die verfahrenstechnische Auslegung dementsprechend angepasst. Dies wurde durch eine Diversifizierung der Feuerung in die Hauptkomponenten Wirbelschicht mit Freiraum und Ausbrandzyklon und unter Nutzung 3D-Konstruktionssoftware erreicht. Das Ergebnis der Einbindung der Feuerung in die Gesamtanlage ist in Abb. 3.27 dargestellt.

Um die allgemeine Funktionsweise der Anlage und eine ausreichende Verweilzeit der Rauchgase für einen vollständigen Brennstoffumsatz unter Einhaltung der geforderten Emissionsgrenzwerte in der Anlage zu sichern, wurde ein 3D-Simulationsmodell erstellt. Als Werkzeug wurde hier eine (Computational Fluid Dynamics) CFD-Simulationssoftware eingesetzt, deren Geometriebasis die Hüllflächen des dreidimensionalen Konstruktionsmodells darstellt. Das Konstruktionsmodell sowie die Simulationsergebnisse aus der CFD-Berechnung werden über spezielle Schnittstellen in ein (Virtual-Reality) VR-Modell implementiert. Damit kann für unterschiedlichste Betriebspunkte unter Variation der Primär-, Sekundär- und Tertiärluftvolumenströme, des Rauchgasrezirkulationsvolumenstroms sowie der damit zusammenhängenden Anlagenleistung die zu erwartende Strömungsmechanik in der Anlage visualisiert und die Funktion überprüft werden. Ein solches Berechnungsergebnis ist in Abb. 3.28 dargestellt.

Abb. 3.29 zeigt die realisierte Feuerungsanlage während der Montage am Aufstellungsort. Die Feuerungsanlage besteht aus einem Außenmantel aus Stahl, der innen mit einer mehrschichtigen Isolations- und Feuerfestauskleidung versehen ist, die gleichzeitig auch einen Verschleißschutz darstellt. Komplettiert wird die Anlage nach der Montage noch

Abb. 3.28 3D-VR-Modell der Wirbelschichtfeuerung mit Implementierung strömungsmechanischer Simulationsergebnisse (hier Gasgeschwindigkeitsvektoren). Bild: Fraunhofer IFF

Abb. 3.29 Montage der vorgefertigten Wirbelschichtfeuerungsanlage. Foto: Fraunhofer IFF

durch wenige Anbauteile, die vorgesehene Temperatur- und Druckmesstechnik sowie durch ein heizölbetriebenes Zündbrennersystem für das kontrollierte Warmfahren und den Start der Anlage.

Ergebnisse nach der Erstinbetriebnahme der Anlage zeigen einen optimalen Ausbrand des Brennstoffs. Die analysierten Ascheproben aus dem Ausbrandzyklonaustrag weisen einen Restkohlenstoffgehalt von 0,1 Massenprozent auf. Der Restkohlenstoffgehalt der nach der Feuerungsanlage am Austrag der Rauchgasentstaubungseinrichtung beprobten Flugstäube beträgt unter 2 Massenprozent. Auch die Flugstäube unterschreiten damit sicher den entsprechenden Grenzwert der TA (Technische Anleitung) Siedlungsabfall. Ein weiterer Wert, der die Leistungsfähigkeit der Feuerungsanlage beschreibt, ist die Kohlenmonoxid-konzentration im Rauchgas, die bei der Messung unterhalb der Nachweisgrenze des Mess-gerätes lag. Die Konzentration an Stickoxiden im Rauchgas liegt bei 120 bis 130 mg/Nm³, unterschreitet damit sicher den gesetzlichen Grenzwert und den Emissionswert einer ver-gleichbaren Rostfeuerungsanlage mit ca. 40 Prozent.

Damit erscheint die neu entwickelte Wirbelschichtanlage mit Ausbrandzyklon als kom-pakte Feuerungsanlage zur thermischen Nutzung von regenerativen Festbrennstoffen als anwendungsreife Technologie sowohl für den Betrieb mit KWK-Prozessen zur Strom- und Wärmeenergieerzeugung als auch für die Bereitstellung von Prozesswärme auf unter-schiedlichsten Temperaturniveaus mit dafür eingesetzten Wärmeträgermedien.

3.2.3 Geschlossene Energiekreisläufe

Ein wesentliches Merkmal der Produktion ist es, dass Energie in Form von Wärme oder Strom verbraucht wird, um die entsprechenden Arbeitsprozesse (s. a. Abb. 3.16) ver-richten zu können. Diese Energien sind einerseits möglichst kostengünstig bereitzu-stellen und andererseits zu minimieren, was jedoch meist im Konflikt zu Produktivitäts-zielen steht.

Nahezu jeder Produktionsprozess ist auch dadurch gekennzeichnet, dass aus Roh-stoffen oder Halbzeugen Zwischen- oder Fertigprodukte entstehen, jedoch auch Abfall-stoffe anfallen können. Derartige Abfall- oder Reststoffe in gasförmigem, flüssigem oder festem Zustand können ganz oder z. T. aus organischen Substanzen bestehen, die kalorisch nutzbar sind. Im Rahmen der ressourceneffizienten Produktion sind derartige Abfall-stoffe möglichst zu minimieren, eine gänzliche Vermeidung ist jedoch meist nicht möglich.

Zusätzlich zu den kalorischen Reststoffen können auch Abwärmeströme vorliegen, die möglichst wieder als Nutzenergien dem Produktionsprozess zugeführt werden sollten.

Daher sind möglichst geschlossene Stoff- und Energiekreisläufe im Rahmen von Pro-duktionsprozessen zu etablieren, um die gestellten Ressourceneffizienzziele zu erreichen. Es müssen daher Prozesse entwickelt werden, die die Nutzung von Abwärme oder von Reststoffen für die Wandlung zu im Produktionsprozess nutzbaren Energieformen ge-statten.

Die Vorgehensweise gestaltet sich meist so, dass über Umwelt- bzw. Effektivitätskenn-zahlen Potenziale identifiziert werden, die ggf. in Nutzenergie gewandelt werden können. Andererseits sind die im Produktionsprozess benötigten Energiemengen und deren Niveaus, wie Temperaturen und Spannungsebenen o. ä. zu benennen.

Auf der Basis von vielfältigen Energiewandlungsprozessen, die z. T. für Kraft-Wärme-Kopplungsprozesse schon näher erläutert wurden, sind entsprechend sinnvolle Techno-logien auszuwählen, die eine möglichst gute Deckung von benötigter Nutzenergie durch den Restenergieanfall ergeben.

3.2.3.1 Abwärmenutzung

Nutzbare Abwärme fällt bei den unterschiedlichsten Produktionsprozessen an, so z. B. in Form von Rauchgasen nach Industrieofenprozessen oder in Form von Warmwasser bei Kraft-Wärme-Kopplungsprozessen. Das nutzbare Potenzial von Abwärme hängt in starkem Maß von dem Temperaturniveau ab, mit dem der Abwärmestrom gekennzeichnet ist. Höhere Temperaturniveaus gestatten z. B. den Einsatz einer Prozessdampferzeugung oder den Einsatz einer zusätzlichen Kraft-Wärme-Kopplungstechnologie zur Stromerzeugung. Wärmeströme mit niedrigerem Temperaturniveau können meist nur für Vorwärmungsprozesse eingesetzt werden. Dies ist jedoch in unterschiedlichsten Prozessen möglich, so z. B. zur Speisewasservorwärmung bei der Dampferzeugung oder zur Luftvorwärmung bei Verbrennungsanlagen. Ein Potenzial der Abwärmenutzung im Niedertemperaturbereich besteht ebenfalls bei der Wärmeeinspeisung für Heizwärmenetze, die betrieblich und auch kommunal genutzt werden können.

Eine belastbare Aussage zu Abwärmepotenzialen in der deutschen Industrie ist nicht gegeben, jedoch werden in einer Studie [PBAJI10] Hochrechnungen angegeben. Das Potenzial für Abwärme im Temperaturbereich >140 °C wird mit 316 Petajoule für die industrielle Produktion beziffert, was 12,4 Prozent des industriellen Primärenergieträgereinsatzes des Jahres 2010 (siehe Abb. 3.14) entspricht. Für den Temperaturbereich von 60 bis 140 °C werden nochmals 160 Petajoule pro Jahr angegeben, die z. B. für Heiz- und Vorwärmungszwecke zur Verfügung stehen können.

Für die effiziente Nutzung von Abwärme bestehen entsprechende Potenziale, die mit angepassten Prozesstechnologien genutzt werden können. Die Entscheidung zur entsprechenden Nutzungsmöglichkeit (Vorwärmung, KWK etc.) sowie der dann auszuwählenden und auszulegenden Prozesstechnologie muss in Abstimmung mit den Anforderungen und Potenzialen des jeweiligen Produktionsprozesses erfolgen. Dabei wäre es sinnvoll, Daten- und Simulationsmodelle aus der produktionsprozesstechnischen Sicht mit aus verfahrenstechnischer Sicht erstellten Modellen der Energiewandlungssysteme zu koppeln und damit optimale Voraussetzungen zum Betrieb von Abwärmenutzungsanlagen bestimmen zu können. Hierbei können auch Hemmnisse bei der Abwärmenutzung bewertet bzw. ausgeräumt werden, wie z. B. der zeitversetzte Anfall von Abwärme und Heizwärmebedarf, wenn entsprechende Zwischenspeichertechnologien oder angepasste Verteilungsmechanismen (Wärmelogistik) eingesetzt werden.

Bei einer geplanten Abwärmenutzungsanlage ist jedoch immer zu beachten, dass zusätzliche Investitionskosten und, bei der Realisierung, ggf. kostenrelevante Betriebsunterbrechungszeiträume in eine Wirtschaftlichkeitsbetrachtung einfließen. Aufgrund von stetig steigenden Energieträgerkosten ist eine Nutzung von Abwärmepotenzialen, insbesondere auf höherem Temperaturniveau, meist als wirtschaftlich sinnvoll einzuschätzen.

3.2.3.2 Reststoffnutzung

Im Rahmen der industriellen Produktion fallen, unter der Prämisse einer rohstoffeffizienten, abfallarmen Fertigung, in immer geringerem Maße Reststoffe an. An erster Stelle steht die Wiederverwendbarkeit, d.h. die stoffliche Nutzung dieser Reststoffe, um geschlossene

Stoffkreisläufe in den unterschiedlichsten Produktionsprozessen zu realisieren. Sind die Reststoffe jedoch nicht weiter verwertbar und bestehen diese aus organischen Komponenten, besitzen sie einen entsprechenden Heizwert und können dann für eine energetische Verwertung zur Verfügung stehen.

Im Bereich des gewerblichen und kommunalen Abfallaufkommens fallen meist Mischabfälle an, die in entsprechenden Abfallsortier- und -behandlungsanlagen fraktioniert werden. Die thermisch verwertbaren Abfallfraktionen stehen dann als Ersatzbrennstoffe (EBS) zur Verfügung und werden meist in zentralen Müllverbrennungsanlagen (MVA) zur Wärme- und Stromerzeugung eingesetzt.

Reststoffe, die direkt im Rahmen der industriellen Produktion anfallen und stofflich nicht weiter verwertbar sind, sind meist gekennzeichnet durch relativ homogene Stoffzusammensetzungen, was den Einsatz von speziell dafür zugeschnittenen thermischen Verwertungsprozessen bei entsprechender Eignung ermöglicht. Emissionsminderungsmaßnahmen, die für MVA einen entsprechenden Investitionskostenfaktor darstellen (meist >50 Prozent der gesamten Investitionskosten), können so auf die zur genehmigungskonformen, thermischen Verwertung erforderlichen Prozessstufen reduziert werden.

Neben den Reststoffen aus der industriellen Produktion fallen auch Rest- und Abfallstoffe im Rahmen der land- und forstwirtschaftlichen Produktion an. Nutzungsbeispiele in der holzverarbeitenden Industrie wurden dabei bereits aufgezeigt. Darüber hinaus entstehen auch erhebliche organische Reststoffmengen in Form von z. B. Trauben- und Apfeltrester oder Biertreber bei der Getränkeindustrie, Extraktionsschroten der Ölmühlen oder Reststoffen aus der Nahrungsgüterproduktion, wie Rübenschnitzel, Kakaoschalen, Tierfette etc. Diesbezüglich liegen Biomassepotenzialanalysen für nahezu alle Flächenbundesländer Deutschlands vor.

Im Gegensatz zu den relativ gut verfügbaren Daten für biogene Reststoffe kann der Reststoffanfall in der Produktion in Deutschland, insbesondere für feste Produktionsrückstände mit thermischer Nutzbarkeit, schlecht beziffert werden [DeOK11]. Lokal bei Produktionsstätten anfallende Reststoffe werden meist auch über den Weg der kommunalen Abfallandienungspflichten entsorgt und damit pauschal den kommunalen Abfallbilanzen zugeschlagen. Erfahrungen zeigen, dass jedoch bei der energetischen Betrachtung von Produktionsprozessen mit der Zielstellung der Identifikation effizienzsteigernder Maßnahmen ein erhebliches Potenzial an energetisch nutzbaren Reststoffen in einer großen Bandbreite identifiziert werden kann. Dies können neben den bereits erwähnten Biomassepotenzialen aus der Holzindustrie sowie der land- und forstwirtschaftlichen Verarbeitung, z. B. Abschnitte und Stanzabfälle von Mehrkomponentenwerkstoffen aus der Automotive-Industrie sein, die auch anteilig Biomasse enthalten können, z. B. Kraftfahrzeug-Innenverkleidungsteile. Aber auch gasförmige, flüssige oder feste Reststoffe, die organische Komponenten beinhalten, können energetisch unter Beachtung wirtschaftlicher Aspekte genutzt werden. Das trifft insbesondere dann zu, wenn der Bedarf an Prozesswärme aus dem Produktionsprozess besteht. Dabei ist jedoch immer zu beachten, dass die genehmigungsrechtlichen Anforderungen, bei der Reststoffnutzung meist die 17. Bundesimmissionsschutzverordnung, erfüllt werden, da keine Regelbrennstoffe wie Erdgas, Heizöl, Holz oder Kohle eingesetzt werden. Jedoch können gerade diese Anforderungen auch die Realisierung von Energiewandlungsprozessen zur Prozesswärmebeheizung interessant machen, wenn z. B. Nachverbrennungsanlagen für belastete Abluft o. ä. eingesetzt werden müssen.

Nachfolgende Realisierungsbeispiele zeigen derartige Lösungen auf, bei denen gasförmige oder feste Reststoffe energetisch verwertet und die entstehende Wärme in Produktionsprozessen sinnvoll genutzt werden kann.

3.2.3.3 Realisierungsbeispiel: Nutzung gasförmiger Reststoffe zur Prozesswärmeerzeugung

Bei einem Herstellungsprozess für Mehrkomponenten-Endlosstrangmaterial muss der Aushärtungsprozess beheizt werden, um entsprechende Reaktionsgeschwindigkeiten und damit Produktionsmengen zu gewährleisten sowie um festgelegte Qualitätsparameter des Produktes durch den Temperprozess zu erreichen. In der ursprünglichen Konfiguration wurde dieser Wärmeeintragsprozess mittels elektrischer Beheizung realisiert. Beim Prozess selbst werden gasförmige organische Verbindungen freigesetzt, die abgesaugt werden müssen. Um den Abluftstrom konform mit den genehmigungsrechtlichen Vorgaben beseitigen zu können, müssen diese organischen Verbindungen reduziert werden. Dazu stehen biologische, nasschemische oder thermische Verfahren zur Verfügung. Aus wirtschaftlichen Gründen scheiden nasschemische Verfahren aus und biologische Verfahren ebenfalls aufgrund der schwankenden Beladung des Abluftvolumenstroms.

Die ursprüngliche Intention des Anlagenbetreibers war es, mit der Wärmeenergie der thermischen Abluftbehandlungsanlage einen Abhitzekessel zur Dampferzeugung zu beheizen und mit einem nachgeschalteten Dampfturbinen-Generator-Satz elektrische Energie zur Versorgung der Prozesswärmebeheizung zu erzeugen. Es konnte aufgezeigt werden, dass dieser Ansatz aus Gründen der Effizienz sowie der Investitionskosten keine optimale Lösung darstellte. Deshalb wurde der vorhandene Produktionsprozess energetisch unter Beibehaltung der produktions-und produkttechnischen Anforderungen umgestellt.

Für den Betreiber wurde eine Anlage zur energetischen Kopplung der Aushärtung bzw. Temperung von Mehrkomponenten-Endlosstrangprodukten mit einer thermischen Nachverbrennung von kohlenwasserstoffbelasteten Abluftströmen entwickelt. Zur Realisierung dieser Kopplung wurden drei thermische Nachverbrennungsanlagen, eine regenerativthermische Nachverbrennungsanlage sowie drei Produktionsstraßen mit je vier Beheizungslinien, der jeweiligen thermischen Nachverbrennungsanlage zugeordnet, neu entwickelt und geplant Abb. 3.30.

Durch die Kombination der thermischen Abluftbehandlung mit der produktionsinternen Beheizung, die gleichzeitige Optimierung der Prozessabläufe sowie Maßnahmen zur Energieeinsparung konnte die Praxistauglichkeit dieser ökonomisch wie auch ökologisch sinnvollen Technologie unter Beweis gestellt werden.

Mit der Realisierung der Maßnahme konnte der spezifische Energieverbrauch um 67 Prozent gesenkt werden, da die in der Abluft enthaltenen organischen Bestandteile erheblich zur Prozesswärmeversorgung beitragen und den Verbrauch von fossilem Erdgas gleichzeitig reduzieren. Die Umstellung des Energieträgers zur Beheizung der Produktionsstrecke

Abb. 3.30 Direkt beheizte Produktionslinien für Mehrkomponenten-Endlosstrangprodukte. Foto: Fraunhofer IFF

von Elektroenergie auf Abluftverbrennung mit erdgasgefeuerter Stützflamme senkte die spezifischen Energiekosten um 87 Prozent. Durch die Änderung der Beheizungsart konnten Energieverluste reduziert und der Wärmeübergang gesteigert werden, wodurch die Produktionsgeschwindigkeit um ca. 30 Prozent erhöht werden konnte. Das eigentliche Ziel des Vorhabens, die Senkung der gasförmigen organischen Emissionen in der Abluft, wurde durch wesentliches Unterschreiten des genehmigungsrechtlichen Emissionsgrenzwertes erfüllt.

3.2.3.4 Realisierungsbeispiel: Nutzung pulverförmiger Reststoffe zur Prozesswärmeerzeugung

Die Pulverbeschichtung von Metallerzeugnissen ist ein breit angewendetes Verfahren in der Beschichtungsindustrie. Dabei werden nach der Vorbehandlung z. B. mit Haftwasser niedrig schmelzende Pulver auf die metallischen Werkstücke aufgebracht und in entsprechenden Ofenkammern aufgeschmolzen. Die benötigte Prozesswärme für die Ofenkammern zur Haftwassertrocknung, zum Aufschmelzen und zur Temperaturhaltung des Haftwassers wird üblicherweise durch Öl- oder Gasbrenner bereitgestellt.

Beim Aufsprühen des Pulvers als Beschichtungsmaterial auf die Erzeugnisse fällt Restpulver an, das nicht mehr für den Beschichtungsprozess oder andere stoffliche Verwertungen eingesetzt werden kann. Dieses Pulver kann als hochkalorischer Reststoff mit kleinen Partikelabmessungen thermochemisch umgesetzt werden und Prozesswärme liefern, die den Einsatz von fossilen Brennstoffen substituiert. Aus diesem Grund wurde eine Verbrennungsanlage entwickelt, die die thermische Verwertung niedrig-schmelzender Pulver gestattet.

Die Gesamtanlage besteht im Wesentlichen aus einem mit einem Spezialbrenner ausgerüsteten Flugstromreaktor, einem Wärmeübertrager zur Auskopplung der Nutzwärme und Abgasreinigungskomponenten zur Emissionsminderung. Im Herzstück der Anlage, dem Flugstromreaktor, erfolgt die thermochemische Umwandlung der hochkalorischen Reststoffe. Die erzeugte Wärme kann für die Produktion genutzt werden. Die Realisierung eines Kraft-Wärme-Kopplungsprozesses zur Stromerzeugung wäre additiv auch möglich, wurde im Rahmen dieses Projektes aber nicht umgesetzt.

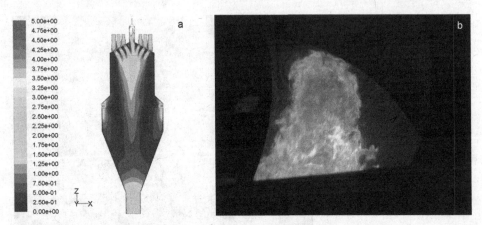

Abb. 3.31   Ergebnis einer Strömungssimulation (a) und reales Flammenbild (b).
Bild: Fraunhofer IFF

Der eigens entwickelte Spezialbrenner sorgt beim Umwandlungsprozess für eine optimal verteilte Brennstoffzufuhr. Damit ist gewährleistet, dass der zugegebene Reststoff
direkt in die Reaktionszone eingedüst und dort umgesetzt wird, ohne im Brenner- oder
Reaktorbereich Anbackungen aufgrund des extrem niedrigen Schmelzpunktes zu verursachen. Für die Auslegung des Flugstromreaktors wurde ein Computermodell auf der Basis
von 3D-CAD-Daten erarbeitet, mit dem entsprechende Simulationsmodelle der Strömungsmechanik im Reaktor berechnet werden konnten. Unterschiedliche Geometrien für
die Reaktor- und Brennergestaltung konnten so schon vor dem Bau der Anlage untersucht
sowie optimiert werden und der Versuchsumfang fand bereits am Prototyp einer Pilotanlage
statt, auf labor- oder kleintechnische Versuchsanlagen konnte verzichtet werden. Dadurch
konnte auch der Entwicklungszeitraum verkürzt werden. Eine Beispieldarstellung der
Simulationsrechnung zeigt Abb. 3.31 (a).

Durch den Betrieb der thermischen Pulververwertungsanlage in Kopplung mit der Pro-
zesswärmenutzung im Produktionsprozess können die Energie- und Entsorgungskosten
gesenkt werden und der Einsatz fossiler Energieträger reduziert sich. Damit erhöht sich die
Wettbewerbsfähigkeit des Unternehmens, das diese Technologie einsetzt. Die Umwelt-
bilanz des Produktionsprozesses verbessert sich durch geringere zu entsorgende Abfall-
mengen und die Reduzierung des Einsatzes fossiler Primärenergieträger.

3.2.4   Effiziente Energieverteilung

3.2.4.1 Wärmeverteilungsnetze
Wärmeverteilungsnetze dienen der Lieferung von Wärme, meist zur Versorgung von Gebäuden und Liegenschaften mit Heizung sowie Warmwasser. Aufgrund der möglichen
flächenmäßigen Ausdehnung derartiger Netze spricht man auch von Fernwärmenetzen.

Auch im industriellen Bereich werden derartige Netze, sogenannte Nahwärmenetze, durch die geringere Ausdehnung, zum Transport und zur Versorgung mit Prozesswärme genutzt. Werden Wärmeverteilungsnetze mit thermischen Kraftwerksanlagen zur Stromerzeugung kombiniert, erhöht sich deren Wirkungsgrad durch die Wärmenutzung auf der Basis der Kraft-Wärme-Kopplung gegenüber einem reinen Kondensationsprozess. So werden durch den Einsatz von Kraft-Wärme-Kopplungslösungen und die damit zusammenhängende Wirkungsgradsteigerung ca. 10 Millionen Tonnen Kohlendioxid im kommunalen Bereich eingespart.

Um 1900 erfolgte in Dresden die erste Fernwärmenutzung mittels eines Dampfnetzes durch die Inbetriebnahme des ersten Fernheizwerkes Europas. Im Jahr 2008 betrug der Wärmeanschlusswert ca. 57.000 Megawatt. Das entspricht 13 Prozent der Wärmeversorgung aller Wohngebäude über Fernwärmenetze mit einer Trassenlänge von rund 100.000 Kilometern in Deutschland [To08]. Vorreiter bei der Fernwärmeversorgungsabdeckung im kommunalen Bereich ist die Stadt Flensburg, die mehr als 95 Prozent der Einwohner mit Fernwärme versorgt.

Die üblicherweise verwendeten Arten von Wärmenetzen unterscheiden sich nach der Art des Wärmeträgermediums und der Betriebstemperatur. In Warm- und Heißwassernetzen wird flüssiges Wasser als Wärmeträger eingesetzt. Die Betriebstemperaturen für Warmwassernetze betragen 40 bis 100 °C je nach Vor- oder Rücklauf bzw. Einsatzfall, verbreitete Netzeinstellungen für kommunale Heiznetze im Winterbetrieb sind 70 °C im Rücklauf und 90 °C im Vorlauf. Aufgrund der zunehmenden Verbesserung der Gebäudeisolierung können diese Temperaturen abgesenkt werden, auch um Wärmeverluste im Netz zu minimieren. Darum können heute auch größere kommunale Wärmeversorgungsnetze als Warmwassernetze ausgelegt werden. Der Druck im Heißwassernetz, bis ca. 6 bar, richtet sich nach den Netzdruckverlusten, den geodätischen Höhenunterschieden sowie der maximalen Vorlauftemperatur. Heißwassernetze werden mit höheren Vorlauftemperaturen, z.B. 130 °C, und entsprechend höherem Druck, z.B. 10 bar, gegenüber vergleichbaren Warmwassernetzen betrieben. Diese werden für weit ausgedehnte Netze im kommunalen Bereich, mit abnehmender Bedeutung, und aufgrund bestimmter Prozesstemperaturanforderungen im industriellen Bereich, z.B. Wärmeversorgung zur Sattdampferzeugung, eingesetzt. Bei Warm- oder Heißwassernetzen ist es notwendig, entsprechende Pumpensysteme für die Zirkulation des Wärmeträgers einzusetzen.

Der Vorteil der Dampfnetze mit unter Druck stehendem Wasserdampf als Wärmeträger ist es, den Einspeisedruck zur Überwindung der Druckverluste bei der Zirkulation nutzen zu können. Nachteil sind dabei jedoch die hohen Temperaturen und Drücke im Dampfnetz, die entsprechenden Materialeinsatz für Rohrleitungen und Isolierung erfordern und spezifisch höhere Netzverluste bedingen. Ebenso sind Kondensatableitungseinrichtungen im Dampfnetz erforderlich. Daher sind Dampfnetze im kommunalen Bereich nicht mehr zeitgemäß. Für den Einsatz im industriellen Bereich zur Prozesswärmeversorgung haben Dampfnetze noch eine hohe Bedeutung. Auch im Bereich von großen Dampfkraftwerken mit Fernwärmenetzen, deren eigentliche Versorgungsstellenkonzentration in einiger Entfernung von der Anlage liegt, kann ein Dampfnetz mit zentralem Heizkondensator zur

Versorgung eines nachgeschalteten Warmwassernetzes, je nach Wirtschaftlichkeit des Einsatzes durch die Einsparung von Pumpenleistung, genutzt werden.

Wärmeversorgungsnetze, in denen Thermoöl als Wärmeträger genutzt wird, sind in der lokalen Ausdehnung stark begrenzt. Grund dafür ist die notwendige leckagesichere Ausführung, z. B. durch ein Doppelrohrsystem mit Leckageüberwachung. Der wesentliche Vorteil des Thermoölnetzes ist die mögliche hohe Vorlauftemperatur, je nach Art des Thermoöls, von bis zu 350 °C. Bei der Verwendung von Thermoöl sind, gegenüber Wasser oder Wasserdampf, Korrosionsangriffe auf metallische Rohrwandungen nicht zu erwarten, Thermoölnetze können nahezu drucklos betrieben werden. Für lokale Netze im Industriebereich, insbesondere bei hohen Prozesswärmetemperaturen, können derartige Netze gut eingesetzt werden, z. B. in Großbäckereinen oder zur Beheizung von Pressen, Extrudern oder Außentanks, und bieten die Möglichkeit der Anbindung vielfältiger Prozesse, wie z. B. der Schnelldampferzeugung oder von KWK-Prozessen, wie schon unter Abschn. 3.2.2.5 für ein Realisierungsbeispiel beschrieben.

Neben der Auswahl des Wärmeträgers und der notwendigen Betriebstemperatur von Wärmeversorgungsnetzen kommt der Dimensionierung der Netze hinsichtlich Leitungsführung, Pumpenbetrieb und Rohrleitungsquerschnitten sowie der Isolierung eine hohe Bedeutung zu. Ziel ist dabei eine ganzheitliche Optimierung des Materialeinsatzes durch möglichst geringe Rohrleitungsabmessungen und geringen Isolierungsaufwand, möglichst geringen Druckverlusten durch geringe Mediengeschwindigkeiten (im Zielkonflikt zu geringen Rohrquerschnitten) und hohen Isolierdicken zur Verringerung der Wärmeverluste (im Zielkonflikt zu geringem Isolieraufwand). Weiterhin ist der Betreib der Netze zu optimieren, wofür entsprechend regelbare Pumpen einzusetzen sind. Ungeregelte Pumpen ohne Frequenzumrichter mit Steuerung über Drosselorgane sind nicht mehr zeitgemäß. Pumpenregelungen sind über die Führungsgrößen notwendige Vorlauftemperatur (z. B. auch in Kopplung mit der Außentemperatur), Temperaturspreizung und Druckverlust am Schlechtpunkt (Stelle des Netzes, wo bei nicht ausreichender Druckdifferenz zuerst eine Wärmeunterversorgung auftritt) bzw. Kombinationen daraus zu steuern.

Die richtige Auslegung und optimale Regelung von Wärmeübertragungsnetzen bestimmen im Wesentlichen deren Effizienz. Bei Nichtbeachtung der Kriterien kann eine Wirkungsgradverringerung im zweistelligen Prozentbereich schnell eintreten. Auslegungs- und Simulationssysteme zur Optimierung von Wärmeübertragungsnetzen sind dabei unabdingbare Hilfsmittel zur Sicherstellung der Energieeffizienz für industrielle und kommunale Netze.

3.2.4.2 Elektrische Netze und Speicher

Durch knapper werdende Ressourcen an fossilen Energieträgern und durch die Klima- sowie Kernkraftproblematik erfolgt eine Umstellung der Energiebereitstellung in den nächsten Jahren mit der Konzentration auf regenerative Energieträger. Bereits bis zum Jahr 2020 soll der Anteil erneuerbarer Energien von zurzeit 16 auf 35 Prozent gesteigert werden, bis 2050 soll nahezu die gesamte elektrische Energie aus regenerativen Quellen stammen. Statt weniger großer, zentraler Kraftwerke auf der Basis von Kohle, Erdöl oder Erdgas bzw.

nuklearen Quellen wird die elektrische Energie in Zukunft von einer großen Anzahl an mittleren und kleinen dezentralen Energiewandlungsanlagen auf der Basis von Wind, Sonne, Biomasse und Wasserkraft bereitgestellt werden. Die diesbezügliche Entwicklung zeigt, dass zusätzlich große Einspeisemengen von großen Windparks an und vor den Küsten sowie großen Solarparks in Südeuropa und Nordafrika geliefert werden.

Für diese Anforderungen sind die bestehenden Netze noch nicht ausgelegt, wodurch Änderungen im Energieversorgungsnetz notwendig werden. Einerseits sind im derzeitig bestehenden elektrischen Energienetz die Übertragungskapazitäten besonders in der Nähe großer Kraftwerke sehr hoch, während in davon entfernten Gebieten die elektrischen Netze geringer ausgebaut sind. Andererseits besteht im Übertragungsnetz auf der Hoch- und Höchstspannungsebene bisher ein unidirektionaler Energiefluss, der von den Kraftwerken zu den Verbrauchern läuft.

Zum Anschluss der zunehmend in der Fläche verteilten, dezentralen Kraftwerke ist eine Änderung der bisherigen Top-Down-Struktur notwendig, da auch aus Richtung der Verteilungsnetze Energie in Richtung Übertragungsnetz fließen kann. Dafür sind ein Umbau der elektrischen Netze inkl. der Kontroll- und Regelstrukturen sowie der Neubau von Übertragungsleitungen auf der Hoch- und Höchstspannungsebene notwendig [VDE07].

Aufgrund von meteorologischen Randbedingungen ist für einen großen Teil der regenerativen Energieressourcen (Wind- und Sonnenenergie) eine gleichmäßige Einspeisung als Grundlast nicht gegeben Deshalb ist es notwendig, Speichermöglichkeiten für elektrische Energie im Netz zu schaffen, um zu Spitzenzeiten des Verbrauchs gespeicherte elektrische Energie einspeisen bzw. diese Energie zwischenspeichern zu können.

Daneben soll durch die Schaffung von Smart Grid-Strukturen im elektrischen Netz der Energieverbrauch über monetäre Anreize bzw. intelligente Verbrauchssteuerung so gelenkt werden, dass zu Spitzenzeiten der Einspeisung regenerativer Energien ein gezielter Nutzenergieverbrauch erfolgt. Derzeitig konzentriert sich diese Art der Verbrauchssteuerung noch auf eine Anwendung im Haushaltsbereich, eine Erweiterung auf den Bereich der Dienstleistung, des Gewerbes sowie der industriellen Produktion wird jedoch mit hoher Wahrscheinlichkeit folgen.

Elektrische Energie kann durch Umwandlung in andere Energieformen gespeichert werden, wie z. B. als:

- chemische Energie mittels Akkumulatoren (Blei, Li-Ion, Zebra, Redox-Flow),
- chemische Energie mittels Wasserstoff (Elektrolyse, Reformierung),
- mechanische Energie mittels adiabater Druckluftspeicher oder
- mechanische Energie mittels Pumpspeicherwerk.

Im Rahmen der aktuellen technischen Möglichkeiten sind an Produktionsstandorten nur die chemischen Speichermöglichkeiten einsetzbar. Die Speicherung als Druckluft setzt große unterirdische Kavernen voraus, die unter den Gewerbeflächen in der Regel nicht vorhanden sind. Von den genannten Batterielösungen sind prinzipiell alle anwendungsbereit. Die chemische Speicherung in Form von Wasserstoff (Elektrolyse oder auch thermische Dissoziation) besitzt in der Gesamtbilanz derzeit einen geringen Wirkungsgrad und ist nur für spezielle Zwecke sinnvoll nutzbar.

Durch die Änderung der Struktur und Funktion des Netzes sind Rückwirkungen auf die Versorgungssicherheit möglich, die auch bei der Planung von Produktionsprozessen beachtet werden müssen. Durch Eigenerzeugung und flexible Laststeuerung kann im Unternehmen auf Schwankungen der Erzeugung bzw. schwankendes Energieangebot reagiert werden. Dies wird durch entsprechende flexible Tarife unterstützt, bei denen das Energieangebot den Preis mitbestimmt und auch Boni beispielsweise für den Einsatz von Speichern im Unternehmen enthalten sind. In diesem Zusammenhang ist auch die Umgestaltung der Energienetze zu sogenannten Smart Grids zu sehen. Diese Bezeichnung steht für die intelligente Kombination des Energienetzes mit einem Kommunikations- und Steuernetz. Die dann vorhandene informations- und kommunikationstechnische Anbindung des Energienetzes inkl. intelligenter Energiezähler (Smart Metering) ist die Voraussetzung für die Einbindung der Verbraucher (hier: der Produktionsstandorte) in das Energiemanagement des Netzes und die Anwendung der lastabhängigen Tarife. Dies kann unter Umständen auch eine Anpassung der Produktionsprozesse oder Produktionszeiten nach sich ziehen, d. h. die Produktion (Smart Production) kann sich an Tarifen oder Energieverfügbarkeiten orientieren.

Bei der Gestaltung der betrieblichen Stromversorgung ist auch zu prüfen, ob Eigenerzeugungsanlagen und Speicher so ausgeführt werden können, dass sie Aufgaben der Notstromversorgung erfüllen können. Dazu müssen diese Anlagen so ausgeführt sein, dass sie nicht nur netzgeführt, sondern auch im sogenannten Inselbetrieb funktionieren können.

Eine weitere Möglichkeit der Speicherung elektrischer Energie können, neben stationären Batteriespeichern, mobile Speicher in Form von vorhandenen, z. B. elektrische Flurförderzeuge, oder zu beschaffende mobile Batteriespeicher mit entsprechender Ladeinfrastruktur, z. B. Elektrofahrzeuge für werksinterne Verkehre oder Kurzstrecken-Logistik, sein. Elektrofahrzeuge können im Vergleich zu konventionellen Fahrzeugen eine wirtschaftliche Alternative darstellen, wenn man alle im Lebenszyklus anfallenden Kosten berücksichtigt. Im industriellen Umfeld können Elektrofahrzeuge ihre Vorteile besonders herausstellen. Angesichts der begrenzten Reichweite der Elektrofahrzeuge ist ein auf Werksgeländen mögliches dichtes Netz von Ladestationen von Vorteil. Darüber hinaus sind Fahrzeuge im Werksverkehr üblicherweise nur für kurze Strecken und mit geringen Geschwindigkeiten unterwegs. Damit sind diese hinsichtlich Verschleiß und Energieverbrauch den Fahrzeugen mit Verbrennungsmotor überlegen. Ein weiterer Vorteil ist die mögliche Nutzung von im Unternehmen selbst erzeugter elektrischer Energie zum Betrieb der Fahrzeuge.

Die Speicherung von elektrischer Energie kann den Lastgang der Verbraucher an eine fluktuierende Energieeinspeisung anpassen. Die Nutzung der Batterien von Elektrokraftfahrzeugen (E-Kfz) zur Speicherung von Energie über den Anschluss der Fahrzeuge an das Energienetz wird als Vehicle-to-Grid bezeichnet. Dies setzt eine genügend große Anzahl von E-Kfz und das Vorhandensein von bidirektionalen Stromanschlüssen bzw. Ladestationen für alle E-Kfz voraus. Diese Ladestationen, die beispielsweise auch die Mitarbeiter-parkplätze einbeziehen, müssen ebenso wie die intelligenten Zähler an die Energienetze angeschlossen werden. Eine übergeordnete Steuerung, beispielsweise in Form einer Mobilitätsleitwarte, stellt dabei die Nutzung der Speicher durch das Netz sicher und gewähr-leistet, dass die betreffenden Fahrzeuge zu einer vorgegebenen Zeit dem Nutzer wieder vollgeladen und fahrbereit zur Verfügung stehen.

Bei den zu erwartenden Änderungen im Betrieb elektrischer Netze werden für Produk-tionsstandorte neue Herausforderungen entstehen. Es können aber auch Chancen genutzt werden, um mit geänderten Produktionskonzepten und angepassten Ausrüstungen für diese Herausforderungen gewappnet zu sein. Dazu stehen als Prognoseinstrumente Simulations-systeme [Sty08] für elektrische Netze im Hoch- und Höchstspannungsbereich, aber auch im Mittel- und Niederspannungsbereich zur Verfügung.

3.3 Energieeffiziente Produktion

Holger Seidel

3.3.1 Herausforderungen der Energieeffizienten Produktion

Die Bedeutung der Energieeffizienz ist für 46 Prozent der deutschen Unternehmen hoch, jedoch ist die Bereitschaft, mehr als 10 Prozent Einspareffekte anzustreben, derzeit ledig-lich bei 20 Prozent der Unternehmen vorhanden [EEP14].

Die Anzahl der für Energieeffizienzsteigerungen verfügbaren Vorgehensweisen und Methoden ist begrenzt, neben der DIN EN ISO 50001 existieren derzeit mit der Energie-wertstrommethode und der Pinch-Analyse nur zwei anerkannte Methoden.

Energiewertstrommethode
Die Energiewertstrommethode ist eine Weiterentwicklung der Wertstrommethode, die sich zur Erfassung des Ist-Zustands einer Produktion mit den zugehörigen Prozessen, Material-und Informationsflüssen sowie der übersichtlichen Darstellung des gesamten Produktions-prozesses in der Praxis etabliert hat. Sie stellt acht Richtlinien zur Verfügung, auf deren Basis die Gestaltung eines energieeffizienten Wertstroms sichergestellt werden soll [EW09]. Kritisch ist anzumerken, dass diese Methode zwar Nutzprozesse der Produktion und unter-stützende Prozesse betrachtet, jedoch Energieverbräuche der Gebäudestruktur, z.B. Klima-tisierung und Beleuchtung, sowie von Verwaltung und Management, z.B. Büro und EDV, nicht berücksichtigt. Die Abbildung eines Energiewertstroms ist energetisch allein input-orientiert und auf absolute Einsparungseffekte ausgerichtet. Die Möglichkeiten zur Einbin-dung regenerativer Energien (Eigenerzeugung) als auch das Ziel einer energetisch flexiblen bzw. gesteuerten Produktion werden nicht verfolgt. Die Energiewertstrommethode nach Erlach und Westkämper [EW09] sieht keine nähere Betrachtung von Wandlungsverlusten

nicht genutzter Energie aus den Produktionsprozessen vor. Jedoch bietet die Betrachtung von Wechselwirkungen zwischen Produktion und Gebäude bislang ungenutzte Potenziale zur Energieverlustreduzierung [ScWiMü14]. Mit einer ganzheitlichen Modellierung von geschlossenen Energie- und Stoffkreisläufen erschließen sich neue Potenziale zum verbesserten Energieeinsatz, die mit dem Cross Energy-Ansatz (siehe Abschn. 3.3.2.2) verfolgt werden.

Pinch-Analyse

Die Pinch-Analyse dient der Untersuchung und Optimierung des Energie-, Wasser- und Hilfsstoffeinsatzes in verfahrenstechnischen Prozessen und Versorgungsanlagen. Sie ist durch einen systematischen Ansatz gekennzeichnet, mit dem sich der optimale Energieeinsatz und das theoretisch beste Anlagendesign bestimmen lassen [LfUBW03]. Mit der Pinch-Analyse kann ermittelt werden:

- wie viel Energie, Wasser oder sonstige Hilfsstoffe der Produktionsprozess tatsächlich benötigen würde, wenn die Anlagen optimiert wären,
- wie dieser optimale Zustand erreicht werden kann sowie
- wo und wie Kosten für Energie, Hilfsstoffe und Investitionen optimiert werden können.

Die Pinch-Analyse wird vorrangig bei thermodynamischen Prozessen (Wärme, Kälte) angewandt, da hier der Pinch berechnet werden kann. Für andere Energiequellen und -arten, z. B. Elektroenergie und Druckluft, ist die Methode kaum bis gar nicht anwendbar. Der Aufwand zur Datenerfassung ist hoch, um die Composite-Kurven mit akzeptabler Genauigkeit bestimmen zu können.

Ein anderer Ansatz zur Bestimmung von Einsparpotenzialen in Prozessen, die physikalisch abbildbar sind, ist die Berechnung des theoretischen Maximums. Das physikalische Prozessmodell wird auf maximal erreichbare Werte geprüft und daraus ein Ideal-Zustand ermittelt. Dieser Ideal-Zustand ist durch die Naturgesetze praktisch begrenzt. Somit ist auch eine maximale Potenzialgrenze für die Verbesserung im Prozess gegeben.

3.3.1.1 Energiemanagement

Um die betriebliche Energieeffizienz, den Energieeinsatz und den Energieverbrauch kontinuierlich und systematisch zu verbessern, setzen Unternehmen zunehmend ein Energiemanagement ein. Unter Energiemanagement versteht die VDI 4602 „… die vorausschauende und systematisierte Koordinierung der Beschaffung, Umwandlung, Verteilung und Nutzung von Energie innerhalb des Unternehmens …“. Um das Energiemanagement im Unternehmen organisatorisch, prozessual und kulturell zu verankern, erfolgte analog zu den Entwicklungen im Qualitätsmanagement die Entwicklung von Energiemanagementsystemen (EnMS). Ein Energiemanagementsystem umfasst „… die zur Verwirklichung des Energiemanagements erforderlichen Organisations- und Informationsstrukturen einschließlich der hierzu benötigten technischen Hilfsmittel (z. B. Soft- und Hardware)“ [VDI4602]. Die Kernelemente eines Energiemanagementsystems werden durch die

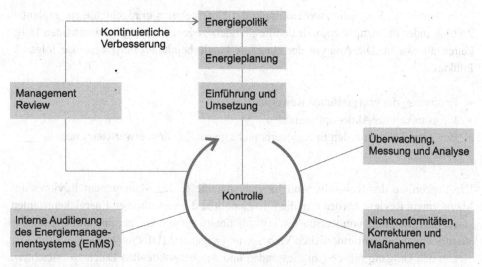

Abb. 3.32 Modell eines Energiemanagementsystems nach [DIN50001][2]

DIN EN ISO 50001 beschrieben. Die Norm legt Anforderungen an ein Energiemanagementsystem fest, mit dem ein Unternehmen befähigt wird, eine Energiepolitik zu definieren, operative Energieziele zu entwickeln sowie Aktionspläne zur Erreichung dieser Ziele abzuleiten (vgl. [DIN50001]). Dabei orientiert sich die Norm an dem bekannten PDCA-Zyklus (Plan, Do, Check, Act). Das der DIN EN ISO 50001 zugrunde liegende Modell eines Energiemanagementsystems ist in Abb. 3.32 dargestellt.

Mit der Energiepolitik werden die Bedeutung der Ressource „Energie" für das Unternehmen definiert, die energiewirtschaftliche Grundausrichtung des Unternehmens bestimmt und die energiewirtschaftlichen Grobziele festgelegt [Po11]. Im Rahmen der Energieplanung erfolgt die Detaillierung und Operationalisierung der in der Energiepolitik formulierten Ziele durch Bildung von Teilzielen. Zudem werden Maßnahmen zur Erreichung der Ziele abgeleitet und Energiekennzahlen EnPI (Energy Performance Indicators), mit denen die energiebezogene Leistung des Unternehmens gemessen und überwacht werden kann, definiert (vgl. [DIN50001]). Klassische Methoden der Energieplanung sind Energieaudits, Energie-Benchmarking und Maßnahmen-Portfolios [Po11]. In der Einführung und Umsetzung werden die meist in Aktionsplänen dokumentierten Maßnahmen aus der Planungsphase durchgeführt. Die DIN EN ISO 50001 legt in diesem Zusammenhang einen besonderen Schwerpunkt auf die Schulung der Mitarbeiter. So sind die Mitarbeiter u. a. in die Lage zu versetzen, den Einfluss der eigenen Tätigkeit auf den Energieeinsatz und den Energieverbrauch des Unternehmens zu erkennen [DIN50001].

---

[2] Wiedergegeben mit Erlaubnis des DIN Deutsches Institut für Normung e. V. Maßgebend für das Anwenden der DIN-Norm ist deren Fassung mit dem neuesten Ausgabedatum, die bei der Beuth Verlag GmbH, Burggrafenstraße 6, 10787 Berlin, erhältlich ist.

In der Phase „Kontrolle" werden durch das Unternehmen in regelmäßigen, geplanten Zeitabständen die Hauptmerkmale der die energiebezogene Leistung bestimmenden Tätigkeiten überwacht. Die Analyse der Hauptmerkmale beinhaltet beispielsweise folgende Punkte:

- Ergebnisse der energetischen Bewertung,
- Wirksamkeit der Aktionspläne und
- Bewertung des aktuellen Energieverbrauchs gegenüber dem erwarteten Energieverbrauch.

Die Ergebnisse der Kontrolle sind Eingangsparameter des Management Reviews. Im Management Review werden u. a. die Energiepolitik, die verwendeten Energiekennzahlen sowie die Zuordnung von Ressourcen kritisch hinterfragt und in Übereinstimmung mit der Verpflichtung zur kontinuierlichen Verbesserung angepasst [DIN50001].

Um den Umgang mit den zu messenden und zu überwachenden Daten zu erleichtern bzw. zu automatisieren, setzen Unternehmen meist Energiemanagement-Softwaresysteme ein. Laut zweier aktueller Energiemanagement-Software-Marktspiegel existieren im deutschsprachigen Raum derzeit ca. 70 Produkte [EA14], [MES13]. Die Funktionalitäten der Produkte reichen dabei von einfacher Messdatenverwaltung über nutzerspezifisches Verbrauchsmonitoring bis hin zur Generierung eigener Kennzahlen. Bisher noch kaum in den Softwaresystemen berücksichtigt sind beispielsweise Ansätze zur Steuerung des Energieverbrauchs und Wechselwirkungen bzw. Abhängigkeiten unterschiedlicher Energieträger.

Die Motive zur Einführung von Energiemanagementsystemen sind nach einer Umfrage der EnergieAgentur.NRW vielfältig [Ge12]. Zu den Hauptmotiven zählen die Reduzierung der Energiekosten, die Nutzung von Steuervorteilen und das Erlangen eines Energiemanagementzertifikates. Eine eher untergeordnete Rolle spielen dabei die Motive der Verstärkung der Umweltorientierung, der Erhöhung der Transparenz sowie der Organisationsentwicklung.

3.3.1.2 Realisierungsbeispiel: Energieeffizienzsteigerung in russischen Unternehmen

Im Rahmen eines vom Bundesministerium für Bildung und Forschung (BMBF) geförderten Projekts wurden durch das Fraunhofer IFF in Zusammenarbeit mit dem Fraunhofer IPK vier russische kleine und mittlere Unternehmen (KMU) energetisch bewertet [SKRKM13]. Das Ziel des Projekts bestand darin, durch den Einsatz von in Deutschland etablierten Methoden und Verfahren zur Energieeffizienzsteigerung entsprechende Potenziale in den russischen Unternehmen zu identifizieren.

Dazu erfolgte im ersten Schritt die Aufnahme und Darstellung aller energie- und ressourcenrelevanten Fertigungsprozesse für jedes Unternehmen auf Basis der Methode der Integrierten Unternehmensmodellierung [SMJ96]. Als Modellierungswerkzeug wurde die durch das Fraunhofer IPK entwickelte Software „MO2GO" genutzt (siehe Abb. 3.33) [MJJ97].

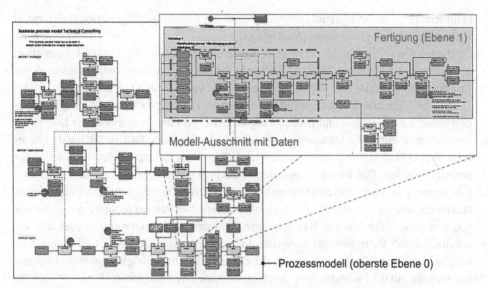

Abb. 3.33 Beispiel für ein Prozessmodell eines KMU mit MO2GO. Grafik: Fraunhofer IFF

Die Aufnahme der Prozesse bildete die Basis für die verursachungsgerechte Erfassung aller Energie- und Materialverbräuche. Die prozessualen Informationen wurden durch Daten über Heizung, Gebäudeisolierung, Beleuchtung, etc. ergänzt. Im nächsten Schritt erfolgte die Erstellung von Energieflussmodellen durch den Einsatz der oben beschriebenen Energiewertstrommethode. Auf deren Basis konnten die größten Energieverbraucher sowie die möglichen Energieeinsparpotenziale identifiziert werden. Abb. 3.34 zeigt eine

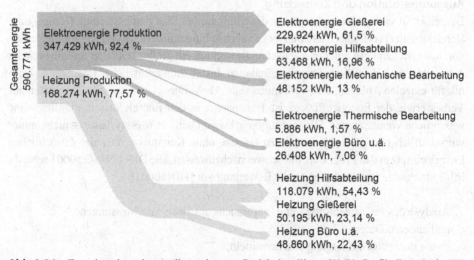

Abb. 3.34 Energieverbrauchsverteilung eines am Projekt beteiligten KMU. Grafik: Fraunhofer IFF

resultierende Energieverbrauchsverteilung eines am Projekt beteiligten Unternehmens in Form eines Sankey-Diagramms [SKRKM13].

Die aus den Prozessmodellen, den Energiewertströmen sowie den Sankey-Diagrammen gewonnenen Erkenntnisse bildeten die Basis für die Bestimmung von Maßnahmen zur Erhöhung der Energie- und Materialeffizienz in den untersuchten Unternehmen.

Eine beispielhafte Maßnahme mit signifikantem Einsparpotenzial besteht in der Verbesserung der Heizungs- und Beleuchtungsanlagen. So können in einem der beteiligten Unternehmen durch die Dämmung von außen liegenden Verteilstellen (Heizung, Warmwasser) und Einbau von Thermostatventilen Wärmeenergieeinsparungen von 24 Prozent realisiert werden. Der Einsatz moderner Beleuchtungskonzepte ermöglicht zudem eine Reduzierung des Gesamtstromverbrauchs von 4,5 Prozent. In einem anderen Unternehmen besteht ein erhebliches, allerdings schwer quantifizierbares Potenzial in der Konsolidierung von Fertigungsaufträgen und Bearbeitungsreihenfolgeänderungen mit dem Ziel, die Abschaltzeiten der Betriebsmittel zu verlängern und so elektrische Energie zu sparen. Die vorgeschlagenen Maßnahmen befinden sich derzeit in Prüfung. Einige Maßnahmen wurden bereits während der Projektlaufzeit durch die Unternehmen umgesetzt.

3.3.2 Ansätze des Digital Engineering and Operation zur Steigerung der Energieeffizienz produzierender Unternehmen

Gegenstand dieses Abschnittes ist die Vorstellung von Methoden zur Steigerung der Energie(kosten)effizienz, die sich derzeit am Fraunhofer IFF in der Entwicklung befinden.

3.3.2.1 Indirektes Messen
Ausgangssituation und Zielsetzung
Derzeit ist in vielen Unternehmen nur das Minimum an Energiemesstechnik (Haupt- bzw. Bereichszähler) verfügbar. Als Folge liegen auch keine detaillierten Energieverbrauchsdaten vor. Insofern kann mit einer energetischen Bewertung ein großer zeitlicher und finanzieller Aufwand, durch detaillierte Prozessaufnahmen, Installation zusätzlicher Energiemesstechnik für einzelne Anlagen, etc., verbunden sein. Als Voraussetzung für alle Aktivitäten zur Verbesserung der Energieeffizienz ist Transparenz in den Energieflüssen allerdings eine wesentliche Voraussetzung. Die Investition in kostenintensive Messsysteme ist nicht immer wirtschaftlich und deren Nutzen ist zu Beginn, ohne Kenntnisse über den tatsächlichen Energieeinsatz in den Prozessen, nur schwer nachzuweisen. Die DIN EN ISO 50001 schreibt folgende Punkte für eine energetische Bewertung vor [DIN50001]:

1. Analyse des Energieeinsatzes und -verbrauchs auf Basis von Messungen
   und anderen Daten, d. h.:
   – die derzeitigen Energiequellen ermitteln,
   – den bisherigen und aktuellen Energieeinsatz und -verbrauch bewerten.

2. Ermittlung der Bereiche mit wesentlichem Energieeinsatz. Das beinhaltet u. a. die Tätigkeiten:
   - Anlagen, Einrichtungen, Systeme und Prozesse mit wesentlichem Einfluss auf den Energieeinsatz und -verbrauch ermitteln,
   - die energiebezogene Leistungen der identifizierten Objekte bestimmen und
   - den zukünftigen Energieeinsatz und -verbrauch abschätzen.
3. Identifizierung, Priorisierung und Aufzeichnung von Möglichkeiten zur Verbesserung der energiebezogenen Leistung.

Daraus folgt, dass es nicht unbedingt erforderlich ist, sofort eine detaillierte Energieverbrauchsmessung durchzuführen. Die Ermittlung oben beschriebener Objekte und Werte kann auch mittels eines Berechnungsverfahrens erfolgen.

Es gibt in jedem Unternehmen Messgrößen und Betriebsdaten, die zwar nicht direkt den Energieverbrauch einzelner Prozesse widerspiegeln, aber einen wesentlichen Informationsgehalt über den Energieeinsatz aufweisen. Beispielhaft können hierfür Daten zum Produktionsprogramm, zu Fertigungszeiten, Maschinenzuständen, Prozessparametern, aber auch Umgebungsvariablen wie Temperatur und Uhrzeit genannt werden.

Basierend auf dieser Erkenntnis verfolgt das Fraunhofer IFF das Ziel, eine Methode zur Ermittlung des Energieverbrauchs im Unternehmen über Hilfsgrößen zu entwickeln. Hierfür wurden in einem vom Land Sachsen-Anhalt geförderten Projekt die Prozess-, Planungs- und Steuerungsdaten eines Referenzunternehmens untersucht und ein Verfahren entwickelt, das die Fusion von Parametern aus unterschiedlichen Datenquellen ermöglicht. Im Ergebnis soll der Anwender anhand von Informationen über die Ist-Parameter oder mithilfe von Planungsdaten den Energieverbrauch errechnen/bewerten können. Es soll auch möglich sein, die Einflüsse von einzelnen Verbrauchern oder Prozessen auf den Gesamtenergieverbrauch quantitativ und qualitativ zu bewerten und daraus auch Potenziale zur Effizienzsteigerung zu ermitteln.

Ergebnisse

Ein entscheidender Punkt in diesem Zusammenhang ist die Auswahl von geeigneten Hilfsgrößen. In den Untersuchungen des Fraunhofer IFF haben sich die in Tab. 3.3 dargestellten Hilfsgrößen als geeignet erwiesen.

Als für die hilfsgrößenbasierte Energieverbrauchsberechnung geeignete Methode hat sich eine Kombination aus künstlichen neuronalen Netzen (KNN) und Fuzzy-Logik bewährt [KKM13]. Die Vorteile solcher Modelle sind nach [Ei07]:

- Fehlertoleranz,
- robust gegenüber Rauschen, Ausreißern oder fehlenden Werte in den Datensätzen sowie
- jederzeit anpassungsfähig.

Die Verbindung mit Fuzzy-Logik-Controllern (hybride Netze ANFIS) ermöglicht dem Anwender, die nicht quantitativen Einflussgrößen (Erfahrung, Wissen, etc.) im Modell zu

Tab. 3.3   Zur indirekten Messung geeignete Hilfsgrößen. Quelle: Fraunhofer IFF

Parameter-gruppe	Eingangsparameter	Einheit (Beispiele)	Bezugs- bzw. Bewertungsgröße
Produkt	Eindeutige Produktidentifikation (Teile-/Produktnummer o. ä.)	-	Energiebedarf
	Menge Rohstoffe/Zwischenprodukte	kg/h; Stück/h	Energiebedarf
	Menge Fertigprodukte	kg/h; Stück/h	Energiebedarf
	Produktionszeitpunkt: • vom Rohstoff zum Zwischenprodukt • vom Zwischenprodukt zum Endprodukt	Zeitstempel	Energiebedarf
Betriebs-mittel	Anlagentyp in Betrieb pro Schicht → Anzahl der Anlagen in Betrieb pro Schicht	Stück	Energiebedarf
	Nennleistung (Anschlussleistung)	kW	Energiebedarf
	Betriebszeit (OEE-Kennzahl) • Rüstzeit • Wartezeit (Verweilzeit) • Produktionszeit	h/Schicht	Energiebedarf
	Ausfallzeit	h/Schicht	Energiebedarf
	Beschaffungsjahr und Baujahr	Zeitstempel	Energiebedarf
	Gewicht	kg	Wärme- bzw. Kälte-energie ggf. Strom
Personal	Anzahl Mitarbeiter pro Schicht	MA/Schicht	Energiebedarf
	Schichtplan (Anzahl)	Schicht	Energiebedarf
	Arbeitszeit pro Schicht	h/Schicht	Energiebedarf
	Personaleinsatzmatrix • Kostenstellengruppen • Maschinengruppen • Mehrmaschinenbedienung	-	Wärme- bzw. Kälte-energie ggf. Strom
Raumklima (Heizung, Lüftung, Klimati-sierung)	Temperatur außen	°C	Wärme- bzw. Kälte-energie ggf. Strom
	Temperatur innen	°C	Wärme- bzw. Kälte-energie ggf. Strom
	Luftfeuchtigkeit	g/m³, %	Wärme- bzw. Kälte-energie ggf. Strom
	Luftwechselzahl	1/h	Wärme- bzw. Kälte-energie ggf. Strom
Peripherie, Energie-umwand-lung und -erzeugung	Druckluftvolumen	m³/h	Strom
	Wärmebedarf (Produktion)	kWh	Strom bzw. andere Energiequellen (Gas, Öl usw.)
	Kältebedarf (Produktion)	kWh	Strom
	Strom (Erzeugung)	kWh	Strom bzw. andere Energiequellen (Gas, Öl usw.)

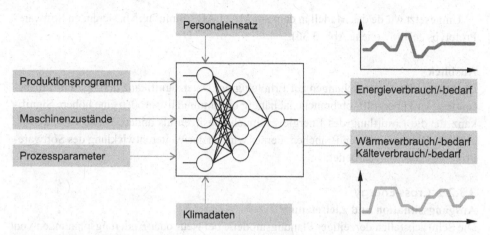

Abb. 3.35 Konzept zur Berechnung von Energieverbräuchen auf Basis von beispielhaften Hilfsgrößen. Grafik: Fraunhofer IFF

berücksichtigen und somit ganzheitliche Berechnungen durchzuführen. Es ist auch möglich, mit solchen Strukturen nicht nur die Ist-Situation bezüglich des Energieverbrauchs von einzelnen Prozessen/Produktionsbereichen/Anlagen zu bewerten, sondern auch die Energiebedarfsvorhersagen anhand von Planungsdaten zu machen. Das Konzept zur Berechnung der Energieverbrauchswerte ist schematisch in Abb. 3.35 dargestellt.

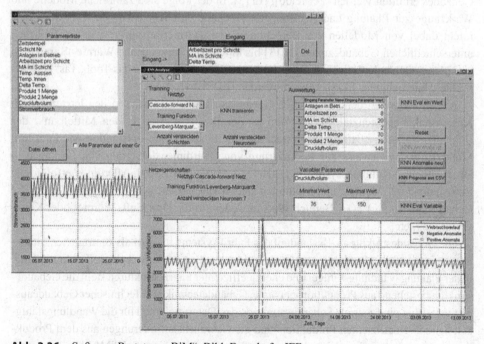

Abb. 3.36 Software-Prototyp „eBiM". Bild: Fraunhofer IFF

Umgesetzt wurde das Modell in dem auf MATLAB®/Simulink® basierenden Software-Prototyps „eBiM" (siehe Abb. 3.36).

Ausblick

Derzeit werden Untersuchungen zur Erhöhung der Datensignifikanz durchgeführt. Insbesondere wird überprüft, ob branchenabhängig bestimmte Hilfsgrößen eine höhere Signifikanz für die Ermittlung des Energieverbrauchs besitzen als andere Daten bzw. als die gleichen Daten in anderen Branchen. Ferner wird an der Weiterentwicklung des Software-Prototyps „eBiM" gearbeitet.

3.3.2.2 Cross Energy
Ausgangssituation und Zielsetzung

Die Schwachstellen derzeitiger Planungsmodelle bei Neu- oder Änderungsplanungen von Fabriken liegen zum einen in der mangelnden Berücksichtigung energetischer Aspekte und zum anderen in der fehlenden Durchgängigkeit der Planungsmodelle (Gewerke und Energieträger).

Im Bereich der Gebäudeplanung haben insbesondere gesetzliche Anforderungen zu einer zunehmenden Berücksichtigung energetischer Anforderungen geführt. So sind bereits mit der 1977 in der ersten Fassung erlassenen Wärmeschutzverordnung (WSchVO) zulässige Wärmeverluste von einzelnen Gebäudebauteilen vorgeschrieben worden. Mit der dritten Fassung aus dem Jahr 1995 musste zudem der spezifische Heizwärmebedarf eines Gebäudes ermittelt werden [PeMei00], [Er13]. In der Folge sind zahlreiche Modelle und Werkzeuge zur Planung energieeffizienter Gebäude entwickelt worden. Das Spektrum reicht dabei von Modellen zur Berechnung von Wärmetransportvorgängen zwischen unterschiedlichen Gebäudezonen [Ni13] bis hin zu Werkzeugen zur (Wärme-)Simulation kompletter Gebäude. Beispielhaft für letztere soll an dieser Stelle das Tool „Tas" des britischen Unternehmens EDSL genannt werden [EDSL14].

Auch im Bereich der Technischen Gebäudeausstattung rückten in den letzten Jahren Kostensenkungspotenziale durch Analyse der Betriebskosten in den Mittelpunkt der (ingenieur)-wissenschaftlichen Betrachtungen. In der Folge entstanden Modelle und Methoden beispielsweise zur Reduzierung von Überdimensionierung und Leckagen in Druckluft- und Kühlungssystemen [HiBr13], [Tr13], [MELS09]. Allerdings erfolgte die Entwicklung der Modelle und Methoden stets fokussiert auf den jeweiligen (Technische Gebäudeausrüstung) TGA-Bereich, also entweder auf die Druckluft, Wärme- oder Kälteversorgung, etc.

Die Gebäudestruktur als Bestandteil des Fabriksystems fungiert als zentrale Schnittstelle nach innen zu den Produktionsanlagen und nach außen zur infrastrukturellen Anbindung. In der Planung wandlungsfähiger und energieeffizienter Fabrikstrukturen stellt die Gebäudestruktur, bestehend aus Produktionsgebäude, Gebäudetechnik und Technischer Gebäudeausrüstung, daher eine zentrale Scharnierfunktion dar. Determinierend für die Wandlungsfähigkeit der energieeffizienten Produktion sind die Gebrauchsanforderungen aus dem Produktionsprozess, die mit den Gebäudeeigenschaften zu erfüllen sind [ScWiMü14].

Neben Anforderungen zur Geometrie, Belastung/Lastaufnahme, Ver- und Entsorgung stellen Störwirkungen aus dem Produktionsbereich spezifische Anforderungen an das Gebäude [IR04]. Die Auswirkungen der zu den Störwirkungen gehörenden Emissionen, u. a. Abwärme, Strahlung und Dämpfe, sind daher weitgehend bekannt, werden jedoch als abzuwendende Störungen des Fabriksystems betrachtet.

Die Wechselwirkungen zwischen Gebäuden und Betriebsmitteln einer Produktion sind damit zwar bekannt [MELS09], [Neu11], blieben bislang jedoch in der ganzheitlichen Betrachtung von Energie- und Stoffströmen unberücksichtigt [Ha13]. Beispielsweise werden Heizungs-, Lüftungs- und Klimaanlagen, u. a. zur Erzeugung von Prozesswärme bzw. -kälte, in Anlehnung an [ScWiMü14] als Peripherie dritter Ordnung und somit unabhängig der Hauptprozesse und Anlagen der Produktion betrachtet [Ha13], sodass Potenziale zur energieeffizienten Nutzung dieser Wechselwirkungen bisher auch nicht ganzheitlich untersucht wurden.

In den Anfängen der energetischen Planung von Fabrik und Produktion ist häufig lediglich die Anschlussleistung von Betriebsmitteln bekannt, die zur Auslegung der Energieversorgung und -anschlüsse dient und nur eine grobgranulare Betrachtung des Energieverbrauchs auf Gebäude- bzw. Gebäudeteilebene erlaubt. Selten werden detaillierte Lastgänge einzelner Betriebsmittel erfasst, mit denen eine Transparenz zum Energieverbrauch von Produktionsprozessen geschaffen werden kann [FhG08], [MELS09]. Die Erfassung von Energieverbräuchen und -strömen bildet jedoch die Grundlage zur Identifizierung von Verbesserungspotenzialen des Energieeinsatzes in der Produktion [Ri13] und die Basis für eine energetische Planung von Fabrik und Produktion.

Im Stand der Technik werden die verwendeten Energieträger, Elektrizität, Wärme, Druckluft und Stoffe, sowohl in ihren Abhängigkeiten bzw. Wechselwirkungen als auch bezüglich der Verfügbarkeit getrennt voneinander betrachtet. Lediglich aus Forschungsvorhaben sind erste Ansätze zur integrierten Planung von Gebäuden, TGA und Betriebsmitteln vorhanden.

Beispielhaft bietet das System „Total Energy Efficiency Management" (TEEM) Möglichkeiten zur Abbildung und späteren Simulation von Energieströmen und Medien einer Produktion. Das System soll den Anwender bei der Planung, Modellierung, Simulation und Optimierung von Fabrik- und Produktionssystemen in Bezug auf Energieeffizienzsteigerungen unterstützen [BrNeCo13].

Bislang im TEEM-System nicht enthalten ist die Berücksichtigung der Wechselwirkungen von Betriebsmitteln und Gebäude. Das Verständnis des Wechselspiels zwischen den Produktionsabläufen und dem Gebäude ist jedoch eine wesentliche Grundlage für die Planung von energieeffizienten Fabriken [Wie13].

Deshalb ist es ein Ziel des Fraunhofer IFF, eine ganzheitliche Cross-Integration der Energieträger Elektrizität, Wärme, Druckluft und Stoffe sowie die Analyse und formale Spezifikation der Wechselwirkungen der Energieträger untereinander sowie von Gebäude und Betriebsmitteln durchzuführen. Hierzu müssen auch die Abhängigkeiten zu den Energie-, Material- und Informationsflüssen und zu den Abläufen untereinander untersucht und beschrieben werden, um eine kontinuierliche Verbesserung des Energieeinsatzes und der Prozessgestaltung unter Berücksichtigung der Energieerzeugung, -speicherung, -umwandlung zu erreichen.

Ergebnisse

In einem im Jahr 2013 begonnenen Projekt des Fraunhofer IFF sollen Strategien, Konzepte und Algorithmen entwickelt werden, die ein Unternehmen dazu befähigen, eine ganzheitliche Betrachtung der Energieträger und des Energieeinsatzes durchzuführen. Der Fokus in diesem Vorhaben liegt in der systematischen Verzahnung der Energieträger Elektrizität, Wärme, Druckluft und Stoffe zu einem ganzheitlichen intelligenten Cross-Energieträger-Modell. Bei der Umwandlung von Energien werden u. a. Konzepte wie „Power-2Heat" und „Power2Gas" im Modell berücksichtigt. Auf der Grundlage der Ergebnisse des Projekts werden produzierende Unternehmen in der Lage sein, das Sparpotenzial resultierend aus der Cross-Integration der Energieträger sowie die einhergehenden Investitionsrisiken abzuschätzen und Sicherheit bei der Einführung neuer innovativer Steuerungslösungen zu erreichen.

Das Konzept für das Cross-Energieträger-Modell soll die Struktur des Gesamtsystems und der Zusammenhänge zwischen den einzelnen Energieträgern, Betriebsmitteln, dem Gebäude und den Prozessen im produzierenden Unternehmen beschreiben. Zusätzlich sollen alle Formen zur Energieerzeugung, -speicherung und -verteilung, die in einem produzierenden Unternehmen zum Einsatz kommen, in dem Konzept zum Cross-Energieträger-Modell aufgenommen werden.

Der gewählte Ansatz zur Beschreibung des betrachteten Fabriksystems ist die Metamodellierung. Hierbei entsteht ein abstraktes Modell, das über („meta") seinem abzubildenden Original steht. Gegenstand eines Metamodells ist daher nicht die konkrete Abbildung eines Originals (Fabriksystems), sondern die standardisierte Modellierung verschiedener Originale zu ermöglichen. Ein Metamodell umfasst somit die Modellierungssprache mit den Sprachelementen (Syntax) und ihrer Bedeutung (Semantik) zur Modellierung. Metamodelle spezifizieren neben den verfügbaren Arten von Bausteinen (Meta-Objekte) und Beziehungen zwischen den Bausteinen (Meta-Beziehungen) auch die Konsistenzbedingungen für die Verwendung der Bausteine und deren Beziehungen [Si97].

Der gewählte Ansatz zur Metamodellierung erlaubt somit eine leichte Adaptierung der Konzepte, Strategien und Algorithmen zur Anwendung bei Unternehmen verschiedener Branchen.

Zur Modellierung des Gesamtsystems mit den verschiedenen Energieträgern, Betriebsmitteln sowie den Energie-, Stoff- und Informationsflüssen wird die Modellierungssprache Unified Modeling Language (UML) eingesetzt. Diese Modellierungssprache wird u. a. für die Beschreibung komplexer Systeme verwendet und soll die Lesbarkeit, Wiederverwendbarkeit und Verständlichkeit der zu vermittelnden Informationen erhöhen und stellt dadurch ein geeignetes Mittel zur Beschreibung komplexer Sachverhalte dar. Die Abb. 3.37 zeigt einen Ausschnitt des Metamodells zum Energieeinsatz im Fabriksystem.

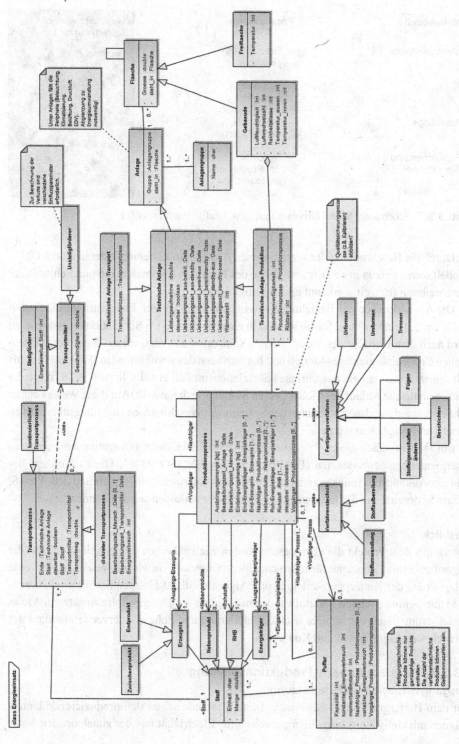

Abb. 3.37 Ausschnitt aus dem Metamodell zum Energieeinsatz. Grafik: Fraunhofer IFF

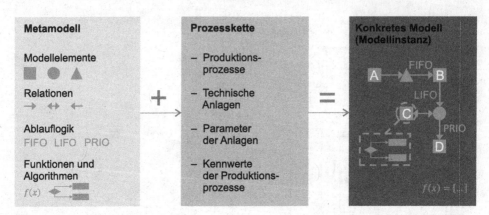

Abb. 3.38 Schema zur Model Driven Simulation. Grafik: Fraunhofer IFF

Durch die Beschreibung der verschiedenen Aspekte und Themenfelder in einem UML-Modell sollen bereits in einer frühen Phase des Projektes Inkonsistenzen und Fehler in der Beschreibung frühzeitig erkannt und beseitigt werden.

Die Auswirkungen der Beziehungen zwischen den einzelnen Energieträgern Elektrizität, Wärme, Druckluft und Stoffe werden in einer dynamischen Simulation erfasst. Hierzu wird nach dem Konzept des Model Driven Simulation automatisch auf Basis des konzeptuellen Cross-Energieträger-Modell und Instanzdaten des abzubildenden (Fabrik-)Systems mit seinen Prozessen ein ausführbares Simulationsmodell erstellt. In Abb. 3.38 ist hierfür der schematische Ablauf des Model Driven Simulation dargestellt. Auf diese Weise können schnell und aufwandsarm Varianten des Systems mit verschiedenen Handlungsalternativen erstellt und verglichen werden.

Ein weiteres Ziel dieses Projektes ist die Erstellung eines Integrationskonzeptes zu Energiemanagementsystemen (EnMS) nach DIN EN ISO 50001. Dieses Konzept beschreibt Anknüpfungspunkte zwischen dem Cross-Energieträger-Modell und dem EnMS, sodass Synergien aus der Integration der Systeme erschlossen werden können.

Ausblick
Sofern mit dem Projekt die oben beschriebenen Zielstellungen erreicht sind, müssen die Algorithmen und Konzepte für unterschiedliche Branchen entwickelt werden, sodass eine Adaptierung der Konzepte, Strategien und Algorithmen auf ein spezifisches produzierendes Unternehmen schnell und aufwandsarm möglich ist. Der gewählte Ansatz zur Metamodellierung bietet hierfür eine leichte Adaptierung und hohe Wiederverwendbarkeit der entwickelten Algorithmen und Konzepten.

3.3.2.3 Energieoptimierte Produktionsplanung
Ausgangssituation und Zielsetzung
Vor dem Hintergrund der beschlossenen Energiewende sehen sich produzierende Unternehmen mit stetig steigenden Energiepreisen für Elektrizität und der zunehmenden Vola-

tilität der verfügbaren elektrischen Energiemenge sowie den daraus resultierenden Preisschwankungen konfrontiert [Ka12]. Ausgangspunkt des Ansatzes ist die Annahme, dass diese Volatilität künftig vom Energieversorger nicht allein kompensiert werden kann und daher an die Abnehmer weitergereicht wird, sodass die verfügbare Energie und ihr Preis für die Unternehmen dynamisch schwanken werden [Na09]. Während den steigenden Energiepreisen mit Maßnahmen zur Effizienzsteigerung von Technologien und Prozessen in der Produktion durch eine Verbrauchsreduzierung entgegengewirkt werden kann, bleiben die Potenziale der Energiepreisvolatilität noch ungenutzt. Energieintensive Unternehmen, die über intelligente Planungs- und Steuerungsmechanismen in ihrer Produktion verfügen, können jedoch zukünftig davon profitieren.

Heutige Planungs- und Steuerungssysteme für Produktionsanlagen gehen in diesem Kontext davon aus, dass die benötigte elektrische Energie zu jedem Zeitpunkt und im Rahmen der installierten Leistung praktisch unbegrenzt zur Verfügung steht. Mit dem wachsenden Anteil volatiler Energiemengen im Stromnetz zeichnet sich für die deutsche Industrie die Umkehrung des Paradigmas ab: Die Produktionsplanung und -steuerung muss sich der Verfügbarkeit der Energie anpassen. Heutige Produktionsplanungs- und -steuerungssysteme sind dazu nicht in der Lage. Häufig versuchen Unternehmen, sich dem Problem zu entziehen, indem sie allein auf Speicherlösungen vertrauen. Das Fraunhofer IFF hält diesen Lösungsansatz für unzureichend, um den zukünftigen Herausforderungen zu begegnen, und beschreitet einen neuen Weg zur energieoptimierten Produktionsplanung (EoPP).

Ergebnisse

Um bei der Erstellung des Produktionsprogramms die Strompreisentwicklungen berücksichtigen zu können, wurde am Fraunhofer IFF ein Werkzeug zur Unterstützung der energieoptimierten Produktionsplanung entwickelt [KKM13]. Mit dem Werkzeug können verschiedene Produktionsplanungsszenarien gegenübergestellt und deren Auswirkungen anhand verschiedener Zielgrößen, wie Ausbringungsmengen, Fehlmengen, Energieverbrauch, Work in Progress (WIP) und Anzahl benötigter Mitarbeiter verglichen werden.

Die Basis für die energieoptimierte Produktionsplanung bildet die Abbildung der Produktion aus energetischer Sicht in einem Modell. Wie in Abb. 3.39 ersichtlich, sind in diesem Modell Produktionsabläufe, Schichtsysteme und Lagerkapazitäten abgebildet. Entsprechend des Konzeptes des Model Driven Engineering wird daraus ein mathematisches Modell erzeugt. Das mathematische Modell stellt wiederum den Input für einen mathematischen Algorithmus dar. Die Entwicklung des Strompreises im 15-Minuten-Takt wird ferner als Nebenbedingung aufgenommen [KKM13].

Durch den mathematischen Algorithmus können unterschiedliche Zielstellungen durch Formeln abgebildet und über Gewichtungen zusammengeführt werden. Für die Erstellung eines vom Energieeinsatz determinierten Produktionsprogramms soll die gewichtete Summe aus Bedarfslücke (Differenz aus erforderlicher und tatsächlich produzierter Ausbringungsmenge), Lager-, Personal- und Energiekosten minimiert werden. Darauf auf-

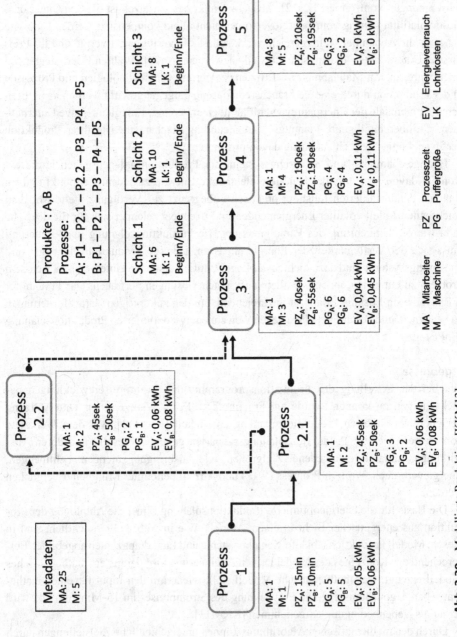

Abb. 3.39 Modellierte Produktion [KKM13]

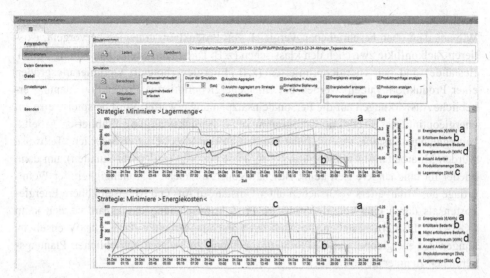

Abb. 3.40 Werkzeug zur energieorientierten Produktionsplanung. Bild: Fraunhofer IFF

bauend kann in Abhängigkeit der Nachfrage, des eingesetzten Schichtsystems und Lager-konzepts sowie der Energiepreisentwicklung das Produktionsprogramm erstellt werden (siehe Abb. 3.40) [KKM13].

Das Werkzeug ermöglicht ferner durch eine Anpassung der Zielgewichtungen alternative Produktionsstrategien abzubilden bzw. zu vergleichen. Abb. 3.40 zeigt zwei Diagramme, eines zur Lean-Strategie und eines zur energieoptimierten Produktionsplanung. Die beiden Strategien führen bei selber Ausgangssituation zu unterschiedlichen Produktionsprogrammen.

Die Ausgangssituation ist durch den Verlauf des Strompreises (Kurve (a)) und die Abfrage der Bedarfe charakterisiert. Der Strompreis hat an dem gewählten Referenztag ein Minimum um etwa 3:00 Uhr morgens und steigt dann kontinuierlich an. Die Produktion muss drei Aufträge (Bedarfe) am Ende des Tages gefertigt haben (Balken (b)).

Im Fall der Lean-Strategie zeigt sich ein kontinuierlicher Produktionsprozess. Besonders gut lässt sich dies an der Lagermenge (Kurve (c)) beobachten. Diese zeigt einen sägezahn-förmigen Verlauf. Bis zur Abfrage des ersten Bedarfs steigt sie kontinuierlich an, sinkt dann um die nachgefragte Menge, um dann wieder leicht anzusteigen.

Im Fall der energieoptimierten Produktionsplanung ist die Produktion zwischen 0:00 Uhr und 6:00 Uhr im maximalen Betrieb, da hier der Strompreis tagesbezogen am geringsten ist. Der Energieverbrauch ist hier konstant (Kurve (d)). Das hat zur Folge, dass sehr viele Endprodukte sehr lange gelagert werden. Bis 15:00 Uhr ist die komplette Menge an nachgefragten Endprodukten gefertigt und wird zu den entsprechenden Zeitpunkten aus den Lagern abgerufen.

Ausblick

Wie aus dem oben beschriebenen Vergleich von Produktionsstrategien hervorgeht, existieren Zielkonflikte zwischen den klassischen (z. B. Durchlaufzeiten, Bearbeitungszeiten, Bestände) und den energieoptimierten (z. B. Energieverbrauch) Optimierungsgrößen einer Produktion. Zudem werden bei einer energieoptimierten Produktionsplanung erhebliche Auswirkungen auf die Personaleinsatzplanung erwartet. Wird beispielsweise ein energieoptimiertes Produktionsprogramm ohne Berücksichtigung etablierter Arbeitszeitregelungen erstellt, ist eine hohe Flexibilität der Mitarbeiter erforderlich. Teilweise würden Mitarbeiter nur für sehr kurze Zeiträume benötigt (z. B. zwei Stunden), um dann wieder für eine längere Zeit keine Beschäftigung zu haben. In Abhängigkeit der Wohnortlage des Mitarbeiters verursachen unter Umständen An- und Abreisen höhere Energiekosten als durch eine energieoptimierte Produktionsplanung eingespart werden kann [KKM13]. Insofern bestehen die nächsten Forschungsarbeiten darin, die Wechselwirkungen der energieoptimierten Produktionsplanung zu anderen betrieblichen Planungsbereichen zu untersuchen.

3.4   Smart Farming-Systeme

Udo Seiffert

3.4.1 Smart Farming

3.4.1.1 Der industriell geführte Anbau agronomisch relevanter Kulturpflanzen – Charakteristik und Herausforderungen

Der technische Fortschritt hat in den letzten Jahren zunehmend auch in der industriell geführten Landwirtschaft Einzug gehalten.

Zwei Ziele sind hier dominierend: Es geht darum, die Ertragsfähigkeit eines Standortes zu erhalten, auch wenn sich ökologische und ökonomische Randbedingungen ändern. Und es geht darum, diese Ertragsfähigkeit nachhaltig zu sichern und neue Standorte zu erschließen. Moderne Landwirtschaft lässt sich zunehmend als Produktionssystem betrachten. Das lässt sich u. a. an der Ertragsentwicklung ablesen, wie sie für zwei agronomisch bedeutsame Kulturen in Deutschland, Weizen und Gerste, in Abb. 3.41 exemplarisch dargestellt ist. Die Entwicklung zeigt eine Verfünffachung bei der Sommergerste bzw. eine Versiebenfachung bei Winterweizen.

Neben dem technischen Fortschritt, der in diesem Abschnitt im Fokus der Betrachtungen steht und ohne den das Erreichen dieser Ziele nicht in dem erforderlichen Maße möglich wäre, hat sich auch die Palette der Produkte aus nachwachsenden Grundstoffen erheblich verbreitert. So werden landwirtschaftlich produzierte Grundstoffe mittlerweile neben der Sicherstellung der Ernährung von Mensch und Tier verstärkt zur Energiegewinnung und für die Produktion von Werkstoffen, sogenannte Biopolymere, als Substi-

Abb. 3.41 Ertragsentwicklung anhand von zwei agronomisch relevanten Kulturen in Deutschland im Zeitraum 1800 bis 2005 [Fa07]

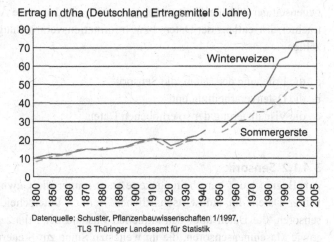

Ertrag in dt/ha (Deutschland Ertragsmittel 5 Jahre)

Winterweizen

Sommergerste

Datenquelle: Schuster, Pflanzenbauwissenschaften 1/1997,
TLS Thüringer Landesamt für Statistik

tution klassischer Erdölprodukte verwendet. Insofern lässt sich neben erweiterten technischen Möglichkeiten auch eine verstärkte Motivation zum industriellen Betrieb der Landwirtschaft konstatieren.

Auf der anderen Seite stehen immer weniger Ressourcen für die Produktion landwirtschaftlicher Güter zur Verfügung. Das führt zur zentralen Herausforderung der Etablierung ressourceneffizienter Produktionssysteme.

▶ **Herausforderung 1: Ressourceneffiziente Produktionssysteme**
  Im Feldanbau müssen Betriebsmittel, wie z. B. Wasser, Düngestoffe und Pflanzenschutzmittel, angepasst an den Ernährungszustand der Pflanzen ausgebracht werden. Es soll ein Ausgleich von Inhomogenitäten im Feld durch räumliche Versorgungskarten erfolgen.
  Folglich muss die Erkennung des Pflanzenzustandes großflächig, im Hochdurchsatz auf dem Feld durchgeführt werden, um die nötigen Informationen für die Ausbringung von Betriebsmitteln sammeln zu können.

So kommen in der modernen Landwirtschaft z. B.:

- teilflächenspezifische Bewirtschaftung,
- GPS-gestützte Fahrzeugsteuerung und
- computergestützte Landwirtschafts-Informationssysteme

zum Einsatz. Unter Smart Farming werden mittlerweile alle Aspekte der industriell geführten Bewirtschaftung landwirtschaftlicher Produktionsflächen zusammengefasst.

Viel entscheidender als eine begriffliche Definition ist die integrative Betrachtung der relevanten Aspekte in ihrem Wechselspiel untereinander und unter Berücksichtigung gegenseitiger Abhängigkeiten. Im Folgenden werden diese Aspekte systemorientiert betrachtet, d. h. entlang der Daten- bzw. Informationsverarbeitungskette aufgefächert. Hierzu zählen:

a. die Erhebung der Daten, die Sensorik,
b. die Datenverarbeitung und
c. die Visualisierung der so erhobenen Daten.

3.4.1.2 Sensorik

Am Beginn jeder Verarbeitungskette steht immer die Gewinnung geeigneter und relevanter Daten. Im landwirtschaftlichen Bereich unterscheiden wir generell Pflanzensensoren, die Daten über den aktuellen Zustand der Pflanzen im Feldbestand erheben, sowie Maschinensensoren, die im weitesten Sinne zur Steuerung der eingesetzten Landtechnik dienen.

Maschinensensoren

Maschinensensoren tragen insbesondere zur Erhöhung der Präzision in unterschiedlichsten Arbeitsschritten sowie zur Entlastung des Fahrers/Bedieners im Sinne von Assistenzsystemen bei. Ein illustratives Beispiel ist die Übermittlung von S-Daten an ein System, das in einem Mähdrescher zum Einsatz kommt und diesen automatisiert fahren lässt. Dies bedeutet heute mehr als Geradeausfahren, denn dank GPS-gesteuerter Reihenabschaltungen und Teilbreitenschaltungen ist die exakte ortsadaptive Ausbringung von Saatgut und Betriebsmitteln möglich.

Pflanzensensoren

Die Pflanzensensoren sind für dieses Kapitel von besonderer Bedeutung. Diese Sensoren liefern Daten in zwei Dimensionen. Auf der zeitlichen Ebene „online" und auf der örtlichen Ebene „onsite". Nichts kann ein umfassenderes Bild des Gesundheits- und Ernährungszustandes der Pflanze liefern, als beides direkt zu messen. Bisher wird dieses Bild indirekt gewonnen, durch Daten aus Bodenproben, Pflanzenbonituren und Wetterhistorie. Auf Pflanzensensoren basierende Systeme sind aber sehr viel genauer, sie liefern exakter die relevanten Kenngrößen und deren zeitliche und örtliche Auflösung.

Hinsichtlich des Umfangs der o. g. relevanten Kenngrößen, die von Sensoren erfasst werden können, ist ein steigender Aufwärtstrend zu verzeichnen. Neben mittlerweile schon als Standard anzusehenden Kenngrößen, wie die Versorgung mit Stickstoff (sogenannter N-Sensor), als wesentlicher Makronährstoff, oder einigen Mikronährstoffen oder die generelle Wasserversorgung der Pflanze, z. B. über Infrarotsensoren, kann man mit innovativer hyperspektraler Bildgebung (siehe Abb. 3.42) wesentlich komplexere Stoffgemische, vorwiegend Metaboliten, quantitativ und ortsaufgelöst erfassen. Bei Verwendung derart komplexer Sensorik verlagern sich die Herausforderungen zunehmend in Richtung Datenverarbeitung, was uns unmittelbar zum nachfolgenden Abschnitt führt.

Abb. 3.42 Kombination von Pflanzen- und Maschinensensoren in der industriell geführten Landwirtschaft. Das Bild zeigt das am Fraunhofer IFF entwickelte System zur luftbasierten Bestimmung des Gesundheits- und Ernährungszustandes von Kulturpflanzen im Feldbestand. Wesentliche Komponenten sind eine Hyperspektralkamera (Inlet Mitte) und ein d-GPS-Sensor (Inlet rechts), der neben der geographischen Positionsbestimmung parallel zum Datenstrom die Eigenbewegungen des Flugzeuges aufzeichnet. Beides ermöglicht eine korrekte Geo-Referenzierung der aufgenommenen Hyperspektraldaten. Fotos: Fraunhofer IFF

3.4.1.3 Datenverarbeitung

Nachdem, wie eben beschrieben, Daten über den Zustand einer Pflanze auf dem Feld räumlich und zeitlich erhoben wurden, müssen diese darstellbar gemacht werden. Es geht nunmehr um die mathematische Modellierung des Pflanzenzustandes. Dies ist durch zwei zentrale Herausforderungen gekennzeichnet. Zum einen müssen in innovativen Ansätzen zunehmend hochdimensionale (mehrere hundert Dimensionen) und komplexe, z. B. nichtlineare Daten verarbeitet werden. Hinzu kommt, dass häufig Daten verschiedener Sensoren miteinander vergleichbar gemacht werden müssen, und somit verschiedene Modalitäten integrativ verarbeitet und bewertet werden müssen. Typischerweise führt das zu einer weiteren Erhöhung sowohl der Dimensionalität als auch der Komplexität. Darüber hinaus sind die aufgenommenen Daten häufig durch ein hohes Rauschen gestört und teilweise unvollständig und sogar widersprüchlich.

Was der Landwirt jedoch braucht, sind konkrete Handlungsempfehlungen. Die aufgenommenen Daten bzw. die integrative Verknüpfung von Daten unterschiedlicher Sensoren allein gibt dies noch nicht her. Hierfür bedarf es in vielen Fällen der Einbeziehung von A priori-Expertenwissen über weitere Zusammenhänge, die in den verfügbaren Daten nicht dargestellt sind. Das ist beispielsweise das Wissen, welche Stoffwechselprodukte im Blatt charakteristisch auf einen bestimmten Ernährungszustand oder eine bestimmte Pathogeninfektion hindeuten. Üblicherweise liegt derartiges Expertenwissen nicht explizit vor, sondern ist nur implizit in Form von Erfahrung und Regeln dezentral verfügbar. Dies führt zu einer weiteren zentralen Herausforderung.

▶ **Herausforderung 2: Dezentralisierung und Dynamisierung von Wissen**
Das Wissen über den optimalen Anbau von Kulturpflanzen, z. B. in Form rele-
vanter Nährstoffe, muss in die Erstellung der digitalen Modelle mit einfließen.
Folglich müssen die Modelle adaptiv gestaltet werden, um z. B. Sensordaten auf
neues externes Expertenwissen abzubilden. Das Wissen selbst ist somit einer
Dynamisierung unterworfen.

Um die o. g. Ziele, eine datengetriebene, nichtlineare, digitale Modellierung unter Berücksichtigung nichtexplizit gegebenem Expertenwissens hinreichend adressieren zu können,
ergibt sich eine dritte zentrale Herausforderung bezüglich des digitalen Engineerings.

▶ **Herausforderung 3: Neue Methoden des Digital Engineering and Operation**
Adaptive selbstlernende Systeme zur Bestimmung des Ernährungszustandes
müssen bei der Systementwicklung erstellt werden, basierend auf systematisch und umfassend erhobenen Sensor-/Labordaten. Die Bestimmungsmo-
delle müssen nachfolgend im Betrieb einsetzbar sein und mit neuen Sensordaten umgehen können.
Folglich sollten systematische Referenzdaten in der Entwicklung die zu erwartenden Datenvariationen abdecken. Unerwartete Sensorwerte im Betrieb
müssen im Modell entsprechende Anpassungen (Struktur, Parameter) bewirken. Künstliche Intelligenz soll sich an neue Umstände anpassen, ohne schon
gelerntes Wissen damit zu stören oder zu verlieren.
Dieser Hintergrund wird als Plastizitäts-Stabilitäts-Dilemma bezeichnet.
Systeme mit künstlicher Intelligenz müssen bzw. sollen auch auf Situationen
reagieren können, die ihnen neu sind. Natürlich können sie daraufhin trainiert
werden. Aber auch dann ist ihre mögliche Reaktion auf das beschränkt, was
vorher trainiert wurde. D. h., man wünscht sich von einem System sowohl
Plastizität (es soll von selbst erkennen, wenn eine Situation vorliegt, die den
bisher gelernten Klassen nicht zuzuordnen ist; und dieses neue Muster soll
gespeichert werden), als auch Stabilität (nach diesem Lernen neuer Muster
sollen die alten, bereits bekannten Muster weiterhin funktionieren.)

Zur Lösung derartiger Aufgaben haben sich, auch über den hier beschriebenen Kontext
hinaus, Methoden der künstlichen Intelligenz [Li89], [SeJS05], [SeHK06], [ViMS08] insbesondere künstliche neuronale Netze, Fuzzy-Technologie und regelbasierte Experten-
systeme als ausgesprochen vorteilhaft erwiesen. Die Abb. 3.43 und die Abb. 3.44 zeigen
die Verwendung solcher Methoden im Kontext des Digital Engineering and Operation für
das Smart Farming.

Wesentliche Charakteristika der Modelle sind in diesem Zusammenhang ihre online-
bzw. offline-Fähigkeiten. Durch einen Übergang der Modelle von einem Zustand in den
anderen lässt sich die Funktionalität dieser Modelle elegant erweitern, ohne dass man zwei
Arten von Modellen vorhalten muss.

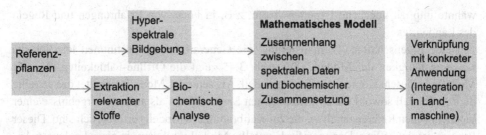

Abb. 3.43 Systemmodell des Digital Engineering and Operation zur mathematischen Modellierung des Gesundheits- und Ernährungszustandes von Kulturpflanzen. Grafik: Fraunhofer IFF

Bodenzustand

Abb. 3.44 Smart Farming-Ansatz zur teilflächenspezifischen Bewirtschaftung unter Verwendung mathematischer Modelle und A priori-Expertenwissens (siehe Abb. 3.42). Grafik: Fraunhofer IFF

Modellbildungsverfahren

Modellbildungsverfahren arbeiten üblicherweise zweistufig. Zuerst erfolgt die Modellbildung offline, d. h., der Prozess wird erst einmal gelernt, ohne Rücksicht auf Unvorhergesehenes oder zeitliche Verschiebungen zu nehmen. Danach erfolgt der Schritt in die Online-Fähigkeit, denn das entwickelte Verfahren soll auch im laufenden Betrieb funktionieren. Dazu gehört auch, dass es neues Wissen lernen kann, ohne altes Wissen unvorhersehbar zu überschreiben oder zu löschen (siehe oben: Plastizitäts-Stabilitäts-Dilemma).

Der Lebenszyklus eines Modells beginnt typischerweise als Offline-Modell. Hier ist die zentrale Fähigkeit des Modells, dass es sich an existierendes wie auch an neu hinzukommendes Wissen anpassen kann. Diese Eigenschaft wird Adaptivität[3] genannt. Mit dem Term Wissen greifen wir hier bewusst etwas weiter, da die Basis der Offline-Modelle eben mehr ist, als reine Messdaten. Sie beinhaltet ebenfalls das weiter oben bereits er-

---

[3] Im Kontext des maschinellen Lernens und dort insbesondere künstlicher neuronaler Netze spricht man an dieser Stelle von Trainierbarkeit.

wähnte implizit gegebene Expertenwissen, z. B. in Form von Erfahrungen und Regeln des Landwirtes.

Beide Eigenschaften, Formalisierung wie Generalisierung, bestimmen letztlich die Leistungsfähigkeit der Modelle. Die Abb. 3.43 zeigt die Offline-Fähigkeiten digitaler Modelle in diesem Kontext als Systemmodell. Als zentrales Modul beinhaltet das erstellte digitale Modell sowohl die aufgenommenen Spektraldaten als auch die Ergebnisse einer biochemischen Referenzanalyse, die zur Kalibration des Modells erforderlich sind. Dieser Prozess erfolgt offline. Das spezifisch erstellte Modell wird dann in einer konkreten Anwendung genutzt.

Nachdem das Offline-Modell so gebildet wurde, folgt die Online-Phase der Modelle. Bezogen auf den Lebenszyklus ist das die Betriebsphase des Produktionssystems[4]. Hier erfolgt die Anwendung des „gespeicherten" Wissens in der Produktion, also online.

Der Pflanzensensor, hier eine hyperspektrale Kamera, nimmt zeitlich und örtlich direkt ein geeignetes Reflektionsspektrum der Pflanzen im Feldbestand auf. Dieses wird unter Verwendung eines vorab erstellten mathematischen Modells in eine Beschreibung des Gesundheits- und Ernährungszustandes überführt. Hieraus wird unter Einbeziehung von Expertenwissen des Landwirtes eine konkrete Handlungsempfehlung zur ortsadaptiven Ausbringung von Betriebsmitteln generiert.

3.4.1.4 Visualisierung/Aktorik

Nach der Datenerhebung und der Datenverarbeitung stellt die dritte Kategorie nun die Interaktion direkt mit dem Landwirt bzw. indirekt über die benutzten Landmaschinen dar. Dazu sind offene und herstellerübergreifend einsetzbare Systeme wünschenswert, um einen durchgehend modularen Aufbau des Gesamtsystems beim Landwirt umsetzen zu können

Datenmanagement und Visualisierung versorgen den Landwirt mit allen relevanten Informationen, bevorzugt in Echtzeit, über den Zustand der Pflanzen auf der einen Seite und den Einsatz der Landtechnik auf der anderen Seite. Hieraus lassen sich Planungen des Maschinen- und Fahrzeugparks ableiten. Bei Verwendung entsprechender Sensorik (siehe oben) lassen sich auch Vorhersagen zum optimalen Erntezeitpunkt, aus Sicht der Pflanzen im Feldbestand, und zur erwarteten Qualität der Ernte ableiten. Die Integrationsplattform all dieser Daten ist typischerweise ein, oft schon vorhandenes, Landwirtschafts-Informationssystem. Es ist das Fenster des Anwenders, das ihm den sehr komplexen Datenbestand einfach zugänglich macht.

Es ist möglich, dass die aufgenommenen Daten bzw. erstellten digitalen Modelle direkt in die Steuerung einer Landmaschine einfließen. Dafür müssen sie in geeigneter Form aufbereitet und über eine Schnittstelle (Protokolle für Hard- und Software) vorgehalten werden. Damit können sehr komplexe Aufgaben in der landwirtschaftlichen Produktion automatisiert erledigt werden (siehe auch Abb. 3.45). Mit spezifisch erstellten digitalen Modellen auf Basis von Methoden der künstlichen Intelligenz belegt die industriell geführt-

---

[4] Im Kontext des maschinellen Lernens und dort insbesondere künstlicher neuronaler Netze spricht man an dieser Stelle vom *Recall* des Netzes.

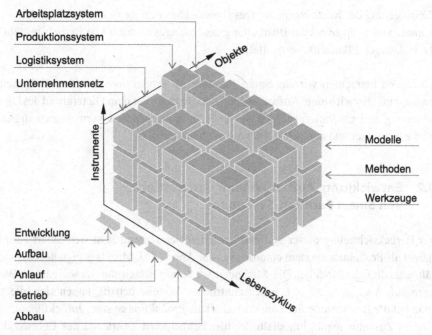

Abb. 3.45 Smart Farming im Kontext des Digital Engineering and Operation.
Grafik: Fraunhofer IFF

te Landwirtschaft der Abb. 3.45 hervorgehobenen Segmente des Lebenszyklus Entwicklung, Aufbau, Anlauf und Betrieb eines Produktionssystems. Als Werkzeuge kommen aus Entwicklersicht z. B. Systeme zum Training künstlicher neuronaler Netze oder zum Erstellen einer Regelbasis anhand a priori verfügbaren Expertenwissens, sowie aus Anwendersicht entsprechende Landwirtschafts-Informationssysteme zum Einsatz.

3.4.1.5 Nutzen des Smart Farming
Nach der detaillierten Beschreibung der Herausforderungen und der Charakteristik der industriell geführten Landwirtschaft stellt sich nun die Frage nach deren Nutzen. Hier lassen sich zwei Kategorien definieren, der gesellschaftliche und der wirtschaftliche Nutzen. Die Grenzen zwischen beiden können verschwimmen.

Je nach Blickwinkel wird man den einen oder anderen Punkt besonders favorisieren. Gleichfalls bedeutsam ist der wirtschaftliche Nutzen. Im Sinne des dort üblicherweise betrachteten Quotienten aus Output und Input kann man definieren:

- Erhöhung des Ertrages und Verringerung des Ernteausfallrisikos (Output). Dies bezieht sich zum einen sowohl auf den mengenmäßigen Ertrag der Ernte (z. B. in dt/ha), als auch auf die Qualität des Erntegutes (z. B. Proteingehalt von Körnern), zum anderen auf eine möglichst hohe Robustheit und Konstanz der so definierten Erträge in Bezug auf Variationen in Witterung, Boden, Pathogendruck, usw.

- Verringerung des Ressourceneinsatzes (Input). Dies bezieht sich sowohl auf den Einsatz von Energie bei der Bearbeitung des Schlages als auch von Betriebsmitteln (z. B. Dünger, Pflanzenschutzmittel).

Nachfolgend betrachten wir das Smart Farming als Produktionsprozess entlang seines Lebenszyklus (Entwicklung, Aufbau, Anlauf und Betrieb). Vor dem Hintergrund des Digital Engineering and Operation werden die in jeder Betriebsphase verwendeten digitalen Modelle betrachtet und deren Anforderungen charakterisiert.

3.4.2 Entwicklung, Aufbau, Anlauf und Betrieb von Smart Farming-Systemen

Unter Berücksichtigung dieser systemorientierten Betrachtung lässt sich Smart Farming kohärent als Produktionssystem einordnen (siehe Abb. 3.45). Mittels geeigneter Methoden erhält man digitale Modelle. Die Methoden wiederum setzen auf verschiedenen Werkzeugen auf. Auch was die o. g. gesellschaftlichen Vorteile betrifft, lassen sich alle vier Punkte auf die Betrachtung der Landwirtschaft als Produktionssystem zurückführen.

Dieses Zusammenspiel innerhalb der hier betrachteten Zeiträume des Lebenszyklus (Entwicklung, Aufbau, Anlauf und Betrieb) wird im folgenden Abschnitt detailliert beschrieben.

3.4.2.1 Phase „Entwicklung" – Werkzeuge und Methoden zur Modellgenerierung in Smart Farming-Systemen

Zur automatisierten Bewältigung der in den vorangegangenen Abschnitten skizzierten Herausforderungen müssen Sensortechnik und intelligente Datenanalyseverfahren entwickelt werden. Diese müssen quantifizierbare Daten zum Zustand und Identität der auf dem Feld vorzufindenden Pflanzen erheben.

Eine Bestimmung des Ernährungszustandes kann mithilfe einer Aufschlussanalyse im Labor. erfolgen. Die aber setzt umfangreiche Laborausrüstung und ausgebildetes Personal voraus und erzeugt zudem nicht unerhebliche Verbrauchskosten. Darüber hinaus sind solche Analysen nicht echtzeitfähig. Neben der biochemischen Analyse von Pflanzenmaterial im Labor kommen Sensoren, die nichtinvasiv und im Hochdurchsatz Kenngrößen, wie den Chlorophyllgehalt, den Stickstoffgehalt oder den Gasaustausch der Pflanze messen, bereits zum Einsatz. Für eine automatisierte Bestimmung der Versorgung mit unterschiedlichsten Makro- und Mikronährstoffen muss eine detaillierte Charakterisierung der Stoffwechselprodukte in der Pflanze vorgenommen werden.

Hyperspektrale Bildgebung

Die Daten, die heute im Labor gewonnen werden, sollen online, d. h. im laufenden Betrieb, und nicht-invasiv für das Pflanzenmaterial, d. h. ohne einzelne Messinstrumente in einzelne Pflanzenteile einführen zu müssen, erhoben werden. Wir können dies tun, indem wir die

Reflektionseigenschaft der Blattoberfläche vermessen. Sogenannte Hyperspektralkameras erzeugen pro Bildpunkt ein fein aufgelöstes Reflektionsspektrum, sowohl im sichtbaren und als auch im infraroten Wellenlängenbereich.

Wie Kameratechnik das Labor ersetzt

Die Erfassung subtiler Änderungen in den Reflexionseigenschaften des Blattes in einem weiten spektralen Bereich und über den sichtbaren Wellenlängenbereich hinaus kann mit zwei Technologien erfolgen, mittels Spektrometer oder hyperspektraler Bildaufnahmetechnik. Spektrometer erheben ein integriertes Gesamtspektrum der Objekte in dessen räumlichem Sichtfeld und hyperspektrale Bildgebung. erzeugt ein räumlich aufgelöstes Bild mit spektraler Information pro Bildpunkt (siehe Abb. 3.46).

Diese Informationen sind abhängig von den Reflektionseigenschaften der im Gewebe nahe der Blattoberfläche vorkommenden biochemischen Komponenten sowie von dem Aufbau und der Form der Blattoberfläche selbst.

Der Einsatz hyperspektraler Bildgebung bzw. Spektroskopie zur Charakterisierung von Materialien und zur Bestimmung chemischer Inhaltsstoffe ist gesichertes Forschungsergebnis [EWE07], [OMK07], [LPP98], [SeAC84]. Die Weiterentwicklung dieses physikalischen Messprinzips zum Einsatz in der industriell geführten Landwirtschaft ist Gegenstand der internationalen Forschung. Die Autoren dieses Abschnittes sind auf diesem Gebiet international führend [BBS11], [SeBo10], [SBM10]. Abb. 3.46 zeigt das zugrunde liegende Datenmodell der hyperspektralen Bildgebung.

Die Datenaufnahme bei dieser Kameratechnik ist recht massiv. Das verschiebt die Herangehensweise deutlich. Mussten bisher anhand einzelner Messgrößen Aussagen über die Pflanze getroffen werden, so ist es jetzt notwendig, komplexe Signalmuster auszuwerten. Die Informationen liegen hier in der räumlichen oder spektralen Verteilung der Datenwerte, was deren direkte Interpretation sehr schwierig macht. Moderne Methoden des Digital Engineering and Operation können hier eingesetzt werden, um Muster zu unter-

Abb. 3.46 Modell der aufgenommenen Hyperspektraldaten. Zusätzlich zu den zwei räumlichen Dimensionen erfolgt die Aufnahme in spektraler Dimension. Die Verarbeitungseinheit ist das Pixel, das hier zu einem Vektor der Dimension entsprechend der Anzahl der spektralen Kanäle (typischerweise einige Hundert) wird. Bild: Fraunhofer IFF

scheiden oder zu interpretieren. Danach können quantitative Aussagen z. B. über die chemische Zusammensetzung eines Objektes gemacht werden.

Wir verfügen also zum einen über Sensortechnik, die in der Lage ist, Muster zu generieren, also Daten in einem bisher nicht vorhandenen Umfang zu erheben, und zum anderen lernfähige, intelligente Algorithmen, die diese Daten auch auswertbar machen. Das sorgt für einen Sprung in der Fähigkeit technischer Geräte bei der Datensammlung. Was bisher an agronomisch wichtigen Informationen zum Pflanzenzustand nicht online verfügbarer war, wird es jetzt.

Das System ist in der Lage zu lernen. Der Begriff „Lernen" bringt dabei zum Ausdruck, dass hier aus systematisch erzeugten Beispieldaten und zusätzlichem Expertenwissen (siehe Abschn. 3.4.1.1) digitale Modelle über komplexe Zusammenhänge abgeleitet werden. Dank leistungsfähiger mobiler Rechenhardware können der Einsatz und die Verarbeitung großer Datenmengen onsite, also im Feldeinsatz, erfolgen.

Diese Herangehensweise von mustergenerierender Sensortechnik zur bisher nicht vorhandenen, umfangreichen Datenerhebung und deren Bewältigung und Auswertung durch lernfähige, intelligente Algorithmen lassen einen Sprung in der Fähigkeit technischer Geräte bei der Sammlung bisher nicht online verfügbarer und agronomisch wichtiger Informationen zum Pflanzenzustand zu.

Die Erfassung subtiler Änderungen in den Reflexionseigenschaften des Blattes in einem weiten spektralen Bereich und über den sichtbaren Wellenlängenbereich hinaus kann mittels Spektrometer oder hyperspektraler Bildaufnahmetechnik bewerkstelligt werden. Spektrometer erheben dabei ein integriertes Gesamtspektrum der Objekte in dessen räumlichem Sichtfeld, während hyperspektrale Bildgebung ein räumlich aufgelöstes Bild mit spektraler Information pro Bildpunkt erzeugt (siehe Abb. 3.45).

Mit diesen Methoden und Werkzeugen des Digital Engineering and Operation werden Modelle entwickelt, die in nachfolgenden Stufen des Lebenszyklus verwendet werden.

3.4.2.2 Phase „Aufbau" – Methoden und Werkzeuge zur Verwendung digitaler Modelle in Smart Farming-Systemen

Das Produktionssystem „Smart Farming" soll auf später z. B. in der Betriebsphase zu erwartende Änderungen der Echtzeitbedingungen reagieren können. In dieser Phase spielt also die Skalierbarkeit der Modelle als Reaktion eine wichtige Rolle. Das muss bereits konzeptionell beim Aufbau berücksichtigt werden. Eine spätere Berücksichtigung in der Betriebsphase könnte am Konzept des entwickelten Smart Farming-Systems nichts mehr ändern. Man würde auf numerische Randbedingungen, wie z. B. die Leistungsfähigkeit der verwendeten Rechnerhardware, beschränkt bleiben. Diese Skalierbarkeit fassen wir als weitere Eigenschaft der Adaptivität digitaler Modelle auf, unabhängig von den weiter oben definierten Online- oder Offline-Fähigkeiten der Modelle.

Das Konzept der verwendeten Methoden des maschinellen Lernens lässt per se eine hervorragende konzeptionelle Skalierbarkeit zu. Basis dessen ist die sogenannte kollektive Speicherung des trainierten Wissens bzw. dessen kollektive Verarbeitung in den dezentral angeordneten Neuronen eines künstlichen neuronalen Netzes. Hintergrund ist, dass typischerweise das während der Modellgenerierung aufgenommene Wissen nicht an einer einzelnen Stelle (Neuron) abgelegt wird, sondern eine Vielzahl der im Modell vorhandenen Neuronen kollektiv an dieser Speicherung beteiligt sind. So wird beispielsweise die Fähigkeit des Modells, die Versorgung einer Pflanze mit Eisen zu quantifizieren, nicht durch ein einzelnes Neuron umgesetzt. Es sind somit mehrere modellinterne Recheneinheiten (Neuronen) daran beteiligt. Das führt zu zwei vor dem Hintergrund der Skalierbarkeit positiven Effekten:

1. Diese Recheneinheiten können unabhängig voneinander und somit parallel im Rechner bearbeitet werden. Je nach Parallelität der verfügbaren Hardware kann die Berechnung beschleunigt ablaufen (numerische Skalierbarkeit).
2. Kommt ein weiterer zu berücksichtigender Nährstoff, z. B. Schwefel, hinzu, muss das Modell nicht konzeptionell verändert werden (algorithmische Skalierbarkeit).

Um eine entsprechende Adaptivität umzusetzen, muss lediglich die Anzahl und ggf. die synaptische Verschaltung der Neuronen angepasst werden. Durch die o. g. kollektive Verarbeitung führt diese Anpassung nicht zu einem Verlust bestimmter einzelner Eigenschaften des Modells, sondern zu einer graduell verminderten oder verbesserten Leistung bezüglich aller Eigenschaften. Diese Fähigkeit der Modelle soll an nachfolgendem Beispiel erläutert werden.

Ausgangspunkt soll ein Smart Farming-System sein, das den Ernährungszustand von (a) Weizen, (b) Gerste und (c) Roggen im Hinblick auf die Nährstoffe (1) Stickstoff, (2) Phosphor, (3) Kalium, (4) Schwefel und (5) Eisen quantitativ bestimmen kann. Es benötigt hierfür, unter Voraussetzung einer vorgegebenen räumlichen und spektralen Auflösung, die Zeit t_a. Das System ist echtzeitfähig. Die Echtzeitfähigkeit ist vom darunterliegenden Betrieb auf dem Feld definiert. Diese Definition ändert sich nun derart, dass eine Antwort des Systems innerhalb der Zeit $t_b < t_a$ erforderlich wird, ohne dass die ursprünglich definierte räumliche oder spektrale Auflösung geändert werden soll oder eine schnellere Rechnerhardware verfügbar ist. Eine Adaption im Sinne einer Verringerung der Komplexität des digitalen Modells führt nun, unter Verwendung von künstlichen neuronalen Netzen, weder zu einem Verlust an Kulturen (a) bis (c) noch zu einem Verlust an Nährstoffen (1) bis (5). Mit anderen Worten, es kommt nun nicht dazu, dass beispielsweise der Roggen nicht mehr verarbeitet werden kann oder der Ernährungszustand bezüglich Schwefelversorgung der Pflanzen nicht mehr bestimmt werden kann. Statt zu einem kompletten Verlust an Kulturen (a) bis (c) oder einem kompletten Verlust an Nährstoffen (1) bis (5) kommt es vielmehr zu einer graduell verringerten Gesamtleistung des Systems bezüglich aller Kulturen und Nährstoffe.

Diese Form der Skalierbarkeit der verwendeten digitalen Modelle, die beim Aufbau von Smart Farming-Systemen berücksichtigt werden muss und im hier beschriebenen Ansatz eingeführt wird, ist essenziell für eine erfolgreiche Betriebsphase. Erst sie macht die Systeme für Landwirte verlässlich einsetzbar. Die Akzeptanz derartiger Systeme liegt nicht nur in der oben beschriebenen Funktionalität begründet, sondern ebenfalls an einer leichten

Adaptierbarkeit im Sinne von Skalierbarkeit der Modelle als Reaktion auf vielschichtige Änderungen der Randbedingungen in der Betriebsphase.

3.4.2.3 Phase „Anlauf" – systematische Erhebung von Referenzdaten in Smart Farming-Systemen

In dieser Phase erfolgt der Transfer von Daten und Wissen in die innerhalb des vorangegangenen Abschnitts definierten und dort erstellten Modelle. Dazu bedarf es einer systematischen Datenerhebung. Die beinhaltet idealerweise alle potenziell auftretenden Ernährungs- und Gesundheitszustände der Pflanzen im Feldbestand.

Somit dient das o. g. digitale Modell als Rahmen, der hier mit Wissen gefüllt wird. Im Sinne der o. g. Skalierbarkeit der Modelle wird konsequenterweise der Detailgrad des im Modell abgelegten Wissens ebenfalls verschiebbar.

Der Grundbaustein der verwendeten Modelle ist die technische Implementation eines Neurons.

Neuron

Ein künstliches Neuron ist einem natürlichen Neuron nachempfunden. Sie bilden beide neuronale Netze. Das Netzwerk aus künstlichen Neuronen kann beliebig komplexe Funktionen verarbeiten, Aufgaben lernen und Probleme durch Anwendung gespeicherten Wissens lösen, und das in all jenen Bereichen, wo eine ganz exakte Modellierung auf Basis einer analytischen mathematischen Beschreibung schwierig ist. Je mehr Neuronen in einer hierarchischen Struktur zusammengeschaltet werden, desto komplexer das Modell. Diese Struktur wird dann verwendet, um den oben beschriebenen Transfer von Daten und Wissen umzusetzen. Man spricht hier von der Trainingsphase eines neuronalen Netzes, die typischerweise offline durchgeführt wird.

Das technische Neuron ist also der Grundbaustein der verwendeten digitalen Modelle. Jedes von ihnen hat einen Dateneingang. Die Dateneingänge werden gewichtet aufsummiert und dann mit einer nichtlinearen Transferfunktion verrechnet. Nachdem das Netz aufgebaut ist, ist es trainierbar, es kann also „lernen". Die maßgeblichen Elemente, die für das Ablegen von Daten und Wissen verantwortlich sind, werden als Gewichte bezeichnet. Sie werden im Rahmen eines Lernverfahrens so verändert, dass sich die Differenz zwischen gewünschtem und tatsächlichem (trainierten) Verhalten des Modells minimiert (siehe Abb. 3.47).

Durch eine Vielzahl an Neuronen mit ihrerseits einer Vielzahl von Gewichten lässt sich die o. g. Skalierbarkeit bezüglich Komplexität der Modelle realisieren. Gleichzeitig wird hier nochmals deutlich, was kollektives Speichern bedeutet.

Lernverfahren neuronaler Netze Die Komplexität des Modells ergibt sich aus der Zusammenschaltung vieler derartiger Neuronen in einer hierarchischen Struktur. Diese wird dann verwendet, um den oben beschriebenen Transfer von Daten und Wissen umzusetzen. Man spricht hier von der Trainingsphase eines neuronalen Netzes, die typischerweise offline durchgeführt wird. Siehe hierzu auch Abb. 3.48.

Unter Verwendung eines geeigneten Gütekriteriums

$$Q^{(s)} = Q^{(s)}\left(W_1 \cdots w_l, \ y_1 \cdots y_m, \ y_{1_{soll}} \cdots y_{m_{soll}}, \ x_1 \cdots x_n\right) \rightarrow \text{Min.} \qquad \text{Gl. 3.1}$$

und dessen Minimierung werden alle Gewichte in einem iterativen Prozess angepasst. Hierüber wacht ein spezielles Lernverfahren. Für eine beliebige Anzahl von Gewichten gilt:

$$\underline{w}_{i+1} = \underline{w}_i - g \times grad^T Q \qquad \text{Gl. 3.2}$$

Abb. 3.47 Das technische Neuron als Grundbaustein der verwendeten digitalen Modelle. Die Dateneingänge (v_1 bis v_n) werden gewichtet aufsummiert und dann mit einer nichtlinearen Transferfunktion verrechnet. Der sogenannte Bias stellt den Arbeitspunkt des Neurons im Sinne eines trainierbaren Offsets dar. Grafik: Fraunhofer IFF

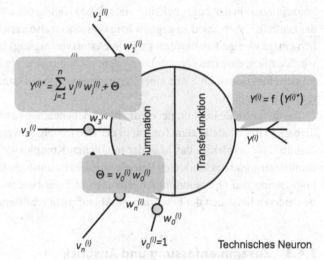

Abb. 3.48 Die maßgeblichen Elemente, die für das Ablegen von Daten und Wissen verantwortlich sind, werden als Gewichte (w_1 bis w_n) bezeichnet. Sie werden im Rahmen eines Lernverfahrens so verändert, dass sich die Differenz zwischen gewünschtem und tatsächlichem (trainierten) Verhalten des Modells minimiert. Grafik: Fraunhofer IFF

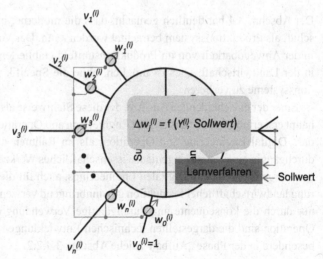

3.4.2.4 Phase „Betrieb" – die Arbeitsphase von Smart Farming-Systemen

Im Betrieb, also der eigentlichen Arbeitsphase, von Smart Farming-Systemen erfolgt eine Nutzung der in der Aufbauphase (Abschn. 3.4.2.2) erstellten und in der Anlaufphase (Abschn. 3.4.2.3) trainierten digitalen Modelle im Feldeinsatz (siehe auch Abb. 3.44). Die nun aufgenommenen spektralen Signaturen werden mit der im Modell dezentral abgelegten Information aus der Trainingsphase (Anlaufphase) verglichen. Damit wird sichtbar, wo im Feld die Eigenschaften besonders stark von den gewünschten abweichen, wo weniger stark, usw. Es wird quasi ein aktueller Zustandsvektor der Pflanzen im Feldbestand berechnet. Dieser wird zum ortsadaptiven Ausbringen von Betriebsmitteln, insbesondere Dünger, verwendet und somit ein aktueller Zustandsvektor der Pflanzen im Feldbestand berechnet.

Die Präzision und somit die Praxisrelevanz dieses Vorgehens hängt von der Anzahl der betrachteten Kenngrößen des Pflanzenwachstums ab. Das hier dargestellte System ist konzeptionell in der Lage, beliebig viele dieser Kenngrößen zu verarbeiten. Hierin besteht der zentrale Unterschied zu gegenwärtig typischerweise verwendeten Systemen, die lediglich einige wenige Kenngrößen (z. B. Stickstoffversorgung) berücksichtigen können. Hier wird deutlich, dass das vorgestellte System nicht nur eine graduelle Verbesserung darstellt, sondern funktionell im Sinne einer Sprunginnovation ein grundlegend erweitertes Arbeitsregime ermöglicht.

An dieser Stelle kommt, neben der beschriebenen notwendigen Funktionalität, die Skalierbarkeit der Modelle zum Tragen. In der Betriebsphase werden die Echtzeitbedingungen definiert, die wiederum das Maß der möglichen Komplexität der verwenden Modelle vor dem Hintergrund des konkreten Betriebsablaufes bestimmen. Ohne Verwendung des Digital Engineering and Operation im Allgemeinen und der beschriebenen digitalen Modelle im Besonderen ließe sich der beschriebene Ablauf nicht realisieren.

3.4.3 Zusammenfassung und Ausblick

Der Abschn. 3.4 hat deutlich gemacht, dass die moderne, industriell geführte Landwirtschaft als Produktionssystem betrachtet werden kann. Der Vorteil dieser Betrachtung liegt in der Anwendbarkeit von im Produktionsumfeld etablierten Methoden und Werkzeugen in der Landwirtschaft. Dies ist möglich, ohne die Spezifik landwirtschaftlicher Produktionssysteme zu verlieren.

Einer der entscheidenden Ansätze, der diese Sichtweise als methodische Klammer überhaupt erst ermöglicht, ist das Digital Engineering and Operation. Es konnte gezeigt werden, dass Digital Engineering and Operation, als im Rahmen dieses Lehr- und Fachbuches durchgängig eingesetztes ingenieurwissenschaftliches Werkzeug (vgl. Abschn. 1.3) und die dort dargestellte Facette Digitalen Engineerings, auch für die Beschreibung und Optimierung landwirtschaftlicher Produktion gewinnbringend verwendet werden kann. Mehr noch, nur durch die konsequente und durchgängige Verwendung des Digital Engineering and Operation sind die dargestellten technischen Entwicklungen erst möglich geworden, insbesondere in der Phase „Aufbau", siehe Abschn. 3.4.2.2.

Die hier dargestellten Technologien und Werkzeuge haben bereits ihren Einzug in Smart Farming-Systeme gehalten. Sie ermöglichen als ein technologischer Baustein eine erhöhte Ressourceneffizienz im Produktionssystem Landwirtschaft. Hiervon profitiert der Landwirt, der diese Systeme einsetzt, aber auch die gesamte Gesellschaft, durch die hiermit verbundenen volkswirtschaftlichen und ökologischen Vorteile. Hier sind ganz klar Parallelen zur Effizienten Energiewandlung und -verteilung Abschn. 3.2 zu sehen.

Wie wird es weitergehen? Kurz- und mittelfristig werden die hier exemplarisch dargestellten Methoden sowohl technologisch verbessert als auch auf andere landwirtschaftliche Anwendungsbereiche erweitert werden. Ebenfalls absehbar ist bereits jetzt, dass sich durch den zunehmenden Einsatz von Smart Farming-Technologien auch der Arbeitsplatz des Menschen in der landwirtschaftlichen Produktion ändern wird. Diese Entwicklung geht hin zu anspruchsvolleren Aufgaben, die eine begleitende Qualifizierung des Betriebspersonals erfordert. Es ist bereits jetzt verschiedentlich zu sehen, dass die limitierte Verfügbarkeit hinreichend qualifizierter Mitarbeiter den schnellen Einsatz von Smart Farming-Technologien bremst. Vor diesem Hintergrund sind Entwicklungen zu einer technologiebasierten Mitarbeiterqualifikation, wie sie in Abschn. 5.2 beschrieben sind, existenziell für die entsprechenden Produktionssysteme, auch in der Landwirtschaft.

▶ **Herausforderung 1: Ressourceneffiziente Produktionssysteme**
Durch die konsequente Verwendung digitaler Modelle bzw. des Digital Engineering and Operation in Verbindung mit erweiterter Sensorik (hyperspektrale Bildgebung) ist in diesem Abschn. 3.4 dargestellt worden, wie die gegenwärtig betriebene Präzisionslandwirtschaft in Bezug auf die Ressourceneffizienz signifikant erweitert werden kann. Diese Ressourceneffizienz bezieht sich sowohl auf die eingesetzte Energie als auch auf die erforderlichen Betriebsmittel.

▶ **Herausforderung 2: Dezentralisierung und Dynamisierung von Wissen**
Die Dezentralisierung des Wissens erfolgt auf zwei Ebenen, der logischen, durch die Verteilung des prinzipiell verfügbaren Expertenwissens auf verschiedene anwendungsrelevante Teilmodelle, sowie der räumlichen, durch Verteilung der Modelle auf unterschiedliche Betriebe, Schläge, Landmaschinen, usw. Die Dynamisierung des Wissens ist im Hinblick auf die sukzessive Erweiterung der verfügbaren Modelle bzw. ihrer Kapazitäten zur Verarbeitung neuer Kulturen, Sorten, Nährstoffe, usw. zu sehen.
Die Neuheit der beschriebenen Methoden des Digital Engineering and Operation ist zum einen in der Verwendung von speziell angepassten Methoden des maschinellen Lernens und zum anderen in der systematischen Datenerhebung zur Modellgenerierung zu sehen. Hierzu existiert auch eine nationale sowie europäische Patentanmeldung. Hinzu kommt eine konsequente Durchgängigkeit der Verwendung digitaler Modelle über den gesamten Lebenszyklus des landwirtschaftlichen Produktionssystems.

3.5   Literatur

[AGBi13] Arbeitsgemeinschaft Energiebilanzen (AGEB), 07/2013 (aufgerufen am 20.02.2015) http://www.ag-energiebilanzen.de/7-0-Bilanzen-1990-2012.html

[AGBi14] Arbeitsgemeinschaft Energiebilanzen (AGEB), 09/2014 (aufgerufen am 20.02.2015) http://www.ag-energiebilanzen.de/9-0-Energieflussbilder.html

[BBS11] Backhaus, A.; Bollenbeck, F.; Seiffert, U.: Robust classification of the nutrition state in crop plants by hyperspectral imaging and artificial neural networks. In: Proceedings of the 3rd IEEE Workshop on Hyperspectral Imaging and Signal Processing: Evolution in Remote Sensing (WHISPERS) 6-9 June 2011: 1-4. ISBN 978-1-4577-2202-8. doi: 10.1109/WHISPERS.2011.6080898

[BLU10] Erdwärme – die Energiequelle aus der Tiefe. Bayrisches Landesamt für Umwelt, 2010. [http://www.lfu.bayern.de/umweltwissen/doc/uw_20_erdwaerme.pdf, zuletzt geprüft am 17.10.2011]

[BMU11] Erneuerbare Energien in Zahlen – Nationale und internationale Entwicklung. Bundesministerium für Umwelt, Naturschutz und Reaktorsicherheit (BMU), 2011. [http://www.erneuerbare-energien.de/files/pdfs/allgemein/application/pdf/broschuere_ee_zahlen_bf.pdf, zuletzt geprüft am 21.10.2011]

[BrNeCo13] Bruns, A.; Neumann, M.; Constantinescu, C.: Energiedatensimulationssoftware in der Fabrikplanung am Beispiel „Total Energy Efficiency Management (TEEM)", In: Neugebauer (Hrsg.): Handbuch Ressourceneffiziente Produktion, Hanser. 2013

[BWE11 tab ok] Studie zum Potenzial der Windenergienutzung an Land. Kurzfassung, Bundesverband WindEnergie e.V., 2011. [http://www.wind-energie.de/sites/default/files/download/publication/studie-zum-potenzial-der-windenergienutzung-land/bwe-potenzialstudie_final.pdf, zuletzt geprüft am 20.10.2011]

[DeOK11] Dehne, I.; Oetjen-Dehne, R.; Kanthak, M.: Aufkommen, Verbleib und Ressourcenrelevanz von Gewebeabfällen. UBA Forschungsbericht 001548, Dessau-Roßlau, UEC Studie 2011

[DENA11] Leistung von Wasserkraftwerken. Deutsche Energie Agentur dena, 2011. [http://www.thema-energie.de/energie-erzeugen/erneuerbare-energien/wasserkraft/grundlagen/leistung-von-wasserkraftwerken.html, zuletzt geprüft am 11.10.2011]

[DIN50001] DIN EN ISO 50001: Energiemanagementsysteme – Anforderungen mit Anleitung zur Anwendung. 2011, Beuth

[EA14] EnergieAgentur.NRW (2014): EMS.marktspiegel, http://www.energie agentur.nrw.de/tools/emsmarktspiegel/default.asp?site=ea, letzter Zugriff am 23.01.2014.

[EDSL14] EDSL (2014): Tas Software. Industry-Leading Building Modelling and Simulation, http://www.edsl.net/main/Software.aspx, letzter Zugriff am 24.06.2014.

[EEP14] EEP: Wie die Energiewende gelingt – mehr Investitionen in Energieeffizienz! Der 2. Effizienz – Gipfel Stuttgart zeigt Wege aus der Sackgasse, Institut für Energieeffizienz in der Produktion (EEP), Universität Stuttgart, Pressemitteilung vom 1. Juli 2014.

[Ei07] Eickhoff, R.: Fehlertolerante neuronale Netze zur Approximation von Funktionen, W. V. Westfalia Druck GmbH, 2007

[EPIA11] Solar Generation 6: Solar Photovoltaic Electricity Empowering the World. European Photovoltaic Industry Association (EPIA), 2011. [http://www.epia.org/index.php?eID=tx_nawsecuredl&u=0&file=fileadmin/EPIA_docs/documents/SG6/Solar_Generation_6__2011_Full_report_Final.pdf&t=1319482927&hash=6029cdd86880a5793a59997834e2cf68, zuletzt geprüft am 20.10.2011]

[Er13] Erhorn, H.: Energieeffizienz im Bereich Gebäude und Gebäudetechnik, in: Neugebauer (Hrsg.): Handbuch Ressourceneffiziente Produktion, Hanser, 2013

[EW09] Erlach, K.; Westkämper, E.: Energiewertstrom – Der Weg zur energieeffizienten Fabrik. Fraunhofer-Verlag, 2009

[EWE07] ElMasry, G.; Wang, N.; ElSayed, A. et al: Hyperspectral imaging for non-destructive determination of some quality attributes for strawberry. Journal of Food Engineering 81 (2007) 1: 98–107, doi: 10.1016/j.foodeng.2006.10.016

[Fa07] Farack, M.: Bernburger Getreidetagung, 11.09.2007 http://www.llfg.sachsenanhalt.de/fileadmin/Bibliothek/Politik_und_Verwaltung/MLU/LLFG/ Dokumente/qgt07_farack.pdf

[FhG08] Fraunhofer-Gesellschaft FhG: Abschlussbericht – Energieeffizienz in der Produktion Untersuchung zum Handlungs- und Forschungsbedarf, 2008

[Ge12] Genzow, T.: Betriebliches Energiemanagement: Stand und Perspektiven. Experten-Workshop am 16. Oktober 2012, EnergieAgentur.NRW.

[Ha13] Haag, H.: Eine Methodik zur modellbasierten Planung und Bewertung der Energieeffizienz in der Produktion, in: Bauernhansl, T.; Verl, A.; Westkämper, E. (Hrsg.): Stuttgarter Beiträge zur Produktionsforschung, Band 11, Fraunhofer Verlag, 2013

[HiBr13] Hirzel, S.; Bradke, H.: Effizienter Einsatz von Druckluft, in: Neugebauer, R. (Hrsg.): Handbuch Ressourceneffiziente Produktion, Hanser. 2013

[IR04] IREGIA: Leitfaden Flexibilisierung von bestehenden Fabrikstrukturen, IREGIA e.V., Chemnitz, 2004

[Ka12] Kals, J.: Neue Anforderungen an die PPS in Folge der Energiewende, In: Productivity Management, Ausgabe 4, 2012, S. 20-22

[KKM13] Kolomiichuk, S.; Kabelitz, S.; Müller, N.: Intelligentes Energiemanagement im Unternehmen – Energiebedarf in Abhängigkeit des geplanten Produktionsprogramms mit der Energiebereitstellung synchronisieren, Effizienz, Präzision, Qualität – 11. Magdeburger Maschinenbau-Tage; 25.-26. September 2013 In: Magdeburg: Univ.

[LfUBW03] LfUBW: Mit der Pinch-Technologie Prozesse und Anlagen optimieren. Landesanstalt für Umweltschutz Baden-Württemberg, 2003, http://www.lubw.baden-wuerttemberg.de/servlet/ is/5783/p6-071_zz.pdf, letzter Zugriff am 14.03.2014.

[Li89] Lippmann, R. P.: An introduction to computing with neural nets. IEEE ASSP Magazine 4 (1987) 87: 4-23. ISSN 0740-7467 doi: 10.1109/MASSP.1987.1165576

[LPP98] Lelong, C.; Pinet, P.; Poilve, H.: Hyperspectral imaging and stress mapping in agriculture: A case study on wheat in Beauce (France) Remote Sensing of Environment 66 (1998) 2: 179–191. doi: 10.1016/S0034-4257(98)00049-2

[MELS09] Müller, E.; Engelmann, J.; Löffler, T.; Strauch, J.: Energieeffiziente Fabriken planen und betreiben, Springer, 2009

[MES13] MES D.A.CH Verband (2013): MES Marktspiegel „Energiemanagement", http://www. checkvision.de/checkliste/vcXu0W pg6wL3DiReFqjShAZ7HC63zk8u/MES-Marktspiegel-Energiemanagement-2013/, letzter Zugriff am 23.01.2014

[MJJ97] Mertins, K.; Jochem, R.; Jäkel, F.-W.: A tool for object-oriented modelling and analysis of business processes. Computers in industry, 1997

[Na09] Nabe, C.; Beyer, C.; Brodersen, N.; Schäffler, H.; Adam, D.; Heinemann, C.; Tusch, T.; Eder, J.; de Wyl, C.; vom Wege, J.-H.; Mühe, S.: Einführung von lastvariablen und zeitvariablen Tarifen, Gutachten im Auftrag der Bundesnetzagentur für Elektrizität, Gas, Telekommunikation, Post und Eisenbahnen, http://www.ecofys.com/files/files/ecofys_2009_einfuehrung_last-_u_zeitvariabler%20 tarife.pdf, letzter Zugriff am 14.03.2014.

[Neu11] Neugebauer, R.; Richter, C.; Fischer, S.: Energetische Wechselwirkungen zwischen Prozess und Gebäude, in: Zeitschrift für wirtschaftlichen Fabrikbetrieb 9/2011, S. 591-595, 2011

[Ni13] Nicolai, A.: Physikalische Grundlagen des thermischen Raummodells THERAKLES, Forschungsbericht, TU Dresden, Fakultät Architektur, Institut für Bauklimatik, 2013 http://www. qucosa.de/fileadmin/data/qucosa/documents/10211/nicolai_THERAKLES.pdf, letzter Zugriff am 24.06.2014.

[OMK07] Okamoto, H.; Murata, T.; Kataoka, T. et al: Plant classification for weed detection using hyperspectral imaging with wavelet analysis. Weed Biology and Management71: 31-37, 2007. doi: 10.1111/j.1445-6664.2006.00234.x

[PBAJI10] Pehnt, M.; Bödeker, J.; Arens, M.; Jochem, E.; Idrissova, F.: Die Nutzung industrieller Abwärme – technisch-wirtschaftliche Potenziale und energiepolitische Umsetzung. ifeu / ISE / IREES – Vorhabensbericht, Heidelberg, Karlsruhe, 2010

[PeMei00] Petersen, M.; Meißner, U. F.: Energieoptimierte Gebäudeplanung mit verteilter Informationsmodellierung, Internationales Kolloquium über Anwendungen der Informatik und Mathematik in Architektur und Bauwesen , IKM , 15 , 2000 , Weimar, http://e-pub.uni-weimar.de/opus4/frontdoor/index/index/docId/606, letzter Zugriff am 25.06.2014.

[Po11] Posch, W.: Ganzheitliches Energiemanagement für Industriebetriebe, Gabler, 2011

[Ri13] Richter, M.: Energiedatenerfassung. In: Neugebauer, R. (Hrsg.): Handbuch Ressourceneffiziente Produktion, Hanser, 2013

[SBM10] Seiffert, U.; Bollenbeck, F.; Mock, H. P. et al: Clustering of crop phenotypes by means of hyperspectral signatures using artificial neural networks. In: Proceedings of the 2nd IEEE Workshop on Hyperspectral Imaging and Signal Processing: Evolution in Remote Sensing, WHISPERS 2010: Reykjavik, Iceland, 14-16 June 2010: 31-34. ISBN: 978-1-4244-8907-7. doi: 10.1109/WHISPERS.2010.5594947

[ScWiMü14] Schenk, M.; Wirth, S.; Müller, E.: Fabrikplanung und Fabrikbetrieb: Methoden für die wandlungsfähige, vernetzte und ressourceneffiziente Fabrik, 2. Aufl., Springer, 2014

[SeAC84] Severson, R. F.; Arrendale, R. F.; Chortyk, O. T.; et al: Quantitation of the major cuticular components from green leaf of different tobacco types. Journal of Agriculture and Food Chemistry 32: 566–570. 1984 doi: 10.1021/Jf00123a037

[SeBo10] Seiffert, U.; Bollenbeck, F.: Clustering of hyperspectral image signatures using neural gas. Machine Learning Reports 4: 49-59, 2010. ISSN 1865-3960

[SeHK06] Seiffert, U.; Hammer, B.; Kaski, S.; et al: Neural networks and machine learning in bioinformatics – theory and applications. In: Proceedings of the 14th European Symposium on Artificial Neural Networks ESANN 2006, Michel Verleysen, Ed, Evere: 521-532, D-Side Publications. ISBN 2-930307-06-4

[SeJS05] Seiffert, U.; Jain, L. C.; Schweizer, P. ed: Bioinformatics using Computational Intelligence Paradigms Vol 176. Series: Studies in Fuzziness and Soft Computing. Springer-Verlag, Heidelberg. 2005. ISBN 978-3-540-22901-8

[Si97] Sinz, E.: Architektur von Informationssystemen. In: Rechenberg, P.; Pomberger, G. (Hrsg.): Informatik-Handbuch, Hanser, 1997

[SKRKM13] Seidel, H.; Kolomiichuk, S.; Reggelin, T.; Kummer, R.; Morozow, S.: Analyse und Verbesserung der Energieeffizienz produzierender KMU. Erfahrungen in der russischen Industrie, Productivity Management 4/2013, S. 32-34

[SMJ96] Spur, G.; Mertins, K.; Jochem, R.: Integrated Enterprise Modelling. Beuth, 1996

[Sty08] Styczynski, Z. A.; Komarnicki, P.: Distributed and renewable power generation. Proceedings of the International Summer CRIS Workshop on distributed and renewable power generation. Res electricae Magdeburgenses No. 27, Magdeburg, 2008

[To08] Topp, A.: Die Rolle der Kraft-Wärme-Kopplung zur Erreichung der Klimaschutzziele. AGFW, Berlin, 2008. [Online verfügbar unter http://www.eu-summerheat.net/download_files/080611_Topp_AGFW_96dpi.pdf, zuletzt geprüft am 2.11.2011

[Tr13] Trogisch, A.: Klima- und Lüftungstechnik, in: Neugebauer, R. (Hrsg.): Handbuch Ressourceneffiziente Produktion, Hanser, 2013

[VDE07] VDE-Studie Energieforschung 2020. VDE Verlag, Frankfurt, 2007

[VDI2219] Informationsverarbeitung in der Produktentwicklung – Einführung und Wlrtschaftlichkeit von EDM/PDM-Systemen. VDI-Gesellschaft Produkt- und Prozessgestaltung, Beuth Verlag, 2002, Abb. S. 9

[VDI4602] VDI 4602, Bl. 1: Energiemanagement – Begriffe, Definitionen, Beuth Verlag, 2007

[ViMS08] Villmann, T.; Merényi, E.; Seiffert, U.: Machine learning approaches and pattern recognition for spectral data. In: Proceedings of the 16th European Symposium on Artificial Neural Networks, ESANN'2008, Bruges, Belgium, 23-25 April, 2008: 433-444. D-Side Publications. ISBN 2-930307-08-0

[Wa06] Physik der Windenergie. 2006. [http://www.weltderphysik.de/de/4825.php, zuletzt verfügbar am 12.10.2011]

[Wie13] Wiendahl, H.-P.: Ressourcenorientierte Planung von Produktionsstätten, in: Neugebauer, R. (Hrsg.): Handbuch Ressourceneffiziente Produktion, Hanser, 2013

Logistiksysteme

Klaus Richter, Olaf Poenicke, Martin Kirch, Mykhaylo Nykolaychuk

4.1   Einleitung

Durch die Weiterentwicklung der Weltwirtschaft und die internationale Arbeitsteilung ist mit einer stetig weiteren Zunahme an weltweiten Logistikoperationen zu rechnen (vgl. Abb. 4.1), auch wenn sich das Aufkommen in einzelnen Phasen der Weltwirtschaft zwischen den Staaten verschiebt. So hat sich z. B. das Gesamtaufkommen an Seefracht innerhalb von nicht einmal 20 Jahren verdoppelt [UNCTAD14]:

Mit dem steigenden Aufkommen an Logistikprozessen aufgrund verteilter Produktionsstandorte und komplexerer Liefernetze entstehen auch höhere Anforderungen daran, logistische Objekte, wie Güter, Container, Betriebsmittel oder Personen, einwandfrei zu identifizieren, zu lokalisieren und zu steuern. Es besteht ein Bedarf an einem echtzeitnahen, automatisierten Monitoring der logistischen und verkehrlichen Abläufe. Hier kommen Telematiktechnologien zur Identitätsprüfung, Lokalisierung und Zustandserfassung zum Einsatz. Durch diese Technologien wird die Transparenz in den Logistik- und Produktionsprozessen deutlich erhöht, wodurch diese effizienter gesteuert werden können. Bei Problemen oder Fehlern in den Abläufen kann entsprechend echtzeitzeitnah reagiert werden.

Prof. Dr.-Ing. Klaus Richter
Fraunhofer-Institut für Fabrikbetrieb und -automatisierung IFF, klaus.richter@iff.fraunhofer.de

Dipl.-Wirt.-Ing. Olaf Poenicke
Fraunhofer-Institut für Fabrikbetrieb und -automatisierung IFF, olaf.poenicke@iff.fraunhofer.de

Dipl.-Ing. Martin Kirch
Fraunhofer-Institut für Fabrikbetrieb und -automatisierung IFF, martin.kirch@iff.fraunhofer.de

Dipl.-Ing. Mykhaylo Nykolaychuk
Fraunhofer-Institut für Fabrikbetrieb und -automatisierung IFF,
mykhaylo.nykolaychuk@iff.fraunhofer.de

© Springer-Verlag Berlin Heidelberg 2016
M. Schenk (Hrsg.), *Produktion und Logistik mit Zukunft*, DOI 10.1007/978-3-662-48266-7_4

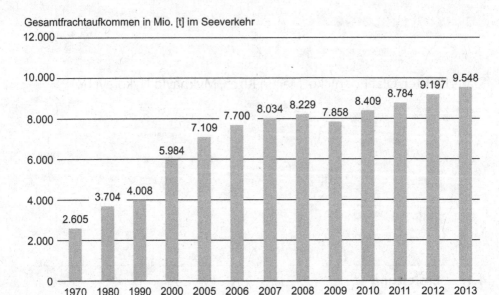

Gesamtfrachtaufkommen in Mio. [t] im Seeverkehr

Abb. 4.1 Entwicklung des weltweiten Gesamtfrachtaufkommen in Mio. [t] im Seeverkehr. Grafik: Fraunhofer IFF nach Datenquelle [UNCTAD14]

Wurde früher bei der Betrachtung von Logistikprozessen auf der operativen Ebene geschaut, so ist man dazu übergegangen, mit einem prozessualen und strukturellen Fokus zu analysieren. So werden Stärken und Schwächen in den Abläufen besser sichtbar. Dieses kann dann bei der Gestaltung übergreifender Produktions- und Logistikstrategien genutzt werden. Ein solcher ganzheitlich konzeptioneller Ansatz einer automatisierten Analyse und Bewertung von Prozessen eröffnet deutliche Potenziale der Effizienzsteigerung, die im Rahmen einer rein operativen Betrachtungsweise nicht transparent und damit unberücksichtigt bleiben würden.

Die Anforderungen an den zunehmenden Einsatz von IKT-Systemen in der Produktion und Logistik stellen somit einen wesentlichen Aspekt zur Intelligenten Automatisierung von Produktions- und Logistikprozessen in der Zukunft dar.

Mittels Intelligenter Automatisierung werden also Objekte in der Produktion und Logistik erfasst. Dafür werden im Wesentlichen Systeme zur Identifikation, Ortung und Zustandsüberwachung genutzt. Entsprechend werden in den Abschn. 4.3 bis Abschn. 4.5 AutoID-Verfahren, Ortungstechnologien und Systeme zur Zustandsüberwachung ausführlicher betrachtet und in den jeweiligen technischen Ausprägungen funkbasierter wie auch bildbasierter Systeme mit Beispielanwendungen und Systemlösungen des Fraunhofer IFF beschrieben.

Die kombinierte Nutzung von funk- und bildbasierten Identifikations- und Lokalisierungstechnologien zur automatisierten Bestimmung eines Prozessverhaltens oder eines Prozesszustandes über Bewegungs- und Zustandsanalysen bringt weitere Vorteile. So können deutliche Synergieeffekte für Safety- und Security-Aufgaben in der Logistik erzielt werden, um die Entwicklung sicherer Warenketten voranzutreiben. Unter dieser Zielstellung lassen sich „Intelligente Logistikräume" [SRP13] definieren, wie sie in Abschn. 4.2 beschrieben werden. Ein Teilaspekt hierbei ist auch die Herausforderung durch die Dezentralisierung von Wissen, denn wenn einzelne Objekte mit Intelligenz ausgestattet werden, sind auch relevante Informationen zu den Produktions- und Logistikprozessen dezentral verfügbar. Führt man den Ansatz der „Intelligenten Objekte" dahin gehend weiter, dass diese Objekte sich innerhalb der Produktion und Logistik selbst steuern, indem sie mit den anderen beteiligten Objekten interagieren, gelangt man zu Konzepten, wie sie u. a. durch das Internet der Dinge [BuH07] beschrieben werden.

Im Abschn. 4.6 wird auf die notwendige Verdichtung der zunehmend verfügbaren Daten und Informationen zu Objekten in Produktion und Logistik eingegangen. Es werden entsprechende Funktionen zur Datenanalyse und -auswertung beschrieben. Dabei werden auch Aspekte der Datenübertragung und Datenspeicherung einbezogen. Durch die echtzeitnahe Übermittlung von Informationen ohne Medienbrüche können Unsicherheiten innerhalb der Produktions- und Logistikprozesse reduziert werden und Frühwarnungen zur proaktiven Steuerung werden möglich. So wird eine Erhöhung der Qualität der einzelnen Logistikprozesse und Mehrwerte für alle Anwender in der integrierten Transportkette generiert. Letztendlich wird mit einer echtzeitnahen IT-technischen Umgebungsintelligenz für logistische Räume die Möglichkeit geschaffen, bei einem nicht voll ausgelasteten Logistikprozess ad hoc bestehende Freiräume für zusätzliche logistische Aktivitäten zu nutzen, die die Ad-hoc-Logistik definieren.

Abschließend werden exemplarisch Modelle und Methoden des Fraunhofer IFF erläutert, die mittels neuer Methoden des Digital Engineering and Operation zur Planung des Sensoreinsatzes – Sensorik sei hier als zusammenfassender Begriff für alle technischen Systeme zur Identifikation, Ortung und Zustandsüberwachung gebraucht – insbesondere in lokalen Infrastrukturen wie Produktionsstandorten oder Logistikknoten genutzt werden können.

4.2   Der Intelligente Logistikraum

Zur Ortung, Identifikation und Zustandsüberwachung in Produktion und Logistik lassen sich zwei grundlegende Herangehensweisen definieren: Zum einen die Schaffung intelligenter Infrastrukturen durch lokale Ausstattung mit entsprechenden Technologien und alternativ zum anderen die Definition mobiler intelligenter Objekte durch die Ausstattung von Waren und Betriebsmitteln mit Sensorik.

Die Sammlung von prozessrelevanten Informationen entlang der Produktions- und Transportketten folgt dem Anspruch der „Sicheren Warenkette". Dieser fasst die Herangehensweisen zu intelligenten Logistikinfrastrukturen und zu intelligenten logistischen Objekten zusammen. Der Anspruch ist, über die vollkommene Transparenz logistischer Prozesse zu jedem Zeitpunkt die Werkzeuge für eine optimale Steuerung der Logistikprozesse zu besitzen.

Produktions- und Transportketten sind heute international. Die Zusammenarbeit erfolgt unternehmensübergreifend, die Menge an verfügbarer Information nimmt durch den Einsatz moderner Informations- und Kommunikationstechnologie (IKT) stetig zu. Es ist also erforderlich, die Informationslogistik und insbesondere die Erfassungstechnologien übergreifend zu standardisieren.

Die sensortechnischen Ausstattungen von Produktions- und Transportketten skizzieren den „Intelligenten Logistikraum". Durch den Einsatz von intelligenten Infrastrukturen sowie intelligenter mobiler Objekte werden gleichermaßen die Knoten und Kanten von Produktions- und Logistiknetzwerken abgedeckt. Der Intelligente Logistikraum stellt somit den Zielraum dar, in dem in Logistiksystemen und Prozessen Informationen gewonnen werden und verarbeitet werden müssen. Er definiert damit die Schnittstelle zwischen den physischen Logistikprozessen und der Informationslogistik.

Logistikinfrastrukturen in Wirtschaftsräumen müssen auf die Anforderungen der Gesellschaft reagieren. Der Begriff Sicherheit bündelt maßgebende Trends im Bereich der Logistik (vgl. [PwC11]):

Sicherheit in der Logistik und daraus resultierende Anforderungen:
- Sicherheit wird einer der wichtigsten Kostentreiber in Logistik und Verkehr.
- Die Nutzung innovativer Technologien in standardisierten Umgebungen ist der beste Weg, Sicherheit zu garantieren.
- Die Mehrfachnutzung von Technologien für Arbeits-, Prozess- und zivile Sicherheit reduziert die Kosten in Verkehr und Logistik.
- Sicherheitsaudits sind Pflicht sowohl für Verkehrs- und Logistikknoten als auch für lange Prozessketten.

Um auf diese Anforderungen zu reagieren, müssen entsprechende Entwicklungen im Bereich der IKT in Logistikanwendungen vorangetrieben werden. Dafür werden Ansatzpunkte gesehen, die letztendlich das Ziel haben, die Intelligenz von logistischen Infrastrukturen über die Integration komplexer Sensor- und Informationstechnik-Systeme (IT-Systeme) zu erhöhen (vgl. [Pfo09]):

Sicherheitsanforderungen und daraus notwendige Erhöhung der Intelligenz logistischer Infrastrukturen
- Verbesserung der Datengewinnung mit ihren technisch-organisatorischen Möglichkeiten,
- Sicherheit und rechtliche Verbindlichkeit der erfassten und ausgetauschten Daten,
- Standardisierung der Daten, die zwischen den Beteiligten in der Wertschöpfungskette ausgetauscht werden,
- Entwicklung erweiterter Analysen zur Wichtung und Weiterleitung von Ereignissen und
- Zertifizierung der IT-Prozesse.

Die Integration dieser Ansätze in die produktionstechnischen und logistischen Prozessumgebungen wird als Grundlage zur Schaffung Intelligenter Standardisierter Logistikräume gesehen. Zunächst sollen aber noch die einzelnen Begrifflichkeiten genauer beleuchtet werden.

▶ **Logistikraum** Unter einem Logistikraum wird der Wirkungsbereich von mobilen Objekten, wie Verkehrs-, Transport- und Umschlagmittel, Waren und Personen, in einer logistischen Infrastruktur verstanden. Der Logistikraum wird dabei durch die logistischen Prozesse in einem topografisch-technischen und zeitlichen Rahmen bestimmt.
Die logistische Infrastruktur eines Wirtschaftsraumes wird durch die Anzahl, die Leistungsfähigkeit und die Verteilung von Logistikknoten und von Verkehrswegen bestimmt. Der Logistikraum kann somit, abhängig vom Verkehrsträger, große geographische Regionen und Verkehrswege, aber auch ein Stadtgebiet oder ein Betriebsgelände umfassen.
Der technische Logistikraum beschreibt im engeren Sinn das logistische Verhalten
- an einem regionalen Standort (City, Warenverteilzentrum),
- in einem Gebäude oder in einer räumlichen Zone in einem Gebäude oder auf einer Freifläche (Verkaufsraum, Lager) oder
- in einem mobilen Objekt (Container, Eisenbahnwagen, Schiff).

Wenn wir nun die oben beschriebenen Herausforderungen einbeziehen, ist die Gestaltung eines Intelligenten Logistikraums das Ziel.

▶ **Intelligenter Logistikraum [technisch]** Unter einem Intelligenten Logistikraum wird der Wirkungsbereich von mobilen Objekten, wie Verkehrs-, Transport- und Umschlagmittel, Waren und Personen, in einer logistischen Infrastruktur mit einer IT-technischen Umgebungsintelligenz (Ambient Intelligence) verstanden. Der intelligente Logistikraum wird dabei durch logistische Prozesse in einem topografisch-technischen und zeitlichen Rahmen bestimmt, die durch die IT-technische Umgebungsintelligenz sehr robust ablaufen.
Unter Ambient Intelligence ist ein technologisches Paradigma *zu verstehen*, d. h., über die Vernetzung von Sensoren, Funkmodulen und Computerprozessoren u. a. wird der Mensch bei seinen Handlungen unterstützt, wie auch in den hier betrachteten Produktions- und Logistikprozessen.

Diesem Anspruch folgend, werden IT-Systeme zur Identifikation, Ortung und Zustandsüberwachung miteinander zu Multisensorsystemen vernetzt. Das Verhalten der logistischen Prozesse von Gütern und Personen kann so in einem Logistikraum mit ähnlichen Mitteln ganzheitlich erfasst und gesteuert werden: Personen und Güter können für vielfältige Aufgaben in unterschiedlichen logistischen Prozessen unter variablen Sicherheitsanforderun-

Tab. 4.1 Morphologie zur Ausprägung Intelligenter Logistikräume. Quelle: Fraunhofer IFF

Logistikraum				
Standort	Hafen	Flughafen	Cargo Hub (z. B. GVZ)	
Gebäude	Wareneingang	Warenausgang	Kommissionier-platz	Lager
Mobiles Objekt	Fahrzeug	Container	Paket	
Umgebungsintelligenz				
IT-Technologien	Identifikation	Lokalisierung	Kommunikation	Zustands-erfassung
Sensortechnologien	funkbasiert	bildbasiert	kombiniert	
Echtzeitnähe	Dokumentation	Qualitätssicherung	Monitoring	Steuerung
Prozess				
Intelligente Objekte	Infrastruktur	Mobiles Equipment	Soziale Gruppe	Fahrzeug
Prozess	Transportieren	Umschlagen	Lagern	Kontrollieren
Sicherheit	Arbeitssicherheit	Prozesssicherheit	Zivile Sicherheit	
Assitenz	körperlich	informationstechnisch	kognitiv	

gen weltweit ähnlich analysiert und behandelt werden. Dazu ist jedoch eine Standardisierung der Sensorik sowie der auszutauschenden Daten und deren Datenschnittstellen zwingend notwendig. Damit ist vorausschauend die Zielstellung zur Schaffung des Intelligenten Standardisierten Logistikraumes beschrieben.

In welcher Ausprägung solche Räume vorliegen können, ist in Tab. 4.1 zusammengestellt.

Die Ausprägung reicht vom einzelnen Container, der durch die in ihm integrierte Sensorik zu einem intelligenten Logistikraum wird, indem er neben seiner Lager- und Transportfunktion vielfältige Aufgaben von der Zutritts- und Berechtigungskontrolle bis zur Zustandserhaltung der Fracht übernimmt, bis zum Logistikknoten, der durch die Ausstattung mit Sensorsystemen die Identifikation, Ortung und Zustandsüberwachung der in seinem Raum agierenden Objekte und Personen ermöglicht.

Durch die Kombination einzelner Intelligenter Logistikräume, wie Intelligenter Ladungsträger an den Kanten eines Logistiknetzes und Intelligenter Infrastrukturen im Logistikknoten, werden umfassende Intelligente Logistikräume mit einer hohen Komplexität geschaffen. Dabei liegt insbesondere im Bereich der Informationslogistik die Herausforderung in der objektübergreifenden Integration der Sensorinformationen, die in den zeitweilig auch ineinander verschachtelten Logistikräumen gewonnen werden.

4.3   AutoID-Einsatz in Logistik- und Produktionssystemen

Aufgrund der Internationalität und der unternehmensübergreifenden Vernetzung in der Logistik und in den Produktionsstrategien spielt der Einsatz von automatischen Identifikationstechnologien (AutoID-Technologien) eine zentrale Rolle. Sie können entlang der weltumspannenden Lieferketten und verteilten Produktionsstandorte eine eindeutige Identifizierbarkeit von Bauteilen, Komponenten und Produkten gewährleisten. Mit einer erhöhten Transparenz in den Produktions- und Liefernetzen wird auch die Effizienz von Produktions- und Logistikprozessen weiter gesteigert, was u. a. dabei hilft:

- die Planungssicherheit in allen Prozessabschnitten zu erhöhen,
- Lagerbestände gering zu halten und
- flexibel auf Bedarfsänderungen reagieren zu können.

Die weitere Erhöhung der Transparenz ist damit verbunden, dass einzelne Bauteile und Komponenten immer kleinteiliger eindeutig identifizierbar und rückverfolgbar werden. Damit wird neben der erhöhten Sichtbarkeit von Beständen und Logistik-Flüssen in den Zuliefernetzen vor allem auch den Anforderungen der Revisionssicherheit begegnet. Fehler können somit eindeutig zum verursachenden Unternehmen verfolgt werden, nicht nur auf der Ebene von Produktionschargen, sondern zunehmend auf der Ebene des einzelnen Objekts.

Die Zunahme der zu den einzelnen Objekten verfügbaren Informationen, was neben der reinen Identifikation beispielsweise auch Aspekte der Ortung und Zustandsüberwachung umfasst, macht es somit erforderlich, zum einen auf der Seite der Erfassungstechnologien neue technologische Lösungen anzubieten, um der Grundforderung zur Erfassung von mehr Informationen in bestehenden oder kürzeren Prozesszeiten gerecht zu werden, und zum anderen neue Strategien der zentralen und dezentralen Datenhaltung zu entwickeln. Auf der Ebene der Erfassungstechnologien besteht ein deutlicher Trend im zunehmenden Einsatz von RFID-Verfahren. Hierbei werden mit Daten versehene Transponder am Objekt angebracht und können per Funk ausgelesen werden. Diese bieten durch die Möglichkeit der Pulk-Lesung große Potenziale zur schnellen automatischen Erfassung großer Gütermengen, da mehrere RFID-markierte Objekte quasi zeitgleich erfasst werden können. Alternativ werden Objekte innerhalb von Produktions- und Logistikprozessen über optische Marker identifiziert. Hier spielen vor allem etablierte Technologien, wie das Lesen von Barcodes, QR- und Datamatrix-Codes, eine wichtige Rolle. Durch den Einsatz von AutoID-Technologien wie RFID oder optischen Codes wird es möglich, die Objekte in Produktion und Logistik zu verfolgen, den damit verbundenen Materialfluss zu steuern und die Qualitätssicherung für diese Prozesse durchzuführen.

Im Bereich der Datenhaltung entstehen unter dem Begriff „Cloud Logistics" neue Formen der zentralen, unternehmensübergreifenden Datenhaltung, denn die Daten liegen auf zentralen Webservern und sind so von verschiedenen Standorten aus jederzeit verteilt verfügbar.

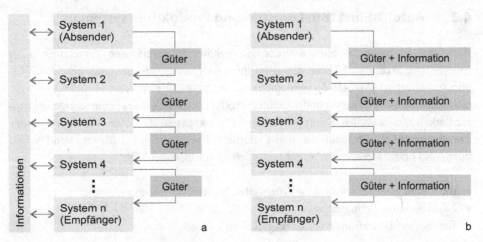

Abb. 4.2 Kopplung von Material- und Informationsfluss, entkoppelter Informationsfluss (a) und gekoppelter Informationsfluss (b). [KLS12]

In den Kernbereichen der Produktion und Logistik, wie Beschaffung, Materialwirtschaft, Distribution oder außerbetrieblicher Transport, erfolgt heute die Steuerung und Verfolgung von Güterströmen in Materialflusssystemen mithilfe von Informationen, die den Materialfluss asynchron, d. h. vor- bzw. nacheilende Informationen bzw. entkoppelter Informationsfluss, oder synchron, d. h. begleitende Informationen bzw. gekoppelter Informationsfluss, begleiten (Abb. 4.2).

Natürlich wollen die Anwender die Informationen möglichst zeitnah zur Verfügung gestellt bekommen. Dieser Forderung wird nur durch einen mit dem Materialfluss gekoppelten Informationsfluss Rechnung getragen, da die Informationen in diesem Fall direkt am Objekt vorliegen. Diese Kopplung erfordert den Einsatz von AutoID-Technologien, die eine schnelle, fehlerfreie Erkennung der Objekte sowie die Datenerfassung an jedem Ort im Materialflusssystem und zu jeder Zeit ermöglichen [KLS12].

In den folgenden Teilabschnitten wird gezielt auf die AutoID-Technologien eingegangen. Dabei erfolgt eine prinzipielle Unterteilung in funkbasierte und bildbasierte Verfahren und Systeme.

4.3.1 Funkbasierte Systeme

Im Bereich der funkbasierten AutoID-Verfahren sind aktive und passive Systeme zu unterscheiden, die sich überwiegend unter dem Begriff RFID (Radio Frequency IDentification) zusammenfassen lassen. Andere Funktechnologien, die originär zu Zwecken der Kommunikation (Mobilfunk) oder zur Ortung (GNSS) entwickelt wurden, ermöglichen ebenfalls eine automatische Identifikation von Objekten. Diese werden aber aufgrund ihres jeweiligen Nutzungsschwerpunktes an dieser Stelle nicht weiter betrachtet.

Neben den passiven RFID-Transpondern, die über keine eigene Energieversorgung verfügen und im Folgenden ausführlicher beschrieben werden, gibt es aktive und semi-aktive RFID-Transponder.

Aktive und semi-aktive RFID-Transponder

Diese können aufgrund der eigenen Energieversorgung auch mit zusätzlicher Sensorik zur Zustandsüberwachung (z. B. Temperatursensor) ausgestattet werden. Da sie gegenüber passiven Transpondern deutlich teurer und wartungsaufwendiger sind, kommen sie insbesondere bei kritischen Prozessen, z. B. zur Identifikation und Temperaturmessung bei Medikamententransporten, oder im Zusammenhang mit Betriebsmitteln, z. B. zur Ortung im Betriebsbereich, zum Einsatz. Aufgrund der Kopplung mit anderen Technologien geht der Funktionsumfang aktiver RFID-Systeme meist über die reine Objektidentifikation hinaus und wird deshalb im nächsten Abschnitt bzgl. möglicher Anwendungen zur funkbasierten Ortung noch einmal aufgegriffen.

Passive RFID-Transponder

Für die breite Anwendung zur Identifizierung von Objekten in der Produktion und Logistik kommen passive RFID-Transponder zur Anwendung. Diese zeichnen sich vor allem durch einen deutlich niedrigeren Preis als aktive Systeme aus. Außerdem sind sie komplett wartungsfrei. Somit sind sie für den Einsatz bei großen Gütermengen bis auf Item-Ebene gut geeignet und in verschiedenen Bauformen sowohl für dauerhafte Anwendungen, z. B. beim Pooling von Paletten und Ladungsträgern, als auch für Einweg-Anwendungen, z. B. Einzelteil-Verfolgung von der Produktion bis zum Verkauf in der Mode-Industrie, in Nutzung.

▶ **Transponder – welcher für welche Reichweite?** Je nach Anwendung der Transponder kommen für die Gestaltung der Identifikationsprozesse RFID-Transponder verschiedener Frequenzbereiche in Betracht. Dabei werden im Wesentlichen vier Frequenzbereiche unterschieden Low Fequency (LF), High Frequency (HF), Ultra High Frequency (UHF) und Super High Frequency (SHF). LF- und HF-Transponder verfügen über sehr begrenzte Lesereichweiten. Aufgrund einer Lesereichweite von 2 bis 6 Metern werden in der Logistik hauptsächlich passive UHF-Transponder für den breiteren Einsatz zur Identifizierung von Gütern auf Item-Ebene genutzt.

4.3.1.1 Funktionsprinzip von RFID-Systemen mit passiven Transpondern

Grundlage für eine sichere kontaktlose Kommunikation mit einem beweglichen passiven Datenträger ist eine Kommunikationsumgebung, die bestimmte Mindestanforderungen erfüllt. Generell erfolgt eine Kommunikation idealerweise immer zwischen einer bestimmten RFID-Schreib-Leseeinheit (RFID-Reader oder Lesegerät) und einem RFID-Transponder (RFID-Tag). Der Bereich, in dem ein Transponder noch auf die Anfragen des Readers erfolgreich reagiert und somit eine sichere Kommunikation ermöglicht, wird als Lesebereich bezeichnet (Abb. 4.3).

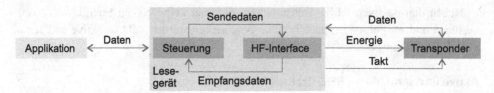

Abb. 4.3 Komponenten eines RFID-Systems mit passivem Transponder. Grafik: Fraunhofer IFF nach [Fi12]

Der RFID-Reader besteht aus einer Datenverarbeitungseinheit, aus einem HF-Interface als Wandlereinheit zwischen digitaler Datenverarbeitung und analoger Datenübertragung mittels elektromagnetischer Wellen sowie aus einer oder mehreren Antennen. Die Antennen stellen den Übergang der leitungsgebundenen Kommunikation zur Luftschnittstelle dar. Über sie wird zum einen die modulierte elektromagnetische Welle in den freien Raum ausgekoppelt und zum anderen die Antwort des Transponders empfangen und an das HF-Interface übergeben. Ein RFID-Transponder ist grundsätzlich ähnlich aufgebaut, d. h., er besteht aus einer Antenne, aus einem HF-Interface und aus einer Datenverarbeitungseinheit mit Speicherkapazität, in der die Transponderinformationen, z. B. Transponder-ID, gespeichert werden.

Für die sichere Kommunikation zwischen RFID-Lesegeräten und den Transpondern müssen verschiedene Anforderungen erfüllt werden. Dies muss bei der Gestaltung von RFID-Lösungen in Produktion und Logistik berücksichtigt werden. Nachfolgend sind die Anforderungen, die insbesondere für die Anwendung von UHF-RFID-Systemen relevant sind, kurz beschrieben:

Energiedichte
Jeder sich im Lesebereich befindende Transponder entzieht dem elektromagnetischen Feld Energie. Daraus resultiert, dass bei einer steigenden Anzahl von Transpondern in einem definierten Raum die Energiedichte sinkt. Entsprechend besteht bei großen Transpondermengen (Pulk) die Herausforderung darin, alle Transponder sicher mit Energie zu versorgen. Noch schwieriger wird es, wenn in der Packstruktur Flüssigkeiten vorhanden sind. Flüssigkeiten fungieren als Energiesenke und erschweren so noch einmal zusätzlich die Anforderung, eine ausreichende Energiedichte zu gewährleisten.

Inhomogene Feldstärkeverteilung
Bei RFID-Installationen im Freiraum ist die vom RFID-Lesesystem abgestrahlte Hochfrequenzleistung typischerweise durch Feldstärkemaxima und -minima gekennzeichnet. Diese Unterschiede haben zur Folge, dass die Kommunikationssicherheit ortsabhängig wird, d. h., wo die Feldstärke nur in einem Minimum vorhanden ist, kann der Transponder dem Feld keine Energie entziehen und deswegen nicht arbeiten.

Polarisationsabhängigkeit

Die Antenne des Readers koppelt eine elektromagnetische Welle in den Raum ein. Entsprechend der Antenne hat diese Welle eine bestimmte Polarisation und Ausbreitungsrichtung. Ist die Ausrichtung der Transponderantenne nicht optimal zu der ausgestrahlten Welle der Reader-Antenne, können gravierende Polarisationsverluste auftreten, die so groß sein können, dass keine Kommunikation mit dem Transponder erfolgen kann.

Leitende Materialien

Befinden sich in der Packstruktur, in der die Transponder integriert sind, elektrisch leitende Materialien, wird das elektromagnetische Feld verändert. Elektrisch leitende Materialien können sowohl einen positiven als auch einen negativen Effekt auf die sichere Kommunikation mit den enthaltenen Transpondern haben.

Negativ wirken sich diese Materialien immer dann aus, wenn sie so nahe an der Transponderantenne positioniert sind, dass die Charakteristik der Transponderantenne verändert wird. Ist die Verstimmung zu groß, ist die Antenne nicht mehr auf den verwendeten Frequenzbereich angepasst und der Transponder kann mit dem Reader nicht mehr kommunizieren. Umschließen elektrisch leitende Materialien einen oder mehrere Transponder, sind diese abgeschirmt und können so von den elektromagnetischen Wellen des RFID-Readers nicht mehr erreicht werden.

Positiv können sich elektrisch leitende Materialien dahin gehend auswirken, dass diese Reflektionen von elektromagnetischen Wellen an deren Oberfläche erzwingen. Bei jeder Reflektion verändern sich die Eigenschaften Ausbreitungsrichtung, Phase und Amplitude dieser Welle. Durch diesen Effekt werden die Einflüsse der oben beschriebenen Feldstärkeminima sowie der Polarisationsproblematik minimiert bzw. ganz behoben.

Hochfrequente Störquellen

Jede Kommunikation kann durch Störungen beeinträchtigt oder gar verhindert werden. Sendet eine Störquelle in dem gleichen Frequenzbereich, in dem die Kommunikation mit dem passiven RFID-Transponder abläuft, elektromagnetische Wellen aus, verändert dies die vom RFID-Reader ausgestrahlten Wellen. Der Transponder ist nicht mehr in der Lage, die Daten aus den Wellen eindeutig zu entschlüsseln. Eine solche Störquelle kann ein System jeglicher Art sein, das im freien ISM-Band (Industrial, Scientific and Medical Band) arbeitet, wie beispielsweise ein anderer RFID-Reader im Umfeld des gestörten Readers.

▶ **Transponder – welcher für welchen Einsatzfall?** Die Auswahl des passenden UHF-Transponders für die jeweiligen Produktions- und Logistikprozesse stellt eine komplexe Aufgabe bei der Gestaltung von RFID-Systemen dar. Es ist z. B. zu beachten, dass UHF-Systeme in verschiedenen Weltregionen in unterschiedlichen Frequenzbereichen arbeiten. Die Lesegeräte müssen deshalb für den jeweiligen Einsatzort fest auf die freigegebenen Frequenzbereiche eingestellt werden. UHF-Systeme arbeiten z. B. in Europa im Bereich 865 bis 868

Megahertz (ETSI – European Telecommunications Standards Institute) und in
den USA im Bereich 902 bis 928 Megahertz (FCC – Federal Communications
Commission) [GS1]. Um dennoch die mit einem RFID-Transponder versehenen
Objekte weltweit identifizieren zu können, werden entsprechend breitbandig
abgestimmte Transponder genutzt, die im gesamten Frequenzspektrum
(865 bis 956 Megahertz) arbeiten.

Eine weitere Unterscheidung bei den passiven UHF-Transpondern ist bezüglich der Art der Anbringung zu treffen. Neben den einfachen Smartlabels, die
z. B. auch kombiniert mit aufgedruckten Barcodes einfach auf die jeweiligen
Objekte aufgeklebt werden und im Allgemeinen als Einweg-Transponder genutzt werden, existieren weitere Bauformen, die z. B. für die Anbringung auf
Metall geeignet sind (OnMetal-Transponder) oder zusätzliche Anforderungen
bzgl. thermischer und/oder mechanischer Belastung erfüllen. Aufgrund ihrer
robusten Nutzbarkeit und damit verbundenem höheren Preis kommen solche
Transponder meist dort zum Einsatz, wo sie wiederverwendbar sind, z. B. beim
Pooling von Transportbehältern oder Paletten.

4.3.1.2 Möglichkeiten der Störungsminimierung bzw. -beseitigung im UHF-Bereich

Grundsätzlich lassen sich die oben beschrieben Parameter für eine sichere Kommunikation,
einzeln und speziell auf einen Anwendungsfall zugeschnitten, beheben oder zumindest
minimieren:

a. Die Energiedichte kann durch Steigerung der ausgestrahlten Einspeiseleistung
   nach ETSI bis auf gesetzlich zugelassene 2 Watt ERP (Effective Radiated Power =
   dt. effektive Strahlungsleistung) erhöht werden. Dadurch wird aber gleichzeitig
   der Lesebereich vergrößert, was zur Folge haben kann, dass bei weiteren Transpondern in der Umgebung fälschlicherweise Falsch-Positiv-Lesungen hervorgerufen
   werden.

b. Die ungleichmäßige Feldstärkeverteilung kann durch Umschalten zwischen mehreren
   Antennen, statistisch über die Zeit betrachtet, minimiert werden. Da immer nur eine
   Antenne aktiv ist, entspricht der Vorgang einem zeitabhängigen Umschalten zwischen
   verschiedenen Feldstärkeminima und -maxima.

c. Die Polarisationsabhängigkeit der Kommunikation mit passiven Transpondern kann
   dadurch minimiert werden, dass die Transponder in einer festgelegten Ausrichtung in
   der Packstruktur befestigt werden.

d. Materialien, die die Ausbreitung von elektromagnetischen Wellen beeinflussen,
   können beim Zusammenstellen der Packstruktur so angeordnet werden, dass diese
   keinen negativen Einfluss auf die Kommunikation haben.

e. Die Störungen der RFID-Kommunikation durch hochfrequente Störquellen oder auch andere RFID-Reader sind eine der größten Herausforderungen. Wenn möglich, können die HF-Störquellen durch deren Beseitigung oder deren Abschirmung vermieden werden. Stellen andere RFID-Reader im Umfeld die eigentlich Störquelle dar, gibt es zwei übliche Herangehensweisen. Zum einen der Einsatz des „Dense Reader Mode", bei dem ein RFID-Reader zunächst seinen Lesebereich prüft, ob ein anderer Reader dort bereits arbeitet, und zum anderen die zentralisierte Ansteuerung aller sich im Umfeld befindlichen RFID-Systeme durch eine übergeordnete Steuereinheit. Mit beiden Methoden wäre die Störquelle für den relevanten Zeitbereich nicht aktiv. Die zentrale Ansteuerung mehrerer Reader ist allerdings sehr komplex und häufig nicht prozesseffizient.

4.3.1.3 Leseprinzipien von UHF-Transpondern

Die Hauptanwendungen für UHF-Transponder stellen die Einzellesung und die sogenannte Pulk-Lesung dar. Diese werden sowohl im Nah- als auch im Fernfeld angewandt (vgl. Abb. 4.4). Bei der Pulk-Lesung werden dabei die Transponder, die sich im Lesebereich befinden, identifiziert, falls der Leseprozess nicht aufgrund der oben beschriebenen Einflüsse gestört ist. Modernste UHF RFID-Systeme erlauben mittlerweile die Lokalisierung passiver Transponder über eine Kombination von bekannten Ortungsverfahren der Feldstärke-, Peil- und Laufzeitortung. Die hochempfindlichen Antennensysteme sind jedoch besonders störanfällig gegenüber anderen RFID-Systemen, die in diesem Frequenzbereich arbeiten. Hier sind noch Forschungsarbeiten zur Koexistenz der verschiedenen RFID-Systeme notwendig.

Analog zum Einsatz von Erkennungsverfahren in der Automatisierungstechnik besteht bei unabhängig voneinander zum Einsatz kommenden RFID-Systemen im gleichen Wirkbereich die Notwendigkeit, diese Systeme voneinander abzuschirmen.

4.3.1.4 Methode der Modenverwirbelungskammer MVK

Mit dem Einsatz einer Modenverwirbelungskammer (MVK) für RFID-Anwendungen (vgl. Abb. 4.5) ist es möglich, alle genannten Möglichkeiten zur Minimierung der Störungen oder Störeinflüsse auf einmal ohne negative Nebeneffekte einzusetzen. Für diese vom

Abb. 4.4 Störempfindlich-keit verschiedener Leseprin-zipien. Grafik: Fraunhofer IFF

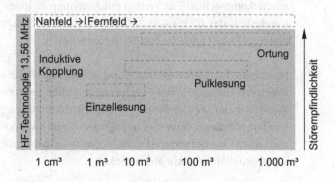

Abb. 4.5 RFID-Tunnelgate
nach dem Prinzip der Modenverwirbelung im Praxiseinsatz
bei FIEGE. Foto: Fraunhofer
IFF/Dirk Mahler

Fraunhofer IFF patentierte Technologie gibt es zahlreiche Anwendungsmöglichkeiten
und Bauformen. Von Tunnelgates für die Pulk-Lesung markierter Objekte in Warenein-
und -ausgängen über intelligente Ladungsträger, die die geladenen Güter automatisiert
inventarisieren, bis zu Prozesslösungen, die beispielsweise bei der Be- und Entladung von
Containern die komplette Ladung identifizieren.

▶ **Modenverwirbelungskammer** Eine Modenverwirbelungskammer ist im idealen Fall ein durch ein leitendes Material vollständig abgegrenzter Raum.
Durch diese vollständige Abgeschlossenheit wirkt dieser Raum wie ein Hoch-
frequenzresonator.

▶ **Hohe Energiedichte trotz geringer Einspeiseleistung** In einer solchen Kammer
ist es möglich, mit einer sehr geringen Einspeiseleistung eine relativ hohe
Anzahl von Transpondern sicher zu erfassen. Beispielsweise wird in der Kammer
aus Abb. 4.5 mit einer Einspeiseleistung von 25 Milliwatt gearbeitet. Eine
sichere Kommunikation mit Stückzahlen von bis zu hundert dicht gepackten
RFID-Transpondern, die mit einer Geschwindigkeit von ca. 1 Meter pro Sekunde
durch die Kammer fahren, wird unproblematisch erreicht.
Ein herkömmliches RFID-System mit Antennen im freien Raum müsste
mindestens das 20- bis 40fache an Einspeiseleistung am Antennenfußpunkt
einkoppeln, um ähnliche Ergebnisse zu erzielen.

▶ **Homogene Feldstärkeverteilung und vollständige Polarisationsunabhängigkeit**
Durch das Einkoppeln der elektromagnetischen Leistung an verschiedenen
Punkten in der MVK kann eine sogenannte Modenverwirbelung erzeugt
werden. Mit dieser Verwirbelung werden gleich zwei positive Effekte erzeugt,
zum einen eine homogene Feldstärkeverteilung und zum anderen eine vollständige Polarisationsunabhängigkeit.

Über die unendlich vielen Reflektionen der Wellen an der metallischen Abgrenzung des Lesebereichs erfolgt die Modenverwirbelung. Dadurch wird eine quasi homogene Feldstärkeverteilung erzeugt. Gleichzeitig wird über die vielfachen Reflektionen jede erdenkliche Ausbreitungsrichtung und damit auch jede Polarisation erzeugt, womit die Kommunikationssicherheit mit einem Transponder nicht mehr von seiner Ausrichtung im Raum abhängig ist.

▶ **Robustheit gegen leitende Materialien** Der Einfluss von leitenden-Materialien und Flüssigkeiten in Transpondernähe kann insoweit minimiert werden, dass durch die höhere Energiedichte das Problem der Energiesenke von Flüssigkeiten eine deutlich geringere Rolle spielt. Wenn leitende Materialien wie Metalle so nah an einem RFID-Tag positioniert sind, dass die Antenne galvanisch kurzgeschlossen ist, arbeitet der Transponder physikalisch nicht mehr, sodass auch die Technologie der MVK physikalisch keine Möglichkeit hat, mit dem Transponder zu kommunizieren. Sobald ein kleiner Spalt zwischen Metall und Antenne entsteht, ist es bereits möglich, in einer MVK mit diesem Transponder zu kommunizieren.

▶ **Unempfindlich gegen Störquellen** Durch die metallische Abgrenzung der MVK ist ein RFID-System nach diesem Prinzip unempfindlich gegenüber äußeren Störquellen, da diese effektiv abgeschirmt werden. Durch die Abschirmung stellt die Kammer selbst ebenfalls keine Störquelle für andere RFID-Systeme dar. So ist es beispielsweise möglich, im Wareneingangs- oder -ausgangsbereich von Logistikzentren mehrere MVK entsprechend direkt nebeneinander zu betreiben, ohne dass diese sich gegenseitig beeinflussen. Dies ist u. a. in der Abb. 4.5 zu sehen, wo zwei MVK-Tunnelgates parallel betrieben werden.

4.3.1.5 Anwendungsfelder des Prinzips der MVK

Die Anwendungsfelder für das Prinzip der Modenverwirbelung sind sehr vielfältig, wenn neben der gezielten Schaffung metallisch abgeschirmter Lesebereiche auch gegebene Infrastrukturen in die Betrachtung einbezogen werden. Die Abb. 4.6 stellt dar, in welchen verschiedenen Formen sich das Prinzip der MVK in vorhandene Strukturen integrieren lässt.

In der praktischen Anwendung befinden sich vor allem die Formen des RFID-Tunnelgates in verschiedenen Baugrößen und die Nutzung in Transportbehältern als sogenannte Intelligente Ladungsträger. Die RFID-Tunnelgates sind dabei je nach Anwendung frei skalierbar, von Tunnelgates über fördertechnische Anlagen, beispielsweise zur Identifikation von versandfertig verpackten Textilien in der Logistik von Textilunternehmen, über Tunnelgates zur Pulk-Lesung palettierter Waren bis hin zu Tunnelgates zum Auslesen ganzer Lkw-Ladungen (vgl. Abb. 4.7).

Prozess	Leseraum	Beispiel
Beladung	Container, ULD-Luftfracht, Wechselbrücke, Gitterbox	
Transport	Fahrzeug mit Frachtraum, Passagierraum, Mottorraum	
Kontrolle	Frachtscanner, Passagier-Scanner, Wareneingang, Warenausgang, Kanban-Tafel, Schleuse	
Unschlag	Personen-Aufzug, Fracht-Aufzug	
Lagerung	Regal, Lagerraum, Kühlkammer, Safe	

Abb. 4.6 Anwendungsklassen für das Prinzip der Modenverwirbelung. Grafik: Fraunhofer IFF

Abb. 4.7 Test zum Auslesen einer Lkw-Ladung mit getaggten Motorenladungsträgern bei der BLG Bremen.
Foto: Fraunhofer IFF

Mit den vom Fraunhofer IFF entwickelten RFID-Tunnelgates lassen sich gegenüber offen gestalteten Lese-Infrastrukturen zahlreiche Vorteile erzielen. Durch die Nutzung des MVK-Prinzips sind das:

- sicheres Lesen der RFID-Transponder bei geringer Reader-Ausgangsleistung,
- Vermeidung von Falsch-Positiv-Lesungen von Umgebungstranspondern,
- Störfestigkeit gegenüber anderen externen RFID-Systemen in der Umgebung und
- sicheres Lesen der RFID-Transponder ohne Beachtung der Transponderausrichtung durch vollständige Polarisationsunabhängigkeit.

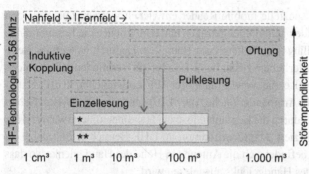

Abb. 4.8 Einordnung der Störempfindlichkeit der MVK. Grafik: Fraunhofer IFF

D. h., indem definierte Lesebereiche geschaffen werden, wird die Beeinflussbarkeit des Leseergebnisses durch Umgebungsbedingungen deutlich minimiert. Besonders in jenen Prozessen, bei denen Materialien in Bewegung sind, kann so das relevante Problem der Falsch-Positiv-Lesungen von RFID-Transpondern in der Umgebung des definierten Lesebereiches vermieden werden.

In Bezug auf die oben aufgezeigte Grafik Abb. 4.4 lassen sich die Anwendungen unter Nutzung des Prinzips der MVK folglich entsprechend Abb. 4.8 einordnen.

Das MVK-Prinzip erfordert zwar eine metallische Abschirmung, jedoch ist es nicht zwangsweise immer erforderlich, diese Umgebungsbedingung speziell zu schaffen. Denn in zahlreichen Umgebungen von Produktion und Logistik sind im Rahmen der bestehenden Prozesse bereits Infrastrukturen vorhanden, die sich als Anwendungsraum für das MVK-Prinzip nutzen lassen. So stellen beispielsweise ISO-Seecontainer einen metallisch abgeschlossenen Raum dar. Damit kann bei der Entladung dieser Container eine entsprechende Leseeinrichtung mobil in die Prozesse integriert werden. Ein konkretes Beispiel ist die Installation der Lesetechnik auf Gabelstaplern, die ohnehin für die Be- und Entladung von Containern genutzt werden. Diese Anwendung befindet sich bereits in der weiteren technischen Erprobung.

4.3.1.6 Mobile Lösungen für die Einzellesung passiver RFID-Transponder

Im Rahmen der vielfältigen Identifikationsprozesse in Produktion und Logistik gibt es zahlreiche Anwendungen, die auf die mobile Erfassung RFID-getaggter Objekte ausgerichtet sind. Diese mobile dezentrale Erfassung, die z. B. im Rahmen von Kommissioniertätigkeiten (siehe Abschn. 2.4) zum Quittieren von Picking-Prozessen erforderlich ist, wird im Allgemeinen mit Handhelds vorgenommen, die bisher zum Lesen von Barcodes genutzt wurden und vermehrt auch RFID-Lese-Module beinhalten. Bei manuellen Tätigkeiten, wie dem Kommissionieren von Waren, der Materialbereitstellung oder der Zusammenstellung von Bauteilen an Montagearbeitsplätzen, war die Nutzung von RFID bisher eher hinderlich, da die Handhabung der Hand-Reader zusätzliche Prozessschritte und somit einen erheblichen zeitlichen Mehraufwand darstellt. Damit würden die Vorteile einer durchgängigen Objektidentifikation wieder aufgehoben werden.

Um das zu verhindern, sind spezielle mobile Reader entwickelt worden. Diese werden direkt am Körper der handhabenden Mitarbeiter getragen und ermöglichen die Lesevorgänge im Rahmen des normalen Handlings von Gütern oder Bauteilen. Dadurch werden die beim Einsatz von Handreadern erforderlichen zusätzliche Handgriffe vermieden. Eine solche Entwicklung stellen beispielsweise die vom Fraunhofer IFF entwickelten RFID-Handschuhe (siehe Abb. 4.9) und RFID-Armbänder (siehe Abb. 4.10) dar. Beim RFID-Handschuh werden die passiven Transponder durch die Leseantenne in der Handinnenfläche während der Handling-Prozesse sicher identifiziert. Die Identifikation im UHF-Bereich erfolgt dabei im Nahfeld. Beim RFID-Armband befindet sich die Antenne in Höhe des Handgelenks, so dass der Nachfeldbereich unterhalb des Handgelenks ausgelesen wird.

Die gewonnenen Identifikationsdaten der Systeme werden vom Reader-Modul, das direkt am Handgelenk getragen wird, drahtlos an die zentrale IT-Infrastruktur gesendet.

Abb. 4.9   Mobiler Reader
im RFID-Handschuh.
Foto: Fraunhofer IFF/
Dirk Mahler

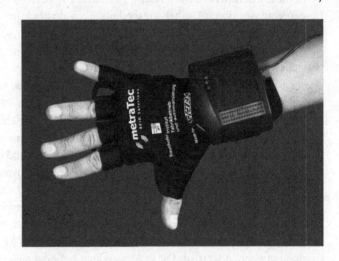

Abb. 4.10   Mobiler Reader
im RFID-Armband.
Foto: Fraunhofer IFF/
Dirk Mahler

Durch die Nutzung einer bidirektionalen Kommunikation können die gelesenen Daten mit Soll-Prozessen abgeglichen werden und das Feedback zum Prozess-Status (z. B. korrekte Quittierung/Greiffehler) den Nutzern direkt auf dem Readermodul durch Status-LEDs und Tonausgabe bereitgestellt werden. Durch das unmittelbare Feedback an die Nutzer lassen sich Fehlerraten in manuellen Tätigkeiten mit Quittiervorgängen signifikant reduzieren. Alternativ zum durchgängigen Soll-Ist-Abgleich der gelesenen Daten kann das mobile Readersystem auch als Datenlogger genutzt werden.

4.3.2 Bildbasierte Systeme

Neben den oben erläuterten funkbasierten Systemen sind auch bildbasierte Identifikationssysteme in der Produktion und Logistik weit verbreitet, vor allem durch die Nutzung von Barcodes und den neueren Formen wie 2D-Codes. Auf die dafür verwendeten Systeme und Standards soll an dieser Stelle nicht weiter eingegangen werden. Vielmehr ermöglichen neuartige Kamerasysteme neue Entwicklungsfelder für die Identifikation und Zustandsüberwachung von Objekten in Produktion und Logistik. Auf die Ansätze solcher Technologien, die sich auf die Nutzung von Tiefenbildsensoren stützen, wird im Abschn. 4.5 zur „Zustandsüberwachung in Logistik- und Produktionssystemen" näher eingegangen.

4.4 Einsatz von Ortungstechnologien in Logistik- und Produktionssystemen

In der Informationslogistik steigen die Anforderungen stetig. Gewünscht wird, zu jedem Zeitpunkt eines Logistikprozesses aktuelle Statusinformationen über die Logistik-Objekte zu verfügen. Damit nimmt vor allem der Einsatz mobiler Informationssysteme weiter zu. Zur durchgängigen Überwachung des Sendungszustandes kommen vor allem Ortungs- und Telematiksysteme zum Einsatz. Diese Module werden entweder direkt mit den Warensendungen mitgeführt oder in die Transportträger integriert. Bei der Warenmitführung ist die Gewinnung der Transportinformationen unabhängig vom Wechsel der Transportträger möglich. Beim zweiten Ansatz werden die jeweiligen Transportträger mit entsprechenden Ortungs- und Telematiksystemen ausgestattet, um für jeden einzelnen Teil der Transportketten Informationen zum Logistik-Prozess zu erhalten. Diese sogenannten „Intelligenten Ladungsträger" (vergl. Smart Box) können als Teilmenge der Intelligenten Standardisierten Logistikräume betrachtet werden, um „Sichere Warenketten" zu gewährleisten.

Abb. 4.11 Anwendungs-
gebiete und Ortungsgenauigkeiten einzelner Ortungs-
Technologien.
Grafik: Fraunhofer IFF

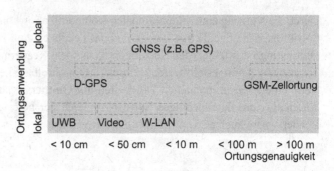

▶ **Ortungstechnologien – eine Kategorisierung** Bei der Auswahl geeigneter
Ortungstechnologien ist grundsätzlich nach dem Anwendungsbereich und den
Genauigkeitsanforderungen im jeweiligen Logistikprozess zu unterscheiden
(siehe Abb. 4.11).
Unterschieden werden Verfahren der satellitenbasierten Ortung sowie der
terrestrischen Ortung. Diese wiederum untergliedert sich in bildbasierte und
funkbasierte Verfahren. Je nach Genauigkeitsanforderungen sind bei den
terrestrischen Verfahren die Technologie und die damit verbundene räumliche
Dichte der Sensorknoten zu wählen. Ein weiteres Kriterium sind die Anforderungen an die zeitliche Dichte der Ortungsinformationen. So wird grundsätzlich zwischen einer kontinuierlichen Ortung und einer diskreten Ortung unterschieden. Bei der diskreten Ortung werden die zu ortenden Logistik-Objekte
nur an bestimmten Stellen der Prozessketten, z. B. beim Warenausgang, erfasst.
Somit ist auch die ortsgebundene Identifikation eines Objektes z. B. durch RFID
oder Barcode-Scans als indirekte Ortung zu zählen.

Die Genauigkeitsanforderungen sind im Wesentlichen an die Art des Produktions- oder
Logistikprozesses geknüpft. Im Bereich der Logistik ist vor allem bei lokalen Prozessen,
z. B. bei Umschlagsoperationen oder Einlagerungen mit der notwendigen Genauigkeit bis
auf eine halbe Palettenbreite, eine höhere Genauigkeit gefordert, als bei Streckentrans-
porten mit einer Genauigkeit bis auf mehrere Meter. In der Produktion werden z. T. Verfahren der zellbasierten Ortung und Baken-Ortung eingesetzt, um z. B. in Planungs- und
Steuerungssystemen die aktuellen Standorte von Betriebsmitteln zonenbezogen zu lokalisieren oder indirekt Prozesszustände abzuleiten, wie z. B. Werkzeug in der Produktion,
Werkzeug zur Wartung oder Werkzeug im Lager. Allerdings muss hier festgestellt werden,
dass zwischen den Genauigkeitsanforderungen und den Kosten, die durch den Einsatz der
Ortungstechnologien entstehen, eine deutliche Korrelation besteht. Je genauer die Ortung
sein soll, desto teurer wird sie auch.

Neben den Genauigkeitsanforderungen, die über die satellitenbasierte Ortung hinaus
alternative lokale Systeme erforderlich machen, stellt der Übergang zwischen Indoor- und
Outdoor-Umgebungen eine zentrale Herausforderung dar. Satellitengestützte Ortung ist im

Indoor-Bereich nur sehr eingeschränkt bis gar nicht anwendbar. Darum muss hier stets evaluiert werden, ob die Objektortung komplett durch ein lokales Ortungssystem abzudecken ist, oder ob eine Kombination verschiedener Verfahren vorteilhaft sein kann.

Um die reinen Ortungsinformationen, die beispielsweise durch die nachfolgend weiter beschriebenen Verfahren funkbasierter und bildbasierter lokaler Ortungssysteme gewonnen werden, mit zusätzlichen Informationen zu den Logistikobjekten anreichern zu können, kommt es vor allem im Rahmen der Transportlogistik zum zunehmenden Einsatz von Telematiksystemen.

▶ **Telematik** Der Begriff Telematik verknüpft die Bereiche Telekommunikation und Informatik. Es geht also um die Informationsverknüpfung von mindestens zwei Informationsquellen unterschiedlicher Systeme.
Für die hier betrachteten Ortungssysteme in der Logistik gilt, dass die Ortungstechnologien allgemeiner Bestandteil des Telematiksystems sind. Neben den Ortungsdaten lassen sich z. B. Sensordaten zum Zustand einer Fracht erfassen und an Logistik-Leitstände kommunizieren. Das kann die Temperaturüberwachung von Lebensmitteltransporten sein durch Warnmeldungen der Telematikeinheit beim Überschreiten einer kritischen Temperatur oder auch die Kontrolle der Zugriffsberechtigung auf Ladungsträger durch die Übermittlung entsprechender Zugriffe, z. B. in Form von Container Security Devices (CSD), sein.

4.4.1 Funkbasierte Systeme

Die automatische Identifikation und Ortung von entsprechend ausgerüsteten Objekten ist in Produktion und Logistik funktechnisch möglich, terrestrisch und satellitengestützt.

▶ **Moderne Ortungssysteme für Produktion und Logistik**
Terrestrische Ortung Terrestrische Ortung kann zum einen durch stationäre Lesestationen erfolgen, die Identifikationsmerkmale logistischer Objekte lesen und an IT-Systeme weiterleiten. Beim entsprechenden Aufbau von Lesestationen in hoher Dichte können auch hohe Ortungsgenauigkeiten erzielt werden. Vor allem im Bereich des Sports kommen terrestrische Systeme zum Einsatz, die die Ortung von Objekten oder Personen auf wenige Zentimeter genau und mit bis zu tausend Messungen pro Sekunde ermöglichen. Weiterhin ist eine terrestrische Ortung auch mobilfunkgestützt möglich, durch Ausnutzung der Lokalisierungsmöglichkeiten eines Mobilfunknutzers in einer Funkzelle. Die mobilfunkgestützte Positionsermittlung wird daher auch als Zellortung bezeichnet. Sie nutzt die Tatsache aus, dass die Netze der Mobilfunkbetreiber zellular strukturiert sind. Damit ist es möglich, über die Ortsangaben einer Zelle, in der das Mobilfunkgerät eingebucht ist, eine Positionsangabe zu ermitteln. Die Genauigkeit der Standortbestimmung ist von der

Größe der Funkzelle abhängig und kann in städtischen Ballungsräumen unterhalb 100 Meter Abweichung betragen. In abgelegenen Gebieten sind oft nur Positioniergenauigkeiten von einigen Kilometern Abweichung möglich [KLS12].

Satellitengestützte Ortung Die Positionsbestimmung bei der satellitengestützten Ortung erfolgt mithilfe von Satellitennavigationssystemen (GNSS Global Navigation Satellite System). Sie basiert auf einer Positionsbestimmung mithilfe von Satelliten, die Signale ausstrahlen. Aus diesen kann beispielsweise ein auf dem Transportfahrzeug installierter Empfänger seine Position errechnen. Neben den derzeit existierenden Satellitennavigationssystemen GPS (Global Positioning Satellite) und GLONASS (Globales Navigations Satelliten System), die ursprünglich auf militärische Anwendungen zugeschnitten waren, werden mit dem im Aufbau befindlichen rein zivilen GALILEO-System der EU und dem chinesischen BeiDou weitere Satellitensysteme verfügbar sein.

Die Genauigkeit der Standortbestimmung liegt bei den bestehenden Systemen bei bis zu 10 Metern, vorausgesetzt, mindestens vier Satelliten empfangen gleichzeitig die Signale. Eine Erhöhung der Genauigkeit auf bis zu 0,5 Meter ist mit zusätzlicher Unterstützung durch DGPS (Differenzial GPS)-Korrekturdaten und/oder Wegstreckenmessung (Odometrie) möglich, was in der Anwendung jedoch zusätzliche Technik erfordert und damit Kosten verursacht.

Logistikbereiche haben nicht selten höhere Genauigkeitsanforderungen, insbesondere auch in Indoor-Bereichen. Daher wurden in den letzten Jahren vermehrt funktechnische Verfahren entwickelt, die auf die Ausstattung der lokalen Infrastrukturen mit Funkknoten aufsetzen. Dabei werden beispielsweise für flächenmäßig beschränkte Logistikprozesse, wie Staplerverkehre an einem Logistik-Standort, die für eine Ortung vorgesehenen Flächen mit Empfangsstationen ausgestattet, welche die Signale aktiver Funkmodule, die sich auf den Betriebsmitteln befinden, aufnehmen und darüber die Position des Betriebsmittels bestimmen können. Technologisch funktioniert dieses Prinzip auch entgegengesetzt, sodass die Funkmodule an definierten Stellen der Infrastrukturen installiert werden und die Empfangsstationen auf den mobilen Betriebsmitteln eingesetzt werden (vgl. Abb. 4.12).

Bei geringeren Genauigkeitsanforderungen lassen sich sogenannte Funkbaken nutzen, die auf Basis von RFID arbeiten. Diese Lösungen können, anders als die oben beschriebenen Lösungen, auch mit passiven Identifikationseinheiten in Form passiver Transponder genutzt werden. Dabei wird das zu ortende Objekt mit einem Transponder versehen und somit beispielsweise beim Übergang von einem Fertigungsbereich in den nächsten mittels stationärer RFID-Reader identifiziert. Durch die Identifikation an der Funkbake wird der Übergang automatisch detektiert und kann entsprechend in Planungs- und Steuerungssystemen weiter verarbeitet werden.

Die entgegengesetzte Form der Bakenortung sieht die Ausstattung der Umgebung mit stationären Transpondern vor, die von mobilen RFID-Readern, die beispielsweise an Be-

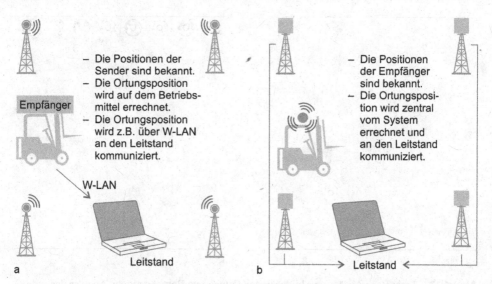

Abb. 4.12 Funktionsweise lokaler funkbasierter Ortung, Empfänger an mobilen Objekten (a) und Sender an mobilen Objekten (b). Grafik: Fraunhofer IFF

triebsmitteln installiert werdén, identifiziert werden. Eine Beispielanwendung stellt die Identifikation von Lagergassen durch auf Staplern installierte RFID-Lesesysteme dar.

4.4.2 Bildbasierte Systeme

Die automatische Identifikation und Ortung von Objekten ist in Produktion und Logistik auch mit bildbasierten Methoden möglich. Diese sind insbesondere für die standortinterne Ortung und Navigation von Betriebsmitteln relevant. Neben der Identifizierbarkeit von Objekten anhand ihrer Kontur, deren Funktion bei Betriebsumfeldern mit konturgleichen Objekten keine eindeutige Identifikation der Objekte zulässt, stützen sich bildbasierte Ortungssysteme auf die Nutzung optischer Marker, meist in Form von 2D-Codes.

Zur Ortung der Betriebsmittel gibt es folglich zwei wesentliche technische Ansätze, die durch unterstützende Systeme, wie beispielsweise Gyrosensorik, in der erzielbaren Genauigkeit verbessert werden können. Dabei erfasst das mobile Objekt selbst seine Umgebung, oder es wird erfasst. Im ersten Ansatz wird das Objekt mit Videosensorik ausgestattet und analysiert damit die Umgebung. Die Selbstortung des Objektes wird dabei über optische Marker gewährleistet, die sich beispielsweise in Produktionsanlagen und Lagern an den Hallendächern anbringen lassen (vgl. Abb. 4.13 (b)). So sind die Ortungsinformationen für Leitstandsfunktionen relevant, können sie von den mobilen Objekten über Funk (z. B. W-LAN) an das zentrale System übertragen werden. Da die Kamera- und Rechensysteme preisintensiv sind, ist diese Ausprägung der bildbasierten Ortung für Anwendungs-

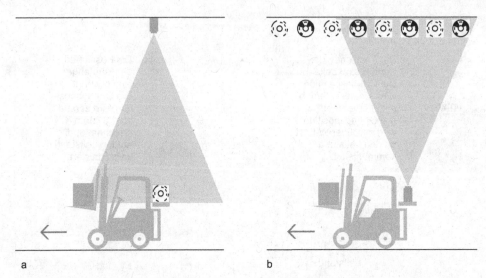

a   b

Abb. 4.13   Technische Ansätze zur bildbasierten Ortung von Betriebsmitteln, Analyse des
bewegten Objekts (a) und Analyse der Umgebung (b). Grafik: Fraunhofer IFF

umgebungen relevant, bei denen wenige mobile Betriebsmittel auf größeren Flächen zum
Einsatz kommen.

Bei der zweiten Variante wird die feststehende Infrastruktur mit entsprechender Videosensorik ausgestattet, um optische Markierungen auf den Betriebsmitteln zu erkennen
(vgl. Abb. 4.13 (a)). Dadurch wird das gemarkerte Objekt letztendlich von außen geortet
(vgl. Abb. 4.14). Die Erfassungs- und Rechensysteme können also fest mit den weiter-
verarbeitenden Instanzen verbunden werden. Diese Systemausprägung ist folglich für
räumlich beschränktere Anwendungsumgebungen und Freiflächen relevant, bei denen
zahlreiche mobile Betriebsmittel zum Einsatz kommen. Zusätzlich zur Funktion der Be-

Abb. 4.14   Flurförderzeug
mit optischem Marker zur
bildbasierten Ortung mit dem
System MarLO® des Fraun-
hofer IFF. Foto: Fraunhofer IFF

triebsmittelortung lassen sich die Videosysteme für weiterführende Funktionen der Video-überwachung nutzen.

Aus dem Cluster aller im Rahmen eines solchen Videoortungssystems zur Verfügung stehenden Kamerasichten lässt sich eine „Virtuelle Draufsicht" auf die überwachten Bereiche aggregieren. Diese kann neben den Funktionalitäten zur direkten Identifikation und Ortung markierter Objekte auch zur Statusüberwachung der betrachteten Flächen genutzt werden, so z. B. zum Auslastungsgrad bei Flächenlagern oder zu örtlichen Gefährdungen durch mobile Objekte in sich dynamisch ändernden Prozessumgebungen.

▶ **Virtuelle Draufsicht – wie aus vielen Bildern ein Bild entsteht** Die „Virtuelle Draufsicht" ist eine Form der visuellen Aufbereitung von Videodaten. Dabei wird mit üblicherweise stationär im Logistikraum installierten Kameras aus vielen perspektivisch verzerrten Einzelansichten eine Gesamtansicht in Form einer Draufsicht generiert. Die für die Draufsicht entzerrten Einzelbilder werden mosaikartig zu einer Darstellung zusammengefügt, wobei überlappende Sichtbereiche auch dynamisch anpassbar sind.
Durch die Virtuelle Draufsicht werden die Einzelansichten von verteilten Kameras in einen räumlichen Bezug gebracht. Mit diesem räumlichen Bezug ist gleichzeitig eine metrische Skalierung der Kamerasichten gegeben. Die Virtuelle Draufsicht an sich stellt bereits eine abgeschlossene Visualisierung

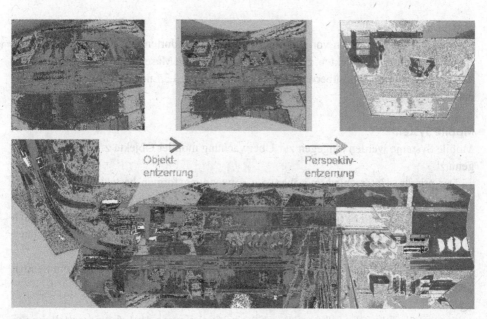

Abb. 4.15 Virtuelle Draufsicht auf Gelände des Hanseterminals Magdeburg als Bestandteil des Galileo-Testfeldes Sachsen-Anhalt. Grafik: Fraunhofer IFF

dar, kann aber auch als Grundlayout für weitere Visualisierungen, beispielsweise von Sensorinformationen, genutzt werden.

Zur Generierung einer Virtuellen Draufsicht werden die einzelnen perspektivisch verzerrten Kamerasichten entzerrt und zu einem Gesamtbild zusammengefügt (siehe Abb. 4.15). Dadurch können komplexe räumliche Zusammenhänge großer Betriebsflächen verdeckungsfrei dargestellt werden.

Neben der markerbasierten Ortung von Objekten werden auch Algorithmen
erarbeitet, um automatisiert aus der örtlichen Objektverteilung, z. B. Anzahl
gelagerter Container, Rückschlüsse auf Prozesszustände im Umfeld von Logis-
tikflächen zu ziehen.

Die Planung der sensorischen Erfassungsinfrastrukturen für die bildbasierten Systeme und
in Ansätzen auch für die funkbasierten Systeme stellt ein Anwendungsgebiet für Nutzung
von VR-Techniken dar. Diese Verfahren werden im Abschn. 4.6 ausführlicher beschrieben.

4.5   Einsatz der Zustandsüberwachung in Logistik- und Produktionssystemen

Systeme zur Zustandsüberwachung von Objekten in der Produktion und Logistik lassen
sich unter Berücksichtigung ihres räumlichen Bezugs in zwei wesentliche Anwendungsformen unterteilen:

Stationäre Systeme

Stationäre Systeme werden vor allem in Produktionsstandorten und Logistik-Knoten bei
stationär installierten Objekten, z. B. zur Überwachung von Maschinenparametern, genutzt.
Auf diese Art der Zustandsüberwachung wird im Abschn. 3.3 Energieeffiziente Produktion
näher eingegangen.

Mobile Systeme

Mobile Systeme werden hingegen zur Überwachung mobiler Objekte z. B. für Fahrzeuge
genutzt.

Der primäre Unterschied zwischen den Anwendungsformen besteht in der Kommu-
nikationsanbindung an die nachgelagerten Systeme zur weiteren Datenanalyse und -aus-
wertung. Mit mobilen Systemen zur Zustandsüberwachung werden zusätzlich meist auch
Ortungssysteme kombiniert, um einen Ortsbezug zu den aufgenommenen Zustandsdaten
herstellen zu können.

Die zur Zustandsüberwachung in und an mobilen Objekten zum Einsatz kommenden
Telematiksysteme haben in der Logistik vier wesentliche Aufgaben [KLS12]:

- Bereitstellen aktueller Informationen für eine Optimierung der Leistungserstellung
  (z. B. dynamische Routenoptimierung von Transportverkehren),

- Erschließen von Einsparungspotenzialen in der physischen Logistik (Lagerhaltung, Transportaufwand) durch zeitnahe Informationsbereitstellung,
- Überwachung der logistischen Prozesse, um spezifische Zuverlässigkeits- (Termineinhaltung) oder Sicherheitsanforderungen (z. B. Gefahrguttransporte) erfüllen zu können sowie
- Ermöglichung besserer Kundenservices durch Bereitstellung von aktuellen Statusmeldungen zur Abwicklung des Kundenauftrages.

Wenn Zustandsinformationen zu den mobilen Objekten an weiterverarbeitende Systeme übermittelt werden sollen, bestehen hierfür zwei Möglichkeiten zur Kommunikation der erhobenen Zustandsdaten.

Das kann in Echtzeit geschehen. Dann werden die aufgenommenen Sensordaten kontinuierlich an eine zentrale Datenanlaufstelle übertragen. Bei mobilen Systemen wird diese Kommunikation über ein Funknetz abgewickelt, z. B. über GSM bei der Fahrzeugkommunikation im Landtransport. Entsprechende Telematiksysteme nehmen die Sensordaten der verschiedenen Sensoriken, z. B. Temperaturverläufe bei Kühltransporten, auf und übermitteln diese ggf. gekoppelt mit aktuellen Ortungsinformationen, z. B. auf Basis von GPS, über das Mobilfunknetz an zentrale Server.

Eine andere Art der Zustandsüberwachung stellen die Logger-Systeme dar. Diese senden nicht kontinuierlich, sondern nehmen über einzelne Prozesszeiten Sensorinformationen auf und speichern diese. Diese Logger können dann beispielsweise an den Knotenpunkten von Logistiknetzen stationär ausgelesen werden, sodass eine Auswertung der Sensordaten dem Logistikprozess nachgelagert möglich ist. Gegenüber den Echtzeitsystemen ist durch den Nachlauf der Zustandsinformationen aber keine proaktive Steuerung der Logistikprozesse von zentraler Stelle aus möglich.

4.5.1 Optische Verfahren der Zustandsüberwachung mittels Tiefenbildsensorik

Neuartige bildbasierte Technologien zur Zustandsüberwachung basieren auf Video-Sensoren zur Gewinnung von Tiefeninformationen. Mittlerweile sind preisgünstige sowie auch robuste Sensortechnologien verfügbar, die Bewegungen mittels schnell getakteter Tiefenbilder erfassen können. Daraus werden sich in den nächsten Jahren in der Produktion und Logistik zahlreiche Anwendungen entwickeln, um z. B. Informationen zur Struktur von Versandeinheiten zu gewinnen, beispielsweise Konturen einer kommissionierten Palette. So kann mit der Projektion von Lichtpunkten eines Sensors in einem Logistikraum ein 3D-Tiefenbild in hoher Auflösung (aktuell 640×480 Messpunkte) und hoher Frequenz (aktuell 30 Hertz) erzeugt werden.

In der nachfolgenden Abb. 4.16 ist dargestellt, welche Möglichkeiten zur Konturerfassung durch die Anwendung von Tiefenbildsensoren zur Verfügung stehen.

Durch die Ermittlung von räumlichen Konturen lassen sich beispielsweise Anwendungen messtechnischer Art in Zukunft kostengünstig in Produktions- und Logistikprozesse

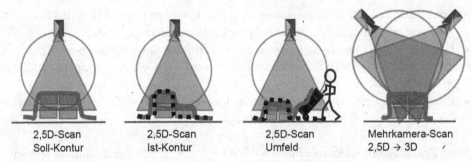

Abb. 4.16 Möglichkeiten zur Konturerfassung mittels Tiefenbildsensorik. Grafik: Fraunhofer IFF

integrieren. So werden beispielsweise Verfahren erprobt, mithilfe von Tiefenbildsensorik den Füllgrad von Frachträumen automatisiert auszuwerten. Dies ist insbesondere bei kombinierten Verteiler- und Abholverkehren mit heterogener Fracht relevant, wo echtzeitnahe Informationen zum Beladungsgrad in Zukunft helfen werden, die Auslastung von Frachträumen durch ad hoc-logistische Aktivitäten zu erhöhen und somit unnötige Transportfahrten zu vermeiden. Nachfolgend wird eine Übersicht über mögliche Anwendungsfälle zur Nutzung der Tiefenbildsensorik, die sich aktuell in der Erforschung und Entwicklung befinden, gegeben (Abb. 4.17).

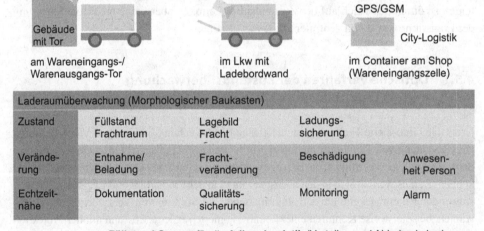

Abb. 4.17 Einsatzmöglichkeit der Tiefenbildsensorik in Logistikprozessen. Grafik: Fraunhofer IFF

4.5.2 Intelligente Ladungsträger

Durch die Kombination verschiedener Sensorsysteme in mobilen Ladungsträgern lassen sich in Logistikprozessen „Intelligente Ladungsträger" etablieren, die als einzelne Einheit Intelligente Logistikräume darstellen. Solche Intelligenten Ladungsträger integrieren verschiedene Sensorsysteme sowohl zur Überwachung und Steuerung der Prozesse in dem Ladungsträger als auch zur Kommunikation des Ladungsträgers mit zentralen Leitstellen oder der direkten Umgebung. Verschiedene Sensortechnologien scannen den gesamten Frachtraum ab und sind somit robust für unterschiedliche logistische Aufgabenstellungen einsetzbar. Dabei stehen auch zuvor beschriebene technologische Lösungen zur Verfügung, um modular als Teilsystem Intelligenter Ladungsträger genutzt zu werden:

- Die *RFID-Modenverwirbelung* erzeugt eine homogene Feldstärkeverteilung der elektromagnetischen Wellen im Innenraum des Behälters, um RFID-Transponder in beliebiger Lage identifizieren zu können.
- Der *Oberflächenscan* nimmt das Oberflächenprofil des Laderaums auf, um darüber sowohl freie Lademeter als auch jegliche geometrischen Veränderungen im Frachtraum zu analysieren.
- Die *Zugangs- und Berechtigungskontrolle* wird als Be in-Be out-Technologie durchgeführt, die die Anwesenheit eines Objektes kontrolliert. Sie ersetzt die Go in-Go out-Verfahren, die Nachteile in der richtigen Interpretation der Sensorsignale hinsichtlich der Bewegungsrichtung aufweisen.

Durch die eingebaute Intelligenz sind Intelligente Ladungsträger als gesicherte Transport-, Umschlags- und Lagermittel für Warengruppen verschiedener Branchen mit ihren Anforderungen nutzbar.

4.6 Funktionen des Digital Engineering and Operation – Datenanalyse und -auswertung

Der zunehmende Einsatz von Systemen aus der Informations- und Kommunikationstechnik zur Identifikation, Ortung und Zustandsüberwachung von Objekten in der Logistik und Produktion zieht eine entsprechende Zunahme an verfügbaren Informationen nach sich. Es bedarf diesbezüglich neuer Methoden der Analyse und Auswertung, um auf die wesentlichen Aussagen verdichtet in steuernde Funktionen in der Produktions- und Logistikplanung einzugehen.

Exemplarisch werden nachfolgend Aspekte zur Auswertung von Objektbewegungen skizziert, da Tracking- und Tracing-Systeme große Datenmengen generieren, die je nach Anwendung umfangreich ausgewertet und verdichtet werden müssen. Die Herausforderungen in der Datenanalyse bestehen in den Bereichen der effizienten Datenhaltung (Aufnahme und Speicherung), der Entwicklung bzw. Anwendung geeigneter Analysealgorithmen

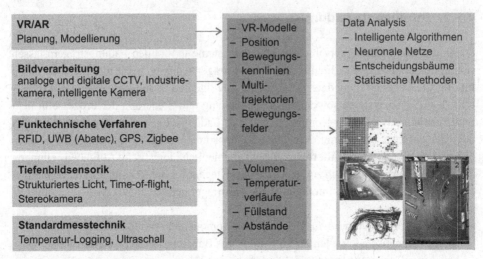

Abb. 4.18 Von Sensordaten zum Scene Understanding. Grafik: Fraunhofer IFF

und der Aufbereitung und Kommunikation der Analyseergebnisse an Zielanwender. Die Datenanalyse und -auswertung umfasst dabei verschiedene Stufen der Abstraktion (vgl. [PiFo06]):

- Low-Level-Datenextraktion (z. B. Erkennung und Verfolgung von sich bewegenden Objekten in Video-Streams) und
- High-Level-Datenanalyse (Scene Understanding, Interpretation des Dateninhalts).

Bei der automatischen Bewegungserfassung von Objekten mittels Video- oder Funksystemen werden raum- und zeitbezogene Daten erfasst. Die zeitbezogene Erfassung stellt im Wesentlichen Anforderungen an die zeitliche Synchronisierung der einzelnen Teilsysteme. Bei den raumbezogenen Daten kommt es dagegen vor allem durch die angewandten Ortungsverfahren zu Datenunsicherheiten. Hier führen Messungenauigkeiten bei der Verknüpfung der einzelnen Ortungspunkte zu einem Grundrauschen in den erstellten Bewegungstrajektorien (Bewegungskennlinien). Je nach Anwendungsziel werden die Rohdaten der Ortungssysteme für die weitere Analyse gefiltert, geglättet, vervollständigt und/oder reduziert. Erst nach dieser Aufbereitung kommen die weiteren Analysealgorithmen zur Interpretation der Daten zum Einsatz. Für die Analyse sind das im Allgemeinen statistische Methoden, neuronale Netze, Entscheidungsbäume oder auch intelligente Algorithmen auf Basis topologischer Methoden (siehe Abb. 4.18).

Die Interpretation von Bewegungskennlinien erfordert eine kombinierte Deutung der Geometrie (Bewegungsmodell) und der Semantik (Verhaltensmodell). Die Bewegungsgeometrie ist dabei durch die Parameter Richtung, Geschwindigkeit, Form und Position in der Szene beschreibbar. Das Verhaltensmodell umfasst die raum- und zeitbezogenen Zusammenhänge zwischen den geometrischen Merkmalen und den damit verbundenen

Tätigkciten, Handlungen, Prozesszuständen etc. Anhand der Semantik lässt sich somit beispielsweise eine Prozessszene mit Beteiligung mehrerer Objekte entsprechend der Interpretationen clustern.

▶ **Datenhaltung** Es liegen nach dem oben beschriebenen Ablauf verschiedene Datenformen vor, Rohdaten, aufbereitete Daten, interpretierte Daten. Durch eine effiziente Datenhaltung werden die Zugriffe auf diese Daten durch die unterschiedlichen Nutzer geregelt. Dies setzt zunächst voraus, dass die Datenhaltungseinheit die eingehenden Daten der einzelnen Sensorsysteme (Datenquellen) integriert und sie strukturiert speichert. Mit anderen Worten: Durch die Vorgabe von Datenformaten an die Datenquellen kann die Integrierbarkeit der Daten durch eine Angleichung der Datenformate in der Datenhaltungseinheit gewährleistet werden. Je nach Anwendung wird dabei die Datenhaltung zentral, dezentral oder teilzentral organisiert. Die Datenhaltung ist im Kern dafür zuständig, die erforderlichen Daten zu den einzelnen Objekten, die entsprechend betrachtet werden, in den Zielformaten zur Verfügung zu stellen. Die Datenhaltung ermöglicht somit einheitliche Anfragemöglichkeiten für die verschiedenen Anwender, welche die Daten zu den Objekten weiter verwerten.

4.7 Funktionen des Digital Engineering and Operation – Planung der Sensorverteilung

Die Steigerung der Prozesstransparenz in Produktion und Logistik bedingt vor allem in lokalen Infrastrukturen wie Logistik-Knoten oder Produktionsstandorten eine zunehmende Nutzung von verschiedenen Sensorsystemen. Die geeignete Positionierung von bildbasierten wie auch funkbasierten Sensoren in den komplexen Umgebungen eines Logistik-Knotens oder Produktionsbereiches stellt dabei eine zentrale Problemstellung dar. Dies beinhaltet neben der Positionierung auch die Suche nach der optimalen Konfiguration eines Sensorsystems angesichts der zu berücksichtigenden Gegebenheiten der jeweiligen Umgebung und der zu überwachenden Prozessabläufe. Dabei spielen insbesondere die Sensoreigenschaften, die Umgebungskomplexität, wie dynamische, nicht kontrollierte Veränderungen sowohl im Indoor- als auch im Outdoor-Bereich, und die Fülle der anwendungsspezifischen Anforderungen eine Rolle.

Die Planung der Sensorverteilung stellt somit einen essenziellen Baustein für die Schaffung solcher Sensorsysteme dar. Diese ist jedoch häufig noch auf einfache 2D-Planung beschränkt. Vor allem für dynamische Prozessumgebungen in Produktion und Logistik, in der sensorseitig die räumlichen Zusammenhänge eine große Rolle spielen, ist es von hoher Relevanz, Werkzeuge zur 3D-Planung der Sensorsysteme zu nutzen. Diese ermöglichen z.B. die Analyse von Videosystemen hinsichtlich Verdeckungsfreiheit oder auch von funkbasierten Ortungssystemen zur Frage, ob direkte Funkverbin-

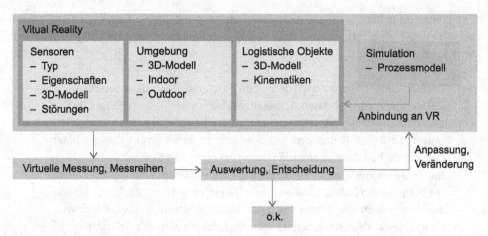

Abb. 4.19 Ablaufdiagramm der virtuellen Inbetriebnahme eines Sensorsystems. Grafik: Fraunhofer IFF

dungen zwischen den einzelnen Funkknoten in den verschiedensten Prozessabläufen gegeben sind. Zu diesem Zweck ist es notwendig, neben der Erfassung der räumlichen Umgebungen in einem 3D-Planungstool auch die grundlegenden Prozessabläufe in ihren räumlichen Abläufen zu simulieren und in die Prüffunktionen der 3D-Planungsumgebungen zu integrieren. All diesen Anforderungen kann mit den Methoden des Digital Engineering and Operation mit der Anwendung von Virtual Reality (VR)-Tools begegnet werden.

Einen Überblick über die Architektur eines VR-gestützten Planungstools zeigt Abb. 4.19. Die VR-Umgebung stellt dabei drei verschiedene Objektgruppen bereit, aus denen die Umgebungen für die virtuellen Messreihen erstellt werden. Neben dem Umgebungsmodell, das statisch gegeben ist, stellen die Sensoren, die in der Szene verteilt werden und Objekte wie Fahrzeuge, Produkte und Ladungsträger ortsveränderliche Objekte dar.

▶ **Die optimale Sensorverteilung** Die Planung einer optimalen Sensorverteilung unter gleichzeitiger Berücksichtigung der bestmöglichen Funktionalität und des notwendigen Kosteneinsatzes stellt einen komplexen Vorgang dar. Die wesentlichen Fragestellungen sind dabei:

• Welche Werkzeuge werden genutzt?
• Welche Techniken und Methoden werden angewendet?
• Welche Modelle werden genutzt und wie detailliert bzw. realitätsnah müssen diese sein, um eine solche Planung erfolgreich vorzunehmen?

Für die produktive Anwendung durch das Fraunhofer IFF wurden in einer ersten Phase zur Erstellung von VR-basierten Sensorplanungstools zwei Sensorwerkzeuge erstellt. Eines der Werkzeuge befasst sich mit funkbasierten Systemen, mit dem sich beispielsweise

Abb. 4.20 Sichtlinien-
prüfung im VR-Modell.
Bild: Fraunhofer IFF

die Funkabdeckung einzelner Produktions- oder Logistikinfrastrukturen überprüfen lässt. Dabei werden je nach projektiertem Funksystem die verschiedenen Charakteristika der Antennen und Funkfelder abgebildet. Spezifische Funktionen, wie beispielsweise die räumliche Überprüfung direkter Sichtverbindungen zwischen einzelnen Funkknoten, die vor allem bei funkbasierten Ortungssystemen relevant sind, können hierbei angewandt werden (vgl. Abb. 4.20).

4.7.1 Planung der Sensorverteilung für digitale Kamerasysteme

Das zweite Werkzeug des Fraunhofer IFF, das aktiv für verschiedenste Planungsprojekte genutzt wird, umfasst die Funktionen zur Planung von Kameraverteilungen in Produktions- und Logistikumgebungen. Dies wird neben der Prüfung einzelner Kamerasichten vor allem im Hinblick auf die flächendeckende Nutzung von Kamerasystemen für Anwendungen, wie die bildbasierte Ortung oder die Generierung von Virtuellen Draufsichten, genutzt.

Zur Durchführung dieser Planungsfunktionen in einer VR-Umgebung ist es wichtig, die grundlegenden Parameter zur Auswahl der Kamerasysteme in den VR-Funktionen abbilden zu können. Für digitale Kamerasysteme sind beispielsweise die nachfolgenden fünf Aspekte zu berücksichtigen [AAYA08]:

Sichtbarkeit

Für die Sichtbarkeit sind Verdeckungen ein Problem. Wird der Sichtstrahl vom Objekt bis zur Kamera oder umgekehrt durch ein anderes Objekt unterbrochen, so liegt eine Verdeckung vor. Noch komplexer wird dieses Problem durch dynamische Verdeckungen, die aus der Bewegung der mobilen Objekte resultieren (siehe StAl98]). Um der Verdeckungsproblematik entgegenzuwirken, lassen sich Regions-of-Interest definieren. Diese versucht man dann möglichst aus mehreren perspektivischen Ansichten abzudecken. So wird gewährleistet, dass stets mindestens eine Kamera die Objekte verdeckungsfrei sieht.

Field-of-View

Das Field-of-View bezeichnet den Bereich, den ein Videosensor abdecken kann und in dem somit Objekte in der weiteren Bildverarbeitung beispielsweise identifiziert und geortet werden können. Das Field-of-View wird durch die Öffnungswinkel der Kamera bestimmt.

Pixelauflösung

Die Pixelauflösung ist entscheidend, um in der weiteren Bildverarbeitung die Unterscheidbarkeit einzelner Objekte anhand von Merkmalen zu gewährleisten. Je nach Prozessanforderungen können in Abhängigkeit von der Größe der zu identifizierenden Objekte und des Field-of-View minimal erforderliche Auflösungen ermittelt werden, um die weitere Bildverarbeitung und -auswertung zu ermöglichen.

Perspektivische Verzerrung

Durch die perspektivische Verzerrung kommt es zum Verlust der Tiefeninformation im Bild. Ziel ist es, eine zu starke Verzerrung zu vermeiden. Der Verzerrung kann vor allem durch möglichst senkrecht gerichtete Kamerawinkel entgegengewirkt werden, sodass Objekte in der Draufsicht erfasst werden können. Für die Berechnung einer Virtuellen Draufsicht (Abschn. 4.4.2) ist die perspektivische Verzerrung zu vermeiden, da sonst nach der perspektivischen Entzerrung eines stark verzerrten Bildes eine stark verfälschte Objektdarstellung zustande kommt.

Belichtungseinschränkungen

Bei den Belichtungseinschränkungen wird betrachtet, ob ein Objekt bzw. eine Szene gleichmäßig ausgeleuchtet ist, sodass die Objektmerkmale durch den Bildsensor sicher wahrgenommen werden können. Für die Planung bedeutet dies, dass die Berücksichtigung der Lichtquellenlage, -ausbreitung, -brechung etc. notwendig ist, um besonders bei der Objekterkennung im Vorfeld die Stärke der variierenden Lichtverhältnisse einzuschätzen. Scharfer Kontrast zwischen Vordergrund und Hintergrund hilft, die Objektkanten besser zu detektieren.

Zusätzlich zu diesen fünf Einflussfaktoren ergeben sich aus der Prozessumgebung und den Anwendungsszenarien weitere Anforderungen. Solche dynamischen Prozesse, die beispielsweise mit der Bewegung von Objekten verbunden sind, lassen sich in den entwickelten VR-Planungsumgebungen durch entsprechende Kopplungen mit Prozesssimulationen darstellen. Entsprechend können bei der VR-basierten Planung von Kamerasystemen bereits Erfahrungswerte gewonnen werden, in welchen Prozesssituationen sich kritische Konstellationen für die Datengüte der geplanten Sensorsysteme ergeben können.

4.7.2 Anwendungsbeispiel – Sensorplanung und virtuelle Inbetriebnahme in der Praxis

Eine gezielte Anwendung der VR-Projektierung zur Sensorverteilung stellt die Ausstattung des Hanseterminals der Magdeburger Hafen GmbH mit Kamerasystemen dar. Die Systeme wurden in diesem trimodalen Binnenhafen-Terminal projektiert und installiert, um im Rahmen des Galileo-Testfeldes Sachsen-Anhalt ein Referenztestfeld in einem produktiven Logistik-Knoten zu generieren.

Im ersten Schritt wurden die Prozesse, die Umgebung und die örtlich gegebenen Möglichkeiten zur Installation von Kamerasystemen untersucht. Daraus ergab sich, dass die Kameramontage an den Lichtmasten des Terminals ohne Beeinträchtigung des laufenden Betriebes möglich ist. Die Umgebungsverhältnisse sind als sehr störungsreich anzusehen. In der Planung wurden deshalb die oft wechselnden Lichtverhältnisse, Einschränkungen der Sichtbarkeit durch die dynamischen Veränderungen der Lagerbestände und extreme Wetterlagen berücksichtigt.

Durch eine Prozessbetrachtung wurden die mobilen Objekte identifiziert, wie z. B. Krane, Reach-Stacker und Lkw, und deren Bewegungen/Kinematiken wurden entsprechend modelliert. Somit konnte ein Simulationsmodell entwickelt werden, das die örtlichen Gegebenheiten in einer VR-Umgebung nachstellt und die wesentlichen Prozesse und Lagerzustände wiedergibt. Daraus abgeleitet wurde eine Liste von Anforderungen, die an das Kamerasystem gestellt werden. Die VR-Umgebung wurde entsprechend genutzt, um im Rahmen der Projektierung zu evaluieren, mit welchen Installationskonstellationen diese gestellten Anforderungen, unter Berücksichtigung der Störungen, erfüllt werden können.

Einen Eindruck von der Abstimmung der Fields-of-View der einzelnen Kameras zur ganzheitlichen Abdeckung des Terminalgeländes zeigt Abb. 4.21.

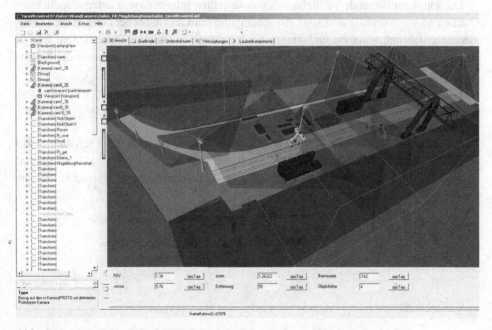

Abb. 4.21 VR-Tool zur Projektierung von Kamerasystemen. Bild: Fraunhofer IFF

Für die weitere Verbesserung von VR-Planungsumgebungen sind vor allem im Bereich der Simulation verschiedener Umgebungsbedingungen, die vor allem für die Projektierung von Systemen im Outdoor-Bereich entscheidend sind, weitere Fortschritte zu erzielen. Die Erreichung der Simulationsfähigkeit solcher für die Sensorsysteme nicht-kooperativen Messumgebungen stellt somit aktuell eine große Herausforderung im Bereich der Entwicklung von VR-Planungstools dar.

4.8   Fazit – Herausforderungen für die Intelligenten Standardisierten Logistikräume

Die Sensortechnologien werden effektiver, leistungsfähiger und kostengünstiger und somit in weiterem Maße in Logistik- und Produktionssystemen zum Einsatz kommen. Vor allem durch die Innovationssprünge im Bereich der Konsumgüterindustrie entstehen auch neue Anwendungen für Intelligente Logistikräume, die vorher in diesem technischen Umfang und vor allem oftmals wirtschaftlich nicht tragfähig waren. Ein gutes Beispiel stellt hier die oben beschriebene Tiefenbildsensorik dar, die, aus dem Konsumgüterbereich kommend, neue Anwendungen in der Logistik ermöglicht, die zuvor mit der messtechnischen Qualität bei gleichzeitig geringen Sensorkosten nicht möglich war. Dieser allgemeine Trend zur Konsumerisierung sowie damit verbundener Konzepte wie BYOD (Bring Your Own Device) werden in Zukunft nicht vor der Produktion und Logistik haltmachen, sondern diese zunehmend durchdringen.

Die somit zunehmende Verfügbarkeit von verteilten Informationen unterschiedlichster Quellen erfordert deshalb auch die Erforschung und Entwicklung neuer Formen der Datenzusammenführung, -analyse und -steuerung der einzelnen Objekte. Insbesondere spielen bei den zukünftigen Ausprägungen des Internet der Dinge vor allem Aspekte der Selbststeuerung eine zunehmende Rolle.

Daneben stellt die Auswertung, Analyse und Interpretation komplexer Datenmengen (Big Data) eine zentrale Herausforderung dar. Dieser kann u. a. auch in der frühzeitigen Definition einheitlicher Standards begegnet werden.

Wo und wie welche Sensortypen konfiguriert werden müssen, wird letztlich umso effektiver planbar, je besser mittels VR-Tools die vorgelagerte Planung ablaufen kann. Hier bieten die Methoden und Modelle des Digital Engineering and Operation vielversprechende Ansätze.

4.9   Literatur

[AAYA08] Abidi, B. R.; Aragam,N. R.; Yao, Y.; Abidi, M. A.: Survey and analysis of multimodal sensor planning and integration for wide area surveillance. ACM Computing Surveys Vol. 41, No. 1, Article 7 (December 2008), 36 pages

[BuH07] Bullinger, H.-J. (Hrsg., Co-Autor); ten Hompel, M. (Hrsg., Co-Autor): Internet der Dinge, Springer, Berlin, 2007

[Fi12] Finkenzeller, K.: RFID-Handbuch, Hanser Verlag, 6., aktualisierte und erweiterte Auflage. 05/2012

[GS1] http://www.gs1-germany.de/common/downloads/epc_rfid/3023_uhf.pdf Internetquelle – letzter Abruf: 14.05.2013

[KLS12] Krampe, H.; Lucke, H.; Schenk, M.: Grundlagen der Logistik. Huss-Verlag GmbH, 2012

[Pfo09] Pfohl, H.-C.: Logistiksysteme: Betriebswirtschaftliche Grundlagen S. 328, Springer-Verlag 2009

[PiFo06] Piciarelli, C.; Foresti, G. L.: On-line trajectory clustering for anomalous events detection. Pattern Recognition Letters, 27(15):1835-1842, 2006

[PwC11] Transportation & Logistics 2030. Volume 4: Securing the supply chain. PwC 2011, www.pwc.com/tl2030

[SRP13] Schenk, M.; Richter, K.; Poenicke, O.; Müller, A.: Intelligente Logistikräume für die sichere Warenkette. In: Jahrbuch Logistik 2013

[StAl98] Stamos, I.; Allen, P. K.: Interactive Sensor Planning: IEEE Conference on Computer Vision and Pattern Recognition, Santa Barbara, 1998, pages 489-494

[UNCTAD14] UNITED NATIONS: Review of Maritime Transport 2014. UNCTAD/RMT/2014, New York and Geneva, 2014, S. 5

Ulrich Schmucker, Tina Haase, Marco Schumann

5.1 Produktentwicklung – Beispiele des Virtual Engineering am Fraunhofer IFF

Ulrich Schmucker

5.1.1 Möglichkeiten und Grenzen heutiger Produktentwicklungssysteme

Die zunehmende Komplexität von Produkten und Prozessen, steigender Wettbewerbsdruck sowie die durch internationale Marktzwänge bedingte Globalisierung von Unternehmen und deren Zulieferern erfordern neue Herangehensweisen in der gesamten Prozesskette von der Produktplanung und -entwicklung über die Fertigung bis zur Nutzung beim Kunden. Insbesondere sehen sich Produktentwickler mit immer kürzeren Produktlebenszyklen bei gleichzeitig steigenden Anforderungen an das Produkt konfrontiert. Diesen Anforderungen kann nur durch eine konsequente Nutzung von digitalem Entwurf sowie Modellierung und Simulation des Systemverhaltens begegnet werden. Im Ergebnis entstehen virtuelle Proto-typen neuer Produkte mit getesteten und optimierten geometrischen und funktionalen

Prof. Dr. sc. techn. Ulrich Schmucker
Fraunhofer-Institut für Fabrikbetrieb und -automatisierung IFF,
ulrich.schmucker@iff.fraunhofer.de

Dipl.-Ing. Tina Haase
Fraunhofer-Institut für Fabrikbetrieb und -automatisierung IFF, tina.haase@iff.fraunhofer.de

Dr.-Ing. Marco Schumann
Fraunhofer-Institut für Fabrikbetrieb und -automatisierung IFF, marco.schumann@iff.fraunhofer.de

© Springer-Verlag Berlin Heidelberg 2016
M. Schenk (Hrsg.), *Produktion und Logistik mit Zukunft*, DOI 10.1007/978-3-662-48266-7_5

Merkmalen. Reale Komponenten können danach in der virtuellen Umgebung einzeln und in ihrem Zusammenspiel getestet werden (Hardware-in-the-Loop, Software-in-the-Loop). Auf diese Weise erfolgt der Übergang zum realen Prototyp aus optimierten Einzelkomponenten (vgl. [ScSc09]).

Treiber dieser Entwicklung sind Hersteller von wertschöpfungsintensiven und hochgradig komplexen Produkten, allen voran die Automobilindustrie, die Flugzeug- sowie die Werkzeugmaschinenindustrie. Das „Digital Mocku" steht heute standardmäßig für Design-Reviews und Produktentscheidungen zur Verfügung, jedoch beschreiben diese Modelle vorrangig Geometrien und Oberflächenbeschaffenheiten, aber zumeist keine funktionalen Merkmale. Zwar stehen heute für fast alle physikalischen Phänomene leistungsfähige Modellierungs- und Simulationstools zur Verfügung, es fehlt jedoch an einer Durchgängigkeit und Interoperabilität dieser Werkzeuge. Oft müssen beispielsweise Bauteile in einem Simulationswerkzeug neu modelliert werden, da die vorhandenen CAD (Computer-Aided Design)-Daten nicht importiert werden können. Durch die mehrfachen Unterbrechungen der digitalen Prozesskette sinkt die Produktivität des Entwicklungsprozesses.

Aus der Sicht der Entwicklung sind die Produkte des modernen Maschinen- und Anlagenbaus durch folgende besonderen Spezifika gekennzeichnet:

1. Sie sind hochkomplexe, zumeist mechatronische Systeme, die neben der konstruktiven Komponente aus Elementen der Elektrotechnik/Elektronik, der Steuer- und Regelungstechnik, der Software u. v. m. bestehen. Im Entwicklungsprozess müssen folglich deren wechselseitigen Abhängigkeiten genau analysiert und berücksichtigt werden.

2. Die Entwicklung erfolgt in interdisziplinären Teams, oft an verteilten Standorten. Permanente Abstimmungen und Zugriff auf den aktuellen Entwicklungsstand sowie striktes Versionsmanagement sind somit Grundvoraussetzungen für jede Entwicklung.

3. Geringe Losgrößen bis hin zu Unikatentwicklungen bzw. kundenindividuelle Modifikationen sind typisch. Der Engineering-Anteil an der Wertschöpfung ist damit sehr hoch. Da in der Regel 70 bis 80 Prozent der Gesamtkosten bereits in der frühen Produktentwicklungsphase festgelegt werden, sind Entwicklungsfehler besonders kritisch, die zusätzlichen Kosten zu deren Behebung können nicht in einer Serie „versteckt" werden.

Zumindest in der Theorie herrscht weitgehende Einigkeit darüber, dass die Kombination aus modernen CAD/CAE (Computer-Aided Engineering)-Systemen in Verbindung mit PDM-Systemen ein geeignetes Mittel darstellt, um diese Herausforderungen zu bewältigen.

Der in der VDI 2206 beschriebene Entwurfsprozess für mechatronische Systeme [VDI 2206] von der frühen Designphase bis zum fertigen Produkt lässt sich durch den Einsatz

Abb. 5.1 V-Modell für den Entwurf mechatronischer Systeme nach [VDI2206][1]

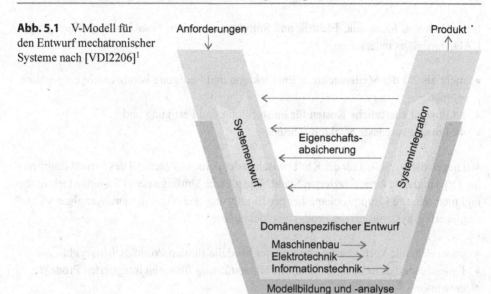

Anforderungen

Produkt

Systementwurf

Systemintegration

Eigenschafts-absicherung

Domänenspezifischer Entwurf

Maschinenbau ———→
Elektrotechnik ———→
Informationstechnik ———→

Modellbildung und -analyse

geeigneter CAD-, Modellierungs- und Simulationstools weitgehend virtualisieren. Bereits in einer frühen Entwurfsphase kann das Produkt validiert werden, Entwicklungsprozesse können parallelisiert werden und Produkteigenschaften können anhand eines „virtuellen Produkts" verifiziert und optimiert werden (vgl. Abb. 5.1). Voraussetzungen sind konsistente Datenbestände sowie eine effektive Verwaltung, Steuerung und Kontrolle aller Entwicklungsprozesse, beispielsweise durch PDM-Systeme. Nach Einschätzung führender Hersteller lassen sich durch den Einsatz durchgängiger digitaler Prozessketten in der Entwicklung bis zu 50 Prozent Entwicklungskosten einsparen [Rot12].

In der Praxis ist man jedoch von der Umsetzung, sowohl bei den technischen Voraussetzungen als auch bei der Anwendung in den Unternehmen, noch ein ganzes Stück entfernt. Eine Studie im Auftrag von Autodesk [AB08] zum Einsatz von CAD- und PDM-Systemen im Konstruktionsbereich kommt zu dem Schluss, dass das wirtschaftliche Potenzial dieser Techniken von den Unternehmen zwar erkannt, aber bei weitem noch nicht ausgeschöpft wird. Insbesondere kleine und mittlere Unternehmen (KMU) haben erheblichen Nachholbedarf. Etwa die Hälfte der Befragten arbeitet danach noch mit 2D- bzw. 2D/3D-Systemen und hält den Einsatz von PDM-Systemen für nicht erforderlich. Jedoch werden allein im Konstruktionsbereich Mehrarbeiten aufgrund fehlerhafter Datenkonvertierungen, inkompatibler Formate oder Fehler in der Versionsverwaltung von 90 Prozent der Befragten als „die" Produktivitätsbremse schlechthin bezeichnet.

Geht man noch einen Schritt weiter vom mechanischen zum elektrisch/elektronischen Entwurf, so kommt man bereits an die Grenzen heutiger Werkzeuge. Die Folgen mangelnder

---

[1] Wiedergegeben mit Erlaubnis des Verein Deutscher Ingenieure e.V.

Integration von Mechanik, Elektrik und Software wurden in einer Umfrage eines großen CAD-Herstellers untersucht:

- mehr als 2/3 der Meilensteine in Entwicklung und Fertigung können nicht eingehalten werden,
- 88 Prozent zusätzliche Kosten für Entwicklung und Fertigung und
- 44 Prozent verpasste Markteinführungen.

Wo liegen die Ursachen für die Kluft zwischen dem großen Potenzial des Virtual Engineering (VE) und dem kurz skizzierten Stand? Die gleiche Umfrage nennt folgende technische und methodische Hauptprobleme bei der Einführung und Nutzung durchgängiger Virtual Engineering-Systeme für die Produktentwicklung:

- unzureichende Verfügbarkeit integrierter Modelle für den Produktlebenszyklus,
- fehlende methodische und technische Unterstützung für einen integrierten Produktentwurf,
- fehlende Standards beim Datenaustausch zwischen CAD/CAE-Systemen unterschiedlicher Hersteller,
- fehlende Expertise bei Produktentwicklern zur Nutzung bestehender Möglichkeiten des Virtual Engineering,
- Überforderung der Nutzer mit der erforderlichen Systemkomplexität für durchgängiges Digital Engineering und
- zu hoher Aufwand für die Erstellung virtueller Modelle; häufige Nachmodellierung bereits vorhandener Datenbestände.

Eine Studie der Aberdeen Group [AB08] ermittelte in einer repräsentativen Umfrage die größten Herausforderungen, vor denen Unternehmen bei der multidisziplinären Produktentwicklung stehen (Abb. 5.2):

Aufgrund des sehr hohen Aufwandes zur Einführung durchgängiger Entwicklungssysteme sind heute allenfalls große Unternehmen, insbesondere die Automobilproduzenten, in der Lage, diese Systeme einzusetzen. Aktuelle Best Practice-Studien untersuchen den

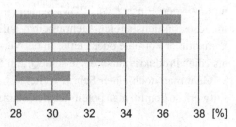

Abb. 5.2 Herausforderungen, vor denen Unternehmen bei der multidisziplinären Produktentwicklung stehen. Grafik: Fraunhofer IFF nach Datenquelle [AB08]

Effekt des Einsatzes von Simulationswerkzeugen bei der Entwicklung mechatronischer Produkte [AB08]:

- die technischen Projektziele werden zu 95 Prozent erreicht, 12 Prozent mehr als der Durchschnitt,
- geplante Produkteinführungszeiten werden zu 92 Prozent gehalten; 21 Prozent mehr als der Durchschnitt,
- das geplante Entwicklungsbudget wird zu 91 Prozent gehalten; 36 Prozent mehr als der Durchschnitt und
- der geplante Gewinn aus dem neuen Produkt wird zu 96 Prozent erreicht; 25 Prozent mehr als der Durchschnitt.

Die Best Practice-Unternehmen führen mechanische, elektrische und Software-Simulationen frühzeitig und häufig durch, sodass „Fehler entdeckt werden, bevor sie auftreten" [AB08]. Interessanterweise waren fast alle Simulationen „stand alone", d. h. nicht integriert. Die wenigen Unternehmen, die integrierte Simulationen aller drei Domänen durchgeführt haben, berichten von einer Effektivitätssteigerung der Entwicklung um fast das Zehnfache!

Diese Zahlen belegen eindrucksvoll, wie Digital Engineering and Operation in der Produktentwicklung, trotz der noch bestehenden Unzulänglichkeiten, schon heute nachhaltig zum Unternehmenserfolg beiträgt. Dieser Trend setzt sich eindeutig fort und man kann prognostizieren, dass mit der Weiterentwicklung der Werkzeuge der Einsatz virtueller Techniken zur Produktentwicklung für die meisten Unternehmen in wenigen Jahren ebenso selbstverständlich sein wird wie heute der Einsatz von CAD-Werkzeugen.

In aller Regel entwickeln Unternehmen heute immer noch mechatronische Systeme nach dem „klassischen" Muster: Zunächst erfolgt die mechanische Konstruktion, danach die Elektrotechnik und Elektronik. Anschließend wird ein Prototyp gefertigt und aufgebaut, im Sondermaschinenbau ist dieser das an den Kunden auszuliefernde System (Abb. 5.3 a). Erst an diesem kann der Programmierer das System „zum Leben erwecken", d. h., die benötigte Steuerungs- und Regelungssoftware, Bedienschnittstellen etc. entwickeln und testen. Drei entscheidende Nachteile führen dabei zu den oben genannten Folgen in der Entwicklung:

1. Informationsverlust durch fehlende Durchgängigkeit an den Schnittstellen der beteiligten Domänen,
2. fehlende Rückkopplung zwischen den Domänen bereits im Entwurfsprozess, die Rückkopplung erfolgt erst, wenn bei der Inbetriebnahme Fehler erkannt werden. Teure Nachentwicklungen sind die Folge und
3. Zeitlicher Projektverzug durch die rein sequenzielle Projektbearbeitung.

Die Idee, diese Nachteile wenigstens teilweise durch paralleles (oder auch simultanes) Engineering zu beheben, ist nicht neu. Konsequent umgesetzt werden kann sie aber erst

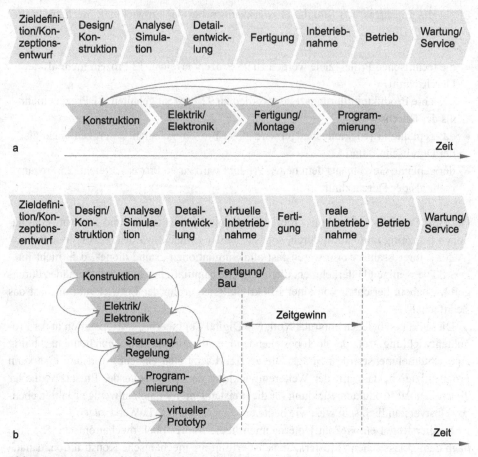

Abb. 5.3 Produktentwicklung Von der sequenziellen Entwicklung (a) zum durchgängigen und parallelen Engineering (b). Grafiken: Fraunhofer IFF

mittels durchgängiger Nutzung des Digitalen Engineering. Die Abb. 5.3 zeigt schematisch den geänderten Workflow, der in einer Verkürzung der Entwicklungszeit und höherer Produktqualität resultiert.

5.1.2 Anforderungen an ein System zur durchgehenden Produktentwicklung in der Mechatronik

Die Werkzeuge der Marktführer, die eine zumindest in Ansätzen durchgängige Produktentwicklung verfolgen, sind eindeutig auf die Anforderungen der Großindustrie zugeschnitten. Hier sind insbesondere die Systeme von Siemens und Dassault zu nennen. Für kleinere Unternehmen bis hin zum Mittelstand sind diese Systeme bezüglich des Leistungsumfanges, der Kosten und des Aufwandes zur Einführung, Nutzung und Unterhaltung in aller Regel zu groß.

Ein für diese Unternehmen wirtschaftlich nutzbares durchgängiges Entwicklungssystem muss eine Reihe von wesentlichen Anforderungen erfüllen:

Integrierbarkeit

Die vorhandene und in den Unternehmen gewachsene Landschaft von CAD- und CAE-Systemen muss integrierbar sein. Allein der Umstieg von einem seit Jahren verwendeten Konstruktionssystem auf ein proprietäres Format der genannten Systemanbieter kann jede Wirtschaftlichkeitsrechnung zunichtemachen.

Durchgängige und konsistente Datenhaltung

Das System muss eine durchgängige und konsistente Datenhaltung über die verwendeten heterogenen Entwurfswerkzeuge gewährleisten. Im Idealfall sollte diese Datenhaltung für den Nutzer transparent im Hintergrund erfolgen. D. h. die CAD-, CAE- oder Steuerungsspezialisten interagieren nur wenig mit dieser Ebene, welche die Bezüge zwischen den Elementen der eingesetzten Entwurfssysteme kennt und z. B. Änderungen an betroffene Teilsysteme meldet. Diese Forderung ist vielleicht die wichtigste Voraussetzung für ein effektives paralleles Engineering, aber in der Praxis auch am schwierigsten umzusetzen (vgl. [Sch10]).

Skalierbarkeit und Erweiterbarkeit

Das System muss skalierbar sein, d. h. es müssen ausnahmslos nur die Komponenten eingebunden sein, die im jeweiligen Entwicklungsprozess des Unternehmens tatsächlich benötigt und verwendet werden. Das impliziert auch die Forderung nach Erweiterbarkeit. Es sollte z. B. möglich sein, zunächst nur MCAD (Mechanical Computer-Aided Design)- und ECAD (Electronic Computer-Aided Design)-Werkzeuge zu vernetzen, um später auch steuerungstechnische Werkzeuge und/oder PDM (Product Data Management)-Systeme zu integrieren.

Im Bereich der mechatronischen Produktentwicklung findet man vorrangig folgende Gruppen von Anwendungen, die in ein durchgängiges Entwurfssystem zu integrieren sind:

- CAD-Werkzeuge (MCAD, ECAD)
- CAE-Werkzeuge (Schnittstelle zur Fertigung)
- steuerungs- und regelungstechnische Entwurfswerkzeuge
- Modellbildungs- und Simulationstools, dabei ist zu unterscheiden zwischen
  - analytischen Tools (Simulation auf Systemgleichungsebene)
  - numerischen Tools, wie FEM (Finite Elemente Methode), CFD (Computational Fluid Dynamics), BEM (Boundary Element Method), …)

Im Sinne einer systematischen Produktentwicklung wäre auch die Einbindung von Unterstützungssystemen für das „System Design" hilfreich. Bestehende wissenschaftliche Ansätze dazu werden bisher in der Praxis noch selten eingesetzt.

Darüber hinaus sollte die Möglichkeit zur Erweiterung durch PDM-Systeme und/oder weitere Systeme, wie ERP (Enterprise Resource Planning), Auftragsabwicklung und Beschaffung, MES (Manufacturing Execution System) etc., bestehen.

Digital Engineering and Operation im Entwicklungsprozess ist jedoch mehr als die Aneinanderreihung diverser Entwurfstools. Kennzeichnend ist vielmehr die Möglichkeit zur frühzeitigen virtuellen Darstellung von komplexen Produkteigenschaften, zum Verständnis der Wechselwirkungen verschiedener Entwurfs- und Einflussparameter sowie zu deren Test und Optimierung (siehe Abb. 5.2). Diese Möglichkeit kann auf zwei Wegen geschaffen werden:

Visualisierungs- und Interaktions-Tools
Durch die Integration geeigneter Visualisierungs- und Interaktionstools Virtual Reality, Augmented Reality, u. a.). Teilweise liefern heutige Entwurfswerkzeuge solche Möglichkeiten schon mit.

Mixed Reality-Ansätze
Durch Mixed Reality-Ansätze, bekannt sind Verfahren wie z.B. Hardware-in-the-Loop oder Software-in-the-Loop. Dabei macht man sich den Umstand zunutze, dass verschiedene Teilkomponenten im Entwicklungsprozess verschiedene Reifegrade haben. So kann es erforderlich sein, besonders systemkritische Elemente in der Realität zu testen, während andere Elemente (vorerst) nur virtuell abgebildet werden. Eine andere Möglichkeit ist es, mit der Entwicklung eines Steuerungsprogramms für eine Maschine bereits zu beginnen, wenn die Konstruktion noch gar nicht abgeschlossen ist. Damit ergeben sich vielfältige Möglichkeiten für eine Rückkopplung während einer Entwicklung. Die im V-Modell geforderte Eigenschaftsabsicherung (Abb. 5.1) kann nicht nur zwischen Systementwurf und -integration, sondern bereits während des System- und Detailentwurfs erfolgen. Die Folge ist ein viel höherer Reifegrad der Entwicklung schon zu Beginn der Systemintegration.

5.1.3 VEMOS – ein System zum durchgängigen modellbasierten Entwurf mechatronischer Systeme

Am Fraunhofer IFF wurde das Entwurfssystem „VEMOS" für mechatronische Produkte entwickelt, das die genannten Anforderungen bereits weitgehend berücksichtigt. Es findet seinen Einsatz vorrangig im Sondermaschinen- und Anlagenbau, für den die genannten Spezifika (siehe Abschn. 5.1.1), insbesondere die hohe Wertschöpfung im Engineering, besonders zutreffen.

Die Abb. 5.4 zeigt zunächst die Grundstruktur und den damit verbundenen Workflow. Dargestellt ist eine maximale Ausbaustufe. Im Sinne der Skalierbarkeit werden in jedem konkreten Projekt nur die tatsächlich benötigten Module eingebunden. Der generelle Entwicklungsablauf gestaltet sich danach etwa wie folgt:

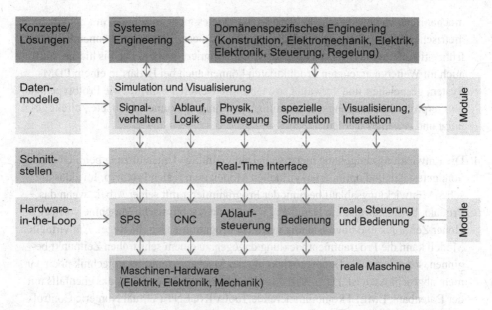

Abb. 5.4 Struktur von VEMOS. Grafik: Fraunhofer IFF

1. Nach Abschluss des System Designs und der Festlegung der generellen Produktstruktur nutzt jeder Spezialist seine etablierten CAD/CAE-Tools für seine fachspezifische Entwicklung. Elemente, die in mehr als einem Tool Verwendung finden, werden über eine spezielle, im Hintergrund laufende Datenbank „EMELI" (sogenannte „Embedded Model Linker") verwaltet und konsistent gehalten.

2. Tools zur physikalischen Modellierung und Simulation (Einzel- und Multidomänen-simulation) greifen über Schnittstellen auf diese Daten zu. Die Modellbildung geschieht für den mechanisch-konstruktiven Teil weitgehend automatisiert (Cad2SIM, siehe auch Punkt 6.) Auch für die elektrische Domäne ist eine teilautomatische Modell-erzeugung verfügbar. Weitere Domänen müssen ggf. manuell modelliert werden. Die Parametrierung der Modelle geschieht automatisch, sofern die Parameter aus dem CAD-Datensatz ableitbar sind, ansonsten müssen sie z. B. aus Datenblättern manuell übernommen werden. Die Modelle und Parameter werden ebenfalls Teil der Datenbank EMELI und können z. B. nach Veränderung von Parametern in den Ausgangsdaten (CAD/CAE) automatisch neu simuliert werden.

3. Zur Visualisierung der Simulationsergebnisse greifen VR-Tools mit standardisierten Formaten (VRML, X3D, …) und Schnittstellen auf die Informationen zu. Hier erfolgt eine Vereinigung der geometrischen Informationen der CAD-Daten mit den Simula-tionsergebnissen. Zusätzlich zu der rein geometrischen Darstellung, wie sie z. B. für Design Reviews erforderlich ist, können Bewegungsabläufe, Arbeitsräume, Kräfte,

mechanische und elektrische Feldgrößen und vieles mehr zusammen mit dem geometrischen Modell dargestellt werden. Auf Basis dieser Ergebnisse können Fehler
frühzeitig erkannt und Produkteigenschaften optimiert werden. Die bis hierher und
auch im Weiteren erzeugten Produktdaten können auch bei Bedarf in einem PDM-
System gespeichert und verwaltet sowie für die weiteren Schritte, wie Prototypenbau
und -erprobung, Fertigungsvorbereitung, Fertigung, Dokumentation, etc., direkt genutzt und erweitert werden.

4. Die Entwicklungsumgebung bietet weiterhin vielfältige Unterstützung beim Übergang
   vom getesteten und optimierten virtuellen Modell zum realen Prototyp. Im „klassischen" Entwicklungsablauf beginnt der Programmierer mit seiner Arbeit, wenn das
   Produkt, beispielsweise ein Handhabungsautomat, als physische Maschine vorliegt.
   Hoher Zeitdruck und unvollständig getestete Programme sind die Regel. Am virtuellen
   Modell kann die Programmentwicklung dagegen zu einem sehr frühen Zeitpunkt beginnen, sogar wenn die Detailentwicklung der Mechanik und Elektrotechnik noch gar
   nicht abgeschlossen ist. Dazu wird das virtuelle Produktmodell über das ebenfalls mit
   der Datenbank EMELI kommunizierende Tool VINCENT (Virtual Numeric Control
   Environment) mit einer realen Steuerung gekoppelt, wie z. B. PC, SPS oder CNC.
   Mit dieser „Hardware-in-the-Loop"-Konfiguration können die Programmabläufe getestet und optimiert werden. Zusätzlich kann bei Bedarf eine Echtzeit-Kollisionsprüfung
   zugeschaltet werden.

5. Erfolgt bisher die Entwicklung des Steuerungsprogramms noch manuell, so lässt
   sich auch dieser Schritt anhand des virtuellen Modells automatisieren. Neuralgischer
   Punkt und häufige Fehlerquelle bei mechatronischen Systementwicklungen ist die
   „Nicht-Kommunikation" zwischen den Konstrukteuren und den Programmierern.
   Letzterer müssen ja zunächst die Intentionen der Konstrukteure verstehen, ehe sie
   diese programmtechnisch umsetzen können, denn Sie denken in völlig unterschiedlichen Begriffswelten und Strukturen. Mit dem Tool „VITES" (Virtuelles Teachen
   von Steuerungen) wird es möglich, dass beide gemeinsam am virtuellen Modell die
   beabsichtigten Abläufe „durchspielen". Dabei entsteht das Programmgerüst im Hintergrund automatisch und kann danach von den Programmierern ergänzt werden. Neben-
   bei werden so Schwachpunkte der Konstruktion sichtbar und können noch rechtzeitig
   korrigiert werden, ehe das Produkt in die Fertigung geht.

6. Erst im letzten Schritt wird das virtuelle Produktmodell durch den realen Prototyp
   ersetzt. Dabei können Simulationen parallel zum Test des realen Produkts laufen und
   das geplante mit dem tatsächlichen Systemverhalten verglichen werden.

Dieses Vorgehen einer durchgängigen Entwicklung führt zu deutlich verkürzten Entwicklungszeiten, ausgereiften Programmen und abgesicherten Produkteigenschaften. Darüber
lassen sich mit dem früh verfügbaren virtuellen Modell weitere Mehrwerte generieren. So

kann der Hersteller beispielsweise die Einbindung in eine Fertigungslinie testen, seine Maschinenbediener schulen, Marketingaktivitäten starten und vieles mehr.

Die Grundphilosophie von VEMOS besteht darin, nur kommerzielle Systeme zur Entwicklung zu verwenden und auch hier den Entwicklern die Entscheidung zu überlassen, welches Werkzeug sie verwenden. Diese Werkzeuge werden durch einige wenige, vom Fraunhofer IFF entwickelte Tools ergänzt, die zu einer durchgängigen Entwicklungsumgebung erforderlich sind. Derzeit sind das:

RESI (Real-Time Simulation Interface)
Ist die Daten-Backbone von VEMOS, denn RESI ermöglicht eine Echtzeit-Kommunikation in verteilten Systemen und realisiert die Kopplung aller beteiligten Komponenten auf physischer Ebene (Datenaustausch). Teilprozesse können dabei sowohl zwischen mehreren Rechnerkernen, in lokalen Netzen oder auch über Internet einen synchronen Datenaustausch realisieren.

EMELI (Embedded Model Linker)
Realisiert die Kopplung der beteiligten Komponenten auf semantischer Ebene und dient hauptsächlich der konsistenten Datenhaltung über verschiedene Entwurfssysteme hinweg. Weitere Systeme wie PDM, ERP u. a. können über EMELI auf die aktuellen Projektdaten zugreifen.

Cad2SIM (CAD-zu-Simulations-Konverter)
Generiert vollautomatisch physikalisch korrekte Mehrkörpersystemmodelle aus MCAD-Zeichnungen, eine teilautomatische Variante ist für ECAD verfügbar.

VINCENT (Virtual Numeric Control Environment)
Dient zur Kopplung virtueller Maschinen- und Anlagenmodelle mit einer realen Steuerung. Dient darüber hinaus zur Visualisierung des mechatronischen Gesamtsystems.

VITES (Virtuelles Teachen von Steuerungen)
VR-unterstützte interaktive Programmierumgebung, die ein „Programmieren durch Vorführen" am virtuellen Modell ermöglicht.

Die Abb. 5.5 zeigt das Zusammenspiel der genannten Werkzeuge mit kommerziellen Tools zu einer durchgängigen Entwicklungsumgebung.

Abb. 5.5   EMELI, Datenfluss zwischen den Komponenten von VEMOS.
Grafik: Fraunhofer IFF

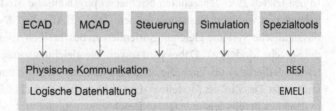

Prinzipiell lässt sich jedes CAD-, CAE-Simulations- u. ä. -Systems in VEMOS einbinden, sofern diese über irgendeine Schnittstelle (API. COM, …) zu ihrer internen Datenrepräsentation verfügen. Diese Bedingung erfüllen heute die meisten Entwurfssysteme. Derzeit läuft VEMOS in Verbindung mit ca. 15 verschiedenen CAx- und Simulationswerkzeugen. Eine permanente Erweiterung erfolgt bedarfsabhängig im Rahmen von industriellen Forschungs- und Entwicklungsprojekten.

Im Weiteren werden anhand ausgewählter Projekte Elemente des hier skizzierten Workflows näher erläutert:

5.1.4 Automatische Generierung von Mehrkörpersystem-Modellen aus CAD-Daten

5.1.4.1 Ausgangssituation

In der heutigen Produktentwicklung erlauben virtuelle Methoden eine weitgehende Parallelisierung von Entwicklungsschritten, wodurch ein großer Zeitgewinn möglich ist. Die Automobilindustrie ist ein wesentlicher Treiber von virtuellen Techniken. Bereits in einem frühen Stadium müssen die Produkteigenschaften in mehreren Fachbereichen durch Modellierung und Simulation parallel verifiziert und optimiert werden. Diese Entwicklung führt zwangsläufig dazu, dass kleine und mittlere Unternehmen (KMU) der Zulieferer-Branche ihre Systeme zukünftig auch virtuell entwickeln und testen müssen. Es ist daher notwendig, dass sie virtuelle Geometrie- und Funktionsmodelle ihrer Komponenten schon lange vor Fertigungsbeginn bereitstellen. Das stellt die KMU vor große Herausforderungen, da ihre eigenen Entwickler mit der Modellierung und Simulation komplexer Systemverhalten in der Regel nicht genug vertraut sind. Darüber hinaus verlangen heterogene Systemumgebungen und eine unzureichende Verfügbarkeit durchgängiger Modelle häufige Nachmodellierungen von bereits bestehenden Datenbeständen. Zeitverlust und mögliche Fehler oder Inkonsistenzen in den Daten sind wiederum die Folge. Iterative Entwicklungsprozesse sind in besonderem Maß davon betroffen, da dort mehrmals Daten zwischen den Systemumgebungen ausgetauscht werden müssen.

Die Modellierung technischer Systeme war bisher schwierig, da sie auf rein mathematischer Ebene erfolgte. Verwendet wurden hierbei Mathematikprogramme, wie MATLAB®, Maple™ oder Mathematica, die zwar viel Komfort im Umgang mit Gleichungssystemen, Differenzialgleichungen und Matrizen bieten und über leistungsfähige symbolische und numerische Analyseverfahren verfügen, jedoch keine problemnahe Modellierung gestatten. In den letzten zwei Jahrzehnten erschienen physikalische Modellierungssprachen, die ausgehend von wenigen Basisformalismen (ODE, DAE) die Möglichkeit bieten, allgemeine physikalische Systeme gleichungsorientiert zu beschreiben. Eine führende Rolle spielt dabei die Sprache Modelica®. Dabei wird sowohl die gleichungsorientierte Beschreibung (Verhaltensmodellierung) als auch die strukturorientierte Beschreibung durch Verbindungslisten unterstützt. Das Ziel der Modelica®-Entwicklung besteht nicht darin, die Domänen zu esetzen, in denen es bereits leistungsfähige Beschreibungsmittel gibt, sondern diese zu verknüpfen.

Damit soll den Anwendern aus den Bereichen der Mechanik, Elektrik, Verfahrenstechnik, Automatisierungstechnik etc. ein Beschreibungs- und Simulationsmittel für heterogene Systeme, einschließlich elektronischer Teilsysteme, geliefert werden.

Am Fraunhofer IFF wurde eine Methode inkl. des neuen Software-Werkzeugs „CADISSIMO" zur automatischen Erzeugung von Mehrkörpersystemmodellen (MKS) direkt aus CAD-Daten entwickelt, wodurch der bisherige manuelle Modellierungsaufwand weitgehend entfällt. Damit kann das dynamische Verhalten einer CAD-Konstruktion einfach simuliert werden.

5.1.4.2 Vorgehensweise

Für die Methodik der Modellgenerierung aus CAD-Daten wurden in den letzten Jahren zwei Wege im Fraunhofer IFF erarbeitet. Zuerst wurde ein Plug-in für ein konkretes CAD-System entwickelt, das neben der Geometrieinformation auch die benötigten physikalischen Parameter und die Beziehungen der Bauteile im XML-Format zur Verfügung stellt. Es stellte sich jedoch schnell heraus, dass die Wartung dieser Softwaremodule für eine größere Anzahl von CAD-Systemen und -Versionen extrem aufwendig ist. Deshalb wurde zum Austausch geometrischer Daten das STEP-Datenformat verwendet, das von nahezu allen kommerziellen CAD-Lösungen angeboten und unterstützt wird. Im STEP-Format gehen jedoch die kinematische Struktur und die Materialinformation vollständig verloren. Mit dem Programm VINCENT (siehe Abschn. 5.1.3) lässt sich die Kinematik mit manuell platzierten Körpern und Gelenken intuitiv und schnell wieder definieren. Danach wird diese wiederhergestellte Information in einer XML-Datei hinterlegt (ebenso wie im Fall des vorher erwähnten Plug-ins).

Als Pilotentwicklung eines Plug-ins für CAD-Systeme wurde zunächst Pro/ENGINEER von PTC ausgewählt. Dieses Konstruktionswerkzeug hat sich seit Jahren weltweit in der Automobilbranche etabliert. Pro/ENGINEER bietet die offene Softwareschnittstelle Pro/Toolkit für externe Hilfsapplikationen an, wodurch seine Kernfunktionalität benutzt und erweitert werden kann. Im CAD-System sind die Masse und der Trägheitstensor eines jeden Bauteils bekannt, sofern die Materialien vollständig definiert worden sind. Um die Kinematik des Systems ableiten zu können, müssen auch Beziehungen zwischen Baugruppen und Bauteilen existieren. Diese Aufgabe erfordert eine gewisse Expertise von den Konstrukteuren, denn zu viele bzw. zu wenige kinematische Beziehungen können die Simulation unausführbar machen.

Die physikalischen Eigenschaften, wie Startposition und -orientierung sowie Massen und Trägheitstensor, aller Bauteile bilden die Basis eines jeden zu generierenden Mehrkörpermodells. Die Funktionalität des „CAD2SIM"-Pro/ENGINEER-Plug-ins beschränkt sich aber nicht nur auf das Auslesen dieser dynamikrelevanten Parameter. Durch die Beziehungen zwischen Körperpaaren (Punkt-auf-Punkt, zylindrische Lagerung) werden Dreh-, Schub- und Kugelgelenke entsprechend vorhandener Freiheitsgrade definiert. Das Plug-in wandelt die relevanten Informationen aus der CAD-Umgebung in eine XML-Beschreibung um. Die Geometrieinformation wird im VRML-Format trianguliert hinterlegt und mit den Bauteilen verknüpft. So können die Simulationsergebnisse später auch dreidimensional visualisiert werden.

Durch den zweiten, teilautomatisierten Weg über VINCENT entsteht die kinematische Struktur ebenso im selben XML-Format. Die weitere Modellgenerierung erfolgt dann anhand dieser gemeinsamen XML-Information mithilfe des im Weiteren beschriebenen Werkzeuges CADISSIMO.

5.1.4.3 Ablauf der Modellgenerierung

Der Ablauf wird am Beispiel einer Pkw-Fahrwerkskonstruktion erläutert (Abb. 5.6). Die XML-Information samt VRML-Geometrien werden in CADISSIMO eingelesen. Die miteinander starr verbundenen Bauteile von derselben Dichte werden zusammengefasst und entsprechend der kinematischen Struktur der Konstruktion für die Modellbildung aufbereitet. Im nächsten Schritt wird ein interner Strukturgraph aus Körpern und Gelenken aufgebaut. Dieser Graph darf auch Schleifen enthalten, falls die Konstruktion geschlossene Kinematik aufweist. Der Wurzelknoten entspricht der obersten Baugruppe der CAD-Konstruktion. Obwohl dieser erste Körper noch sechs Freiheitsgrade besitzen kann, kann er im Raum ebenfalls komplett fixiert werden. Andere Bauteile sind durch Gelenke miteinander vernetzt. Zur korrekten Darstellung der Bindungen sind außerdem Kontaktkräfte erforderlich, Körper fallen ansonsten einfach durch andere Körper durch. Deshalb wurde eine zusätzliche Modelica®-Bibliothek entwickelt, womit die Kontaktkräfte für bestimmte Geometriepaare ermittelt werden können. Das Starrkörpermodell in Modelica® wurde dementsprechend über eine C-Schnittstelle erweitert, sodass externe Kontaktkräfte mit einbezogen werden können. Diese Methodik wurde u. a. bei der virtuellen Entwicklung mehrerer Laufroboter in Kooperation mit der Otto-von-Guericke-Universität Magdeburgerfolgreich angewendet.

Abb. 5.6 Doppel-Querlenker
Fahrwerk. Bild: Fraunhofer IFF

Abb. 5.7 Strukturbaum.
Grafik: Fraunhofer IFF

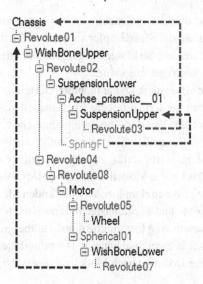

Das Modelica®-Modell wird auf Basis des CADISSIMO-Strukturbaumes Abb. 5.7 per Mausklick automatisch generiert und lässt sich sofort problemlos simulieren. In der generierten Modelica®-Ansicht (Abb. 5.8) können z. B. die Beziehungen der Radaufhängungen erkannt werden: Dieses MKS-Modell enthält drei gekoppelte kinematische Schleifen.

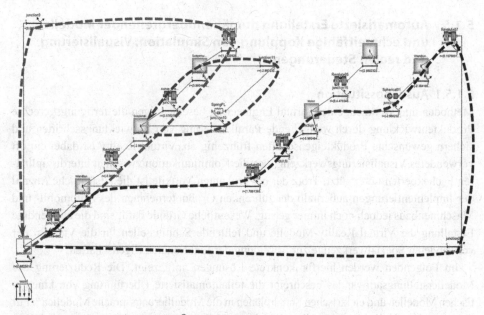

Abb. 5.8 Das generierte Modelica®-Modell. Grafik: Fraunhofer IFF

Anhand dieses Ergebnisses können u. a. geometrische Abmaße sowie die elastischen Eigenschaften der Stoßdämpfer angepasst oder die Belastung der Gelenke des Fahrwerkes berechnet werden. So können Eigenschaften virtuell optimiert werden, bevor ein physikalischer Prototyp gefertigt wird.

Um die allgemeine Dynamik einer mechanischen Konstruktion analysieren zu können, braucht man zusätzlich äußere Energiequellen, die die Struktur in eine gewünschte Bewegung setzen. Von der Gravitation abgesehen, soll diese Energie aus anderen Domänen stammen, z. B. aus der Elektromechanik, der Pneumatik oder der Hydraulik. Das Mehrkörpersystem muss dafür zu einem domänenübergreifenden Modell vervollständigt werden. Das interne Modell des CADISSIMO-Werkzeugs kann deshalb mit Elementen aus einer erweiterbaren domänenübergreifenden Modellbibliothek ergänzt werden. Man kann z. B. antriebs- und regelungstechnische Komponenten für beliebige Gelenke einbinden. Das auf diesem Weg formulierte domänenübergreifende Modell wird mit einem Mausklick automatisch in zwei unabhängige Hauptmodelle, in die mechanische Konstruktion und in eine weitere Domäne, nach Modelica® übersetzt und exportiert.

5.1.4.4 Ergebnis

Mit dieser Methodik wird eine Lücke zwischen Konstruktions- und Simulationsumgebung geschlossen und damit ein wichtiger Schritt in einer Prozesskette zur automatisierten Erstellung von komplexen mechatronischen Produktmodellen unterstützt. Als Ergebnis der Entwicklung können vorliegende CAD-Daten direkt für eine Mehrkörpersimulation genutzt werden.

5.1.5 Automatisierte Erstellung domänenübergreifender Modelle und echtzeitfähige Kopplung von Simulation, Visualisierung und realen Steuerungen

5.1.5.1 Ausgangssituation

Methoden und Werkzeuge des Virtual Engineering beschleunigen die fertigungsgerechte Produktentwicklung durch weitgehende Parallelisierung von Entwicklungsschritten und sichern gewünschte Produkteigenschaften frühzeitig ab. Virtual Reality ist dabei ein oft verwendetes Visualisierungswerkzeug, das die Kommunikation zwischen interdisziplinären Fachexperten unterstützt. Trotz der oft genannten Vorteile ist die tatsächliche Anzahl der Implementierungen außerhalb der führenden Großunternehmen des Automobil- und Maschinenbaus jedoch noch immer gering. Wesentliche Gründe dafür sind die aufwendige Erstellung der Virtual Reality-Modelle und fehlende Schnittstellen für die Vielzahl der verwendeten Spezialwerkzeuge zur Abbildung der funktionalen Eigenschaften.

Im Folgenden werden hierfür konkrete Lösungen aufgezeigt. Die Reduzierung des Modellerstellungsaufwandes beschreibt die teilautomatisierte Überführung von kinematischen Modellen und elektrischen Schaltplänen in die Modellierungssprache Modelica®. Für die Integration in die Virtual Reality-Umgebung wird eine Echtzeitschnittstelle verwendet.

In den Bereichen „Virtual Development" und „Virtual Engineering" hat sich inzwischen eine Reihe leistungsfähiger kommerzieller Systeme, insbesondere CAD-Werkzeuge, etabliert. Das digitale Geometrie-Modell ist die Basis für die weiteren Schritte und kann inzwischen selbst für Kleinteile von deren Herstellern bezogen werden. Dieses Design-Modell kann für sich allein noch nicht funktional simuliert werden, enthält jedoch schon einige Informationen, die in einer Mehrkörpersimulation benötigt werden. Dazu gehören u. a. Gelenkpositionen, Massen und Trägheitstensoren.

Ein ähnliches Bild zeigt sich in der elektrischen Domäne. Auch hier existieren etablierte Anwendungen zum virtuellen Verbinden elektrischer und inzwischen auch pneumatischer Komponenten. Wenngleich die Ausgabe dieser Anwendungen häufig nur ein Verkabelungsplan ist, sind in diesen Plänen simulationsrelevante Informationen enthalten, die für eine virtuelle Inbetriebnahme nötig sind.

Zentrales Gütekriterium eines stabilen Virtual Engineering-Prozesses ist einerseits die Nutzung schon verfügbarer Daten sowie andererseits die Integrität der Daten der verschiedenen Modelle. Das ist insbesondere für iterativ verlaufende Entwicklungsprozesse entscheidend. Simulationsergebnisse triggern Veränderungen der Konstruktion und damit automatisch auch des Simulationsmodells. Geschieht die Datenübertragung wie in vielen Firmen bisher manuell, ist erheblicher Aufwand bei der Remodellierung notwendig. Eine Hauptforderung an ein System zur Unterstützung einer virtuellen Inbetriebnahme ist deshalb die domänenunabhängige und zumindest teilautomatische Simulationsmodellgenerierung mit Parameterübernahme.

Eine weitere Forderung ergibt sich aus der breiten Palette von Systemen, die virtuell in Betrieb genommen werden sollen. Da die zu simulierenden Phänomene von unterschiedlichen Domänen verursacht werden (Mehrkörperdynamik, Fluidik, Pneumatik, Elektrik usw.), kann ein einziges Simulationssystem nicht allen Aufgaben gerecht werden. Leistungsfähige Bibliotheken sowie hoch spezialisierte Simulationsapplikationen erhöhen die Qualität der Ergebnisse und sollten deshalb in die Umgebung zur virtuellen Inbetriebnahme einbezogen werden.

Jedoch ist die technische Umsetzung der Kommunikationsmechanismen in den verschiedenen kommerziellen Simulationssystemen sehr unterschiedlich gelöst. Daraus ergibt sich für die virtuelle Inbetriebnahme die Forderung nach einer transparenten, simulationssystemunabhängigen Anbindung realer Steuerungssysteme. Diese Forderung impliziert auch die schnelle und einfache Austauschbarkeit von Systemen. Zusammenfassend wird somit ein modell- und applikationsunabhängiges Datenmanagement gefordert.

5.1.5.2 Aufwandsreduktion durch automatisierte Modellerstellung

Die zuvor diskutierten Forderungen ließen sich z. B. mit einem zentralen, über den ganzen Produktlebenszyklus gültigen Datenformat lösen. Dieses kann so strukturiert werden, dass es die verschiedenen virtuellen Produktmodelle enthält und damit selbst deren Konsistenz sicherstellt.

Entwicklungen wie AutomationML™ zeigen die Möglichkeiten aber auch Grenzen dieses Ansatzes. So ist anfänglich nur mit einer nativen Unterstützung des Datenformats von Softwarewerkzeugen der an der Entwicklung beteiligten Partner zu rechnen. Außerdem schreitet der Stand der Technik bis zu einer breiten Nutzbarkeit schon erheblich fort. In der Vergangenheit entwickelte universelle Datenformate wie STEP konnten deshalb nicht alle in den CAD-Applikationen verfügbare Daten, z. B. Gelenke, aufnehmen. Am Fraunhofer IFF wurde deshalb ein anderer Weg beschritten, den man mit „Modellgenerierung mittels Modellübersetzung" beschreiben kann.

Nachfolgend wird am Beispiel einer Großwerkzeugmaschine ein durchgängiger simulationsgestützter Entwicklungs- und Inbetriebnahmeprozess erläutert.

5.1.5.3 Erstellung des mechanischen Mehrkörpersystem-Modells

Prinzipiell sind zur automatisierten Erzeugung von MKS-Modellen zwei Wege möglich. Entweder über ein systemspezifisches CAD-Plug-in oder über ein Austauschformat, das von allen CAD-Systemen unterstützt wird. Im Abschn. 5.1.4 werden beide Wege beschrieben, um automatisiert physikalisch korrekte Mehrkörpersystemmodelle aus CAD-Daten abzuleiten. Im vorliegenden Fall wurde der Weg eines direkten Imports aus Pro/ENGINEER über ein entsprechendes Plug-in gewählt. Die Abb. 5.9 zeigt das so erzeugte kinematisch und dynamisch korrekte Modell der Maschine.

Solange noch kein reales Steuerungssystem angeschlossen ist, kann die Definition der zu simulierenden Bewegungen über eine Keyframe-Technik erfolgen. Dazu werden verschiedene Maschinenstellungen manuell vorgegeben. Das System interpoliert dazwischen Bahnen, wobei die dafür benötigte inverse Kinematik der Maschinenstruktur automatisch berechnet wird.

Abschließend wird aus diesem Modell ebenfalls automatisch ein Modelica®-Modell erzeugt, übersetzt und ausgeführt. Zielstellung dieser Simulation ist es, die für eine definierte Bewegung notwendigen Momente und Kräfte sowie die benötigten Parameter der Antriebe zu ermitteln.

5.1.5.4 Erstellung elektrischer und fluidischer Modelle

Um das Gesamtverhalten der Maschine virtuell genau abbilden zu können, ist es notwendig, auch das Verhalten elektrischer und ggf. fluidischer Komponenten, Pneumatik und

Abb. 5.9 Automatisch generiertes MKS-Modell einer Werkzeugmaschine. Bild: Fraunhofer IFF

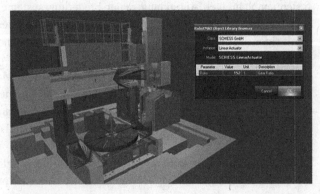

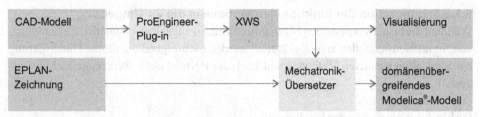

Abb. 5.10 Erzeugung des mechatronischen Modells durch Modelltransformation.
Grafik: Fraunhofer IFF

Hydraulik, detailliert zu simulieren. Außerdem können durch eine Simulation Aussagen zu Energieeffizienz und zu dynamischen Kräften gemacht werden. Insbesondere bei großen Maschinen treten diese Fragestellungen zunehmend in den Vordergrund.

Den Ausgangspunkt für eine automatisierte Erstellung elektrischer Modelle bildet, wie auch bei der Erstellung der MKS-Modelle, das Arbeitsmittel des Planungsingenieurs, also ein ECAD-System, das zur Erstellung der elektrischen Pläne bis hin zur Erzeugung einer Stückliste dient (Abb. 5.10).

Im Gegensatz zu den relativ homogenen Strukturen, bestehend aus Körpern und Gelenken, die aus einem MCAD-System extrahiert werden, sind die weit über 1.000 verschiedenen elektrischen Komponenten, die in einer ECAD-Zeichnung enthalten sein können, sehr heterogen und herstellerspezifisch. Im ECAD wird ein Bauteil durch ein graphisches Symbol mit Anschlüssen repräsentiert, das durch entsprechende Positionierung auf der Zeichenfläche mit anderen Symbolen verbunden wird.

Der Plan enthält keine Informationen über die Funktionalität eines Bauteils, kann aber einige simulationsrelevante physikalische Parameter, wie Rotorträgheit oder Widerstand, beispielsweise eines Drehstrommotors, in der Beschreibung der Symbole enthalten.

Für das verbreitete ECAD-System „EPLAN" wurde ein Modellkonverter zum Erzeugen des Simulationsmodells entwickelt. Dieser extrahiert sowohl die Bauteilparameter als auch die Verbindungen der einzelnen Bauteile. Zusammen mit einer assoziativen Datenbank wird ein zum Bauteil passendes Modelica®-Modell ausgewählt und, sofern vorhanden, mit den in EPLAN angegebenen Parametern konfiguriert. Weitere Parameter können manuell eingegeben werden. Anschließend werden die Teilmodelle in der vom Schaltplan vorgegebenen Weise verbunden. In gleicher Weise können auch aus Fluidik-Plänen automatisiert Simulationsmodelle erzeugt werden.

Die so entstandenen Modelle, das funktionale Modell der elektrischen und pneumatischen Komponenten und das Modell der aus dem CAD extrahierten Bauteile, können gemeinsam simuliert und auch unabhängig voneinander aktualisiert werden. Neben der Systemauslegung und dem simulationsgestützten Entwicklungsprozess können auch die Steuerungsentwickler bei der vorzeitigen Absicherung und dem Test ihrer Software durch diese Simulation unterstützt werden. Die Anbindung an eine Steuerung wird im nächsten Abschnitt beschrieben.

5.1.5.5 Integration der funktionalen Modelle in die VR-Umgebung

Während die bisher vorgestellten Mechanismen eine weitgehend automatisierte Erstellung von Simulationsmodellen zum Ziel hatten, werden nachfolgend die für die Durchführung der Simulation genutzten Methoden und Tools am Beispiel einer Werkzeugmaschine vorgestellt.

Einbindung existierender Werkzeuge

Für eine Simulation des Gesamtsystems einer Werkzeugmaschine wird ein als „Hardware-in-the-Loop" bekanntes Konzept verwendet. Dabei wird eine reale Steuerung (SPS, NC) mit dem virtuellen Modell verbunden. Damit sind folgende Schritte erforderlich:

Abbildung der Steuerungslogik

Um das Verhalten virtueller Modelle realistisch nachbilden zu können, wird auf eine reale, in der Regel vorhandene Steuerung zurückgegriffen. Alternativ kann auch eine Software-emulation z. B. als Virtueller NC-Kern oder als Soft-SPS eingebunden werden.

Signalsimulation

Für die Benutzung der realen Steuerungshardware ist es notwendig, die in der Realität vorhandenen Eingangssignale durch eine virtuelle Entsprechung zu generieren. Hierfür geeignete Werkzeuge sind z. B. der SINUMERIK Machine Simulator oder WinMOD®.

Physiksimulation

Ist für die Erzeugung der Eingangssignale für die Steuerung eine komplexere Berechnung notwendig, wie sie in den Werkzeugen zur Signalsimulation zur Verfügung steht, können diese durch physikalische korrekte Modelle ergänzt werden (siehe Abschn. 5.1.5.3). Typische Werkzeuge hierfür sind Dymola oder MATLAB®/Simulink.

Visualisierung/Interaktion

Für die Darstellung der simulierten Abläufe steht eine breite Auswahl an Software zur Verfügung. Je nach Qualität der gewünschten Darstellung können VRML- bzw. X3D-Viewer für variable PC-Plattformen oder VR-Systeme für aufwendigere immersive Visualisierungen genutzt werden.

Die verschiedenen Werkzeugbereiche mit typischen Vertretern sind in Abb. 5.11 dargestellt. In Abhängigkeit von der zu untersuchenden Problemstellung können damit unterschiedliche Aspekte der virtuellen Inbetriebnahme abgedeckt werden. Ist eine Steuerungslogik auf Plausibilität zu untersuchen, kann dafür eine Visualisierung ausreichend sein. Durch Hinzunahme einer Signalsimulation können Ausnahmesituationen simuliert und die korrekte Behandlung durch die Steuerungslogik getestet werden. Die physikalische Korrektheit kann durch eine Physiksimulation weiter angenähert werden. Durch das weitere Hinzufügen von Werkzeugen kann das virtuelle Modell iterativ im Produktentwicklungsprozess detailliert werden. Nach Abschluss der Produktentwicklung steht das virtuelle Modell als Präsentations- und Experimentierumgebung zur Verfügung und kann darüber

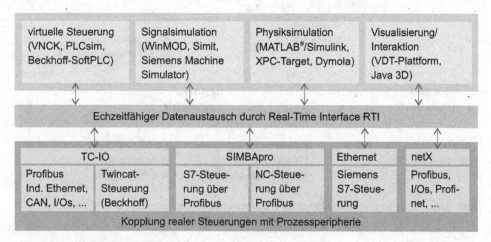

Abb. 5.11   Kopplungsmöglichkeiten von Simulatoren und Steuerungen. Grafik: Fraunhofer IFF

hinaus in Kombination mit realen oder virtuellen Bedienpanels zur Ausbildung genutzt werden.

Zur Kopplung der unterschiedlichen Anwendungen, die zudem auf heterogener Hardware und räumlich verteilt laufen können, wurde ein Real-Time Interface (RTI) entwickelt, das mit zwei Strategien arbeitet:

Zugriff über programminterne Erweiterungen

Einige Applikationen, wie z. B. MATLAB®/Simulink, lassen sich mit Programmbibliotheken so erweitern, dass sie selbst in der Lage sind, Daten von der Schnittstelle zu lesen bzw. auf diese zu schreiben.

Einbindung über eine Programmierschnittstelle

Anwendungen wie die Steuerungssoftware TwinCAT (Beckhoff Automation GmbH) oder SIMBApro (Siemens AG) bieten keine Möglichkeit zur Erweiterung der Applikation, stellen jedoch ihre Funktionalität als Programmierschnittstelle zur Verfügung, die eine Einbindung als dynamisch zu ladende Erweiterung (Plug-in) in die Schnittstelle ermöglicht.

Umfangreiche Laufzeitmessungen ergaben eine mittlere Datentransferzeit von ca. 1,5 Millisekunden für den unidirektionalen Weg von der Steuerung zur Schnittstelle [KeB07], was für die meisten Echtzeitanwendungen ausreichend ist.

Erfordern die Applikationen eine Verteilung auf mehrere Rechner, kann ein RTI als Master betrieben werden, mit dem sich weitere RTIs im Netzwerk verbinden können. Für deren Kommunikation wird das verbindungslose UDP (User Datagram Protocol)-Protokoll zusammen mit einem TCP (Transmission Control Protocol)-Steuerkanal benutzt (Abb. 5.12).

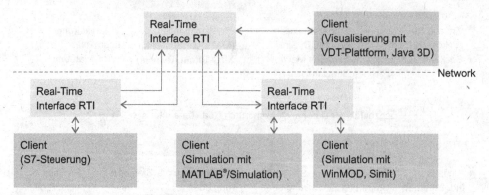

Abb. 5.12   Kopplung von Simulationsanwendungen mit VR im Netzwerk. Grafik: Fraunhofer IFF

5.1.5.6 Kopplung zur VR-Visualisierung

Ein wesentliches Element eines Virtual Engineering-Systems bildet die Visualisierung. Im Verlauf mehrerer Projekte konnten häufig wiederkehrende Datentypen identifiziert werden. Ihre Entsprechung in der Visualisierung wird am Beispiel der am Fraunhofer IFF entwickelten virtuellen Entwicklungs- und Trainingsplattform (VDT-Plattform) erläutert.

Typische zu visualisierende Datenstrukturen sind:

- mechanische Abläufe und kinematische Ketten,
- Reaktionen auf Steuersignale und
- Statusdaten.

Für die Abbildung der Steuerungsabläufe wird die reale CNC-Steuerung Sinumerik 840D über eine Profibuskarte mit einem PC verbunden. Hieraus können die Achswerte, Maschinenbefehle und Statusdaten in die Echtzeitdatenschnittstelle (Abb. 5.13) übernommen werden und stehen dort der VDT-Plattform für die Visualisierung zur Verfügung. Die Maschinensimulation auf Signalebene erfolgt über kommerzielle Softwareprodukte wie WinMOD® oder den SINUMERIK Machine Simulator. Allein durch diese Implementie-

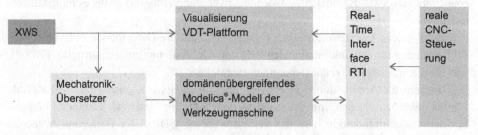

Abb. 5.13   Kopplung des Simulationsmodells mit realer Hardware und Visualisierung.
Grafik: Fraunhofer IFF

Abb. 5.14 Kopplung von virtuellem Modell und realer NC-Steuerung zur Bedienerschulung. Foto: Fraunhofer IFF

rung können Anpassungen der Steuerungslogik vorab bereits beim Hersteller visualisiert werden und mögliche Fehler sofort erkannt werden.

Für eine näherungsweise Simulation der Bearbeitungsvorgänge wurde in die VR-Visualisierung zusätzlich eine kommerzielle Materialabtragsbibliothek integriert.

Dem Hersteller steht im Ergebnis ein sehr realitätsnahes virtuelles Modell der Maschine zur Verfügung, das sowohl zur Auslegung, Simulation und Programmierung als auch darüber hinaus zur Ausbildung der zukünftigen Bediener genutzt werden kann (Abb. 5.14).

5.1.6 VINCENT – Ein Werkzeug zur virtuellen Entwicklung von Steuerungsprogrammen für Sondermaschinen

5.1.6.1 Problemstellung

Die Inbetriebnahme neuer oder modifizierter Steuerungsprogramme ist immer ein risikoreicher Prozess, wenn er an einer realen Maschine durchgeführt wird. Es besteht jederzeit die Gefahr einer Beschädigung der Maschine oder des Werkstückes durch kollidierende mechanische Komponenten. Bei kooperierenden Baugruppen in komplexen Sondermaschinen kann der Arbeitsraum der Einheiten häufig nicht konstruktiv getrennt werden. Nach einer Umrüstung der Maschine wird deshalb das Steuerungsprogramm in der Regel mit stark verringerter Geschwindigkeit oder im Einzelschrittmodus abgearbeitet, eine drohende Kollision wird oft im letzten Moment durch die Not-Aus-Taste verhindert. Bei einer großen Anzahl beweglicher Baugruppen ist diese manuelle Prüfstrategie schwierig durchzuführen und aufgrund des hohen Aufwandes höchst ineffizient.

Das am Fraunhofer IFF entwickelte System „VINCENT" vereint verschiedene Softwarekomponenten, die den Inbetriebnahmeprozess von komplexen Sondermaschinen vereinfachen und vereinheitlichen. VINCENT besteht aus zwei Hauptmodulen VINCENT-Workcell und VINCENT-Workpiece. Hauptaufgabe der Workcell-Komponenten ist die Maschinenstrukturierung und Simulation sowie Prüfung des fertigen Steuerungsprogrammes durch Online-Kopplung mit der realen Steuerung. VINCENT-Workpiece ist dagegen für die Fertigungsplanung am Bauteil und anschließende Steuerungscode-Generierung verantwortlich.

5.1.6.2 VINCENT-Workcell

Die Grundlage für die Planung des Bearbeitungsprozesses ist die Konstruktionszeichnung von Anlage und Werkstück in Form eines 3D-CAD-Modells. Diese 3D-CAD-Daten werden über das Austauschformat STEP in VINCENT geladen. STEP wird von nahezu allen kommerziellen CAD-Lösungen unterstützt. Dabei geht jedoch typischerweise die kinematische Struktur verloren. Mit dem Struktur-Designer von VINCENT lassen sich alle kinematischen Anordnungsformen einschließlich geschlossener und verzweigter Ketten intuitiv und schnell definieren, ebenso Körper (starr verbundene Menge von Teilen) und Achsen (Rotation oder Translation), die frei positionierbar sind und individuell verschaltet werden können. Die importierte 3D-Geometrie der Maschine wird dem Strukturgraphen assoziativ zugeordnet. Dafür stehen im System leistungsfähige GUI (Graphical User Interface)-Elemente zur Verfügung Abb. 5.15 (a). Nachträgliche Veränderungen oder der komplette Reimport der Maschinengeometrie, die für Sondermaschinenbauer mit Produkten geringer Losgröße von Bedeutung sind, können innerhalb kurzer Zeit geschehen.

Die importierte Maschinengeometrie einschließlich physikalischer Eigenschaften kann auf der Basis der Strukturvorgabe als Mehrkörpersystem in einem kommerziellen Simulationsprogramm wie Dymola oder MATLAB®/Simulink/SimMechanics in Echtzeit simuliert werden. Entsprechende Exportwerkzeuge in die nativen Datenformate dieser Systeme sind vorhanden. Zur Überprüfung des Steuerungsprogrammes müssen alle Eigenschaften und Besonderheiten, wie Herstellerzyklen und Bibliotheken, der Steuerung in die Simulation einbezogen werden Abb. 5.15 (b, c).

Um eine aufwendige Nachbildung der Steuerungen verschiedener Hersteller zu vermeiden, erfolgt im VINCENT-Framework eine Kopplung zwischen der realen Maschinensteuerung und VINCENT-Workcell (Hardware-in-the-Loop). Dadurch wird die virtuelle Maschine vom realen Programm gesteuert (Abb. 5.16).

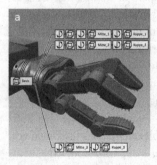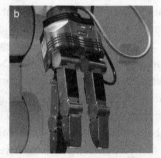

Abb. 5.15 Maschinenstruktur für einen Greifer (PC-basiertes Steuerungssystem).
Bild: Fraunhofer IFF

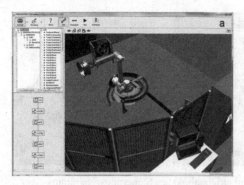 

Abb. 5.16 Roboter (10 kW) virtuell in VINCENT (a) und real im Technikum der Fraunhofer IFF (b), beide gesteuert durch eine SINUMERIK 840D sl. Bild: Fraunhofer IFF

VINCENT kann je nach Anwendungsfall achsspezifisch in einem der folgenden zwei Modi betrieben werden: Steuerung interpoliert Achse oder VINCENT simuliert Achse.

Bei der Anbindung pneumatischer Komponenten oder einfacher positionsgesteuerter Motoren simuliert VINCENT die Bewegung der Achse auf der Basis der projektierten Antriebsdynamik bezüglich der Maximalgeschwindigkeit und der Beschleunigung. Hierfür wurde ein einfaches Kommunikationsprotokoll zum Datenaustausch zwischen Simulator und Steuerung spezifiziert, das auch für die Kommunikation mit den realen I/O (Input/Output) benutzt werden kann. So können auch einfache SPS-gesteuerte Maschinen ohne Bahninterpolation virtuell in Betrieb genommen werden (Abb. 5.17).

Eine Kernaufgabe von NC-Steuerungen, z. B. Sinumerik 840D sl, ist die Bahninterpolation, die einen Simulator ersetzt. In diesem Fall wird der aktuelle Sollwert an VINCENT übermittelt und online dargestellt. Weitere aus Sicht der Automatisierung relevanten Informationen wie Werkzeugidentifikatoren können ebenfalls über PROFIBUS, PROFINET,

Abb. 5.17 Virtuelle Inbetriebnahme einer Labor-Automatisierungsanlage. Foto: Fraunhofer IFF

Abb. 5.18   Kollisionstest in VINCENT bei der Inbetriebnahme des Steuerungsprogramms einer
Punktschweißanlage. Bild: Fraunhofer IFF

EtherCAT usw. aus der Steuerung wie Siemens Sinumerik 840D ausgelesen bzw. aktualisiert werden. Die am Fraunhofer IFF entwickelte Echtzeitschnittstelle „RESI" synchro-
nisiert die Daten in Echtzeit. Damit wird ein 1:1-Test des erzeugten NC-Codes auf der
vollständig konfigurierten Maschinensteuerung möglich.

Für die beschriebene Methodik muss die Maschine in Echtzeit auf Selbstkollisionen und
Durchdringungen mit dem Werkstück geprüft werden. Im beschriebenen System übernimmt
VINCENT-Workcell die Kollisionserkennung, während die Maschinensteuerung online
angebunden ist und das Steuerungsprogramm in Echtzeit abarbeitet. Voraussetzung für die
Echtzeitkopplung von Kollisionserkennung und Steuerung ist ein sehr schneller Kollisionstest. Da Werkzeugmaschinen häufig in geringer Distanz zum Werkstück agieren, sind Ver-
einfachungen der Maschinengeometrie, wie sie durch die übliche Nutzung von konvexen
Hüllen entstehen, zu vermeiden. Der am Fraunhofer IFF entwickelte Kollisionsdetektor
nutzt deshalb die triangulierte Repräsentation der Maschinen- und Werkstückgeometrie,
wobei durch mehrere hierarchisch ablaufende Algorithmen (Axis-Aligned-Bounding-
Boxes, Octrees [ER04], die Anzahl der auf Kollision zu prüfenden Dreieckspaare drastisch
reduziert wird. In der im folgenden Abschn. 5.1.6.3 näher beschriebenen Beispielanwendung
einer Widerstandspunktschweißanlage für die SM Calvörde Sondermaschinenbau GmbH &
Co. KG kann der vollständige Kollisionscheck in einem Modell mit ca. 500.000 Dreiecken
innerhalb von 100 Millisekunden durchgeführt werden. Die Aktualisierungsrate des Kolli-
sionsdetektors von 10 Hertz ist für die Anlage ausreichend (Abb. 5.18).

5.1.6.3 VINCENT-Workpiece

Mit der zunehmenden Verfügbarkeit dreidimensionaler digitaler Produktmodelle und Fer-
tigungspläne bieten sich Möglichkeiten, den Steuerungscode für bearbeitende Werkzeugmaschinen direkt aus diesen Daten abzuleiten. Für die abtragende Bearbeitung ist die
Nutzung von CAM-Lösungen zur Erzeugung des Steuerungscodes industrieller Standard.
Bisher etablierte Tools unterstützen jedoch nur Standard-Maschinen mit 3 bis 5 Achsen und
sind für das Fräsen optimiert. Nutzer von Sondermaschinen müssen ihre Anlage nach wie
vor vorwiegend textuell oder durch Teach-in programmieren.

Abb. 5.19 Sondermaschine
zur Fertigung von Bauteilen
für den Schienenfahrzeugbau.
Bild: Fraunhofer IFF

Zusammen mit den Sondermaschinenbauer SM Calvörde Sondermaschinenbau GmbH & Co. KG wurden am Fraunhofer IFF-Lösungen entwickelt, um die Programmerstellung für eine Siemens Sinumerik 840D NC-Steuerung selbst bei komplexen Bearbeitungsaufgaben wesentlich zu vereinfachen (Abb. 5.19).

Das Unternehmen konstruiert, fertigt und montiert Maschinen, Anlagen und Vorrichtungen für verschiedene Industriezweige und bietet seinen Kunden individuelle und innovative Problemlösungen aus einer Hand. Die Anlagen werden entsprechend der Kundenforderungen gestaltet, sodass je nach Entwicklungsaufgabe sehr unterschiedliche Anlagenkonzeptionen entstehen. Die Gemeinsamkeit in den Entwicklungskonzepten aller Anlagen besteht darin, dass mit ihnen bei hohem Automatisierungsgrad sehr komplex strukturierte Bauteile gefertigt werden sollen. Einen Schwerpunkt stellen Anlagen zum Schweißen von Großbauteilen für den Schienenfahrzeugbau dar. Hierbei sind je Bauteil die positionierten Bauteilsegmente zu vermessen und mehrere Tausend Schweißpunkte automatisch zu schweißen.

Aus der Kompliziertheit und den auszugleichenden Abweichungen der Bauteile, bedingt durch die Fertigungs- und Montagetoleranzen, ergeben sich die hohen Ansprüche an die Anlagensteuerung und -regelung sowie an die Erstellung der Programme zur Bearbeitung der Bauteile auf diesen Anlagen (Abb. 5.20).

Abb. 5.20 Bearbeitungs-
plan mit Umfahr-Bewegungen.
Bild: Fraunhofer IFF

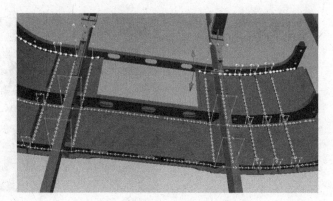

VINCENT-Workpiece wurde deshalb für ortsgebundene Bearbeitungsaufgaben wie z. B. Punktschweißen weiterentwickelt. Erster Schritt der Bearbeitungsplanung ist die Festlegung von „Locations", d. h., Positionen an denen Aktionen durchgeführt werden sollen. Eine grobe Vorpositionierung der Location kann zunächst durch Mausklick geschehen. Die anschließende genaue Festlegung des Ortes erfolgt durch die Vorgabe von Abständen zu der Geometrie des Werkstückes. Im zweiten Schritt werden die eigentlichen Aktionen den zuvor definierten Locations zugewiesen. Eine Aktion kann ein vordefiniertes Schweißprogramm oder eine Verfahr-Bewegung der Anlage sein. Durch eine Klon-Operation können die lokalisierten Aktionen auf andere ähnlich aufgebaute Strukturen des Werkstückes übertragen werden.

VINCENT-Workcell kann die definierten Aktionen auf Kollisionsfreiheit und Erreichbarkeit prüfen (Abb. 5.21). Dafür beinhaltet VINCENT Methoden zur automatischen Generierung und Berechnung der direkten und inversen Kinematik und Dynamik, die aus der beliebig komplexen Strukturvorgabe der Werkzeugmaschine und der Position und Ausrichtung eines Werkzeugs die Führungsgröße des Positionsreglers für jeden Antrieb berechnen kann.

Werkzeugmaschinen oder Bearbeitungszentren vereinen häufig mehrere Funktionalitäten, die parallel und unabhängig in verschiedenen Kanälen der NC-Steuerung abgearbeitet werden müssen. In VINCENT-Workcell wurden deshalb dynamische Sicherheitsbereiche geschaffen, die einerseits die Kollaboration und Parallelarbeit mehrerer Werkzeuge im selben Arbeitsraum erlauben und andererseits verhindern, dass innere Kollisionen die Maschine zerstören. Auf der Basis der definierten Sicherheitsbereiche, der Art und Position der definierten Aktionen und der Maschinenstruktur, werden die Aktionen nun halbautomatisch für jeden angelegten NC-Kanal in die richtige Reihenfolge gebracht. Wartemarken sichern die Synchronisation der verschiedenen NC-Kanäle.

Mit der abschließenden Generierung des Steuerungscodes werden parallel die Daten für die Simulation der Bewegungen der Maschine erzeugt und dargestellt. Hier wird ein Pre-Prozessor-Code simuliert, der der Erkennung möglicher Kollisionen wie auch der Beurteilung der Effektivität des erzeugten Codes dient, jedoch die dynamischen Eigenschaften der Maschine, wie Trägheit und Beschleunigung, zunächst stark vereinfacht. Die aus dem Pre-Prozessor-Code resultierenden Bewegungen werden im 3D-Fenster dargestellt und die Bediener können sich frei in der Zeitleiste bewegen. Es stehen verschiedene

Abb. 5.21 Erreichbarkeits-
test. Bild: Fraunhofer IFF

Möglichkeiten der Beeinflussung der Wiedergabe der Maschinenbewegung zur Verfügung. Die aktuell in der Bearbeitung befindlichen Locations werden hervorgehoben. Nach erfolgreich bestandenem Offline-Test kann der im Post-Prozessor erzeugte Steuerungscode auf die Maschinensteuerung übertragen werden. Der finale Echtzeittest erfolgt abschließend durch Kopplung der Steuerung an VINCENT-Workcell.

5.1.6.4 Zusammenfassung

Mit der durchgängigen Verbindung von der Offline-Programmierung bis zur maschinennahen Simulation des Steuerungsprogrammes steht dem Anwender mit VINCENT eine Software zur Verfügung, die die effektive Erstellung eines Steuerungsprogramms automatisiert und den realitätsnahen Test ermöglicht.

5.1.7   VITES – SPS-Programmierung durch virtuelles Teachen

5.1.7.1 Problemstellung

Im Abschn. 5.1.6 wurde beschrieben, wie sich Entwicklungs- und Inbetriebnahmeprozesse durch Tests von Steuerungsprogrammen am virtuellen Modell deutlich verkürzen und qualitativ absichern lassen. Die eigentliche Programmerstellung erfolgt jedoch wie bisher. Daher liegt die Frage nahe, ob man den Programmierprozess selbst nicht auch durch das virtuelle Modell unterstützen kann.

Betrachten wir dazu die Rollen der Personen am Anfang und am Ende der Entwicklungskette, d. h. der Konstrukteure und der Programmierer, wie sie typischerweise bei der Entwicklung einer neuen Maschine verteilt sind, die E-Techniker lassen wir bei dieser Betrachtung unberücksichtigt. In der Designphase werden die Funktionalitäten festgelegt und auf Baugruppen heruntergebrochen. Danach arbeiten die Konstrukteure im Wesentlichen „Bottom-up", Baugruppe für Baugruppe.

Wollen die Programmierer, üblicherweise nach Fertigstellung der Konstruktion und Fertigung der Maschine, die erdachten Abläufe steuerungstechnisch umsetzen, müssen sie diese zuallererst einmal verstehen. Dazu dient ihnen eine mehr oder minder vollständige Beschreibung und ggf. das Gespräch mit den Konstrukteuren. Ungewiss bleibt, ob alles richtig und vollständig verstanden wurde. Die programmtechnische Strukturierung und Umsetzung erfolgt dann in aller Regel „Top-down", z. B. von Block- und Flussdiagrammen über grobe Schrittketten zum eigentlichen Programmcode. Will man diese Prozesse effektiver gestalten, sind drei Fragen zu beantworten:

1. Wie können die Programmierer schon früher beginnen? Die Antwort ist mit VINCENT gegeben. Optimal ist natürlich eine frühe Einbeziehung der Programmierer, am besten schon in der Designphase.
2. Wie kann man den Wissenstransfer von den Konstrukteuren zu den Programmierern beschleunigen und dafür sorgen, dass dieser richtig und vollständig erfolgt?
3. Kann man zumindest Programmteile automatisch erzeugen?

5.1.7.2 VITES – Virtuelles Teachen von Steuerungen

Die Antwort auf die letzten beiden Fragen gibt das vom Fraunhofer IFF entwickelte System VITES (Virtuelles Teachen von Steuerungen). Die Grundidee ist, dass die Konstrukteure den Programmierern die gedachten Abläufe mittels VINCENT vorführen, wobei Programmteile im Hintergrund automatisch entstehen. Diese Form des direkten Teachens ist an realen Anlagen beispielsweise aus der Robotik bekannt, hier geschieht es am virtuellen Modell.

Bei der Umsetzung dieser Idee ergibt sich eine Reihe von Fragen:

- Wie werden die oben beschriebenen gegenläufigen Arbeitsweisen berücksichtigt?
- Wie kann man parallele Prozesse und parallele Aktionen mehrerer Mechanismen teachen?
- Wie werden Synchronisationsmechanismen, z. B. Warten auf ein Sensorsignal oder auf Fertigstellung eines anderen Teilprozesses, abgebildet?
- Wie stellt man Positionierprozesse dar, die man nicht exakt genug am virtuellen Modell vorführen kann?
- Wie wird die tatsächliche Dynamik des Prozesses und der Maschinenelemente berücksichtigt?
- Welche Struktur hat der erzeugte Code? Er wird nie 100 Prozent vollständig sein, d. h. die Programmierer müssen ihn anschließend weiter bearbeiten können. Dazu müssen sie ihn wiederum so verstehen, als ob sie ihn selbst geschrieben hätten.

Um unterschiedliche Vorgehensweisen, zeitliche Verfügbarkeiten der Beteiligten etc. möglichst allgemein berücksichtigen zu können, schreibt VITES keinen starren Arbeitsablauf vor, sondern die Ansätze Top-down und Bottom-up können parallel laufen und völlig flexibel kombiniert werden.

Top-down

Die Programmierer haben die Möglichkeit, die Struktur der Abläufe, aus denen später die Schrittketten erzeugt werden, in einem integrierten Editor in Form sogenannter „Hauptsequenzen" zu erstellen. Diese bestehen aus groben Beschreibungen von Teilabläufen, die in der Regel eine technologisch zusammenhängende Folge von Bewegungen, Sensorabfragen etc. beinhalten. Diese grobe Strukturierung liegt normalerweise als ein Ergebnis der Designphase vor, zumindest verbal oder grafisch beschrieben. Die Abb. 5.22 zeigt die Hauptsequenzen für einen Laborautomaten zur Handhabung von Magazinen. Notwendige Synchronisationen sind an dieser Stelle schon grafisch markiert.

Bottom-up

Nachdem einzelne Baugruppen eine bestimmte konstruktive Reife erlangt haben, d. h. das kinematische Schema bekannt ist und erste CAD-Zeichnungen vorliegen, können die Teilabläufe in sogenannten Untersequenzen detailliert beschrieben werden. Die Abb. 5.23 zeigt ein Beispiel. Im oberen rechten Fenster wird als Konfigurator und interaktiver Viewer

Abb. 5.22 Darstellung von
Hauptsequenzen am Beispiel
eines Laborautomaten.
Bild: Fraunhofer IFF

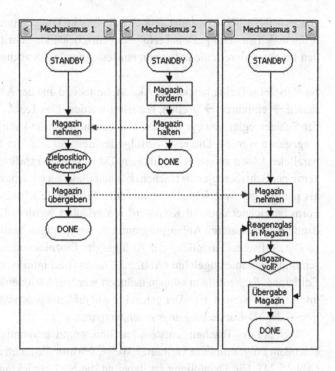

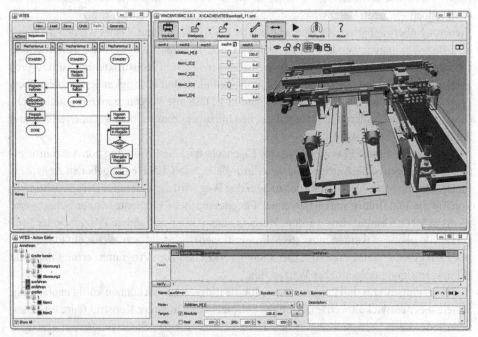

Abb. 5.23 VITES-Bedienoberfläche mit virtuellem Modell des Laborautomaten.
Bild: Fraunhofer IFF

wieder VINCENT verwendet, jedoch mit einer im Hintergrund laufenden Soft-SPS anstelle der realen Steuerung. Dabei erfolgt der entscheidende Schritt, bei dem die Konstrukteure den Programmierern die notwendigen Bewegungen am virtuellen Modell vorführen.

Im Beispiel soll eine bestimmte Aktion, bestehend aus der Abfolge: Greifer lösen → ausfahren → einfahren → greifen, realisiert werden. Das Teachen erfolgt, indem die Achsen per Schieberegler bewegt werden. Die genaue Position kann bei Bedarf auch numerisch eingegeben werden. Die erste Abfolge im Beispiel „Greifer lösen" besteht hier aus dem parallelen Lösen zweier Klemmungen. Da es schwierig wäre, beide Bewegungen gleichzeitig per Schieberegler zu teachen, können diese auch nacheinander geteacht und zeitlich als parallel gekennzeichnet werden. Alle Teilabläufe können in einer selbsterklärenden Form bezeichnet und mit Kommentaren erläutert werden. Die Kommentare erscheinen dann auch im späteren Ablaufprogramm an der richtigen Stelle.

Die grafische Darstellung der Abfolge der Einzelaktionen ist stark an übliche Videoschnittprogramme angelehnt (Abb. 5.23 unten) und intuitiv bedienbar, ebenso wie deren Editierung, Reihenfolgen können geändert werden, Aktionen können kopiert, hinzugefügt und gelöscht werden usw. Der geteachte Ablauf kann jederzeit mit einer Wiedergabefunktion in der 3D-Darstellung angesehen werden.

Während des Teachens entsteht im Hintergrund automatisch die Programmstruktur in einer dem Programmierer vertrauten Weise, d. h. mit Aktionen und Transitionsbedingungen (Abb. 5.24). Die Darstellung ist dabei an die S7-Entwicklungsumgebung angelehnt. Es wird jedoch ein neutrales Zwischenformat erzeugt, das zum Schluss prinzipiell auf jede Steuerung übertragbar ist, die sich an die DIN EN 61131 anlehnt. Dabei werden nicht nur alle Bezeichnungen, sondern auch während des Teachens eingegebene Kommentare (Annotationen) übernommen. Der Wissenstransfer von den Konstrukteuren zu den Programmierern ist somit dokumentiert, die Vollständigkeit und Richtigkeit kann sofort überprüft werden. Genau wie bei VINCENT sind in VITES alle Vorgänge inkrementell durchführbar, d. h., bei Änderungen müssen nur neu hinzugekommene oder geänderte Teile und Abläufe neu geteacht werden.

Eine weitere für die Praxis bedeutsame Eigenschaft ist die Ermittlung von Ausführungszeiten. Für elektrische Antriebe werden dazu die in VINCENT eingegebenen Achsparameter übernommen. Aus dem zurückzulegenden Weg wird die Zeit unter Berücksichtigung von Anfahr- und Bremsrampen berechnet. Für pneumatische Elemente können Schätzwerte direkt in VITES eingegeben werden. Wenn in einer Aktion auf andere Prozesse oder Sensorsignale gewartet werden muss (Synchronisationen), wird dafür zunächst ein Platzhalter mit $t = 0$ gesetzt. Beim Zusammenschalten der Aktionen zum Programm erfolgt dann die Berücksichtigung tatsächlicher Wartezeiten.

Programmstruktur und Programmteile für die Einzelaktionen können völlig unabhängig voneinander entwickelt werden. Arbeiten beispielsweise mehrere Konstrukteure im Team, kann jeder nach Fertigstellung seines Teilsystems dafür das Steuerprogramm erzeugen (lassen) und kontrollieren. Letztere werden je nach Entwicklungsstand sukzessive in die Hauptsequenz eingefügt, Zwischenstände können jederzeit überprüft und optimiert wer-

Abb. 5.24 Automatisch
generierte Programmstruktur.
Bild: Fraunhofer IFF

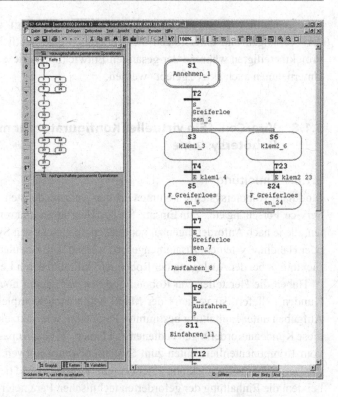

den. Es lassen sich auch Programmbausteine aus früheren Projekten verwenden. Sind alle
Aktionen in das Ablaufprogramm eingefügt, kann der Gesamtablauf getestet werden. Jetzt
werden auch korrekte Ausführungszeiten unter Berücksichtigung von Synchronisationsmechanismen für alle Abläufe ermittelt.

Die entstandene Programmstruktur ist übersichtlich, vollständig dokumentiert und weitgehend getestet. An dieser Stelle sollte ein Meilenstein im Projekt gesetzt werden, denn es
erfolgt der Übergang von der virtuellen zur realen Steuerung. Das Programm wird in den
konkreten Steuerungscode compiliert und kann weiterentwickelt werden. Änderungen des
Codes werden aber nicht „rückwärts" nach VITES übertragen. Jedoch lässt sich das virtuelle Maschinenmodell zusammen mit der realen Steuerung unter Nutzung von VINCENT
weiter zum Programmtest und zur Inbetriebnahme verwenden.

5.1.7.3 Zusammenfassung

Das virtuelle Programmiersystem VITES ist in Verbindung mit dem Testsystem VINCENT
ein leistungsfähiges und äußerst flexibel einsetzbares Werkzeug, um Entwicklungsprozesse
insbesondere im Bereich des Sondermaschinen- und Anlagenbaus drastisch zu verkürzen
und abzusichern. Ihre Praxistauglichkeit haben sie bereits bei mehreren Entwicklungen von
kundenspezifischen Sondermaschinen unter Beweis gestellt. Die Einführung dieser Werkzeuge in Entwicklungsabteilungen von Unternehmen setzt aber zwingend voraus, dass

Arbeitsabläufe während der Entwicklung überdacht und ggf. geändert werden. Insbesondere verlangen und unterstützen die Werkzeuge eine deutlich engere Kooperation aller Projektbeteiligten während der gesamten Entwicklung. Diese Kooperation muss aber im Unternehmen auch aktiv „gelebt" werden.

5.1.8 Viro-Con – Ein virtueller Konfigurator für modulare Robotersysteme

5.1.8.1 Einleitung

Modulare Robotersysteme kommen in den verschiedensten Bereichen, wie Fertigung, Service, Forschung etc., zum Einsatz. Sie bestehen aus mechatronischen Standardkomponenten, die je nach Anforderungen zu komplexen, mehrachsigen Systemen, wie Roboterarmen oder Handlingsystemen, zusammengesetzt werden. Die modulare Bauweise bietet eine hohe Flexibilität bei der Auslegung der Roboterstruktur und deren Leistungsparametern.

Haben die Hersteller von Robotermodulen vor Jahren noch einzelne Module an ihre Kunden geliefert, so verlangt der Markt heute nach Komplettsystemen, die spezifische Aufgaben unter Einhaltung bestimmter Parameter, wie Taktzeit, Lasten, etc., erfüllen. Um diese Kundenanforderungen bedienen zu können, ist eine Anpassung des Geschäftsmodells vom Komponentenlieferanten zum Systemintegrator notwendig. Als solcher übernimmt der Hersteller die Entwicklung einer geeigneten Lösung und liefert ein komplettes System, bei dem die Einhaltung der geforderten technischen Parameter garantiert wird.

5.1.8.2 Problemstellung

Zur Absicherung der Parameter haben sich Simulationsmethoden etabliert. Allerdings ist das Erstellen von Simulationsmodellen sowie deren Handhabung und Auswertung nach wie vor komplex. Die Vorgänge benötigen Zeit und binden Experten. Benötigt wurde ein Werkzeug, mit dem schnell kundenindividuelle Robotersysteme zusammengestellt und getestet werden können. Es muss das Expertenwissen bündeln und bei der Modellaufstellung und -handhabung unterstützen. Zusammen mit einer einfachen Bedienbarkeit, für die kein Wissen über CAD- oder Simulationsmodelle benötigt wird, ist dieses Werkzeug eine effektive Unterstützung für den Vertrieb. Wichtige Fragen könnten direkt vor Ort beim Kunden geklärt werden, ohne dass Rückfragen bei Experten notwendig sind.

Dafür wurde für die SCHUNK GmbH & Co. KG das System „Viro-Con" entwickelt. Ein Produktkonfigurator, mit dem kundenindividuelle Robotersysteme in einer virtuellen Umgebung konfiguriert werden können. Darauf aufbauend stehen verschiedene Testfunktionalitäten zur Verfügung, mit denen die Einhaltung der Kundenanforderungen überprüft wird. Dazu gehören wahlweise Achs- oder TCP-Manipulation des Robotersystems, Bewegungsanimationen auf linearen oder zeitoptimalen Bahnen sowie die Arbeitsraumberechnung und -visualisierung. Kernstück ist ein Softwarepaket, das aus der gewählten Konfiguration und deren Komponenten automatisch alle direkten und inversen kinematischen sowie dynamischen Koordinatentransformationen berechnet. Die Anzahl der Freiheitsgrade ist dabei nicht eingeschränkt, sodass auch hoch redundante Systeme berechnet werden können. Weiterhin ist eine Echtzeit-Kollisionsdetektion integriert (siehe Abschn. 5.1.6), die Kollisionen des Roboters mit sich selbst und der Umgebung abprüft. Eine zusätzliche Schnittstelle ermöglicht den Anschluss am MES- und ERP-Systeme, womit eine Durchgängigkeit im betrieblichen Ablauf erreicht wird.

5.1.8.3 Das Konzept von Viro-Con

Viro-Con verfügt unter einer einheitlichen grafischen Oberfläche (Abb. 5.25) über vier Modi für Konfiguration und Test die im Weiteren beschrieben werden.

Konfigurator

Produktkonfiguratoren haben sich in vielfältigen Formen etabliert, z. B. zur Konfiguration von Fahrzeugen. Sie verfügen über eine auf den Problembereich zugeschnittene, möglichst einfach zu bedienende Nutzerschnittstelle, welche die benötigten Informationen erfasst. Dabei werden die gewählten Parameter automatisch auf Konsistenz geprüft [Rei06]. Das dafür notwendige Expertenwissen aus der Produktentwicklung ist in Form von Produktdaten sowie Regeln und Bedingungen für die Konfiguration in der Software hinterlegt.

Herzstück für die Konfiguration ist eine Bibliothek, die eine große Anzahl von aktuierten und starren Objekten enthält. Die aktuierten Objekte umfassen Rotations- und Linearmodule sowie Greifer. Zu den starren Objekten gehören in erster Linie Modulverbinder. Für alle Objekte enthält die Bibliothek geometrische, physikalische und logische Daten. Die geometrischen Daten liegen in Form von CAD-Modellen vor, die zur Visualisierung verwendet werden. Zu den physikalischen Daten gehören Massen, Schwerpunkte, Trägheitsmomente etc. sowie Motor- und Getriebeparameter, die zum Testen der Konfigurationen benötigt werden. Da die CAD- und Materialdaten vollständig vorlagen, konnten die

Abb. 5.25 Grafische Oberfläche von Viro-Con im Konfigurationsmodus. Bild: Fraunhofer IFF

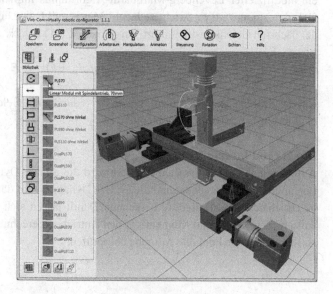

geometrischen und funktionalen Modelle automatisiert erzeugt und (siehe Abschn. 5.1.4) in die Bibliothek eingebunden werden. Die logischen Daten enthalten darüber hinaus Informationen über den strukturellen Aufbau der Objekte, über Kopplungsmöglichkeiten der Objekte untereinander sowie über Freiheitsgrade der Module und Greifer.

Das Konfigurieren eines Robotersystems erfolgt durch die Auswahl des benötigten Moduls aus der Bibliothek mit einem einfachen Mausklick (Abb. 5.25). Daraufhin wählt der Nutzer den gewünschten Anschlussflansch aus und passt die Parameter des Moduls an. Rotationsmodule können z. B. in ihrem Bewegungsradius eingeschränkt werden. Linearmodule und bestimmte Verbinder sind u. a. in ihrer Länge variabel, was auch entsprechend visualisiert wird.

Algorithmen

Direkte und Inverse Kinematik

Sobald die kinematische Struktur definiert wurde, erfolgt automatisch die Berechnung der direkten Kinematik sowie daraus der inversen Kinematik durch einen iterativen numerischen Solver.

Jedes Modul wird sowohl in der Bibliothek, als auch im Programm durch eine Kette von starren Körpern und Gelenken repräsentiert. Starre Körper generieren eine statische Transformation, unabhängig von der Position des Roboters. Gelenke generieren dynamische Transformationen entsprechend ihrer aktuellen Position. Alle Transformationen der Kette werden so gespeichert, dass eine schnelle Modifikation der dynamischen Teile erfolgen kann. Die Transformationsmatrizen werden nach jeder Modifikation neu kombiniert, um die direkte Kinematik zu berechnen.

Zur Berechnung der gewünschten Gelenkpositionen bei der inversen Kinematik wurde ein modifizierter Levenberg-Marquardt-Algorithmus implementiert. Sei x_i die aktuelle Gelenkposition, J_W die gewichtete Jacobi-Matrix und E eine Fehlermatrix. Zur Berechnung der nächsten Gelenkposition führt Viro-Con (Gl. 5.1) iterativ aus.

$$x_{i+1} = x_i + \left(J_W{}^T J_W \ \mu I \right)^{-1} J_w E \qquad \text{Gl. 5.1}$$

Um das Problem von Mehrdeutigkeiten bei redundanten Gelenken zu adressieren, wurde ein Entscheidungsbaum implementiert.

Direkte und Inverse Dynamik

Aufbauend auf der ermittelten Struktur wird die direkte Dynamik durch einen Newton-Lagrange-Ansatz berechnet und die inverse Dynamik wird dann durch einen in [HeGP01] beschriebenen Ansatz iterativ berechnet. Damit lassen sich u. a. die bei der Bewegung auftretenden Kräfte und Momente in den Antrieben berechnen und somit deren korrekte Auslegung für die konkrete Aufgabe überprüfen.

Abb. 5.26 Visualisierung von
Kollisionen: Selbstkollision (a)
und Kollision mit einem Objekt
im Arbeitsraum (b).
Bild: Fraunhofer IFF

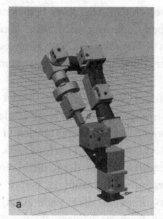

Kollisionsdetektion

Eine Kollision des Roboters mit sich selbst oder der Umgebung wird durch einen im
Hintergrund laufenden Algorithmus (siehe Abschn. 5.1.6) detektiert und entsprechend
visualisiert (Abb. 5.26).

Arbeitsraum

Im Arbeitsraummodus wird entsprechend der konfigurierten Kinematik der Arbeitsraum
berechnet und visualisiert (siehe Abb. 5.27).

Zur Berechnung und Analyse von Arbeitsräumen gibt es viele verschiedene Ansätze.
Cai und Rovetta [CaR90] nutzten z. B. die inverse Kinematik zusammen mit parabolischen
Extrapolationen, um effizient Punkte auf der Arbeitsraumkontur zu bestimmen. Ein geometrischer Ansatz wurde in [BoMF03] diskutiert. Er basiert auf Sweep-Körpern, die durch
die Bewegung der Teilstrukturen des Roboters entstehen. Diese und andere Algorithmen
können genutzt werden, um den Rand des Arbeitsraumes nach außen sowie Löcher inner-

Abb. 5.27 Visualisierung
des Arbeitsraum eines Roboters mit fünf Freiheitsgraden.
Bild: Fraunhofer IFF

halb des Arbeitsraumes zu berechnen. Allerdings berücksichtigen sie keine Kollisionen des Roboters mit der Umgebung oder mit sich selbst. Weiterhin kann der Arbeitsraum, abhängig von der gegebenen Kinematik, ein ein-, zwei- oder dreidimensionales Objekt sein. All diese Fälle deckt der Algorithmus zur Arbeitsraumberechnung im Viro-Con zuverlässig ab.

Dabei wurde hier ein Ansatz auf Octree-Basis unter Verwendung der inversen Kinematik gewählt. Der mögliche Arbeitsraum wird hierarchisch in kleinere Volumen (Voxel) unterteilt, für die jeweils eine Erreichbarkeitsprüfung für den virtuellen Roboter per Informations- und Kommunikationstechnologie (IKT) erfolgt. Alle als erreichbar klassifizierten Voxel bilden einen temporären Arbeitsraum, der in mehreren Iterationen weiter untersucht und verfeinert wird. Der Nutzer gibt die Anzahl der Iterationen vor.

Für die als erreichbar klassifizierten Voxel kann zusätzlich eine Kollisionsdetektion erfolgen. Wird eine Kollision festgestellt, versucht der Algorithmus mit intelligenten Methoden eine andere Startposition für die Berechnung der IKT zu identifizieren, bei der keine Kollision auftritt. Kann keine solche Startposition gefunden werden, wird der Voxel als nicht erreichbar klassifiziert.

So können alle Arten von Arbeitsräumen, unter Berücksichtigung von Löchern und Kollisionen, berechnet werden. Allerdings ist die Komplexität des Algorithmus sehr hoch. Im schlechtesten Fall liegt diese bei $O(8^{n-1})$, wobei **n** die Anzahl der Iterationen ist. Daher wurden verschiedene Optimierungen implementiert, welche die Berechnungszeiten deutlich reduzieren konnten [BaKSTP10].

Die Visualisierung erfolgt auf Basis der als sichtbar klassifizierten Voxel. Dabei werden die außen liegenden Flächen der Voxel bestimmt und visualisiert. Mit dieser einfachen Methode können alle Arten von Arbeitsräumen visualisiert werden. Die Darstellung des Arbeitsraumes ist so immer etwas größer als der tatsächliche Arbeitsraum, sie konvergiert jedoch dagegen je mehr Iterationen der Berechnungsalgorithmus durchläuft.

Manipulation und Animation

Mit dem Manipulationsmodus erhält der Nutzer schnell und einfach einen ersten Eindruck von den Bewegungsmöglichkeiten des Roboters. Weiterhin ist es möglich, die Erreichbarkeit spezifizierter einzelner Punkte im Raum mit dem Roboter zu überprüfen. Dies kann wahlweise per Achs- oder TCP-Manipulation erfolgen.

Aufbauend auf diesen Manipulationsmechanismen werden im Animationsmodus Bewegungsabläufe geplant. Damit kann gezeigt werden, dass einzelne Punkte nicht nur grundsätzlich erreicht werden können, sondern auch, dass die Bewegung zwischen mehreren Punkten möglich ist. Dafür gibt der Nutzer bestimmte zu erreichende Punkte vor und speichert diese als Wegpunkte bzw. Keyframes. Von einem zum nächsten Punkt werden die Zwischenpositionen wahlweise auf linearen oder zeitoptimalen Bahnen generiert.

5.1.8.4 Ergebnisse und Ausblick

Die hier vorgestellte Software ist seit mehreren Jahren im Einsatz und konnte ihre Funktionstüchtigkeit und ihre Vorteile unter Beweis stellen:

- erheblich schnellere Zusammenstellung und Absicherung kundenspezifischer Lösungen,
- sofortige und anschauliche Präsentations- und Testmöglichkeiten sowie
- verbesserte Unterstützung bei Entscheidungsfindungsprozessen.

Grundsätzlich ist es auch möglich, eine reale Robotersteuerung anzuschließen, um damit eine virtuelle Programmentwicklung durchzuführen. Die dafür vom Fraunhofer IFF entwickelte Methodik wird in Abschn. 5.1.6 detailliert beschrieben.

5.1.9 Automatische NC-Programmgenerierung am Beispiel des Elektronenstrahlschweißens

5.1.9.1 Problemstellung

Moderne Produktionsprozesse verlangen von Werkzeugmaschinen eine zunehmende Leistungsfähigkeit beim Abfahren komplexer Bahnen. Waren es vor Jahren lediglich einige wenige Schweißpunkte, an denen Teile miteinander verbunden wurden, erfordern heutige Technologien wie das Elektronenstrahlschweißen, dass der Schweißroboter selbst auf Freiformflächen eine konstante Bahngeschwindigkeit erreicht und den vorher festgelegten Winkel zur Oberfläche des Schweißteils konsequent einhält. Dabei werden ganz besondere Bedingungen an den Arbeitsraum des Roboters gestellt. So muss das Schweißen von Großbauteilen mit Elektronenstrahlen unter Vakuum durchgeführt werden.

Die pro-beam AG & Co. KGaA setzt einen numerisch gesteuerten 7-Achs-Roboter, ausgerüstet mit einer Elektronenstrahlkanone mit drehbarer Pendeloptik, in einer 630 Kubik-

Abb. 5.28 Schweißroboter der pro-beam AG & Co. KGaA in Burg. Bild: Fraunhofer IFF

meter fassenden Vakuumkammer ein (Abb. 5.28). So ist es möglich, Bauteile bis 50 Tonnen Stückgewicht zu schweißen, zu härten oder zu schneiden. Da diese Großanlagen hauptsächlich Einzelstücke oder Kleinstserien bearbeiten, ist der Aufwand für die Programmerstellung deutlich größer als die Zeit für die eigentliche Fertigung. Traditionell wurde die Programmierung durch Teachen des Roboters in der Kammer am realen Bauteil durchgeführt. Die ungewöhnliche kinematische Struktur dieser Werkzeugmaschine verhindert den Einsatz von Standard CAM-Lösungen zur Bearbeitungsplanung. Die Programmierer müssen mit dem realen Roboter in der realen Kammer eine Vielzahl von Zwischenpunkten manuell anfahren und durch entsprechende Anpassung der Vorschubgeschwindigkeit sicherstellen, dass sich die Geschwindigkeit des Strahls auf der Oberfläche des Teils bei der eigentlichen Fertigung nicht ändert. Außerdem gestaltet es sich bei Freiformflächen äußerst schwierig, den Winkel des Strahls zur Oberfläche des Werkstückes genau zu messen und anschließend gezielt zu beeinflussen. Nach dem Teachen wurde die Kammer evakuiert, ein Probelauf durchgeführt, Fehler im Programmablauf korrigiert etc. Die Kammer stand in dieser Zeit nicht für produktive Arbeiten zur Verfügung.

Für einen wirtschaftlichen Betrieb der Anlagen sollte ein neues Programmiersystem entwickelt werden, das die Programmerstellung und Verifizierung außerhalb der Maschine, allein auf der Basis der CAD-Modelle von Roboter, Kammer und Werkstück ermöglicht.

Vom Fraunhofer IFF wurde dafür eine einfach zu bedienende und nutzerfreundliche Lösung entwickelt, die die CAD-Daten von Vakuumkammer, Roboter und Werkstück einschließlich der im CAD-System hinterlegten Aufgabenspezifikation in eine gemeinsame Umgebung integriert und das Steuerungsprogramm für eine Sinumerik 840D NC-Steuerung des Roboters automatisch erstellt.

5.1.9.2 Umsetzungskonzept

Die Beschreibung der Schweißbahn wird direkt in einem beliebigen CAD-System durchgeführt. Dazu werden Markierungen an den Start bzw. das Ende der zu schweißenden Bahn gelegt. Das CAD-System bietet für die genaue Positionierung der Markierungen in der Regel leistungsfähige Werkzeuge. Ein NC-Codegenerator extrahiert die Position der Marker in einem Zwischenformat und verfolgt die Oberfläche des Werkstückes zwischen den beiden Markierungen. Durch die Verfolgung der Oberflächenkanten entsteht eine Menge von Punkten mit zugehöriger Oberflächennormalen. Bei großen Abständen werden zusätzliche Zwischenpunkte mit interpolierter Oberflächennormalen erzeugt. Ergebnis der Kantenextraktion ist eine Menge von sequenziell anzufahrenden Werkstückpunkten.

Da die Berechnung der inversen kinematischen Transformation für die komplexe kinematische Struktur mit acht geregelten Antrieben nicht auf der NC-Steuerung laufen kann, muss dies ebenfalls als Vorbereitungsschritt vor der Erzeugung des Steuerungscodes geschehen. Das eingesetzte numerische Berechnungsverfahren basiert auf der Levenberg-Marquardt-Methode (siehe Abschn. 5.1.8) und erlaubt die Berechnung von kinematischen Strukturen mit beliebig langer serieller, geschlossener oder verzweigter Kinematik. Die Methode vermeidet bei redundanten Roboterstrukturen überflüssige Bewegungen, bezieht aber alle Achsen in die Berechnung ein.

Die regelgesteuerte Achspositionierung wird in dem beschriebenen Anwendungsfall für die Berechnung des Strahlpendelwinkels (8. Achse) benötigt. Dieser wird analytisch aus dem Winkel zwischen Bahnrichtung und Orientierung der Strahlkanone bestimmt.

Die berechneten Bahnpunkte müssen in einem letzten Schritt noch an die tatsächliche Position des Werkstückes in der Bearbeitungskammer angepasst werden. Da die Inverse Kinematik (IK) schon während der Vorbereitungsphase auf dem PC berechnet wird, ist eine Kompensation der Verschiebung des realen Bauteils in der NC-Steuerung nur entlang translatorischer Achsen des Schweißroboters durch Addition einer statischen Differenz zu der Sollwertvorgabe der Achsposition möglich. Horizontale Bauteilrotationen werden durch das Anfahren von zwei markierten signifikanten Bauteilpunkten mit dem Schweiß-roboter und der darin angebrachten Kamera ausgemessen. Diese Rotation wird in die Be-rechnung der IKT einbezogen.

Zur Validierung des Steuerungsprogramms wird die NC-Steuerung an eine virtuelle 3D-Darstellung der Gesamtszene angekoppelt (siehe Abschn. 5.1.6), sodass die Bediener den generierten Ablauf vorab genau verfolgen und ggf. Korrekturen vornehmen können.

Die Bearbeitungsbahn, bestehend aus einer Sequenz von Werkstückpunkten, wird Punkt für Punkt in absolute Achskoordinaten umgerechnet und als einzelne Verfahrbefehle in das NC-Programm geschrieben. Verschiedene Prozessparameter werden vom NC-Generator so dargestellt, dass selbst unerfahrene Nutzer schnell in der Lage sind, das System zu be-dienen.

5.1.9.3 Ergebnisse
Durch das Verfahren zur automatischen NC-Codegenerierung konnte die Rüstzeit der Elek-tronenstrahlanlage für ein neues Bauteil von mehreren Stunden auf ca. 30 Minuten verkürzt werden. Bei komplexen Freiform-Bauteilen bedeutet das einen erheblichen Zuwachs der Wirtschaftlichkeit der Anlage. Weiterhin ist der Weg zum bearbeiteten Teil nun deutlich besser nachvollziehbar und unabhängig von Programmier- und Messfehlern.

5.1.10 Verteilte Echtzeitsimulation mechatronischer Fahrzeugmodelle

5.1.10.1 Ausgangssituation
Die Funktionalität neuer Produkte wird durch einen zunehmenden Anteil von eingebetteten Systemen erzielt. Zur Beherrschung von höchster Sicherheit und Zuverlässigkeit von Pro-duktentwicklungen im Zusammenwirken mit anderen funktionsbestimmenden Komponen-ten komplexer technischer Systeme werden neue Technologien benötigt. Die Bewertung von Systemeigenschaften erfordert eine integrative Betrachtung von Mechanik, Elektronik und Software, wobei letztere, was z. B. die Bewertung von Ausfallwahrscheinlichkeiten betrifft, oft nicht berücksichtigt wird. Da die eingebetteten Komponenten die technische Sicherheit des Systems entscheidend beeinflussen, spielt die Zuverlässigkeit einzelner Hardware- und Software-Module und deren Zusammenkopplung eine sicherheitskritische Rolle. Deshalb sollen möglichst viele Produktentwicklungsstufen inkl. Test- und Verifika-

tionsphasen auch virtuelle Methoden verwenden, um frühzeitig Aussagen zu Produkteigenschaften treffen zu können, bevor ein physikalischer Prototyp existiert. Die virtuellen Techniken schlagen einerseits eine Brücke zwischen Projektierung, Produktion und Inbetriebnahme und erweitern andererseits den Umfang und die Komplexität möglicher Tests bei gleichzeitiger Minimierung der Prototyp-Gefährdung. Die komplette Entwicklung, Tests und daraus folgenden Funktions- und Sicherheitsanalysen einzelner eingebetteter Komponenten und des ganzen Systems können mithilfe virtueller Techniken und „Model-in-the-Loop"-Simulationen unterstützt werden. Dabei kommt echtzeitfähigen und verteilten Simulationstechniken eine besondere Rolle zu.

5.1.10.2 Automatisierte Modellgenerierung aus CAD-Daten

Durchgängigkeit in der virtuellen Produktentwicklung erfordert spezielle Werkzeuge und Schnittstellen, auf deren Basis ein simulierbares dynamisches Modell eines mechatronischen Objektes mit möglichst wenig Entwicklungsaufwand und -redundanz semiautomatisch erstellt werden kann.

Mit den im Abschn. 5.1.4 beschriebenen, am Fraunhofer IFF entwickelten Verfahren ist es möglich, ein dynamisches Simulationsmodell direkt aus CAD-Daten eines mechatronischen Produkts abzuleiten, wodurch der Zeit- und Entwicklungsaufwand für eine manuelle Modellierung und damit verbundene Fehlerquellen minimiert werden (Abb. 5.29).

5.1.10.3 Kommunikationsschnittstelle für Simulationsverteilung

Bei der Erstellung eines kompletten Simulationsmodells soll die Wahl der passenden Simulationsumgebung dem Entwickler überlassen werden. Bestimmte Modellteile können oder sollen in unterschiedlichen Simulatoren umgesetzt werden. Sowohl dieser Umstand als auch die zusätzliche Anforderung an Echtzeitfähigkeit, die aufgrund begrenzter Rechenressourcen auch zu Modellverteilung führt, benötigen entsprechende Kommunikationsschnittstellen zum Verbinden von getrennten Modellteilen zum Gesamtmodell. Die Verwendung von konventionellen Methoden, z. B. reiner TCP/UDP-Schnittstelle, ist zwar

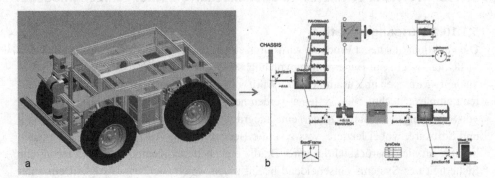

Abb. 5.29 Transformation vom CAD-Modell zum simulierbaren dynamischen Modelica®-Modell. Bild: Fraunhofer IFF

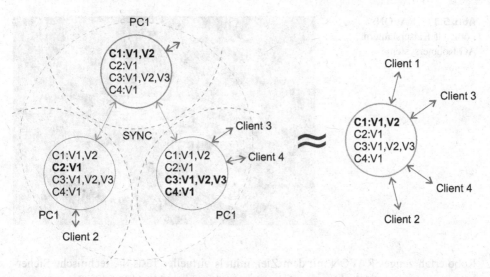

Abb. 5.30   Funktionsprinzip der RTI-Kommunikationsschnittstelle. Grafik: Fraunhofer IFF

möglich und in manchen Fällen sogar notwendig, ist allerdings wegen schlechter Verwaltbarkeit und Transparenz problematisch.

Die Grundidee der vom Fraunhofer IFF zur Echtzeitkopplung verschiedener Simulatoren entwickelten RTI-Schnittstelle liegt in der Verbindung von getrennten Modellteilen mittels eines verteilten gemeinsamen Speichers (Abb. 5.30), in dem die auszutauschenden Variablen abgelegt werden und über ihre Namen von allen Modellteilen erreichbar sind. Dabei dürfen sich die Clients sowohl auf einem als auch verteilt auf mehreren Rechnern befinden. Eine nähere Beschreibung der Funktionsweise des RTI ist im Abschn. 5.1.5 beschrieben.

Mittels eines RTI-Konfigurationstools legt der Entwickler zentral die kommunizierenden Teilnehmer und die dabei auszutauschenden Variablen, deren Typen und Namen fest. Jeder Teilnehmer hat damit eine klare und einfache Sicht auf die Kommunikationsebene.

Die RTI-Kommunikationsschnittstelle kann in einer heterogenen Umgebung (MS Windows/Linux/xPC) betrieben werden. Dabei können die Latenzzeiten für Variablenaustausch zwischen Clients von etwa 1 Millisekunde erreicht werden. Trotz der fehlenden harten Echtzeitfähigkeit, bedingt durch Nutzung oben genannter Betriebssysteme, lässt sich diese Schnittstelle für eine Vielzahl von Simulationsaufgaben effizient einsetzen.

5.1.10.4 Anwendungsbeispiel: Autonomer Roboter RAVON

Die beschriebenen Konzepte konnten u. a. im Rahmen des Forschungsprojektes ViERforES (ViERforES – Virtuelle und erweiterte Realität für höchste Zuverlässigkeit eingebetteter Systeme, gefördert vom BMBF[2]) verwendet und weiterentwickelt werden. In diesem Projekt erfolgte eine domänenübergreifende mechatronische Simulation des autonomen

---

[2] FKZ 01IM08003 Laufzeit 01.07.2008-31.12.2010

Abb. 5.31   RAVON.
Foto: TU Kaiserslautern,
AG Robotersysteme

Roboterfahrzeuges RAVON mit dem Ziel, mittels virtueller Tests die technische Sicherheit des aus einer Vielzahl von gekoppelten und aufeinander wirkenden Subsystemen, wie Elektrik, Mechanik, Steuerung, Regelung usw., bestehenden Gesamtfahrzeuges zu untersuchen.

RAVON (Abb. 5.31) ist ein von Technischen Universität Kaiserslautern entwickeltes elektrisch allradgetriebenes Fahrzeug mit einer Gesamtmasse von ca. 850 Kilogramm. Es ist mit einer Vielzahl von eingebetteten Systemen sowohl für Navigation über GPS, Laserscanner usw. als auch für die Verhaltens- und Antriebs-Steuerung und Regelung ausgestattet.

Das Modell wird in drei wesentliche Komponenten unterteilt:

- Verhaltenssteuerung: das umgebungs- und zielabhängige Verhalten des Fahrzeugs wird bestimmt (MCA2-RAVON Steuerung),
- Chassis: die Fahrzeugmechanik und deren Umgebungsinteraktion werden als ein Mehrkörpersystem nachgebildet (Modelica®/Dymola), siehe dazu auch Abschn. 5.1.4 und
- Elektromechanik: modelliert werden die Elektroantriebe, Regelung und die Stromversorgung (MATLAB®/Simulink/xPC).

Diese Systemkomponenten werden in verschiedenen Simulatoren und Rechnern netzwerkgekoppelt in Echtzeit simuliert. Die von der Verhaltenssteuerung generierten Soll-Werte für Antriebe werden von entsprechenden Komponenten abgearbeitet und in Form der Antriebskraft für einzelne Räder dem Chassis geliefert. Die Antriebskraft wird umgebungsabhängig in die Fahrzeugbewegung umgesetzt und wirkt sich somit rekursiv auf das Fahrzeugverhalten aus. Das vorhandene Modell lässt sich dank modularer Aufbaustruktur relativ leicht verändern oder ergänzen und bietet eine flexible und kostengünstige Plattform für virtuelle mechatronische Tests, deren Realitätsgrad entsprechend der Modellkomplexität nahezu unbegrenzt angepasst werden kann (Abb. 5.32).

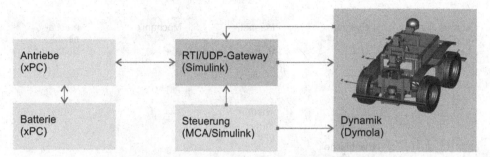

Abb. 5.32   Netzwerkgekoppelte verteilte echtzeitfähige Simulation. Grafik: Fraunhofer IFF

5.1.11   Virtuelles Prüffeld für die Entwicklung elektrischer Großmaschinen

5.1.11.1 Motivation

Die Simulation von mechatronischen Produkteigenschaften im Entwicklungsprozess nimmt eine immer wichtigere Rolle ein, um Eigenschaften des Produkts frühzeitig abzusichern und zu optimieren. Bei der Herstellung von Sondermaschinen sind Entwicklungsfehler besonders folgenreich. Mängel und Schwachstellen müssen frühzeitig erkannt werden, um Kosten und Entwicklungszeiten zu senken, ohne dabei die hohen Qualitätsanforderungen an das Produkt zu vernachlässigen. Der Hersteller muss auf diese Kundenwünsche schnell und mit der notwendigen Entscheidungssicherheit reagieren können.

Maschinen und Anlagen werden vor der Fertigung digital geplant, ausgelegt und konstruiert. Dabei kommt typischerweise eine Reihe von domänenspezifischen Software-Tools zum Einsatz, z. B. der mechanischen Konstruktion oder der elektrischen Berechnung, von denen einige auch firmenspezifische Sonderlösungen sind.

Damit Inkonsistenzen und zeitaufwendiger manueller Datentransfer zwischen den unterschiedlichen Arbeitsschritten vermieden werden, ist ein unternehmensübergreifender strukturierter Wissenstransfer zwischen den Entwicklern notwendig. Ziel ist einerseits die Synchronisation der Daten zwischen den Software-Tools und andererseits die Schaffung einer Plattform, die die Rechenergebnisse allen Anwendern zur Verfügung stellt und Messergebnisse vom real getesteten Produkt für deren kontinuierliche Verbesserung an das Engineering zurückführt.

5.1.11.2 Lösungskonzept

Für eine durchgehende Anwendung von Simulationsverfahren wurde am Fraunhofer IFF in Zusammenarbeit mit der Anhaltische Elektromotorenwerk Dessau GmbH eine Technologie entwickelt, die die Entwickler bei der Projektierung, Optimierung und rechnergestützten Auslegung von elektrischen Maschinen unterstützen.

Das Ziel dieses Projektes war es, durch die Verwendung eines virtuellen Prüffeldes einen Workflow zur Verfügung zu stellen, der eine effektivere Auslegung ermöglicht, der eine

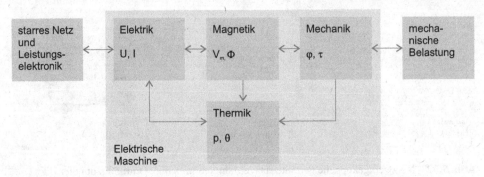

Abb. 5.33 Typische physikalische Domänen einer elektrischen Maschine. Grafik: Fraunhofer IFF

hohe Qualität des Produktes gewährleistet und die Kosten während der Entwicklungsphase gering hält.

Im virtuellen Prüffeld sollen auf Basis gegebener Maschinen- und Materialdaten alle wesentlichen physikalischen Teile (Abb. 5.33) einer elektrischen Maschine, wie Elektrik, Magnetik, Mechanik und Thermik, untersucht werden. Dabei werden die Wechselwirkungen mit der Leistungselektronik und der Belastung untersucht. Weiterhin können dadurch u. a. Leerlauf- und Belastungstests, Aufnahme von Momentkennlinien sowie Erwärmungstests virtuell durchgeführt werden.

Zur Analyse der genannten physikalischen Domänen werden geeignete Modellierungs- und Simulationswerkzeuge eingesetzt. Damit der Workflow unabhängig von den verwendeten Werkzeugen erfolgen kann, ist eine gemeinsame Datenbasis notwendig. Diese koppelt die einzelnen Prozessschritte während der Auslegungsphase zu einem Gesamtprozess, dem „virtuellen Prüffeld". Die Vorteile dabei sind, dass Mehrfacheingaben entfallen und somit Fehlerquellen vermieden werden und die Auslegung zeitlich schneller erfolgt.

5.1.11.3 Implementierung

Die Umsetzung des Konzepts ist sowohl aus technischer Sicht als auch mit den damit verbundenen Änderungen in den Arbeitsabläufen eine sehr komplexe Aufgabe, die nur in mehreren Schritten realisiert werden kann. Ein erster Schwerpunkt war die Einführung durchgängiger Modellierungs- und Simulationssoftware für den mechanischen Teil der elektrischen Großmaschinen. Alle notwendigen Berechnungen greifen auf eine gemeinsame Datenbasis (Abb. 5.34) zu und legen die Ergebnisse darin ab. Im nächsten Schritt wurden alle elektrischen und magnetischen Berechnungen in das virtuelle Prüffeld integriert. Dabei kommen weitgehend kommerzielle Berechnungs-Tools zum Einsatz, die über das vom Fraunhofer IFF entwickelte Konzept miteinander verknüpft werden. Weitere Domänen, wie Thermik, Fluidik, Akustik etc., kommen zukünftig dazu.

Eine detailliertere Betrachtung der Vorgehensweise bei der Auslegung von elektrischen Großmaschinen hilft, das Konzept des virtuellen Prüffelds besser zu verstehen.

Abb. 5.34 Datenbank als zentrale Schnittstelle für das virtuelle Prüffeld. Grafik: Fraunhofer IFF

Die Auslegung beginnt mit den vom Kunden festgelegten Parametern, z. B. der Drehzahl, der mechanischen Leistung und des Verwendungszweckes. Mit diesen Informationen beginnt die elektrische Planung der Maschine. Dabei werden von der Polpaarzahl bis hin zu den Wicklungen alle elektrischen Parameter festgelegt, dimensioniert und berechnet. Eine Recherche-Funktionalität erlaubt es, die Parametersätze von zuvor gefertigten Maschinen komplett oder teilweise zu übernehmen. Zudem besteht die Möglichkeit, weitere Untersuchungen zur Wärmeausbreitung und zum magnetischen Feldverlauf durchzuführen. Die Ergebnisse werden in der Datenbank gespeichert und für die mechanische Auslegung freigegeben. Anschließend beginnt die Konstruktion mit der Bestimmung und Berechnung der mechanischen Parameter auf Grundlage der in der Datenbank gespeicherten Ergebnisse (Abb. 5.35). Treten dabei Probleme auf, ist es notwendig, die elektrischen Parameter anzupassen. Dieser Zyklus wird solange durchlaufen bis die elektrische Maschine die Anforderungen erfüllt.

Wenn die virtuelle Planung abgeschlossen ist, kann mit der Produktion begonnen werden. Die Informationen aus der Datenbank stehen jetzt in vollem Umfang der Fertigung zur Verfügung und können bei jedem Arbeitsschritt abgeglichen werden.

Nach der erfolgreichen Fertigstellung wird die elektrische Maschine auf dem Prüfstand getestet. Dabei werden die gemessenen Parameter mit den berechneten verglichen. Durch die Rückführung und den Vergleich der Ergebnisse ist es möglich, die virtuelle Produktentwicklung stetig zu verbessern.

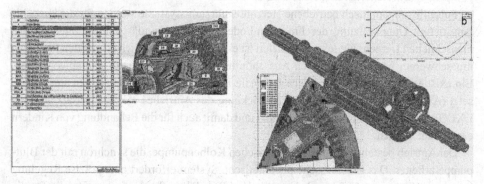

Abb. 5.35 Simulationsergebnisse für mechanische und elektromagnetische Berechnungen. Bild: Fraunhofer IFF

5.1.11.4 Nutzen

Bei dem Sondermaschinenbauer Anhaltische Elektromotorenwerk Dessau GmbH wurde das virtuelle Prüffeld in der Entwicklung und Fertigung eingeführt. Es unterstützt das Unternehmen bei der effektiven Projektierung seiner elektrischen Maschinen über den gesamten Produktentstehungsprozess hinweg.

Die Datenbasis ist mit einem PDM-System gekoppelt, sodass von der Auftragsannahme bis zur Auslieferung der elektrischen Maschinen einheitliche und konsistente Daten zur Verfügung stehen.

Die Implementierung des virtuellen Prüffeldes ist ein langfristiger strategischer Prozess, der sukzessive alle Teilbereiche der Entwicklung, Auslegung, Fertigung und Prüfung einbezieht. Durch die ständige Ablage der Daten, beispielsweise aus der Elektrik, Mechanik, Thermik, Feldanalyse und der Fertigung, verfügt das Unternehmen über einen kompakten Wissensspeicher.

5.1.12 Multiphysikalische Simulation mechatronischer Produkte am Beispiel eines Herzunterstützungssystems

5.1.12.1 Einleitung

Multiphysikalische Simulationen erlauben die ganzheitliche Simulation komplexer domänenübergreifender Problemstellungen. Die Simulation derartiger Zusammenhänge innerhalb eines Simulationssystems erlaubt zum einen eine hoch performante Simulation und zum anderen ist die domänenübergreifende Simulation die Voraussetzung für den Entwurf komplexer Regelungen.

Im Folgenden wird der Aufbau einer domänenübergreifenden Simulation am Beispiel eines pneumatisch angetriebenen parakorporalen Herzunterstützungssystems VAD (Ventricular Assist Devices) gezeigt. Ziel war es, einen bereits existierenden pneumatischen Blutpumpenantrieb für Erwachsene so anzupassen, dass er für alle weiteren Blutpumpen, egal welcher Größe, einsetzbar ist.

Pulsatile, pneumatisch betriebene Herzunterstützungssysteme werden für die kurz- bis langfristige Unterstützung der links- und/oder rechtsventrikulären Pumpfunktion des menschlichen Herzens eingesetzt. Indiziert ist es bei lebensbedrohlich erkrankten Patienten mit schwerem Herzversagen nach Ausschöpfung aller konservativen Therapieoptionen. Ein existierender Antrieb wird derzeit für die Behandlung erwachsener Patienten eingesetzt (Abb. 5.36). Durch eine Weiterentwicklung des Antriebes soll der Einsatz an allen EXCOR®-Pumpen der Berlin Heart GmbH und damit auch für die Behandlung von Kindern ermöglicht werden.

Der Antrieb besteht aus einer pneumatischen Kolbenpumpe, die synchron mit der Blutpumpe arbeitet. Das geschlossene pneumatische System erfordert eine präzise Regelung der eingeschlossenen Luftmasse. Verschiedene Regelalgorithmen sind notwendig für die Anpassung des Pumpvolumens an den Blutrückfluss bei unterschiedlichen Belastungen.

Abb. 5.36 EXCOR VAD mit dem mobilen EXCOR Antriebssystem. Foto: Berlin Heart GmbH, Deutschland

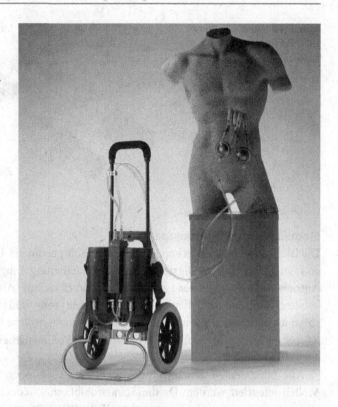

Für die Systemanalyse und die Reglersynthese eines derartig komplexen Systems sollte daher ein Simulationsmodell des kompletten Systems, bestehend aus Blutpumpe, pneumatischem Antrieb und Leitungen sowie dem menschlichen Blutkreislauf, entwickelt werden.

Zu untersuchen war ein komplexes System aus miteinander wechselwirkenden mechanischen, elektrischen, magnetischen, pneumatischen und hydraulischen Komponenten, was eine multiphysikalische Modellbildung erfordert. Daher wurde das Modell in der objektorientierten Modellierungssprache Modelica® entwickelt. Der objektorientierte Beschreibungsansatz von Modelica® erlaubt die Verwendung akausaler Modelle, ferner wird durch eine sehr effektive Vereinfachung der Gleichungssysteme die Rechenzeit deutlich verkürzt. Die Verifikation aller Modelle sollte schließlich durch Experimente erfolgen.

5.1.12.2 Vorgehensweise

Für die Modellierung und Simulation des Herzunterstützungssystems wurde das gesamte System zunächst in die Teilsysteme pneumatische Antriebseinheit, Blutpumpe sowie menschlicher Körper unterteilt. Anschließend wurden alle Komponenten zusammengeführt, um ein Modell des gesamten Systems zu bilden. Den Ausgangspunkt für die Modellierung bilden die Modelica®-Standardbibliotheken, in denen die unterschiedlichsten physikalischen Zusammenhänge bereits umfangreich formuliert sind.

Abb. 5.37 EXCOR Pumpe.
Bild: Berlin Heart GmbH,
Deutschland

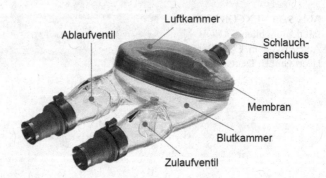

Modellierung der Blutpumpe

Die Blutpumpe stellt ein gekoppeltes mechanisch-pneumatisch-hydraulisches Element dar und ist damit der aufwendigste Teil bei der Modellierung. Eingangsseitig wirkt der von der Antriebseinheit vorgegebene zeitabhängige Druckverlauf (Abb. 5.37) und ausgangsseitig entsteht aufgrund der dynamischen Last eine zeit- und volumenabhängige Durchströmungsgeschwindigkeit, die letztendlich bestimmt, welche Blutmenge pro Schlag in den Körper gepumpt wird. Dabei wird mechanische Volumenarbeit von einer Kammer auf die andere übertragen.

Alle funktionalen domänenübergreifenden Beziehungen mussten in ein Modelica®-Modell integriert werden. Da die Standardbibliothek jedoch nur festgelegte Volumenelemente mit starren Gehäusen enthält [FrCSPOW09], musste eine elastische Komponente mit variablem Volumen geschaffen werden. Elastische Komponenten speichern mechanische Energie als Volumenarbeit, die wiederum das Produkt der Volumendifferenz und des Druckes ist. Eine neu entwickelte Konnektorenklasse ermöglicht den bidirektionalen Transport von mechanischer Energie und wurde mit Modelica®-Standard-Tools realisiert.

Die Abb. 5.38 zeigt, wie die zur Modellierung der Blutpumpe verwendeten Elemente realisiert wurden. Die zwei Kammern werden als variable Volumenelemente V_{air} und V_{fluid} abgebildet. Ihre Hauptfunktion ist die Übertragung von Volumenarbeit von einer Kammer zur anderen. Die experimentell ermittelten Beziehungen zwischen Druck und Volumendifferenz für die elastischen Komponenten wurden durch Modelica®-Tabellenelemente dargestellt. Die Umgebung wird durch ein großes Volumen mit festgelegten Randbedingungen dargestellt („Umgebung"). Das Flüssigkeitsvolumen V_{fluid} ist an die beiden Ventile angeschlossen, die den Blutfluss regulieren.

Modellierung der elastischen Kanülen

Flexible Kanülen verbinden die Blutpumpe mit dem Herz und den Blutgefäßen des Patienten. Die Kanülen können bis zu 30 Zentimeter lang sein. In Verbindung mit der Massenträgheit der Flüssigkeit in der Kanüle bildet die Elastizität der Kanüle ein Übertragungsleitungssystem. Wendet man hier die Navier-Stokes-Gleichungen an, so erhält man eine

Abb. 5.38 Modell der Blutpumpe. Grafik: Berlin Heart GmbH, Deutschland

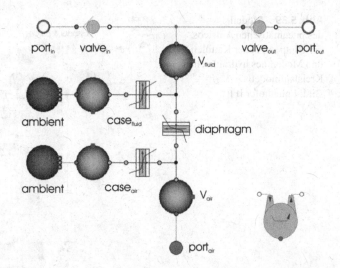

Reihe von partiellen Differenzialgleichungen. Diese können in einfache Differenzialgleichungen umgewandelt werden, wenn man den Schlauch in diskrete Längenelemente unterteilt. Durch Verknüpfung dieser Segmente erhält man ein System von verteilten Parametern. Für ein Element dieser Länge wurde ein Rohrleitungsmodell entwickelt. Die in der Modelica Fluid Library verfügbaren Rohrleitungsmodelle basieren aber alle auf starren Rohren [CaOPRT06]. Daher wurde auch hier ein Volumenelement mit variablem Volumen und der Fähigkeit zur Speicherung von Volumenarbeit benötigt. Zu diesem Zweck wurde ein variables Volumen zum diskreten Nennvolumen addiert. Die Beziehung zwischen Druck und Volumenänderung wurde mit einem Feder/Dämpfer-System modelliert. Die Federkonstante c pro Längeneinheit wurde experimentell ermittelt. Sie hat innerhalb ihres Betriebsbereiches einen konstanten Wert.

Modell des Kreislaufs

Die Einlasskanülen der Blutpumpe sind normalerweise an die rechte und die linke Herzkammer und die Auslasskanülen sind an die Pulmonalarterie bzw. die Aorta angeschlossen. Das Herz und der Kreislauf des Patienten bilden die hydraulische Last. Ein bestehendes Modell des menschlichen Herzens und Kreislaufs ([ArGNML08], [Arn09]) wurde von der Modellierungsprache MATLAB®/Simulink in Modelica® übersetzt und konnte somit an das VAD-Modell gekoppelt werden. Für die experimentelle Validierung der Modelle wurde die Pumpe an ein hydraulisches Ersatz-Kreislaufmodell angeschlossen, das die wesentlichen Eigenschaften des menschlichen Blutkreislaufs nachahmt. Dieses hydraulische Kreislaufmodell lässt sich gut darstellen und „in silico" abbilden. Das in silico-Modell kann dann im Labor problemlos durch einen Vergleich mit dem in vitro-Modell validiert werden.

Das Kreislaufmodell besteht aus zwei Acrylglaszylindern, von denen einer versiegelt ist und als Druckkessel verwendet wird. Der versiegelte Zylinder ist mit der Auslasskanüle

Abb. 5.39 Modell
des pneumatischen Antriebs,
der Blutpumpe, der Kanülen
und Modell des hydraulischen
Kreislaufmodells.
Bild: Fraunhofer IFF

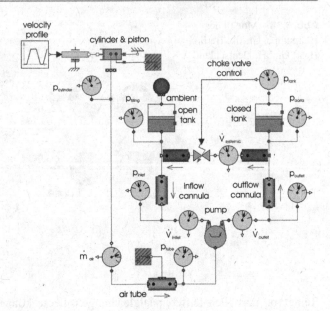

der Blutpumpe verbunden. Der zweite Zylinder ist entweder zur Atmosphäre hin offen oder
an eine pneumatische Druckquelle angeschlossen und auch an die Einlasskanüle der Blutpumpe angeschlossen. Ein Schlauch mit einem Drosselventil verbindet die beiden Zylinder
miteinander und ist somit vergleichbar mit dem gesamten peripheren Strömungswiderstand
des Körpers bzw. dem pulmonalen Gefäßwiderstand.

Um ein Modelica®-Modell des Kreislaufmodells zu erstellen, wurde ein geschlossener
Behälter benötigt. Dieser geschlossene Behälter ist durch variable Volumina einer Flüssigkeit und eines oberhalb der Flüssigkeitsoberfläche eingeschlossenen Gases gekennzeichnet. Durch die Veränderung der Höhe der Flüssigkeitssäule wird Volumenarbeit
zwischen den beiden Volumina ausgetauscht. Das Luftvolumen wird komprimiert und
die Flüssigkeitssäule steigt. Das Modell der variablen Volumina mit dem neuen Konnektor
wurde auch hierfür verwendet. Der verlustfreie Transport von Volumenarbeit zwischen
dem Luft- und dem Flüssigkeitsvolumen erlaubt eine direkte Verbindung beider Volumina
(Abb. 5.39).

Modell des pneumatischen Antriebs

Der Antrieb besteht aus einer Kolbenpumpe, die durch einen Luftschlauch mit der Blutpumpe verbunden ist. Der Kolben ist an einen Kugelgewindetrieb angeschlossen, der wiederum von einem bürstenlosen Gleichstrommotor angetrieben wird. Um die Validierung
des Modells zu erleichtern, wurde das Modell in zwei Blöcke unterteilt. Der erste Block
enthält die elektromechanischen Komponenten wie den Motor und den Kugelgewindetrieb.
Im Modell wurden zudem Effekte, wie Reibung, Massenträgheit und elektromagnetische
Verluste, berücksichtigt. Der zweite Block enthält die pneumatischen Komponenten, d. h.

den Zylinder mit dem sich hin und her bewegenden Kolben. Das gewünschte Geschwindigkeitsprofil oder das gewünschte Positionsprofil kann als Eingangsvariable des Systems verwendet werden.

Der Zylinder wurde durch ein konzentriertes Volumen mit einem Vektor der Flüssigkeitsports und einem austauschbaren Wärmeübertragungsmodell modelliert, das auch die geometrische Form eines Zylinders aufweist. Das Volumen ist in der Lage, Volumenarbeit zu verrichten, die an einen mechanischen Konnektor übertragen wird. Ein trapezförmiges Kolbengeschwindigkeitsprofil entspricht einem der aktuellen Betriebszustände des Antriebs und wurde zur Validierung des Modells verwendet (Abb. 5.39).

Bei der Modellierung des pneumatischen Antriebes konnte weitestgehend auf Komponenten der Modelica®-Standard-Bibliothek zurückgegriffen werden. Parameter wurden experimentell bestimmt. Dadurch konnte der Modellierungsaufwand an dieser Stelle reduziert werden.

Modellintegration

In den vorangegangenen Abschnitten wurde die Modellierung der Teilkomponenten beschrieben. Alle Teilmodelle sind in der domänenübergreifenden Modellierungssprache Modelica® formuliert. Durch den objektorientierten Charakter dieser Sprache lassen sich in der Standard-Bibliothek vorhandene Modelle durch zusätzliche Gleichungen einfach erweitern. Standardisierte Verbindungselemente ermöglichen die einfache Integration eigener Modelle in ein Gesamtmodell. Nur so ist man in der Lage, den vorhandenen umfangreichen Modellvorrat effektiv zu nutzen und um eigene Modelle zu ergänzen.

Dementsprechend wurden die entwickelten Modellkomponenten Antrieb, Blutpumpe, Kanülen und Kreislaufmodell in ein gemeinsames Modell integriert Abb. 5.39. Durch die hinterlegten Gleichungen entsteht dadurch ein Gesamtmodell, das sämtliche physikalischen Zusammenhänge darstellt.

Dieses Gesamtmodell beinhaltet sämtliche Zustandsgrößen aller beteiligten Domänen. So können beispielsweise die pneumatischen Drücke und Durchflüsse an jeder Stelle über den gesamten Simulationslauf beobachtet werden. Ebenso können die elektrischen und mechanischen Größen des Antriebs angezeigt werden. Durch die Integration von Messstellen ist das Modell für die spätere Validierung durch Experimente vorbereitet.

5.1.12.3 Ergebnisse der Simulation

Das Simulationsmodell wurde anhand verschiedener Blutpumpengrößen, Kanülen und Betriebsparameter, wie Vorlast, Nachlast und Pumpfrequenz, mit dem realen System verglichen. Die Abb. 5.40 zeigt beispielhaft die Simulationsergebnisse im Vergleich zu den gemessenen Signalen. Dargestellt ist der Verlauf des Zylinderdrucks, des Antriebsdrucks am Pumpen-Konnektor, der Nachlast, der Vorlast, des Pumpeneingangsdrucks und des Pumpenausgangsdrucks. Die Simulation und die Messungen zeigen eine gute Übereinstimmung. Sogar kleinste Effekte, wie Schwingungen beim Schließen der Ventile, werden im Modell gut wiedergegeben.

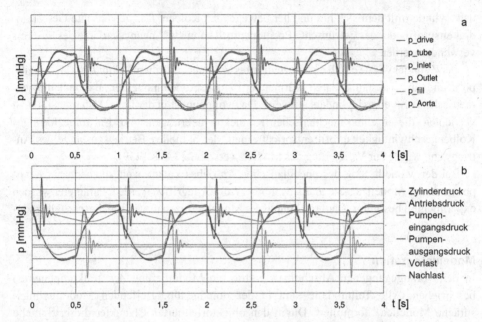

Abb. 5.40 Vergleich der gemessenen Daten (a) mit dem Simulationsergebnis (b).
Bild: Fraunhofer IFF

5.1.12.4 Schlussfolgerungen

Durch das Fraunhofer IFF wurde ein vollständiges Modell des bei der Berlin Heart GmbH entwickelten elektropneumatischen Antriebs sowie aller eingesetzten Pumpen erstellt, das durch umfangreiche Experimente erfolgreich validiert wurde. Das erstellte Modell spiegelt den multiphysikalischen Charakter des Gesamtsystems wider. Es beinhaltet elektrische, mechanische, pneumatische, hydraulische Effekte sowie auch Materialeigenschaften und dessen Transport. Mithilfe dieser Multiphysik-Simulation lassen sich das gesamte Spektrum der Blutpumpen sowie auch die verschiedenen Einsatzszenarien abbilden. Sie bildet daher auch die unverzichtbare Grundlage für die weitere Optimierung des Antriebes, der für die Behandlung von Kindern optimiert werden soll.

Die Ergebnisse zeigen deutlich, dass eine Multiphysik-Simulation komplexer technischer Systeme durch einen methodischen Ansatz erfolgreich umgesetzt werden kann. Auf der Grundlage der multiphysikalischen Modelle erfolgten hierbei der modellbasierte Reglerentwurf sowie auch die Validierung der Regler, bevor die Implementierung auf der Steuerungshardware durchgeführt wurde.

5.2 Technologiebasierte Qualifizierung – Weiterbildung und Wissenstransfer der Zukunft mit neuen Methoden des Digital Engineering and Operation

Tina Haase

5.2.1 Einführung

Neben bereits langfristig bekannten Herausforderungen, wie etwa die Globalisierung der Märkte, zeigen sich schon heute für produktionsorientierte Unternehmen weitere gesellschaftliche Herausforderungen, auf die es zu reagieren gilt. Der demografische Wandel, der nicht nur in Deutschland bereits spürbar fortgeschritten ist, wirkt immer stärker auf die Lebenswelten Arbeitsmarkt, Bildungs- und Erziehungswesen sowie Gesundheits- und Pflegesektor.

Laut Statistischem Bundesamt reicht seit fast vier Jahrzehnten die Zahl der geborenen Kinder nicht aus, um die Elterngeneration zu ersetzen [Stat11]. Die Zuwanderungsrate gleicht diese Differenz nicht mehr aus. Dies führt nicht nur zu einer Abnahme der Bevölkerung, sondern auch zu deren erheblicher Alterung. Für die Wirtschaftlichkeit von Unternehmen darf dieser Zustand nicht weiter ignoriert werden, sondern es bedarf eines Umdenkens in der Personalstrategie der Unternehmen. Warum werden immer noch erfahrene Mitarbeiter in den Vorruhestand geschickt, wenn doch nicht ausreichend qualifizierte Nachwuchskräfte gefunden werden?

Junge Mitarbeiter sind im Vergleich zu den Älteren bezüglich neuer Techniken und Verfahren auf dem neuesten Stand. Kann diese Diskrepanz nicht auch von erfahrenen Mitarbeitern durch entsprechende Fortbildung überwunden werden? Langjährig Beschäftigte verfügen über extrafunktionale Kompetenzen, wie Eigenverantwortung, Teamfähigkeit, Kommunikationsfähigkeit, Planungsfähigkeit, Kreativität und Medienkompetenz [Greg11], die an Erfahrungen gebunden sind, sodass sie ihr Wissen besser und schneller in effektive Strategien umsetzen können als junge Mitarbeiter. Sollte dieser Erfahrungsschatz nicht dem Unternehmen erhalten bleiben und an junge Mitarbeiter weitergegeben werden?

Für Unternehmen bedeutet der demografische Wandel ein Umdenken in der Personalpolitik. Der Arbeitskräftebedarf kann künftig nicht mehr allein über die Rekrutierung junger Arbeitnehmer gedeckt werden. Um konkurrenzfähig zu bleiben, werden Unternehmen in der Lage sein müssen, sowohl eine hohe Produktivität als auch weitere Produkt- und Prozessinnovationen mit älteren Belegschaften zu realisieren. Die Vorurteile, dass ältere Mitarbeiter nicht mehr ausreichend Leistung erbringen können und geistig abbauen, haben gerontopsychologische Untersuchungen (vgl. [SpLe90], [Wolf99], [Lehr00]), widerlegt. Intelligenz wird in diesem Zusammenhang nicht mehr als Gesamtheit betrachtet, sondern in kristalline und fluide Intelligenz unterschieden. Kristalline Intelligenz ist erfahrungsgebunden und wird als Fähigkeit zur Lösung vertrauter kognitiver Probleme betrachtet. Die fluide Intelligenz wird dagegen eher als die Mechanik der Intelligenz angesehen, die für die Bewältigung neuartiger kognitiver Probleme notwendig ist. Um Aussagen zur kogni-

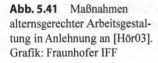

Abb. 5.41 Maßnahmen alternsgerechter Arbeitsgestaltung in Anlehnung an [Hör03]. Grafik: Fraunhofer IFF

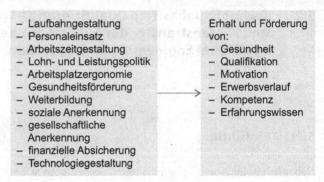

tiven Leistungsfähigkeit im Erwachsenenalter treffen zu können, wird der Verlauf der kristallinen und fluiden Intelligenz stärker betrachtet. Studien belegen, dass die Leistungsfähigkeit der kristallinen Intelligenz nicht nur im Alter erhalten bleibt, sondern auch weiter zunimmt. Dagegen geht die Leistungsfähigkeit der fluiden Intelligenz zurück, was durch abnehmende Umstellungsfähigkeit, aber auch durch eine langsamere Informationsverarbeitung bei Älteren deutlich wird. Diesem Effekt kann aber durch zunehmende Anforderungen an Aufmerksamkeit und Konzentrationsfähigkeit sowie steigende Verantwortung entgegengewirkt werden. Folglich kommt es auf die optimale Herausforderung älterer Arbeitnehmer an, bei der weder eine Überforderung noch eine Unterforderung entsteht.

Für eine alternsgerechte Arbeitsplatzgestaltung ist es wichtig, die Arbeits- und Beschäftigungssituation so zu gestalten und die Arbeitnehmer entsprechend zu fördern, dass ihre Leistungspotenziale über den gesamten Erwerbsverlauf erhalten und ausgebaut werden. Eine entsprechende Technikgestaltung reicht hierfür nicht aus. Es erfordert auch Maßnahmen der Qualifizierung, der Gesundheitsförderung aber auch der sozialen Anerkennung. Diese Maßnahmen sind in der Abb. 5.41 dargestellt.

Ziel der Arbeitsgestaltung ist es, die psychische und physische Leistungsfähigkeit der Arbeitnehmer zu fördern und das spezifische Leistungsangebot älter werdender Mitarbeiter zu erschließen. Dabei gilt es auch, die Akzeptanz und Zusammenarbeit zwischen jüngeren und älteren Kollegen zu unterstützen und zu fördern. Die Vernetzung des Wissens kann durch Patenschaften und Lerngruppen organisiert werden. So können nicht nur Ältere ihr Wissen an die Jüngeren weitergeben, sondern erhalten im Gegenzug Wissen über neue Technologien und Verfahren.

5.2.2 Herausforderungen

Die arbeitsorientierte Gestaltung der Produktion ist ein zentrales Thema bei der Diskussion um Produktivität unter dem Aspekt der alternden Bevölkerung. Aufgrund der Aktualität des Themas existieren bereits standardisierte Instrumente zur menschengerechten Gestaltung von Arbeitssystemen in der Produktion. Diese bestehen zumeist in der Gestaltung von

Schonarbeitsplätzen, ergonomisch angepassten Arbeitsplätzen sowie in der Ausstattung mit Hebehilfen, sodass der Arbeiter in seiner Tätigkeit körperlich entlastet wird. Hierbei spielt die Ausgewogenheit der körperlichen Beanspruchung eine wesentliche Rolle, denn eine zu starke körperliche Entlastung führt zur Verringerung der noch vorhandenen körperlichen Belastbarkeit. Das Arbeitssystem sollte daher nicht gänzlich an den bereits vorhandenen Verschleiß angepasst werden. Eine optimale Arbeitsgestaltung umfasst vielfältig wechselnde Körperhaltungen und -bewegungen sowie wechselnde psychische Anforderungen zur Bewältigung der Arbeitsaufgabe.

Für die betriebliche Weiterbildung für Ältere gilt insbesondere, die Lernmaterialien adressatenbezogen und gut strukturiert aufzubauen und ein klares Lernziel aufzuzeigen. Ein schlüssig aufgestelltes Lernziel ist für die Lernmotivation notwendig und kann zu einem intrinsisch orientierten Lernverhalten führen. Dies wird durch ein zentrales Kriterium alternsgemäßer Didaktik, der Eigenverantwortlichkeit, unterstützt. Beim selbst gesteuerten Lernen bestimmen die Lernenden selbst den Prozess. Dies umfasst nicht nur Lernziele und -inhalte sowie Lerntempo und -zeit, sondern auch die Lernmethode und Vorgehensweise aber auch die Teilnehmerzusammensetzung. Zudem sollte ihnen auch die Auswahl und das Hinzuziehen externer Experten möglich sein. Der Vorteil beim selbst gesteuerten Lernen besteht in der erhöhten Teilnehmermotivation und der Reduktion von Transferproblemen. Bereits im Lernvorgang können die Lernenden den Prozess kritisch beleuchten und gezielt in die von ihnen gewünschte Richtung vorantreiben. Im Fokus steht die Auseinandersetzung mit eigenem Erfahrungswissen. Gerade für ältere Arbeitnehmer ist diese Lernmethode besonders geeignet. Eine weitere Lernstrategie besteht in der Zusammensetzung von unterschiedlichen Lernteams, die wie folgt aufgestellt werden können:

- Ältere lernen miteinander (altersgruppenhomogene Zusammensetzung),
- Ältere und Jüngere lernen gemeinsam (altersgruppenheterogene Konstellation; Rollen aufbrechen),
- Ältere sind Paten für Jüngere (Wissen tradieren) und
- Jüngere sind Paten für Ältere (Wissens-Update, Rollentausch).

Der Gewinn für das Unternehmen bei der Umsetzung neuer Lernstrategien besteht im Engagement und im aktiven Mitdenken der Mitarbeiter.

Wie bereits aufgeführt, erfordert der demografische Wandel ein Umdenken in der Personalstruktur der Unternehmen. Tätigkeitsprofile älterer Arbeitnehmer müssen dem Unternehmen und Mitarbeiter entsprechend angepasst werden. Aufgrund der abnehmenden körperlichen Leistungsfähigkeit kommt es zu einer Verschiebung von ausführenden Tätigkeiten hin zu anleitenden Arbeitsinhalten. Neue Tätigkeitsbereiche erfordern wiederum entsprechende Maßnahmen zur nachhaltigen Personalentwicklung, um erforderliche Kompetenzen bedarfsgerecht zu schulen. Vor dem Hintergrund sich verkürzender Produktlebenszyklen und zunehmender Innovationsraten mit dem Wissen der alternden Bevölkerung, wird die Entwicklung und der Einsatz neuer Technologien und Arbeitsabläufe notwendig sein. Daraus ergibt sich eine weitere Herausforderung für die Qualifizierung.

Der Bedarf nach intelligenter Automatisierung steigt. Dabei gilt es, eine höhere Effizienz bei der Ressourcennutzung zu erreichen, Arbeitsabläufe fehlerresistent zu gestalten und Ausschuss zu vermeiden. Die Konsequenz für die Qualifizierung besteht in erster Linie darin, die Mitarbeiter für dieses Thema zu sensibilisieren und Qualifizierungsmaßnahmen zur Erhöhung der Effizienz zu entwickeln. Der Einsatz neuer Technologien mit Elementen künstlicher Intelligenz für fehlerresistente Arbeitsabläufe führt zu einem erhöhten Qualifizierungsbedarf der Mitarbeiter. Es kommt zu einer Verschiebung der Arbeitsaufgaben. Im Vordergrund steht nicht mehr das Ausführen einer Handlung, sondern das Überwachen von Maschinen, das als Monitoring bezeichnet wird. Die Mitarbeiter müssen hinsichtlich der Steuerung und Problemlösung „on screen" geschult, aber auch hinsichtlich der Folgen ihres Handelns sensibilisiert werden. Bei den Mitarbeitern darf nicht der Eindruck eines „Spielens am Bildschirm" entstehen, sondern es muss aufgezeigt werden, dass jede Handlung reale und weitreichende Auswirkungen hat.

Der Anspruch an die Langlebigkeit und Ausfallsicherheit von Produkten steigt. Für die zukünftige Produktion ergibt sich die Herausforderung an ressourceneffiziente Fabriken und Produktionssysteme. Es reicht nicht mehr aus, nur das Endprodukt zu betrachten, sondern auch die gesamte Lieferkette, um die geforderten Qualitätsstandards zu erreichen. Der Nachweis einer sicheren und dokumentierbaren Lieferkette wird gefordert, sodass eine Wissensvernetzung entlang der Wertschöpfungskette stattfinden kann. Wichtige Voraussetzung ist eine einheitliche Dokumentation. Daraus ergeben sich folgende Konsequenzen für die Qualifizierung:

- Entwicklung und Einsatz neuer Technologien zur Wissensvernetzung und
- Qualifizierung der Mitarbeiter zur einheitlichen Dokumentation und zum Austausch des Wissens.

Die damit einhergehende Flut von Informationen kann nur durch dezentrale Verfügbarkeit und ausdifferenzierte Fachlichkeit beherrscht werden, wodurch sich eine weitere Herausforderung ergibt, die Dezentralisierung und Dynamisierung von Wissen. Aufgrund „just in time" geplanter Prozesse steigt der Druck auf die handelnden Personen. Mitarbeiter müssen beispielsweise innerhalb einer Lieferkette in der Lage sein, auf Störfälle, Ausfälle oder Verzögerungen kurzfristig und angemessen zu reagieren. Eine ortsunabhängige Wissensbereitstellung mit flexibler zeitnaher Anpassung muss gegeben sein, um Informationen jederzeit abrufen zu können. Daher liegt der Fokus auf der technologiebasierten Qualifizierung.

Der Umgang mit digitalen Werkzeugen wird von strategischer Bedeutung sein, um zeitlich und qualitativ die Produktentwicklung, den Anlauf von Produktionssystemen und deren ständige Anpassung zu gewährleisten. Diese Herausforderungen verlangen neue Methoden des Digital Engineering. Für die effiziente Erstellung von Qualifizierungsanwendungen müssen diese idealerweise aus Daten und Informationen des Produktlebenszyklus abgeleitet werden. Es sind also zunehmend standardisierte Lösungen erforderlich, über die die Übernahme von Geometriedaten, Kinematiken und Verhaltensweisen erfolgen kann. Die Übernahme von Geometrieinformationen ist durch die Nutzung von Austausch-

Abb. 5.42 Vorverlagerung der Qualifizierung für die Bediener und Instandhaltungsfachkräfte im Produktlebenszyklus durch Methoden des Digital Engineering. Grafik: Fraunhofer IFF

formaten bereits standardisiert. Die Nutzung von weiterführenden, bereits im CAD hinterlegten Informationen wie z. B. Kinematiken ist derzeit noch in Speziallösungen integriert und kaum standardisiert. Diese Daten machen aber mit ca. 30 Prozent nur einen Bruchteil der Funktionen und Prozesse in einer komplexen Fabrik oder Anlage aus.

Die durchgängige Nutzung der Daten entlang des Produktlebenszyklus und die damit ermöglichte frühzeitige Verfügbarkeit der erforderlichen Daten für die Entwicklung der Qualifizierungslösungen erlaubt es, die Mitarbeiter bereits in einer frühen Phase des Produktlebenszyklus für Bedientätigkeiten zu qualifizieren (siehe Abschn. 2.4 Bedien-Arbeitsplatz).

Wurden die Bediener einer Maschine bisher erst mit dem Beginn der Betriebsphase geschult, kann die Qualifizierung unter Nutzung der Methoden des Digital Engineering and Operation vorverlagert werden und bereits mit dem Abschluss der Entwicklungsphase beginnen (siehe Abb. 5.42). Damit haben die Mitarbeiter bereits in der Anlaufphase und mit Beginn des Betriebes bzw. der Fertigung die erforderlichen Kompetenzen erworben, was wiederum eine Effizienzsteigerung in der Phase der Inbetriebnahme zur Folge hat.

Die verbleibenden ca. 70 Prozent der Funktionen und Prozesse, durch die eine Fabrik beschrieben wird, sind derzeit nicht formalisierbar, weil sie an das meist implizite Wissen der am Prozess beteiligten Mitarbeiter gekoppelt sind und der Organisation nicht über standardisierte Datenmodelle zur Verfügung stehen.

Im Zuge der Organisationsentwicklung werden daher Methoden benötigt, mit denen das Wissen der Mitarbeiter expliziert und formalisiert werden kann. Nur über die Formalisierung des Wissens ist es möglich, dieses in Qualifizierungsangebote einfließen zu lassen und weiterzuentwickeln.

Damit diese Weitergabe des Wissens innerhalb der Organisation vorbehaltlos erfolgen kann, sind entsprechende Regeln notwendig. Um der Angst vor „Wissensenteignung" entgegenzuwirken, bedarf es aber einer entsprechenden Kultur innerhalb der Organisation. Die Weitergabe des Wissens erfolgt nicht nur innerhalb klar abgegrenzter Organisationen wie Unternehmen, sondern auch zunehmend in sogenannten Praxisgemeinschaften.

Der Begriff der „Praxisgemeinschaft (community of practice)" wurde von [We98] geprägt. „Für Praxisgemeinschaften ist die gemeinsame Beteiligung aller Akteure an der Reproduktion und Tradierung eines Tätigkeitssystems [EN87] kennzeichnend [CW05]." Die Praxisgemeinschaft versteht sich als ein Ort des Lernens, wobei das Lernen nicht über die Weitergabe formaler Verfahrensbeschreibungen erfolgt, sondern vielmehr durch die aktive Aneignung betrieblicher Prozesse [CW05]. Innerhalb von Praxisgemeinschaften verständigen sich die handelnden Personen auf Organisationsstrukturen und Regeln, über die auch der Austausch von Erfahrungen und die Weitergabe von Wissen geregelt werden.

Die Methoden und Technologien des Digital Engineering and Operation ermöglichen auf Basis digitaler Daten und Werkzeuge die durchgängige Unterstützung von Produktentstehungs- und Produktionsprozessen über den gesamten Produktlebenszyklus (vgl. Abschn. 1.3 Digital Engineering and Operation). Virtuelle Technologien ermöglichen bereits in der Planungsphase den an unterschiedlichen Aufgabenstellungen beteiligten Mitarbeitern, über interaktive Modelle die Prozesse mitzugestalten, miteinander zu kommunizieren und Erfahrungen über die zukünftigen Prozessabläufe zu gewinnen. Je nach Ausprägung und Gestaltung von Interaktion und Immersion wird die digitale Fabrik durch die Mensch-Computer-Interaktion zu einer virtuellen Erlebniswelt für den Wissenstransfer zwischen den Mitarbeitern und somit zu einer Grundlage für neue Formen von Qualifizierungssystemen, die im Weiteren als „Technologiebasierte Qualifizierung" bezeichnet werden.

▶ **Technologiebasierte Qualifizierung** Die Technologiebasierte Qualifizierung integriert Technologien des Digital Engineering and Operation, Methoden der Didaktik für technische Bildung und Technologien der Virtual/Augmented Reality mit dem Ziel, Lernsysteme zu entwickeln, die individuelles und organisationales Lernen in realen und virtuellen Umgebungen ermöglichen.

5.2.3 Technologiebasierte Qualifizierung

Deutschland ist eines der führenden Exportländer neben China und den USA. Laut Statistischem Bundesamt wurden im Jahr 2014 insgesamt Waren im Wert von 1.133,54 Milliarden Euro exportiert [StaB14].

Der Export ist in der Regel nicht auf den Verkauf der Waren beschränkt, sondern umfasst zunehmend Servicedienstleitungen und Mitarbeiterschulungen. Man spricht vom hybriden Leistungsbündel [BBK08]. Die Anforderungen an Unternehmen und deren Mitarbeiter wachsen. Um am Markt bestehen zu können, müssen Unternehmen in der Lage sein, durch interne oder kundenspezifische Qualifizierungsmaßnahmen aber auch durch die Einführung neuer Technologien auf internationale Dienstleistungsanforderungen zu reagieren. Mitarbeiter müssen weltweit in der Lage sein, Produkte zu montieren, in Betrieb zu nehmen und Instand zu halten. Für die dafür erforderliche Qualifizierung ergeben sich, vor dem Hintergrund des weltweiten Einsatzes, zwei grundlegende Herausforderungen:

- Es ist in der Regel weder möglich, dass deutsche Fachkräfte die Arbeiten weltweit durchführen, noch ist es möglich, die Schulungen für internationale Kunden und Mitarbeiter allein in Deutschland durchzuführen. Die Mitarbeiter aus der Zielregion, in der Regel Mitarbeiter des Kunden oder Mitarbeiter einer internationalen Niederlassung des Herstellers, müssen deshalb qualifiziert werden und die Qualifizierungslösungen müssen vor Ort bereitgestellt werden.

- Das Qualifikationsniveau ist aufgrund unterschiedlicher Bildungssysteme und -standards international sehr verschieden. Die Qualifizierungslösungen müssen deshalb zielgruppenspezifisch adaptierbar sein. Neben der Sprache ist vor allem die didaktische Gestaltung entsprechend der spezifischen Anforderungen anzupassen.

Technologiebasierte Qualifizierungslösungen ermöglichen das Bearbeiten von Arbeitsaufträgen am Arbeitsprozess in einer immersiven virtuellen Umgebung.

Sie sind durch eine realitätsnahe Abbildung der realen Arbeitsumgebung, eine didaktische Gestaltung der Inhalte und die Möglichkeit der Interaktion auf Basis virtueller Technologien gekennzeichnet. Die durchgängige Nutzung der Methoden des Digital Engineering and Operation, von der Phase der Produktentwicklung bis zur vollständigen Qualifizierungslösung, ist Inhalt aktueller Forschungsfragen des Fraunhofer IFF. Diese sollen in den folgenden Abschnitten weiterführend betrachtet werden:

5.2.3.1 Generierung der Arbeitsumgebung

Die Präsentation der Arbeitsumgebung hat entscheidenden Einfluss auf die Akzeptanz der Nutzer. Diese erhöht sich mit dem Grad der Wiedererkennung der eigenen realen Arbeitsumgebung. Die Arbeitsumgebung wird durch die für den zu erlernenden Arbeitsprozess notwendigen Maschinen, Werkzeuge, Hilfsmittel und das Umfeld beschrieben. Ziel einer realistischen Darstellung ist zum einen eine erhöhte Akzeptanz der Nutzer, erzielt durch einen Wiedererkennungswert ihrer eigenen Arbeitsumgebung, und zum anderen die Unterstützung des Lernprozesses. Diese wird durch die situierte Präsentation der Lerninhalte erreicht. Im Vordergrund steht nicht die fachsystematische Vermittlung von Lerninhalten, sondern die Bearbeitung realer Arbeitsaufgaben am Arbeitsprozess. Hierfür ist es erforderlich, die virtuelle Umgebung realitätsnah zu gestalten, wobei im Vergleich zur realen Arbeitsumgebung die Methode der didaktischen Reduktion [Br06] gezielt genutzt werden kann. Inhalte aber auch die geometrische Repräsentation von Maschinen, Werkzeugen und Hilfsmitteln können vereinfacht dargestellt werden, wenn sie nicht im Fokus des Lernprozesses liegen. So kann die Aufmerksamkeit des Nutzers auf die wesentlichen Aspekte gelenkt werden. Ist für die Durchführung des Arbeitsauftrages z. B. eine Messung mithilfe eines Messgerätes erforderlich, so müssen in der Lernumgebung lediglich die für diesen Arbeitsschritt erforderlichen Funktionen des Messgerätes hinterlegt werden. Ist die Schulung jedoch einzig auf das Erlernen der Bedienung des Messgerätes ausgerichtet, so muss der volle Funktionsumfang abgebildet werden.

Für die Erstellung der Arbeitsumgebung kann auf Daten aus dem Entwicklungsprozess zurückgegriffen werden. Aus dem Konstruktionsprozess von Maschinen und Anlagen können die CAD-Daten als geometrische Basis der Lernumgebung verwendet werden. Diese werden über standardisierte Schnittstellen übernommen und in einem Post-Prozess so aufbereitet, dass sie für die Nutzung in einer virtuellen Lernumgebung geeignet sind. Die Datenaufbereitung umfasst sowohl eine Datenreduktion als auch eine Anpassung der hierarchischen Struktur, welche die Grundlage für die spätere Animationserstellung bildet.

Liegen keine Konstruktionsdaten vor, weil die zu visualisierende Maschine z. B. sehr alt ist, können Laserscan-Verfahren [Te07] eingesetzt werden.

Die Texturierung der Geometrien und die Verwendung von Shadern (Schattierungen) gibt den Modellen dann ihr realistisches Aussehen.

Die Lernaufgaben werden in die Arbeitsumgebung eingebettet. Ihre Entwicklung wird im folgenden Abschnitt näher erläutert.

5.2.3.2 Die didaktische Gestaltung von Lernaufgaben

Für die Gestaltung von Lernaufgaben muss zunächst der Begriff des Lernens eingeführt werden. Zimbardo definiert Lernen „… als einen Prozess, der zu relativ stabilen Veränderungen im Verhalten oder im Verhaltenspotenzial führt und auf Erfahrungen aufbaut. Lernen ist nicht direkt zu beobachten. Es muss aus den Veränderungen des beobachtbaren Verhaltens erschlossen werden." (vgl. [Zimb92])

Für die Auswahl geeigneter Lernmethoden ist zunächst eine Betrachtung des Lernenden und der Lerninhalte erforderlich. Zusätzlich muss die Organisation betrachtet werden, in der sich der Lernprozess vollzieht.

Der Lernende

Für einen bestmöglichen Lernerfolg müssen Qualifizierungslösungen auf ihre Zielgruppe ausgerichtet werden. Die Lernenden unterscheiden sich hinsichtlich ihres Alters, ihrer vorhandenen Kompetenz und des angestrebten Qualifikationszieles.

Das Alter des Lernenden ist insbesondere für die Vermittlung der Lerninhalte und die zu wählende Seminarform entscheidend. Ältere lernen anders, sie sind anspruchsvoller in der Darbietung des Lernmaterials als Jüngere, hinterfragen den Lernstoff stärker und setzen ihn mit bereits vorhandenem Wissen in Beziehung. Bietet man Älteren sinnvolles und übersichtlich gegliedertes Lernmaterial an, das einen geringen Komplexitätsgrad aufweist, so stehen sie in ihrer Lernleistung Jüngeren um nichts nach. Zudem haben Untersuchungen ergeben, dass Ältere bevorzugt implizit lernen [Wink02], also im Arbeitsprozess, um das Gelernte sofort in ihre Tätigkeit zu integrieren. Durch diese Erkenntnis erfährt das Lernen im Arbeitsprozess bzw. das Lernen durch Handeln einen neuen Stellenwert. Zur Entwicklung von Lernstrategien und Weiterbildungskonzepten stellen die in Abb. 5.43 beschriebenen Erkenntnisse eine gute Basis dar (vgl. [Lehr00], [Wink02], [Seit04]).

Konstruktivistisch geprägte Modelle eignen sich besonders gut für den Lernprozess Älterer, wobei die aktive Beteiligung des Lernenden im Vordergrund steht. Grundvoraussetzung ist hierbei auch die Motivation der Lernenden, damit sie Interesse an dem, was sie tun und wie sie es tun, entwickeln.

Die Lernumgebung sollte außerdem die Kompetenz der Lernenden berücksichtigen. Die Präsentation der Lerninhalte soll die Lernenden weder unter- noch überfordern und auf das Qualifikationsziel abgestimmt sein.

Für die Beschreibung der Kompetenzentwicklung wurde von Dreyfus & Dreyfus das in Abb. 5.44 dargestellte Experten-Novizen-Paradigma entwickelt.

Defizite älterer Lerner

- geringer Lernerfolg bei unstrukturiertem Material
- beherrschen meist keine Lerntechnik
- haben Lernproblem, wenn der Lernstoff zu schnell vermittelt wird
- es sind mehr Wiederholungen notwendig
- der Lernprozess ist störanfälliger

Vorteile älterer Lerner

- vergleichen neues Wissen mit bereits vorhandenem Wissen
- arbeiten eigenverantwortlich und selbstständig
- problemzentrierte Sichtweise, Betonung des Anwendungsaspekts
- leichter Umgang mit komplexen Sachverhalten

Fazit

- selbstbestimmtes Lerntempo ohne Zeitdruck
- Training »on the Job«
- Lernen durch den Arbeitsprozess
- Reflexion der Berufserfahrungen
- Einbindung des Erfahrungswissens
- altersheterogene bzw. altershomogene Gruppenzusammensetzung

Abb. 5.43 Beobachtbare Defizite und Vorzüge beim Lernen Älterer in Anlehnung an [Pack00], [Seit04]. Grafik: Fraunhofer IFF

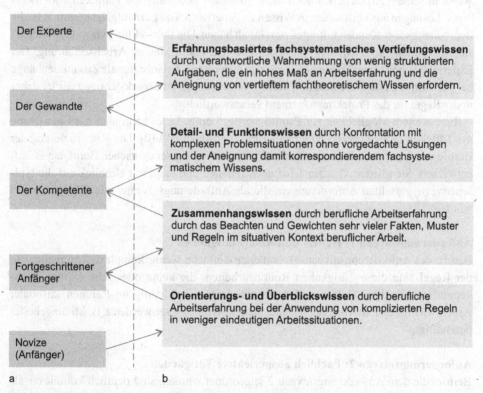

Der Experte

Erfahrungsbasiertes fachsystematisches Vertiefungswissen durch verantwortliche Wahrnehmung von wenig strukturierten Aufgaben, die ein hohes Maß an Arbeitserfahrung und die Aneignung von vertieftem fachtheoretischem Wissen erfordern.

Der Gewandte

Detail- und Funktionswissen durch Konfrontation mit komplexen Problemsituationen ohne vorgedachte Lösungen und der Aneignung damit korrespondierendem fachsystematischem Wissens.

Der Kompetente

Zusammenhangswissen durch berufliche Arbeitserfahrung durch das Beachten und Gewichten sehr vieler Fakten, Muster und Regeln im situativen Kontext beruflicher Arbeit.

Fortgeschrittener Anfänger

Orientierungs- und Überblickswissen durch berufliche Arbeitserfahrung bei der Anwendung von komplizierten Regeln in weniger eindeutigen Arbeitssituationen.

Novize (Anfänger)

a   b

Abb. 5.44 Berufliche Kompetenzentwicklung „Vom Anfänger zum Experten" [Rau99]

Zitat: „Die von Hubert L. Dreyfus und Stuart E. Dreyfus identifizierten fünf Stufen der Kompetenzentwicklung und die damit korrespondierenden entwicklungstheoretisch angeordneten vier Lernbereiche haben eine hypothetische Funktion zur Identifizierung von Schwellen und Stufen bei der Entwicklung beruflicher Kompetenz und Identität sowie eine didaktische Funktion bei der Entwicklung arbeits- und gestaltungsorientierter beruflicher Bildungsgänge." [Rau02a]

Da mit zunehmender Kompetenzstufe anderes Wissen erworben werden soll, ist zunächst eine Einordnung der Lernenden entsprechend der Stufen der Kompetenzentwicklung notwendig. Der Umfang der Lerninhalte wird dann durch die angestrebte Stufe der Kompetenzentwicklung bestimmt. Lernaufgaben für einen „Novizen" sollen zunächst nur Überblickswissen vermitteln, z. B. über den Aufbau und die Funktionsweise einer Maschine. Ein „fortgeschrittener Anfänger" erlernt bereits Zusammenhänge, indem er z. B. die Störung einer Maschine identifiziert und behebt. Er greift dabei auf berufliche Erfahrungen zurück und handelt unter Beachtung festgesetzter Regeln und Muster. „Der Kompetente" soll zunehmend komplexere Problemsituationen bewältigen, die er in exakt dieser Art und Weise in seinem Arbeitsleben noch nicht erlebt hat und daher die Fähigkeit entwickeln muss, Lösungen aus vorhandenem Wissen zu generieren. Die Lernaufgabe könnte z. B. die Bearbeitung eines Kundenauftrages zum Inhalt haben. Die Entwicklung vom „Gewandten" zum „Experten" vollzieht sich vor allem über ein hohes Maß an Arbeitserfahrung. Der Experte ist neben seiner fachlichen Expertise in der Lage, organisationale Zusammenhänge bei der Planung und Durchführung von Arbeitsaufträgen zu berücksichtigen. Er ist daher in der Regel für das Projektmanagement verantwortlich.

Eine weitere Möglichkeit zur Ermittlung des Lernbedarfes kann über die Einordnung der Tätigkeit in die berufskundlichen Gruppen erfolgen [BA10]. Die Klassifizierung der Berufe wurde mit dem Ziel einer einheitlichen Abbildung der deutschen Berufslandschaft entwickelt. Sie gliedert sich zunächst nach Inhalten und dann mit Hinblick auf die typischerweise gestellten Anforderungen, die als Anforderungsniveaus wie folgt geclustert wurden:

Anforderungsniveau 1: Helfer- und Anlerntätigkeiten
Berufe des Anforderungsniveaus 1 umfassen einfache wenig komplexe Tätigkeiten. In der Regel sind diese Tätigkeiten Routinearbeiten, die keine oder sehr geringe Fachkenntnisse erfordern. Helfer- und Anlerntätigkeiten sind häufig im Rahmen saisonaler Arbeit vorzufinden. In Anpassung an die aktuelle Auftragslage werden z. B. Montagehelfer beschäftigt.

Anforderungsniveau 2: Fachlich ausgerichtete Tätigkeiten
Berufe, die dem Anforderungsniveau 2 zugeordnet wurden, sind deutlich komplexer als Helfer- und Anlerntätigkeiten. Sie erfordern fundierte Fachkenntnisse und Fertigkeiten. Das Anforderungsniveau 2 wird in der Regel mit dem Abschluss einer zwei- bis dreijährigen Berufserfahrung erreicht. Die Berufe Instandhaltungsarbeiter und -mechaniker sind z. B. diesem Anforderungsniveau zugeordnet.

Anforderungsniveau 3: Komplexe Spezialistentätigkeiten

Berufe des Anforderungsniveaus 3 erfordern gegenüber dem Anforderungsniveau 2 deutlich mehr Spezialkenntnisse und -fertigkeiten. Sie sind zudem verbunden mit Planungs- und Kontrolltätigkeiten, wie z. B. der Arbeitsvorbereitung, Betriebsmitteleinsatzplanung sowie Qualitätsprüfung und -sicherung. Berufen dieses Anforderungsniveaus ist in der Regel eine Meister- oder Technikerausbildung vorausgegangen. Beispielhaft für dieses Anforderungsniveau ist der Beruf des Instandhaltungsmeisters.

Anforderungsniveau 4: Hoch komplexe Tätigkeiten

Berufe des Anforderungsniveaus 4 sind gekennzeichnet durch hoch komplexe Tätigkeiten, wie z. B. Entwicklungs-, Forschungs- und Diagnosetätigkeiten, Wissensvermittlung sowie Leitungs- und Führungsaufgaben innerhalb eines (großen) Unternehmens. Der Beruf des Instandhaltungsingenieurs ist diesem Anforderungsniveau zugeordnet.

Innerhalb der Berufsgruppen eines Anforderungsniveaus kann die Kompetenzentwicklung wiederum entsprechend des zuvor vorgestellten Experten-Novizen-Paradigmas beschrieben werden, wobei die Übergänge vom Novizen zum Experten je nach beruflichem Werdegang auch über ein Anforderungsniveau hinaus erfolgen können, wenn der Mitarbeiter z. B. nach der abgeschlossenen Berufsausbildung zum Instandhaltungsmechaniker eine Meisterausbildung anschließt und sich schließlich in einem Studium zum Instandhaltungsingenieur weiterqualifiziert.

Für die Gestaltung von Lernaufgaben sind die Anforderungsniveaus und Stufen der Kompetenzentwicklung zu berücksichtigen. Sowohl die Inhalte als auch die Art der Wissensvermittlung müssen angemessen gewählt werden. So benötigt ein Experte, der hochkomplexe Tätigkeiten ausführt, z. B. ein Instandhaltungsingenieur, deutlich detailliertere und komplexere Lerninhalte als ein Mitarbeiter, der im Rahmen einer Helfer- und Anlerntätigkeit nur sehr einfache Tätigkeiten erlernen muss. Bedingt durch die unterschiedlichen Bildungsabschlüsse kann auch auf andere Lernstrategien geschlossen werden.

Die Entwicklung von Lernaufgaben muss sich also an zuvor definierten Lernzielen orientieren. Ein Lernziel formuliert den Zuwachs an Wissen, Fähigkeiten und Fertigkeiten, den Lernende am Ende des Lernprozesses erworben haben sollen. Nach Bloom lassen sich Lernziele in der folgenden Taxonomie beschreiben [Bl74]:

Kenntnisse/Wissen

Kenntnisse konkreter Einzelheiten, wie Begriffe, Definitionen, Fakten, Regeln, Gesetzmäßigkeiten, Theorien, Merkmale, Kriterien, Abläufe etc.

Verstehen

Lernende können Sachverhalte und Zusammenhänge mit eigenen Worten erklären; können Beispiele anführen, Aufgabenstellungen interpretieren.

Anwenden

Transfer des Wissens, problemlösend; Lernende können das Gelernte in neuen Situationen anwenden und Abstraktionen verwenden.

Analyse

Lernende können ein Problem in einzelne Teile zerlegen und so die Struktur des Problems verstehen; sie können Widersprüche aufdecken, Zusammenhänge erkennen, Folgerungen ableiten und zwischen Fakten und Interpretationen unterscheiden.

Synthese

Lernende können aus mehreren Elementen eine neue Struktur aufbauen oder eine neue Bedeutung erschaffen, können neue Lösungswege vorschlagen, neue Schemata entwerfen oder begründete Hypothesen entwerfen.

Beurteilung

Lernende können den Wert von Ideen und Materialien beurteilen und können damit Alternativen gegeneinander abwägen, auswählen, Entschlüsse fassen und begründen.

Die Lernziele entwickeln sich von der fachsystematischen Wissensvermittlung hin zur Beurteilung komplexer Arbeitsprozesse und lassen sich den Anforderungsniveaus und den Stufen der Kompetenzentwicklung zuordnen. Die Abb. 5.45 zeigt eine Systematisierung von Stufen der Kompetenzentwicklung, den Anforderungsniveaus berufskundlicher Gruppen, den Lernbereichen und Lernzielen.

Während die reine Wissensvermittlung, z. B. das Erlernen von Bauteilbezeichnungen, instruktional erfolgen kann, ist es mit zunehmender Taxonomiestufe erforderlich, aktiv

Stufen der Kompetenzentwicklung (Dreyfus/Dreyfus)	Anforderungsniveaus berufskundlicher Gruppen (KldB 2010)	Lernbereich (Dreyfus/Dreyfus)	Lernziel (Bloom)
Novize (Anfänger)	Helfer- und Anlerntätigkeiten	Orientierungs- und Überblickswissen	Wissen
Fortgeschrittener Anfänger	fachlich ausgerichtete Tätigkeiten	Zusammenhangswissen	Verstehen
Der Kompetente			Anwenden
Der Gewandte	komplexe Spezialistentätigkeiten	Detail- und Funktionswissen	Analyse
			Synthese
Der Experte	hoch komplexe Tätigkeiten	Erfahrungsbasiertes fachsystematisches Vertiefungswissen	Beurteilung

Abb. 5.45 Systematisierung von Lernenden und Lernzielen. Grafik: Fraunhofer IFF

direkt am Arbeitsprozess zu lernen. Die Qualifizierung sollte handlungsorientiert erfolgen, d. h. Lernen durch Handeln, um den Transfer des Gelernten in den realen Arbeitsprozess zu erleichtern und zu optimieren.

Neben der Betrachtung der lernenden Personen mit ihren spezifischen Charakteristika wird die Entwicklung der Lernaufgaben entscheidend durch das Lernobjekt geprägt.

Das Lernobjekt

Die Entscheidung für die Technologiebasierte Qualifizierung wird zu großen Teilen auf Basis der Charakteristik der Lerninhalte vollzogen. Die Kommunikation im Maschinen- und Anlagenbau ist stark geprägt durch die Verwendung visueller Medien, wie z. B. Zeichnungen, Explosionsdarstellungen und 3D-CAD-Modelle. Daher fokussieren die im Folgenden beschriebenen Charakteristika auf dem visuellen Parameter der Sichtbarkeit von Bauteilen und Prozessen. Zusätzlich werden die physische Verfügbarkeit der realen Maschine und die vom Lernobjekt ausgehende Gefährdung herangezogen. Akustische Einflussgrößen, z. B. typische Geräusche aufgrund einer auftretenden Störung, und taktile Aspekte sollen in diesem Zusammenhang nicht betrachtet werden.

Sichtbarkeit der Prozesse

Sind die zu erlernenden Inhalte nicht sichtbar, wird vom Lernenden ein hohes Maß an Vorstellungskraft und Abstraktionsvermögen abverlangt. Die Eindeutigkeit, die gerade über das visuelle Vermitteln von Inhalten erzielt werden kann, ist in diesem Fall stark eingeschränkt. Die schlechte Sichtbarkeit von Bauteilen und Prozessabläufen kann sowohl durch die Art der Verbauung, z. B. in einem Gussgehäuse, als auch durch sehr schnelle, für das menschliche Auge nicht mehr wahrnehmbare, Prozesse begründet sein.

Verfügbarkeit des realen Lernobjekts für die Qualifizierung

In vielen Branchen sind die Lernobjekte nicht oder nur sehr eingeschränkt für die Qualifizierung verfügbar. Die folgenden Ursachen können für die mangelnde Verfügbarkeit benannt werden:

- Das Lernen in der realen Arbeitsumgebung ist gefährlich, z. B. in der Chemieindustrie.
- Das Lernen in der realen Arbeitsumgebung ist teuer, weil durch den Ausfall der Maschine hohe Kosten entstehen, z. B. in der Luftfahrt oder weil Beschädigungen an der Maschine hohe Folgekosten nach sich ziehen, z. B. bei der Fertigung von Sondermaschinen.
- Die Qualifizierung erfolgt bereits in der Entwicklungsphase, noch vor dem Bau der ersten realen Prototypen und ist daher nicht an der realen Maschine möglich.

Gefährdung, die von der Maschine oder von dem Prozess ausgeht

Das Lernen aus Fehlern ist ein didaktisches Prinzip, das in vielen Branchen aufgrund der von der Maschine oder von dem Prozess ausgehenden Gefahr nicht immer möglich ist, weil Gefährdungen für Mensch, Maschine und Umwelt die Folge sein könnten.

Allen drei Charakteristika kann die Nutzung einer Technologiebasierten Qualifizierung entgegenwirken.

Die Sichtbarkeit von Baugruppen und Abläufen im Inneren einer Maschine kann durch die Nutzung von Transparenzen gewährleistet werden. Prozesse, die für das menschliche Auge nicht sichtbar sind, können in einer virtuellen Lernumgebung vom Nutzer interaktiv gesteuert werden. Die Geschwindigkeit kann mittels Zeitraffung und -streckung den individuellen Bedürfnissen angepasst werden.

In einer virtuellen Lernumgebung im Sinne der Technologiebasierten Qualifizierung sind die Lernobjekte stets verfügbar. Das virtuelle Training kann das reale Training ersetzen, wenn reale Prototypen noch nicht vorhanden sind. In der Regel sollte das virtuelle Training jedoch ergänzend, optimalerweise in der Vorbereitung des praktischen Trainings zur Anwendung kommen. Fachwissen kann erworben werden, Arbeitsabläufe werden verinnerlicht und ermöglichen die Entwicklung von Handlungskompetenz. Die Zeit für das praktische Training unter Nutzung der realen Maschine kann damit deutlich reduziert werden.

In der virtuellen Lernumgebung kann das Prinzip des Lernens aus Fehlern [Alt99] zur Anwendung kommen, ohne negative Folgen für den Nutzer, die Maschine und die Umwelt. Dem Nutzer können die Konsequenzen seines Handelns für sich selbst und sein Umfeld visuell vor Augen geführt werden.

Die Organisation

Neben dem Lernenden und dem Lernobjekt muss bei der Entwicklung der Qualifizierungslösung auch die Organisation berücksichtigt werden. Ein internationaler Absatzmarkt des Unternehmens macht es erforderlich, Produktschulungen weltweit anzubieten. Auch hier können die Zeiten des Präsenztrainings durch den Einsatz Technologiebasierter Qualifizierung stark reduziert werden, indem Trainings interaktiv am Computer absolviert werden. Die Schulung wird in einem hybriden Leistungsbündel gemeinsam mit dem Produkt angeboten.

Das Unternehmen hat die Möglichkeit, die Lerninhalte einfach zu aktualisieren und für verschiedene Sprachen bereitzustellen. Die Durchführung der Schulungen kann orts- und zeitunabhängig erfolgen, weil sie weder an einen Trainer noch an einen speziellen Ort gebunden sind.

Agiert das Unternehmen jedoch vorwiegend regional, so sind auch Präsenzveranstaltungen im Sinne eines Classroom-Trainings möglich. Die Kombination von Präsenzveranstaltung und Selbstlernphasen hat sich als sehr gewinnbringend erwiesen. Man spricht hierbei vom Konzept des Blending-Learning [BoGr06].

Die beschriebenen Einflussgrößen, ausgehend vom Lernenden, dem Lernobjekt und der Organisation, können für die Gestaltung von Technologiebasierten Qualifizierungslösungen als Planungs- und Entscheidungshilfe herangezogen werden. Sie wurden daher in der in Abb. 5.46 dargestellten Morphologie noch einmal zusammengefasst.

Der Lernende	Stufen der Kompetenzentwicklung	Ist	Novize (Anfänger)	Fortgeschrittener Anfänger	Der Kompetente	Der Gewandte	Der Experte	
Der Lernende	Stufen der Kompetenzentwicklung	Soll	Novize (Anfänger)	Fortgeschrittener Anfänger	Der Kompetente	Der Gewandte	Der Experte	
Der Lernende	Altersstruktur		< 35 Jahre	35 - 50 Jahre	> 50 Jahre			
Der Lernende	Lernzieltaxonomie		Wissen	Verstehen	Anwenden	Analyse	Synthese	Beurteilung
Das Lernobjekt	Sichtbarkeit der Prozesse (Bebauung und Geschwindigkeit)		< 30 %	30 - 80 %	> 80 %			
Das Lernobjekt	Verfügbarkeit des Lernobjekts für die Qualifizierung		nicht verfügbar	verfügbar mit eingeschränktem Funktionsumfang	verfügbar			
Das Lernobjekt	Gefährdung		Mensch	Maschine	Mensch und Maschine	Mensch, Maschine, Umwelt		
Die Organisation	Absatzmarkt		regional	national	international			

Abb. 5.46 Morphologie zur Technologiebasierten Qualifizierung. Grafik: Fraunhofer IFF

5.2.4 Technologiebasierte Qualifizierung am Beispiel des Bedienarbeitsplatzes

Die Verfügbarkeit digitaler Daten entlang des Produktlebenszyklus macht die Anwendung Technologiebasierter Qualifizierungslösungen möglich. Stellvertretend für die in Kap. 2 Arbeitssysteme der Zukunft beschriebenen Produktionssysteme soll die technologiebasierte Qualifizierung am Beispiel des Bedienarbeitsplatzes näher beschrieben werden. Es werden die Erfordernisse des Bedieners und des Instandhalters betrachtet.

5.2.4.1 Qualifizierung des Bedieners

Die Tätigkeit des Bedieners einer Werkzeugmaschine wandelt sich zunehmend. Wie in Abschn. 2.4 Bedien-Arbeitsplatz beschrieben, stehen Aufgaben, wie die Überwachung der Maschine und die Sicherstellung der maschinellen Arbeitsvorgänge, zunehmend im Fokus. Ziel der Qualifizierung der Maschinenbediener ist es, den Mitarbeiter optimal auf den Einsatz an der Maschine vorzubereiten.

		Novize (Anfänger)	Fortge-schrittener Anfänger	Der Kompe-tente	Der Gewandte	Der Experte
Der Lernende	Stufen der Kompetenz-entwick-lung — Ist	Novize (Anfänger)	Fortge-schrittener Anfänger	Der Kompe-tente	Der Gewandte	Der Experte
	Soll	Novize (Anfänger)	Fortge-schrittener Anfänger	Der Kompe-tente	Der Gewandte	Der Experte
	Altersstruktur	< 35 Jahre		35 - 50 Jahre		> 50 Jahre
	Lernzieltaxonomie	Wissen	Ver-stehen	An-wenden	Analyse	Syn-these / Beur-teilung
Das Lernobjekt	Sichtbarkeit der Pro-zesse (Bebauung und Geschwindigkeit)	< 30 %		30 - 80 %		> 80 %
	Verfügbarkeit des Lernobjekts für die Qualifizierung	nicht verfügbar		verfügbar mit eingeschränktem Funktionsumfang		verfügbar
	Gefährdung	Mensch	Maschine	Mensch und Maschine		Mensch, Ma-schine, Umwelt
Die Organisation	Absatzmarkt	regional		national		international

Abb. 5.47 Morphologie für die Qualifizierung eines Bedieners an einer Werkzeugmaschine. Grafik: Fraunhofer IFF

Für den in Abschn. 2.4 Bedien-Arbeitsplatz beschriebenen Bedienarbeitsplatz an einer Werkzeugmaschine ergibt sich aus Sicht des dort tätigen und zu qualifizierenden Bedieners das in Abb. 5.47 dargestellte morphologische Schema.

Die Morphologie macht deutlich, dass insbesondere in der Einzel- und Kleinstserien-fertigung die Maschinen nicht für die Qualifizierung zur Verfügung stehen. Zudem er-fordert ihre Bedienung tief greifendes Verständnis der Abläufe, da Fehlbedienungen zur Gefahr für Mensch und Maschine führen können. In der Morphologie wird aber auch er-sichtlich, dass eine Vorverlagerung des Trainings (Frontloading) nicht möglich ist, weil die Maschine zum avisierten Zeitpunkt der Qualifizierung noch nicht real existiert.

Eine Mitarbeiterqualifizierung auf Basis einer technologiebasierten Lernumgebung kann hier sinnvoll zur Anwendung kommen. Die im Entwicklungsprozess der Maschine bereits generierten Daten, z. B. Konstruktionsdaten aus dem Prozess der Fertigung, bilden die Grund-lage für den Aufbau der Qualifizierungslösung. Im Folgenden werden die Technologien und Methoden erläutert, die bei der Realisierung der Lernumgebung zum Einsatz kommen.

Eine vorverlagerte Technologiebasierte Qualifizierung im Rahmen der Personalentwick-lung von Maschinenbedienern erfordert die Nutzung belastbarer Daten aus den frühen Phasen der Produktentstehung. Reale Maschinen stehen, wie bereits beschrieben, in diesem Stadium des Produktlebenszyklus als Lernobjekt für die Qualifizierung noch nicht zur Verfügung, die benötigten Maschinendaten jedoch schon. Durch die Nutzung digitaler Methoden und Werkzeuge innerhalb der Produktentwicklung und Produktion, wie es das Digital Engineering and Operation forciert, können technologiebasierte Lernumgebungen erstellt werden, die dem Bediener ein realitätsnahes virtuelles Modell der Werkzeugmaschine in seiner Arbeitsumgebung darbieten. An diesem Modell kann der Maschinenbediener seine Arbeitsaufgaben interaktiv erproben, ohne dass es eine real existierende Maschine gibt [VWBZ09].

Die Entwicklung der Qualifizierungslösung erfolgt auf Basis verfügbarer Entwicklungsdaten, die unter Verwendung von standardisierten Austauschformaten von CAD-Systemen in die virtuelle Lernumgebung überführt werden.

Die Lösungsentwicklung zielt auf einen maximalen Lernerfolg ab, der durch eine höchstmögliche Transferleistung von der virtuellen in die reale Arbeitswelt gekennzeichnet ist. Zudem muss die Lernumgebung eine hohe Akzeptanz in der praktischen Anwendung finden. Die Qualifizierungslösung für den Instandhalter beschreibt die dafür erforderlichen umzusetzenden didaktischen Methoden, z. B. das situierte Lernen und das Prinzip der vollständigen Handlung.

Der folgende Abschnitt beschreibt die Anwendung und den Einsatz eines technologiebasierten Bedienertrainings an einer Werkzeugmaschine.

Im Sinne einer maximalen Situiertheit bietet sich der Einsatz von Mixed Reality-Lösungen in der Qualifizierung von Maschinenbedienern an. Hier erfolgt die Kopplung des virtuellen Modells der Werkzeugmaschine mit der realen NC-Steuerung, wie sie die Bediener später in der realen Arbeitsumgebung verwenden werden. Auf diese Weise wird das Lernen an realen Bedienelementen ermöglicht, wobei die Verhaltensweise der Maschine im virtuellen Modell nachgebildet wird. Damit haben mögliche Fehlbedienungen keine negativen Auswirkungen auf die reale Maschine oder den Bediener, weil sie ausschließlich im virtuellen Modell sichtbar gemacht werden. Damit wird der Bediener für Fehlbedienungen und die resultierenden Konsequenzen sensibilisiert.

Prädestiniert für diese Art der Qualifizierung ist das Training in sogenannten Lerntandems. Diese setzen sich aus einem jungen und einem erfahrenen Mitarbeiter zusammen. Ziel von Lerntandems ist das gemeinsame gleichberechtigte Lernen. „In einer gemeinsamen Lösung einer Projektaufgabe werden durch die Zusammenführung unterschiedlicher Kenntnisse und Kompetenzen Lernprozesse ermöglicht und Synergieeffekte hervorgebracht." [Seit04] Die jungen Mitarbeiter bringen das aktuelle Fachwissen über die Maschinenbedienung ein und helfen den erfahrenen Mitarbeitern beim Abbau von Hemmnissen im Umgang mit technologiebasierten Lernumgebungen. Die Erfahrenen steuern im Gegenzug ihr Expertenwissen bei, das sie im Laufe ihres Berufslebens erworben haben. Ein gegenseitiger Synergieeffekt ist die Folge.

Aus Sicht des Instandhalters ergeben sich besondere Herausforderungen, die im folgenden Beispiel näher beschrieben werden. Es werden die Qualifizierungslösung für die Instandhaltung eines Hochspannungsleistungsschalters und die vorausgegangenen theoretischen Überlegungen detailliert erläutert.

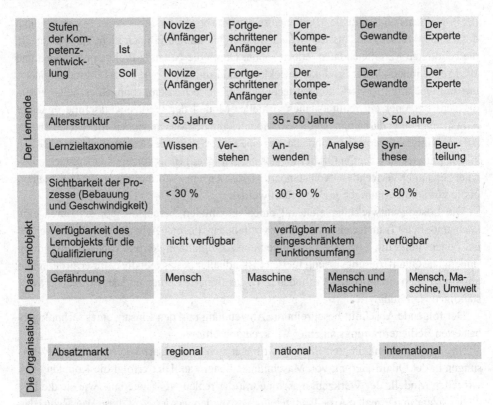

		Novize (Anfänger)	Fortge-schrittener Anfänger	Der Kompe-tente	Der Gewandte	Der Experte
Der Lernende	Stufen der Kom-petenz-entwick-lung　Ist	Novize (Anfänger)	Fortge-schrittener Anfänger	Der Kompe-tente	Der Gewandte	Der Experte
	Soll	Novize (Anfänger)	Fortge-schrittener Anfänger	Der Kompe-tente	Der Gewandte	Der Experte
	Altersstruktur	< 35 Jahre		35 - 50 Jahre		> 50 Jahre
	Lernzieltaxonomie	Wissen	Ver-stehen	An-wenden	Analyse	Syn-these	Beur-teilung
Das Lernobjekt	Sichtbarkeit der Pro-zesse (Bebauung und Geschwindigkeit)	< 30 %		30 - 80 %		> 80 %
	Verfügbarkeit des Lernobjekts für die Qualifizierung	nicht verfügbar		verfügbar mit eingeschränktem Funktionsumfang		verfügbar
	Gefährdung	Mensch	Maschine		Mensch und Maschine	Mensch, Ma-schine, Umwelt
Die Organisation	Absatzmarkt	regional		national		international

Abb. 5.48 Morphologie der Qualifizierung für die Instandhaltung von Hochspannungsbetriebs-mitteln. Grafik: Fraunhofer IFF

5.2.4.2 Qualifizierung des Instandhalters

Die in Abb. 5.46 vorgestellte Morphologie stellt sich für das Beispiel der Instandhaltung von Hochspannungsbetriebsmitteln wie in Abb. 5.48 beschrieben dar.

Vor allem die von den Betriebsmitteln ausgehende Gefahr, die eingeschränkte Ver-fügbarkeit, die internationale Verbreitung und die unzureichende Sicht auf die ablau-fenden Prozesse begünstigen den Einsatz Technologiebasierter Qualifizierungsum-gebungen. Diese können und sollen die praktische Ausbildung aber nicht ersetzen. Viel-mehr sollen sie dazu beitragen, die Präsenzzeiten im Training zu reduzieren. Die Nutzung der Lernumgebung in der Vorbereitungsphase eines Seminars kann dazu beitragen, bei den Teilnehmern ein homogenes fachliches Eingangsniveau zu erreichen. Zudem erhalten die Lernenden durch die Nutzung der Lernumgebung bereits Handlungssicherheit im Ablauf zu bearbeitender Prozesse und haben damit einen leichteren Zugang zum prak-tischen Tun.

Infolge der demografischen Entwicklung werden die Unternehmen zunehmend vor der Herausforderung stehen, das Wissen der aus dem Unternehmen ausscheidenden Mitar-beiter (Experten) zu sichern. Nur so können die Unternehmen konkurrenzfähig bleiben.

Dazu muss das Erfahrungswissen erhoben und in die Prozesse der Organisation integriert werden [Di05].

Das Erheben von Erfahrungswissen, insbesondere des impliziten Wissens, erfolgt über narrative Methoden, z. B. Triadengespräche [DBEH10]. Die narrativen Ansätze machen sich dabei die Charakteristika des Geschichtenerzählens zunutze. „Die Geschichten selbst spiegeln die Struktur des Denkens und die Emotionen des Erzählenden wider." [Po08] Das Erzählen von Geschichten zielt dabei weniger auf die Wiedergabe von Fakten ab, als vielmehr auf das Berichten eigener Erfahrungen, geprägt durch Emotionen und den persönlichen Bezug zum Erzählenden.

Um die so gewonnenen Erfahrungen für die Organisation nutzbar machen zu können, reicht es nicht aus, sie in textueller Form zu dokumentieren. Lernen kann nur durch aktives Handeln erfolgen.

Das eigene Handeln mit dem Ziel des Wissenserwerbs ist in der Domäne der Hochspannungsbetriebsmittel jedoch aufgrund ihrer Charakteristika stark eingeschränkt. Die Integration der Schaltgeräte in nationale und internationale Netze und die daraus resultierende mangelnde Verfügbarkeit der Betriebsmittel für die Schulung ist neben der von den Geräten ausgehenden Gefahr der wichtigste Grund, der die Qualifizierung im Arbeitsprozess stark einschränkt. Hinzu kommt, dass die im Schaltgerät ablaufenden Prozesse, deren Verständnis für das Verstehen von Zusammenhängen unerlässlich ist, aufgrund baulicher Beschränkungen und hoher Geschwindigkeiten nicht sichtbar sind.

Um für die Ausbildung dennoch eine gute Anschauung zu gewährleisten, werden einige Betriebsmittel aufwendig zu Schulungsmodellen umgebaut. Damit kann den Schulungsteilnehmern zumindest einen Blick in das Innere der Geräte ermöglicht werden. Die Schaltvorgänge sind jedoch zu schnell für das menschliche Auge und somit nicht sichtbar. Die angehenden Instandhalter müssen also eine gewisse Abstraktionsfähigkeit und Vorstellungsvermögen haben, um die Funktionsweisen der Betriebsmittel verstehen zu können.

In der Schulung ist es zudem kaum realisierbar, dass die Teilnehmer Instandhaltungsaufträge selbst durchführen und dabei bereits Erfahrungen sammeln können, aus denen heraus sie die benötigte Handlungskompetenz entwickeln können. Die Ursachen dafür sind vielfältig:

- Die zu erlernenden Arbeitsabläufe bedürfen aufgrund ihrer technischen Besonderheiten und den möglichen Konsequenzen bei falscher Handhabung besonderen Vorsichtsmaßnahmen. Die praktischen Übungen werden durch erfahrene Fachkräfte betreut. Selbst nach der erfolgreichen Ausbildung werden die Techniker zunächst im Team mit erfahrenen Fachkräften arbeiten, bevor sie eigenverantwortlich tätig werden. Daran wird deutlich, dass das alleinige Beherrschen der Handgriffe nicht ausreichend ist für eine erfolgreiche Qualifizierung. Die Mitarbeiter benötigen ein grundlegendes Verständnis für die Handlungen und ihre Konsequenzen, um daraus Sicherheit und Vertrauen in ihr eigenes Tun zu erlangen.

- Die Durchführung der praktischen Übungen erfolgt in der Werkstatt am Schulungsmodell. Da diese nur in geringer Stückzahl vorhanden sind, ist ein individuelles
  Training nur begrenzt möglich.

Technologiebasierte Lernumgebungen können die bisherigen Ausbildungsmaßnahmen unterstützen und den aufgezeigten Einschränkungen entgegenwirken. Die technologischen
Möglichkeiten und die daraus abzuleitenden Potenziale einer technologiebasierten Lernumgebung werden im folgenden Abschnitt näher beschrieben.

> Zitat: „In der handlungsorientierten Ausbildung steht nicht mehr nur die Befähigung der
> Auszubildenden im Mittelpunkt, einzelne Handlungen und Aufgaben korrekt durchzuführen,
> vielmehr sollen sie dazu befähigt werden, die gesamten innerbetrieblichen Prozesse zu über-
> blicken und zu beherrschen. Für die Curriculumentwicklung bedeutet eine stärkere Arbeits-
> prozessorientierung eine zunehmende Abkehr vom Prinzip der Fachsystematik." [GH10]

Diese Entwicklung muss sich auch in der Gestaltung technologiebasierter Qualifizierungslösungen widerspiegeln, indem die Durchführung arbeitsprozessbezogener Lernaufgaben
in den Vordergrund tritt und die Vermittlung deklarativen Wissens in diesem Kontext eingebunden ist.

Nach Lave und Wenger [LW09] sind Lernprozesse an deren Situiertheit gebunden und
„nicht auf schulische, curricular verfasste Lehr-Lern-Anordnungen zu reduzieren." [CW05]
Die Qualifizierung erfordert daher eine Aufgabenstellung, die der realen Arbeitssituation
entnommen ist. Aufgrund der bereits beschriebenen mangelnden Verfügbarkeit der Betriebsmittel können die Instandhaltungsaufgaben jedoch kaum unter realen Arbeitsbedingungen erlernt, geübt und verinnerlicht werden.

Die hier beschriebene technologiebasierte Lernumgebung für die Instandhaltung eines
Hochspannungsleistungsschalters wurde auf Basis der am Fraunhofer IFF entwickelten
Visualisierungssoftware VDT-Plattform [BJS10] entwickelt. Als Datenbasis werden Konstruktionsdaten verwendet, die in der Regel aus dem Fertigungsprozess des Unternehmens
stammen. Die Übernahme der Daten erfolgt über standardisierte Austauschformate, wie
z. B. STEP (.stp) und JT (.jt).

In der virtuellen Lernumgebung wird die Arbeitsumgebung, in der die Aufgabenstellung bearbeitet wird, so realitätsnah wie für die Qualifizierung erforderlich visualisiert.
So kann die notwendige Akzeptanz der Nutzer erreicht und ein bestmöglicher Transfer
auf den realen Arbeitsprozess garantiert werden. Die für den zu erlernenden Arbeitsprozess weniger relevanten und nicht im Fokus der Qualifizierung liegenden Bauteile,
Messgeräte und Werkzeuge werden im Sinne der didaktischen Reduktion [Br06] vereinfacht dargestellt, um so die Aufmerksamkeit des Lernenden auf die wesentlichen Inhalte zu lenken.

Der zu erlernende Arbeitsprozess wird, ausgehend von der Auftragsübergabe über die
Auftragsdurchführung bis hin zum Auftragsabschluss, auf Basis der im Arbeitsprozess
verwendeten Dokumente visualisiert. Auch hier gilt es, die Parallelen zum realen Arbeits-

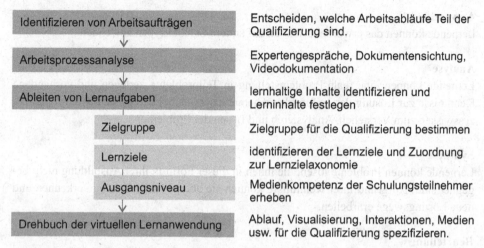

Identifizieren von Arbeitsaufträgen	Entscheiden, welche Arbeitsabläufe Teil der Qualifizierung sind.
Arbeitsprozessanalyse	Expertengespräche, Dokumentensichtung, Videodokumentation
Ableiten von Lernaufgaben	lernhaltige Inhalte identifizieren und Lerninhalte festlegen
Zielgruppe	Zielgruppe für die Qualifizierung bestimmen
Lernziele	identifizieren der Lernziele und Zuordnung zur Lernzielaxonomie
Ausgangsniveau	Medienkompetenz der Schulungsteilnehmer erheben
Drehbuch der virtuellen Lernanwendung	Ablauf, Visualisierung, Interaktionen, Medien usw. für die Qualifizierung spezifizieren.

Abb. 5.49   Vom Arbeitsauftrag zum Drehbuch. Grafik: Fraunhofer IFF

prozess größtmöglich zu gestalten. Ausgehend von den für die Qualifizierung identifizierten Arbeitsaufträgen wird dann das Drehbuch entwickelt. Es beinhaltet alle Inhalte, die für die Erstellung der technologiebasierten Lernanwendung erforderlich sind, z. B. Details zur Nutzerführung, zu Interaktionen und Arbeitsabläufen. Die Abb. 5.49 zeigt die Schritte, die zur Erstellung des Drehbuches erforderlich sind.

Das Erfassen des realen Arbeitsablaufes erfolgt zunächst in Form einer Arbeitsprozessanalyse. Im Gespräch mit den Fachexperten werden die erforderlichen Informationen, Dokumente und Erfahrungen zusammengetragen und in Form einer Arbeitsprozessmatrix [Kn02] dokumentiert. Aus der Vielzahl an Informationen müssen nun Lernaufgaben abgeleitet werden.

Entsprechend der vorgestellten Anforderungsniveaus ist bei der Gestaltung der Aufgaben besonderes Augenmerk auf die zu qualifizierende Berufsgruppe und die verfolgten Lernziele zu legen.

Die vorgestellte Lernzieltaxonomie nach Bloom kann für die Instandhaltung von Hochspannungsleistungsschaltern wie folgt angepasst werden:

Kenntnisse/Wissen
Der Lernende kann Einzelkomponenten der Polsäule und des Antriebes eines Schaltertyps zuordnen, weiß wie sich das sich im Leistungsschalter befindliche Schutzgas SF6 bei Kompression verhält und in welcher Reihenfolge Arbeitsschritte durchzuführen sind.

Verstehen
Der Lernende erläutert die Funktionsweise von Antrieb, Polsäule und Gestänge sowie die Veränderung der Parameter Gas und Strom entsprechend des jeweiligen Zustandes des Schalters.

Anwenden

Lernende können das erworbene Wissen auf andere Schaltertypen anwenden.

Analyse

Lernende können eine reale Problemstellung in Teilprobleme zerlegen und vorhandene Kenntnisse zur Lösung der Teilprobleme heranziehen. Dabei nutzen sie Fakten- und Prozesswissen zum Verstehen, Analysieren und Lösen der Probleme.

Synthese

Lernende können Probleme lösen, die ihnen in dieser Form in ihrer Ausbildung nicht begegnet sind. Aufgrund ihrer Kenntnisse können sie aber Zusammenhänge erkennen und neue Lösungswege erarbeiten.

Beurteilung

Der Lernende hat einen weitreichenden Überblick in fachlicher und betriebswirtschaftlicher Sicht und kann somit verschiedene Lösungswege im Interesse des Unternehmens z. B. zur Ressourcenplanung, Arbeitssicherheit, etc. gegeneinander abwägen. Er ist zudem in der Lage, das eigene Wissen in geeigneter Art und Weise an Kollegen weiterzugeben.

Idealerweise wird die Lernumgebung für verschiedene Zielgruppen konfigurierbar gestaltet. Mit Hinblick auf die Erarbeitung des Drehbuches muss zudem die Medienkompetenz der zukünftigen Schulungsteilnehmer Berücksichtigung finden. Sie beeinflusst sowohl strukturelle Entscheidungen beim Entwurf der Lernumgebung bezüglich Nutzerführung, Interaktionen etc. als auch die Gestaltung des Seminars, in dem die virtuelle Lernanwendung zum Einsatz kommt.

Entwicklung von Lernaufgaben nach dem Prinzip der Vollständigen Handlung

Das Modell der Vollständigen Handlung soll das eigenverantwortliche Bearbeiten eines Arbeitsauftrages durch den Auszubildenden unterstützen. Er soll dabei alle Phasen, von der Arbeitsvorbereitung bis zur Bewertung der eigenen Lösung, selbst planen und durchführen und so die eigene Handlungskompetenz stärken ([Ha73], [Vo74]).

Die Abb. 5.50 zeigt die Phasen der Vollständigen Handlung. Zunächst informiert sich der Auszubildende über seinen Arbeitsauftrag und holt die benötigten technischen Informationen aus Bedienanleitungen und anderen verfügbaren Dokumentationen ein. In der

Abb. 5.50 Prinzip der vollständigen Handlung. Grafik: Fraunhofer IFF

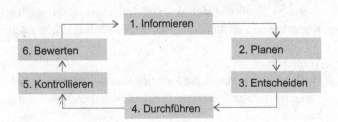

Planungsphase wird ein Arbeitsplan erstellt, der sowohl die zur Bearbeitung des Arbeitsauftrages erforderlichen Arbeitsschritte als auch die zu verwendenden Werkzeuge und Arbeitsmaterialien berücksichtigt.

Auf Basis der ersten beiden Phasen soll sich der Auszubildende anschließend für einen Handlungsweg entscheiden und den Arbeitsablauf eigenständig durchführen. Abschließend soll die eigene Lösung im Sinne des Qualitätsmanagements kontrolliert und bewertet werden. Es gilt zu klären, ob der gewählte Ablauf in Planung und Durchführung hätte optimiert werden können.

Die Anwendung des Prinzips der Vollständigen Handlung stärkt bei den Auszubildenden die Handlungskompetenz. Es wird die Möglichkeit geboten, eigenverantwortlich Entscheidungen zu treffen, durch eigenes Handeln den Arbeitsprozess zu bearbeiten und schließlich die Konsequenzen des Tuns zu erleben.

Aufgrund der eingangs geschilderten Einschränkungen der praktischen Ausbildung an Hochspannungsleistungsschaltern ist diese Vorgehensweise in der Qualifizierung von Instandhaltungspersonal nur bedingt möglich. Das Prinzip wurde daher auf die Bearbeitung der Arbeitsaufgaben in der technologiebasierten Lernumgebung übertragen.

Die Abb. 5.51 zeigt, wie die einzelnen Phasen der vollständigen Handlung in der VR-basierten Lernanwendung unterstützt werden.

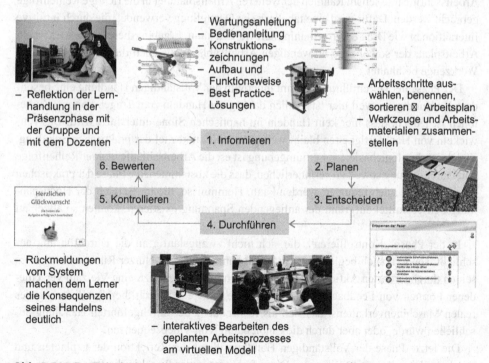

Abb. 5.51 Das Prinzip der vollständigen Handlung, angewendet in der VR-basierten Lernumgebung. Grafik: Fraunhofer IFF

Für die Informationsphase stehen dem Lernenden zunächst die Informationen zur Verfügung, die er auch bei der Bearbeitung des Arbeitsauftrages in der Praxis nutzen kann. Der Zugriff auf den Arbeitsauftrag, Bedienanleitungen, das Wartungsprotokoll und technische Zeichnungen ist gewährleistet. Ergänzend besteht die Möglichkeit, sich detailliert und individuell über den Aufbau und die Funktionsweise der Komponenten des Leistungsschalters zu informieren. Die dort gewonnenen Erkenntnisse, z. B. zu funktionalen Abläufen im Antrieb, können in die Planung und Durchführung des Arbeitsauftrages gewinnbringend einfließen.

In der Planungsphase besteht aus technologischer Sicht die Herausforderung, dem Nutzer einen möglichst großen Handlungsraum bei der Planung seines Arbeitsprozesses anzubieten. Um dieser Anforderung gerecht zu werden, wählt der Nutzer seine Arbeitsschritte aus einer Menge vorbereiteter Schritte aus. Die Menge an vorbereiteten Schritten beinhaltet sowohl korrekt dargestellte Abläufe als auch falsche, unnötige oder inkorrekt ausgeführte Arbeitsschritte. Das Anbieten falscher Arbeitsschritte steigert bei den Teilnehmern die Aufmerksamkeit bei der Betrachtung der Arbeitsschritte und ermöglicht die gezielte Hinführung zu wichtigen Fehlerquellen. So kann derselbe Arbeitsschritt z. B. zweimal angeboten werden, mit dem Unterschied des verwendeten Werkzeugs.

Der Nutzer erhält im Ergebnis der ersten Planungsphase eine Menge von Arbeitsschritten, die für den geforderten Arbeitsauftrag aus seiner Sicht erforderlich sind. Diese Arbeitsschritte müssen im Rahmen der weiteren Arbeitsplanung in die richtige Reihenfolge gebracht werden. Dafür wird eine tabellarische Darstellung verwendet, die durch intuitive Interaktionen wie Drag & Drop manipuliert werden kann. Ergebnis dieses Prozesses ist ein Arbeitsplan, der sowohl die notwendigen Arbeitsabläufe als auch die zu verwendenden Werkzeuge beinhaltet.

Der Phase der Durchführung kommt innerhalb der Vollständigen Handlung eine besondere Bedeutung zu, weil hier tatsächlich das eigene Handeln zum Tragen kommt. Zu betonen ist jedoch, dass hier kein Handeln im haptischen Sinne unterstützt wird. Das Entwickeln von Handfertigkeiten bleibt weiterhin Inhalt und Ziel der praktischen Schulung. Ziel der technologiebasierten Lernumgebung ist es, die Arbeitsabläufe in ihrer Reihenfolge und Durchführung soweit zu verinnerlichen, dass die kostenintensive Phase der praktischen Ausbildung deutlich reduziert werden kann. Hemmnisse, die im Bereich der Hochspannungsbetriebsmittel aufgrund der anliegenden Spannung existieren, können so abgebaut werden.

In der Phase „Kontrollieren", die sich nicht zwangsläufig an die Durchführung anschließt, sondern auch begleitend stattfinden kann, erhält der Nutzer Rückmeldungen zu seinen durchgeführten Aktionen. Die Lernanwendung bietet dazu eine Vielzahl verschiedener Formen von Feedback, z. B. als textuelle Hinweise, durch die Visualisierung des realen Maschinenverhaltens, das sich als Konsequenz der durchgeführten Handlung anschließen würde, oder aber durch die Einblendung von Videosequenzen.

Die letzte Phase der Vollständigen Handlung dient der Reflektion der geplanten und durchgeführten Arbeitshandlungen. Diese Phase ist in der Regel in die Präsenzphase des Blended Learning-Angebotes eingebettet und erfolgt in Zusammenarbeit mit den anderen

Schulungsteilnehmern und dem Dozenten. Es soll überprüft werden, ob der gewählte Arbeitsprozess optimiert werden kann, z. B. hinsichtlich des zeitlichen Aufwandes und des Ressourceneinsatzes.

5.2.5   Die Nutzung von VR- und AR-Technologien

Technologien der virtuellen und erweiterten Realität bilden als Mensch-Maschine-Schnittstelle ein grundlegendes Element der Technologiebasierten Qualifizierung. Herausstellungsmerkmal der virtuellen Realität sind die Immersion, die Interaktion und die Imagination.

Immersion

Die Immersion (Eintauchen) beschreibt das Gefühl des Nutzers, Teil der virtuellen Welt zu sein. Die Immersion wird durch den Einsatz stereoskopischer Ausgabegeräte, wie z. B. einer CAVE oder einer Powerwall, unterstützt. In der Technologiebasierten Qualifizierung wird sie zusätzlich durch die zuvor beschriebene realitätsnahe Arbeitsumgebung und die situierte Präsentation der Lerninhalte gefördert.

Interaktion

Die Interaktion ermöglicht dem Nutzer das Manipulieren der virtuellen Umgebung. Für die Interaktion sind am Markt eine Vielzahl verschiedener Eingabegeräte vorhanden, z. B. Gamecontroller und Datenhandschuhe. In der virtuellen Lernumgebung kann der Lernende den Verlauf der Lernaufgabe durch sein interaktives Handeln beeinflussen.

Imagination

Imagination (Vorstellungskraft) ist vonseiten des Nutzers erforderlich, um sich als Teil der virtuellen Welt zu betrachten. Die Imagination wird entscheidend durch die Faktoren der Immersion und Interaktion bestimmt. In der Technologiebasierten Qualifizierung ist die Imagination des Nutzers dann voll ausgeprägt, wenn die Bearbeitung der virtuellen Arbeitsaufträge als gleichwertig zum realen Training betrachtet wird.

Methoden der Erweiterten Realität (Augmented Reality AR) ermöglichen das Anreichern der realen Arbeitsumgebung um virtuelle Modelle. Dies ist vor allem dann sinnvoll, wenn die Erstellung eines virtuellen Modells aus Mangel an verfügbaren Daten oder aus Kostengründen nicht möglich ist. Damit wird zudem das Anreichern der realen Arbeitsumgebung um zusätzliche Informationen ermöglicht.

5.2.6   Zusammenfassung und Ausblick

International agierende Produzenten unterliegen heutzutage weitreichenden Herausforderungen, welche die Geschäftsprozesse maßgeblich beeinflussen. Neben der stetigen technologischen Weiterentwicklung von Produktionstechnologien gilt es, sich neuen gesellschaftlichen Herausforderungen zu stellen. In diesem Zusammenhang wurde innerhalb des Abschn. 5.2 der Wandel innerhalb der Arbeitswelt beschrieben, der sich zunehmend auf das Bildungswesen auswirkt. Konsequenz der Entwicklung ist der Bedarf an neuen Bildungsverfahren und -technologien, die sich prozessübergreifend in die Unternehmenswelt integrieren lassen.

Mit Blick auf die beschriebene Ausgangssituation wurde der Begriff der „Technologiebasierten Qualifizierung" geprägt. Diese wird durch das Zusammenspiel von Technologien des Digital Engineering and Operation mit didaktischen Modellen für die technische Bildung, unter dem Einsatz der Virtuellen und Erweiterten Realität, definiert. Ziel ist es, Technologiebasierte Qualifizierungssysteme anzubieten, die individuelles und organisationales Lernen in realen und virtuellen Umgebungen realisieren.

Das Digital Engineering and Operation ermöglicht bereits heute die nahezu nahtlose Integration von realen Arbeitssystemen in virtuelle Arbeitsumgebungen und umgekehrt. D. h., dass z. B. ein virtuelles Modell einer Werkzeugmaschine durch eine reale Steuerung über die ebenfalls reale Bedienkonsole gesteuert werden kann, oder, dass z. B. für eine Planungsstudie eine real existierende Fabrik um virtuelle Varianten von Produktionssystemen erweitert wird.

Durch die rasante Entwicklung des Digital Engineering and Operation wird diese Vermischung von realen und virtuellen Arbeitssystemen immer schneller und umfassender vorangetrieben. Der menschliche Handlungsraum wird damit in der Zukunft zunehmend durch das Kontinuum zwischen Realität und Virtualität geprägt. Das hat zur Folge, dass neben der Arbeit auch das Lernen in Mixed Reality-Umgebungen erfolgen wird.

Dieser sich deutlich zeigende Trend zur Digitalisierung und Virtualisierung von Arbeitssystemen und der zugehörigen Produktionsprozesse schafft neue begünstigende Voraussetzungen für die weitere Entwicklung der Technologiebasierten Qualifizierung. Es verstärken sich die jetzt schon erkennbaren Entwicklungen und Trends, auf die im Folgenden näher eingegangen wird.

5.2.6.1 Parallelisierung von Arbeiten und Lernen in Mixed Reality-Umgebungen

Die Verknüpfung von Arbeits- und Lernprozess eröffnet der Technologiebasierten Qualifizierung neue Gestaltungsmöglichkeiten durch Veränderungen der Mensch-Maschine-Interaktion. Produktionssysteme sind nicht länger nur passives Lernobjekt, sondern tragen aktiv durch integrierte Lernsysteme zur effektiven Vermittlung von Lerninhalten bei. Benötigtes Wissen wird durch intelligente Produktionssysteme während des Arbeitsvorganges „Training on the Job" auf Wunsch „Training on Demand" zur Verfügung gestellt. Die hierfür notwendigen Informationen werden die Produktionsanlagen zukünftig, vor dem Hintergrund der vierten industriellen Revolution, selbst bereitstellen.

Durch die Weiterentwicklung digitaler Medien und Technologien stehen für die Bereitstellung und das Abrufen von Wissen neue Kommunikationswege zur Verfügung. Die Informationsübertragung ist nicht länger an maschinengekoppelte Steuerungen gebunden, sondern erfolgt über mobile Ein- und Ausgabegeräte wie Tablet-PC oder Smartphone, die den Nutzern eine Ankopplung an Alltagskompetenzen erlauben. Unabhängig vom Standort des Produktionssystems ist ein Zugriff auf die Wissensdatenbank jederzeit möglich.

Die darin abgespeicherten Informationen stehen in Form von Metadaten, beispielsweise Daten aus Simulations- und Planungsprogrammen, erhoben durch Werkzeuge des Digital Engineering and Operation innerhalb der Entwicklungs- und Produktionsprozesse, zur Verfügung. Aufbauend auf den bereits vorhandenen Daten erfolgt eine realitätsnahe Abbildung des Maschinenverhaltens in einer virtuellen Lernumgebung, einer der wesentlichen Schlüsselfaktoren für einen nachhaltigen Lerneffekt durch Technologiebasierte Qualifizierung.

Die Verbindung der bisher als Insellösungen existierenden digitalen Werkzeuge über Systemschnittstellen führt zu einer prozessübergreifenden gemeinsamen Datennutzung. Eine derart interoperable Systemlandschaft ist ein weiterer Schlüsselfaktor für den nachhaltigen Einsatz Technologiebasierter Qualifizierung auf dem Weg zur Parallelisierung von Arbeits- und Lernprozess.

Im Qualifizierungsprozess werden Produktionssysteme jedoch nicht nur auf die Nutzung und Bereitstellung von Informationen beschränkt sein. Das Erfassen und Interpretieren des „natürlichen Erfahrungslernens" vom Menschen im Arbeitsprozess [Kate11] versetzt adaptiv lernende Systeme in die Lage, bedarfsgerecht auf das Nutzerverhalten zu reagieren. Basierend auf den Anwenderentscheidungen werden in einer virtuellen Lernumgebung Ergebnissimulationen durchlaufen, die das Lernen technologiebasiert während der Arbeit unterstützen.

Über multisensorische Rückmeldungen aus den Ergebnissimulationen erhöht sich der Reflexionsgrad von Nutzern bzgl. ihrer individuellen Entscheidungen. Durch das gezielte Ansprechen der unterschiedlichen Wahrnehmungssinne des Menschen, wobei das Sehen, das Hören und das Tasten dabei im Vordergrund der Informationsaufnahme stehen, wird der Lernprozess in Mixed Reality-Umgebungen erlebbar gestaltet und in seiner Wirkung nachhaltig geprägt.

5.2.6.2 Individuelles und organisationales Lernen in Unternehmensprozessen

Neben einer Parallelisierung der Arbeits- und der Lernprozesse ist eine Eingliederung des individuellen und organisationalen Lernens in die Unternehmensprozesse notwendig. Es muss der einzelne Mitarbeiter bedarfsgerecht qualifiziert werden und gleichzeitig das implizite Wissen von erfahrenen Mitarbeitern, im Sinne unersetzbaren Gemeingutes des Unternehmens, in die Unternehmensprozesse integriert und zugänglich gemacht werden. Unterstützt wird dies durch unternehmenseinheitliche Mixed Reality-Arbeits- und -Lernumgebungen, auf die in beiden Lernformen zurückgegriffen wird.

Mitarbeiter erfahren und erleben in einer virtuellen Arbeitsumgebung ihre Arbeitsaufgabe. Sie lernen durch multisensorische Interaktion mit dem System, wie sich ihr Handeln im Einzelnen auf das Produktionssystem und unternehmensweit auf den gesamten Produktionsprozess auswirkt. Hierbei bilden reale Arbeitsaufgaben, überführt in VR-Lernumgebungen, mit den dynamischen Veränderungen im Organisationsumfeld eine Einheit. Interoperable Qualifizierungslösungen in Form von Multi User-Szenarien ermöglichen im

Unternehmen die Kopplung standardisierter VR-Arbeitssysteme, an denen die Nutzer ihre individuellen Arbeitsaufgaben im Team trainieren. Die Technologiebasierte Qualifizierung verknüpft folglich durch eine erhöhte Transparenz von ganzheitlichen Unternehmensprozessen das individuelle und organisationale Lernen. Eine individuelle Kompetenzentwicklung und Stärkung des persönlichen Verantwortungsbewusstseins baut entsprechend auf einer höheren Transfermöglichkeit von organisationalem Wissen im virtuellen Raum auf.

Neue Formen der Digitalisierung menschlicher Akteure und der mit ihnen verbundenen manuellen Arbeits- und Entscheidungsprozesse machen die Technologiebasierte Qualifizierung zum integralen Bestandteil des Digital Engineering and Operation. Menschliche Akteure nehmen im Digital Engineering and Operation nicht mehr nur die Rolle des „externen" Nutzers ein, sondern werden über intelligente virtuelle Menschmodelle mit integrierter Simulation von Handlungskompetenz und Entscheidungsverhalten selbst zum Objekt des Digital Engineering and Operation. So erfolgt über Human-in-the-Loop-Simulationen (HITL) neben dem reinen Schulen von Bedienvorgängen ein Verhaltenstraining zur Beherrschung von komplexen organisationalen Prozessen.

5.3 Morphologie des Digital Engineering and Operation

Marco Schumann

5.3.1 Einführung

Digital Engineering and Operation (nach Definition in Abschn. 1.3) ist eine Vision, deren Erreichung noch mehrere Jahre in Anspruch nehmen wird und nur schrittweise erfolgen kann.

In diesem Buch haben die Autoren den aktuellen Stand aus Sicht der angewandten Forschung des Fraunhofer-Instituts für Fabrikbetrieb und -automatisierung IFF in Magdeburg dargestellt. Dieses Kapitel ordnet die vorgestellten Methoden, Technologien und Werkzeuge in das Konzept des Digital Engineering and Operation ein. Mittel zur Organisation ist eine Morphologie. Aufgrund des umfassenden Themas wird eine vollständige Morphologie nicht zu erstellen sein. Das Kapitel fokussiert daher auf die im Buch genannten Methoden und Verfahren.

5.3.2 Anwendungsbereiche

Einen hohen Umsetzungsstand erfährt das Digital Engineering and Operation in den Branchen, in denen bereits zahlreiche digitale Werkzeuge am Beginn des Produktlebenszyklus (d.h. in der Produktentwicklung) vorhanden sind. Ein weiteres Kriterium ist die Länge des Produktlebenszyklus. Tendenziell setzen sich neue Methoden und Werkzeuge in Branchen mit kurzen Produktlebenszyklen schneller durch. Es verwundert daher nicht, dass

Parameter	Ausprägung
Anwendungsbereiche Produktion	Automobilbau Werkzeugmaschinenbau Flugzeugbau Anlagenbau Schienenfahrzeugbau
Landwirtschaft	Farming Systeme
Medizintechnik	patientenindividuelle Operationsplanung

Abb. 5.52 Morphologie der Anwendungsbereiche. Grafik: Fraunhofer IFF

die Automobilindustrie nach wie vor zu den Vorreitern im Digital Engineering and Operation gehört. Ebenfalls fest etabliert sind die digitalen Methoden und Werkzeuge in den Branchen des Maschinen- und Anlagenbaus sowie Schienenfahrzeug- und Flugzeugbau und auch Medizintechnik (Abb. 5.52).

Vom dem vorhandenen digitalen Datenbestand profitieren auch ergänzende Dienstleistungen, wie beispielsweise die Logistik, die durch Ortungs- und Zustandserfassungstechnologien (Abschn. 4.2) auf wesentlich präziseren Informationen arbeiten kann. Dass Anwendungen jedoch nicht nur auf diese Branchen begrenzt sind, zeigen die Beispiele aus der Medizintechnik (Abschn. 2.6) und im Bereich der Präzisionslandwirtschaft (Abschn. 3.4). Voraussetzung sind hierfür angepasste Verfahren zur Erfassung der anwendungsspezifischen Daten am Beginn der digitalen Kette. Die wurde am Beispiel der Verarbeitung von Computertomographie- und Magnetresonanztomographie-Daten (Abschn. 2.6.2.2) zur Erstellung menschlicher Gewebsmodelle bzw. an der Nutzung von hyperspektraler Bildgebung zur Erfassung des Ernährungszustandes von Pflanzen (Abschn. 3.4.2.1) gezeigt.

5.3.3 Datenquellen

Grundlage des Digital Engineering and Operation ist eine elektronisch verfügbare Datenbasis, die rechnergestützt weiterverarbeitet werden kann. Diese Daten werden durch unterschiedliche Ansätze erzeugt. Während immer mehr Daten durch digitale Werkzeuge im Produktentwicklungsprozess direkt entstehen, so werden auch zukünftig Methoden erforderlich sein, um digitale Daten aus real existierenden Objekten zu gewinnen. Die Gründe hierfür sind vielfältig:

Refabrikation (engl. Remanufacturing) bzw. Retrofitting von Maschinen und Anlagen
Insbesondere bei hochwertigen Investitionsgütern wie beispielsweise Großdieselmotoren kann eine Aufarbeitung (Remanufacturing) einer Neuinvestition vorzuziehen sein. In

diesem Fall ist oftmals beim Ausführenden des Remanufacturing keine digitale Datenbasis vorhanden. Diese muss erst durch Nachmodellierung gewonnen werden. Ähnliches gilt für die Modernisierung oder den Ausbau bestehender Maschinen und Anlagen (Retrofit). Hier sind zwar digitale Daten der auszutauschenden Komponenten verfügbar, diese müssen jedoch in ein bestehendes reales System integriert werden, zu dem meist keine Datenbasis vorhanden ist.

Abbildung natürlich entstandener Objekte

Häufig ist es nicht ausreichend, neu entwickelte Produkte isoliert zu betrachten. Vielmehr muss die Funktion eines neuen Produktes in der Interaktion mit seiner Umgebung bewertet werden. Da hierfür in zunehmendem Maße digitale Methoden verwendet werden, setzt dies voraus, dass auch die Datenbasis für die Modelle der natürlichen Umgebung digital verfügbar sein müssen. Beispiele sind Geländemodelle für Gebäude- oder Trassenplanungen, Modelle für den Ernährungszustand von Pflanzen für das Smart Farming (Abschn. 3.4.1) oder menschliche Gewebsmodelle (Abschn. 2.6.2) für die Evaluierung von Operationsinstrumenten.

Fehlender Zugriff auf Originaldaten

Letztendlich können organisatorische oder technische Gründe den Zugriff auf eine einstmals vorhandene digitale Datenbasis verhindern. Beispiele sind eingeschränkte Datenfreigaben über Unternehmensgrenzen hinweg oder veraltete Datenformate und inkompatible Standards, die ein erneutes Erfassen der Datenbasis erfordern (Abb. 5.53).

Diese Gründe bedingen, dass innerhalb des Digital Engineering auch Methoden zur Erzeugung der digitalen Datenbasis betrachtet werden müssen.

Parameter	Ausprägung		
mit Digital Engineering-Werkzeugen digital erzeugte Daten	Konstruktionsdaten		CAE-Daten
	CAM-Daten		Simulations-daten
mit Methoden des Digital Engineering zu erfassende Daten	Laserscan-daten	Hyperspektral-daten	Computer-tomographie-Daten

Abb. 5.53 Morphologie der Datenquellen. Grafik: Fraunhofer IFF

5.3.4 Modellbildung

Ist das Produkt bzw. seine Umgebung in seinen wesentlichen statischen Eigenschaften digital erfasst, besteht die nächste Herausforderung darin, die dynamischen Eigenschaften digital zu beschreiben. Wie im Abschn. 5.1 dargestellt, gibt es am Markt Systeme zur integrierten Produktentwicklung, die von einer relativ geringen Zahl von Anwendern (überwiegend Großunternehmen) eingesetzt werden können. Weit mehr Unternehmen verfügen in der Praxis über eine heterogene Werkzeugwelt. Doch auch hier lässt sich der Ansatz des Digital Engineering and Operation nutzen, wie die Beispiele aus dem gleichen Abschnitt zeigen.

Physikalische Eigenschaften, wie Kinematik, Pneumatik, Hydraulik und Elektrik, werden mit jeweils darauf spezialisierten Simulationswerkzeugen abgebildet. Weitere Simulationssysteme können kontinuierlich ablaufende Vorgänge, z. B. Strömungssimulationen, oder diskret ablaufende Veränderungen, z. B. Materialflusssimulationen, berechnen. Die Standardisierung eines Vorgehens zur Durchführung und Auswertung von Simulationsstudien ist am weitesten in den Logistik-, Materialfluss- und Produktionssystemen vorangeschritten. Hierfür existiert die VDI-Richtlinie 3633, die u. a. auch die Auswahlkriterien für Simulationswerkzeuge beschreibt.

In der Praxis werden jedoch meist mehrere Simulationswerkzeuge mit unterschiedlichen Zielen verwendet. Damit diese die Eigenschaften eines Produktes nicht losgelöst voneinander simulieren, ist eine Kopplung der Werkzeuge notwendig. Dafür gibt es jedoch mit dem heutigen Stand keine allgemeine Lösung, sondern die Realisierungsansätze sind so vielfältig wie die eingesetzten Werkzeuge. Die dadurch erreichbare Interoperabilität kann dabei, wie in Abschn. 1.3 dargestellt, auf einer syntaktischen, semantischen oder organisatorischen Ebene erfolgen.

Wenn keine zeitsynchrone Kopplung erforderlich ist, bieten skriptbasierte Plug-ins oder Standardaustauschformate, ggf. um Autorensysteme erweitert, wie am Beispiel CAD2Sim erläutert (Abschn. 5.1.2), eine adäquate Lösung. Diese Standardaustauschformate sind überwiegend der syntaktischen Ebene zuzurechnen. Für das Digital Engineering and Operation haben hier besondere Relevanz das STEP- und das JT-Format. STEP (Standard for the Exchange of Product model data) ist insbesondere für den Austausch von Produktdaten entwickelt worden (ISO-Norm 10303). Für ausgewählte Produktgruppen, z. B. Automobile, Schiffe und Möbel, stehen spezialisierte Applikationsprotokolle zur Verfügung. Im Bereich des Geometrieaustausches ist das JT-Format (Jupiter Tessellation) ein internationaler Industriestandard (ISO-Norm 14306). Für die Darstellung von 3D-Inhalten im Web wurde im Jahr 2004 die auf der Extensible Markup Language (XML) basierende Beschreibungssprache X3D (Extensible 3D) als offener ISO-Standard (ISO 19775) spezifiziert.

Sind die Austauschformate zu mächtig oder nicht in der Lage, alle Informationen zwischen zwei Werkzeugen zu übertragen, so ist die Speicherung in Datenbanken eine alternative Lösung. Dieses Vorgehen wurde in Abschn. 5.1.3 anhand der Datenbank EMELI (embedded model linker) umgesetzt. Auf diese Weise können Produkteigenschaften, die in mehreren Werkzeugen Verwendung finden, verwaltet werden. So stehen

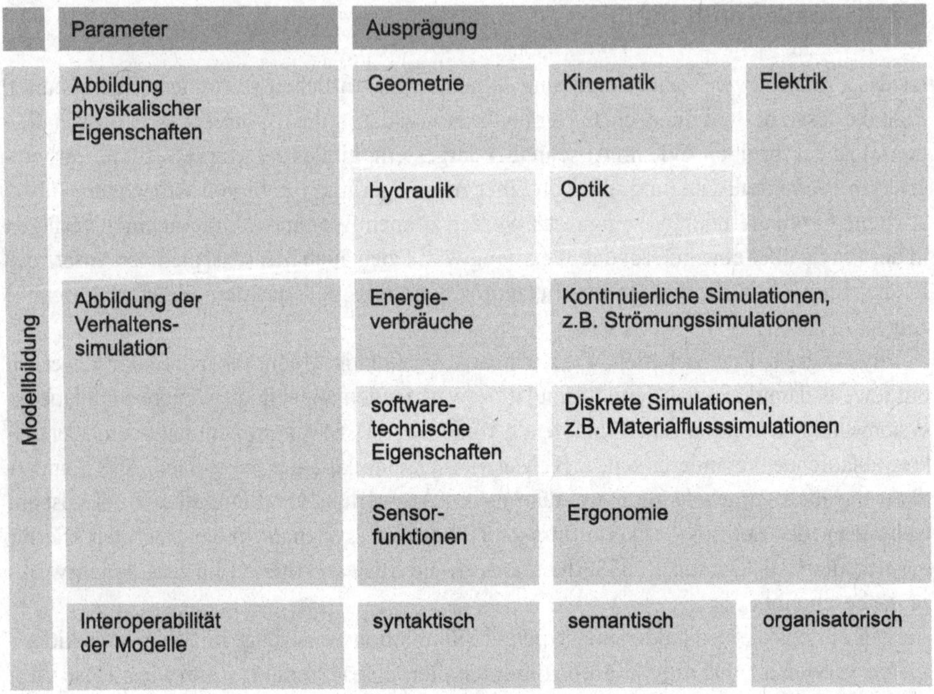

Parameter	Ausprägung		
Abbildung physikalischer Eigenschaften	Geometrie	Kinematik	Elektrik
	Hydraulik	Optik	
Abbildung der Verhaltens- simulation	Energie- verbräuche	Kontinuierliche Simulationen, z.B. Strömungssimulationen	
	software- technische Eigenschaften	Diskrete Simulationen, z.B. Materialflusssimulationen	
	Sensor- funktionen	Ergonomie	
Interoperabilität der Modelle	syntaktisch	semantisch	organisatorisch

(Spaltenüberschrift vertikal: Modellbildung)

Abb. 5.54 Morphologie der Modellbildung. Grafik: Fraunhofer IFF

Änderungen, die mit einem Softwarewerkzeug durchgeführt werden, den anderen Werkzeugen ebenso konsistent zur Verfügung. Dieser Ansatz ist der semantischen Ebene zuzuordnen (Abb. 5.54).

Weiterhin sind auch echtzeitfähige Kopplungen unterschiedlicher Simulationswerkzeuge umsetzbar. In Abschn. 5.1.3 wurde dies am Beispiel einer Signalsimulationssoftware, eines VR-Systems und einer realen NC-Steuerung gezeigt. Voraussetzung für diese Umsetzung ist, dass die zu koppelnden Systeme dafür über eine Programmierschnittstelle verfügen, die den Datenzugriff ermöglicht. Über die Programmierschnittstelle kann die semantische Interpretation der Daten ausgeführt werden und für unterschiedliche Werkzeuge übersetzt werden. Dieser Ansatz fand außerdem bei dem im Abschn. 2.4.3.1 beschriebenen Bedien-Arbeitsplatz für Werkzeugmaschinen Anwendung. Hier wird mittels einer semantischen Vorschrift der Achswert aus der CNC-Steuerung auf einen geometrischen Transformationswert im Szenegraphknoten des Visualisierungssystems transferiert.

Organisatorische Interoperabilität ist Bestandteil des Produktlebenszyklusmanagements (PLM), dessen Ziel die nahtlose Integration sämtlicher Informationen ist, die im Verlauf des Lebenszyklus eines Produktes anfallen. Dafür sind am Markt eine Reihe von PLM-Systemen verfügbar, deren Funktions- und Leistungsumfang sich erheblich unterscheiden.

5.3.5 Assistenz in der Betriebsphase

Eine der wesentlichen Ideen des Digital Engineering and Operation besteht darin, die in der Produktentstehungsphase erstellten Daten durchgängig weiterzuverwenden. Den zeitlich größten Anteil am Produktlebenszyklus nimmt die Betriebsphase des Produktes bzw. der Produktionsmittel ein. Die Betrachtungen zu den Arbeitssystemen der Zukunft (Kap. 2) haben dabei gezeigt, dass auch mit zunehmender Automatisierung der Mensch weiterhin seinen Platz in der Produktion einnehmen wird. In einem komplexer werdenden Produktionssystem kann er sich nicht nur auf sein Erfahrungswissen berufen, sondern benötigt zusätzlich Zugriff auf eine Vielzahl aktueller Informationen und Assistenzfunktionen.

Der Umfang der Assistenz lässt sich in die drei Kategorien informationstechnische, körperliche und kognitive Assistenz unterscheiden (Abschn. 2.5.1). Zur informationstechnischen Assistenz gehört der Informationsaustausch zwischen dem Menschen und dem technischen System. Er umfasst die Informationsbereitstellung und die Informationsrückmeldung. Von den fünf theoretisch möglichen menschlichen Sinnen haben sich für die Bereitstellung der visuelle und der akustische Sinn in einer Produktionsumgebung als praktikabel erwiesen. Die visuelle Darstellung hat den klaren Vorteil, dass der Mensch hierüber die meiste Information schnell erfassen kann. Die akustische Assistenz gestaltet sich aufgrund von Umgebungsgeräuschen schwieriger. Weiterhin besteht die Herausforderung, komplexe Zusammenhänge (z. B. Montagevorgänge) in natürlichen Sprachen eindeutig auszudrücken. Daher ist heute der Einsatz akustischer Assistenz überwiegend auf eine Ergänzung der visuellen Assistenz, wie beispielsweise auf Signal- oder Quittierungstöne begrenzt.

Im Sinne der Durchgängigkeit des Digital Engineering and Operation ist es wichtig, dass auch die Informationsrückmeldung zeitnah und digital erfassbar durch den Menschen erfolgt. Je nach Arbeitsumgebung stehen unterschiedliche Technologien zur Verfügung. Die Palette reicht von Barcode-Scannern, die das Vorhandensein von Bauteilen dokumentieren, über Lichtgitter, die Greifvorgänge protokollieren, bis hin zu Funkarmbändern, die gekennzeichnete Objekte automatisch erfassen. Weiterhin kann eine Rückmeldung über Touch-Screen-Monitore oder über Kameras und Bildverarbeitungslogik erfolgen.

Die körperliche Assistenz hat zum Ziel, den Menschen bei der Ausübung seiner Tätigkeiten aus ergonomischer Sicht zu entlasten. Körperliche Assistenz unterstützt den Menschen bei der sicheren und schnellen Durchführung von körperlichen Handlungen. Dieser Ansatz ist nicht grundsätzlich neu: Das Digital Engineering and Operation erlaubt es jedoch, diese Hilfsmittel mit zusätzlicher Intelligenz auszustatten. So kann beispielsweise die Fördertechnik in einer Fabrik die Transportziele aufgrund der aktuellen Auslastung und Produktkonfigurationen flexibel bestimmen. Vom Menschen geführte Hilfsmittel (Manipulatoren) können durch zusätzliche Prozessparameter intelligenter werden und Fehler zu vermeiden helfen. Ein Schraubwerkzeug kann durch Auswertung seiner Position im Raum erkennen, mit welchem Drehmoment eine Schraube anzuziehen ist. Durch Rückmeldung kann erfasst werden, ob alle Positionen eines Arbeitsschrittes abgearbeitet sind und die Freigabe des nächsten Schrittes kann automatisch gesteuert werden.

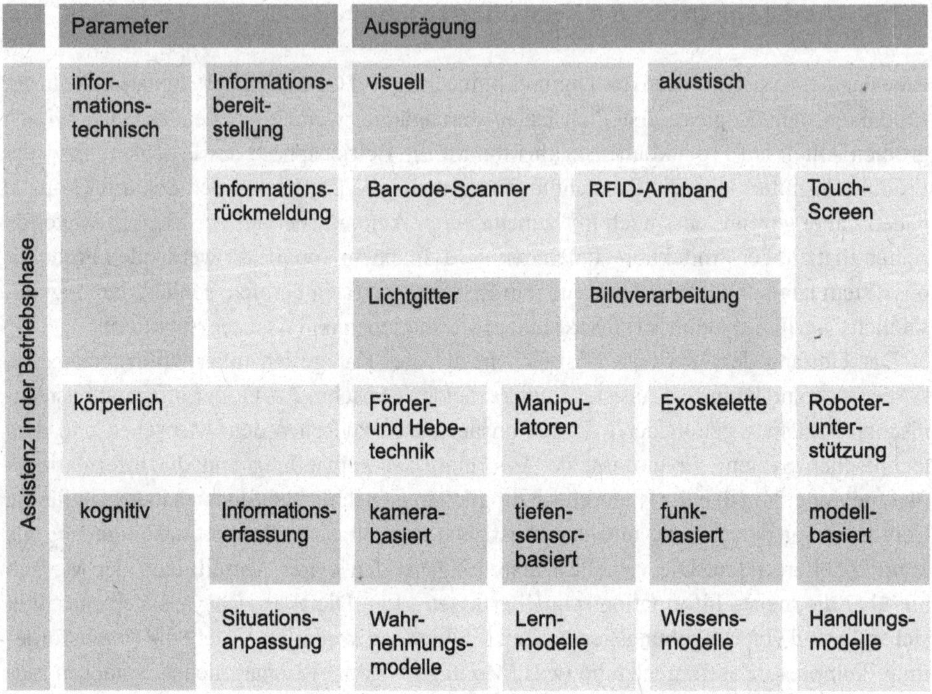

Parameter		Ausprägung			
infor-mations-technisch	Informations-bereit-stellung	visuell		akustisch	
	Informations-rückmeldung	Barcode-Scanner	RFID-Armband		Touch-Screen
		Lichtgitter	Bildverarbeitung		
körperlich		Förder- und Hebe-technik	Manipu-latoren	Exoskelette	Roboter-unter-stützung
kognitiv	Informations-erfassung	kamera-basiert	tiefen-sensor-basiert	funk-basiert	modell-basiert
	Situations-anpassung	Wahr-nehmungs-modelle	Lern-modelle	Wissens-modelle	Handlungs-modelle

(Seitlich, vertikal: Assistenz in der Betriebsphase)

Abb. 5.55   Morphologie der Assistenz in der Betriebsphase. Grafik: Fraunhofer IFF

Aktueller Stand der Forschung ist die direkte Kooperation von Mensch und Roboter. Die dazu notwendigen Technologien wurden im Abschn. 2.2 vorgestellt. Ebenfalls im Entwicklungsstadium sind Exoskelette, die einzelne Körperteile des Menschen um-schließen und einen Entwicklungsschritt zwischen vom Menschen gesteuerten Hilfsmitteln und autonom agierenden Robotern darstellen (Abb. 5.55).

Wenn Produkte sowie Produktions- und Betriebsmittel zukünftig ihre Historie, Konfi-guration und aktuelle Zustände digital zur Verfügung stellen können (cyber-physische Systeme), dann ist es erforderlich, den Menschen bei der Wahrnehmung der Informa-tionsflut zuverlässig zu unterstützen. Diesem Thema widmet sich die kognitive Assistenz. Darunter werden Maßnahmen verstanden, die den Menschen bei der Informationswahr-nehmung und Situationsanalyse unterstützen. Damit diese Kette funktioniert, sind Techno-logien zur Informationserfassung, Situationsanalyse und -interpretation sowie zur Informa-tionsdarstellung zu betrachten.

Die Erfassung von Produktzuständen und der Umgebung können durch unterschiedliche Sensorik erfolgen. Beispiele für eine kamerabasierte Erfassung von Montagezuständen sind im Abschn. 2.3 aufgeführt. Funkbasierte Verfahren zur Identifikation von Objekten finden in der Logistik ihren Einsatz (Abschn. 4.4). 3D-Tiefensensoren werden zur Gesten-erkennung und zur Beurteilung von potenziellen Kollisionen in kooperativen Umgebungen eingesetzt. Der Unterschied zur informationstechnischen Assistenz besteht darin, dass die

Information nicht nur statisch präsentiert wird, sondern in Abhängigkeit einer Situations-analyse dem Menschen aufbereitet wird. Zur Situationsanalyse können technische Informationen der Umgebung, z. B. CAD-Modelle oder Ortungssignale, verwendet werden. Damit ist es möglich, Informationen für den Menschen geometrisch korrekt verortet (Augmented Reality) darzustellen und gleichzeitig den Montage- oder Instandhaltungszustand eines Objektes in Betrachtung zu ziehen, um daraus nächste Schritte abzuleiten und diese dem Menschen mitzuteilen. Des Weiteren können Lern- und Wissensmodelle eingesetzt werden, um in Abhängigkeit vom Erfahrungsstand des Lernenden, die Lerninhalte situationsangepasst darzustellen (Abschn. 5.2).

5.3.6 Zusammenfassung

Die Grundlagen des Digital Engineering and Operation liegen bereits vor der prognostizierten vierten industriellen Revolution. Gleichwohl sind Digital Engineering und Industrie 4.0 eng miteinander verbunden. Bevor cyber-physische Systeme miteinander in Kontakt treten können, um Daten auszutauschen, müssen diese digital vorliegen. Das trifft sowohl auf digital beschreibbare Produkteigenschaften als auch auf die ablaufenden Prozesse zu. Voraussetzung für die Kommunikation ist die Standardisierung von Daten und Modellen. Das Personal am Arbeitsplatz der Zukunft muss qualifiziert und durch geeignete Assistenz unterstützt werden, um stets den Überblick über die ablaufenden Prozesse zu haben und als kreativer Entscheider koordinierend eingreifen zu können. Diese Themen wurden in diesem Buch dargestellt und bilden für Unternehmen die Grundlage, um im Wettbewerb der vierten industriellen Revolution erfolgreich zu bestehen. Das Digital Engineering and Operation bildet damit das Fundament für Industrie 4.0. Die Digitalisierung ist der große Innovationstreiber unserer Zeit.

Schon bald nach Einführung des Begriffes Industrie 4.0 wurde auch klar, dass sich die daran geknüpften Erwartungen nicht durch plötzliche Veränderungen, sondern nur durch einen kontinuierlichen Prozess erreichen lassen. Evolution statt Revolution. Führende deutsche Unternehmen gehen heute von einem geschätzten Zeithorizont von 10 bis 30 Jahren für die Umsetzung der vierten industriellen Revolution aus.

Weitgehende Einigkeit besteht darin, dass nur durch ein konsequentes Zusammenführen der digitalen mit der realen Welt die zunehmende Dynamik und Komplexität der industriellen Wertschöpfungskette beherrschbar ist. Das Internet der Dinge, Dienste und Daten werden zur prägenden Infrastruktur unserer Welt.

Mit führenden Anbietern im Bereich der Automatisierung und Softwareentwicklung und als anerkannter Standort der hochwertigen produzierenden Industrie hat Deutschland beste Voraussetzungen, Leitanbieter und Leitmarkt für Industrie 4.0 zu werden.

Dieses Buch stellt die verbindende Methodik des Digital Engineering and Operation dar. Anhand zahlreicher Beispiele aus unterschiedlichen Branchen wurde demonstriert, wie im Sinne der oben angeführten Evolution der Einstieg in Industrie 4.0 gestaltet werden kann.

5.4   Literatur

[AB08] Aberdeen Group: System Design: New Product Development for Mechatronics, January 2008

[Alt99] Althof, W.: Fehlerwelten. Vom Fehlermachen und Lernen aus Fehlern ; Beiträge und Nachträge zu einem interdisziplinären Symposium aus Anlaß des 60. Geburtstages von Fritz Oser. Unter Mitarbeit von Fritz Oser. Opladen: Leske + Budrich, 1999

[ArGNML08] Arndt, A.; Graichen, K.; Nüsser, P.; Müller, J.; Lampe, B. P.: Physiological control of a rotary blood pump with selectable therapeutic options: control of pulsatility gradient. Artificial Organs Vol. 32, 2008, S. 761-771

[Arn09] Arndt, A.: Physiologische Regelung von implantierbaren rotierenden Blutpumpen zur chronischen Linksherzunterstützung. Dissertation, Universität Rostock, 2009

[BA10] BUNDESAGENTUR FÜR ARBEIT: Klassifizierung der Berufe (KldB 2010). Band 1: Systematischer und alphabetischer Teil mit Erläuterungen. 2010 und Band 2: Definitorischer und beschreibender Teil. 2010

[BaKSTP10] E. Bayrhammer, M. Kennel, U. Schmucker, R. Tschakarow, und C. Parlitz, "Viro-Con: Efficient Deployment of Modular Robots" in ISR/ROBOTIK 2010 – Proceedings for the joint conference of ISR 2010 und ROBOTIK 2010, 7-9 June 2010, Berlin, 2010, S. 759-764

[BBK08] Becker, J.; Beverungen, D.; Knackstedt, R.: Wertschöpfungsnetzwerke von Produzenten und Dienstleistern als Option zur Organisation der Erstellung hybrider Leistungsbündel. In: Becker, J.; Knackstedt, R.; Pfeiffer, D.: Wertschöpfungsnetzwerke. Physica, Heidelberg 2008. S. 3-31

[Beck08] Beckhoff Automation GmbH: TwinCAT ADS; URL: http://www.beckhoff.de/default. asp?twincat/twincat_ads.htm

[BJS10] Blümel, E.; Jenewein, K.; Schenk, M.: Virtuelle Realitäten als Lernräume. Zum Einsatz von VR-Technologien im beruflichen Lernen. In: Lernen & Lehren 25 (97), 2010, S. 6-13

[Bl74] Bloom, B. S. (Hrsg.); Engelhart, M. D.; Fürst, E. J.; Hill, W. H.; Krathwohl, D. R.: Taxonomie von Lernzielen im kognitiven Bereich, Beltz Verlag, Weinheim und Basel, 1974

[BöKSW09] Böhme, T.; Kennel, M.; Schumann, M.; Winge, A.: Automatisierte Erstellung domänenübergreifender Modelle und echtzeitfähige Kopplung von Simulation, Visualisierung und realen Steuerungen. In: Augmented & Virtual Reality in der Produktentstehung, Paderborn, 2009, Bd. 252, S. 155-170

[BoGr06] Bonk, C. J.; Graham, C. R.: The handbook of blended learning. Global perspectives, local designs. 1st. San Francisco: Pfeiffer. 2006

[BoMF03] Botturi, D.; Martelli, S.; Fiorini, P.: A Geometric Method for Robot Workspace Computation. Proceedings of the International Conference on Autonomous Robots and System (ICAR), 2003

[Br06] Brezmann, S.: Der Prozeß des didaktischen Vereinfachens. Frankfurt am Main: Haag + Herchen. 2006

[CaOPRT06] Casella, F.; Otter, M.; Proelss, M.; Richter, C.; Tummescheit, H.: The Modelica Fluid und Media library for modeling of incompressible und compressible thermo-fluid pipe networks. Proceedings 5th Modelica Conference 2006, Wien, Österreich, 4.-5. September 2006, S. 631-640

[CaR90] Cai, M.; Rovetta, A.: A new algorithm for workspace analysis for robot manipulators. Meccanica, Vol. 25, No. 1, March 1990, pp. 40-46

[CW05] Clases, C.; Wehner, T.: Situiertes Lernen in Praxisgemeinschaften. Ein Forschungsgegenstand. In: Rauner, F.: Handbuch Berufsbildungsforschung. Bielefeld: Bertelsmann. 2005

[DaI08] Danneck,U.; Issler,T.: Virtuelle Welten in der Automobilentwicklung; In CAD-CAM Report Nr. 12, Dressler Verlag, Darmstadt. 2008

[DBEH10] Dick, M.; Braun, M.; Eggers, I.; Hildebrandt, N.: Wissenstransfer per Triadengespräch: Eine Methode für Praktiker. zfo – Zeitschrift Führung + Organisation, 79 (6), 2010, S. 367-375

[Di05] Dick, M.: Organisationales Lernen. In: Rauner, F.: Handbuch Berufsbildungsforschung. Bielefeld: Bertelsmann. 2005

[DIN10303] Deutsches Institut für Normung e. V.: DIN EN ISO 10303: Industrielle Automatisierungssysteme und Integration Produktdatendarstellung und -austausch (STEP). Berlin Köln: Beuth-Verlag, Erscheinungsjahr 2001

[DIN31051] Deutsches Institut für Normung e. V.: DIN 31051 Grundlagen der Instandhaltung. Berlin Köln: Beuth Verlag, 2003

[Dö08] Döbler, T.: Simulation und Visualisierung in der Produktentwicklung; In FAZIT Schriftenreihe, Band 12, 2008

[DrDrAt86] Dreyfus, H. L.; Dreyfus, S. E.; Athanasiou, T.: Mind over machine: The power of human intuition and expertise in the era of the computer. New York: Free Press, 1986

[En87] Engeström, Y.: Learning by expanding. An activity theoret. approach to developmental research. Helsinki: Orienta Konsultit Oy. 1987

[Eng00] Engelson, V.: Tools for Design, Interactive Simulation, and Visualization of Object-Oriented Models in Scientific Computing. Ph.D. Thesis, IDA, Linköping University, Sweden, 2000

[EnBPF03] Engelson, V.; Bunus, P.; Popescu, L.; Fritzson, P.: Mechanical CAD with Multibody Dynamic Analysis Based on Modelica Simulation; In Proceedings of the 44th Scandinavian Conference on Simulation and Modeling (SIMS-2003), September 18-19, 2003, Västerås, Sweden

[ER04] Ericson, C.: Real-Time Collision Detection (The Morgan Kaufmann Series in Interactive 3D Technology) Taylor & Francis Ltd. 2004 ISBN 978-1558607323

[Eri05] Ericson, C.: Real-time collision detection. Amsterdam; Boston: Elsevier, 2005

[FrCSPOW09] Franke, R.; Casella, F.; Sielemann, M.; Proelss, K.; Otter, M.; Wetter, M.: Standardization of Thermo-Fluid Modeling in Modelica.Fluid. Proceedings 7th Modelica Conference, Como, Italien, 20.-22. Sept., 2009, S. 122-231

[GH10] Gröhl, W.; Haase, T.: Handlungsorientierte Seminargestaltung bei AREVA – unterstützt durch den Einsatz virtueller Technologien, Tagungsband Digitales Engineering und Virtuelle Techniken zum Planen, Testen und Betreiben technischer Systeme, 13. Wissenschaftstage 15.-17. Juni 2010, Magdeburg, 2010. S. 181-189

[Greg11] Gregersen, J.: hochschule@zukunft2030 – Ergebnisse und Diskussionen des Hochschuldelphis, VS Verlag für Sozialwissenschaften, Springer Fachmedien Wiesbaden GmbH 2011

[Ha73] Hacker, W.: Allgemeine Arbeits- und Ingenieurpsychologie. Psychische Struktur und Regulation von Arbeitstätigkeiten. Berlin: Dt. Verl. der Wiss., 1973

[HeGP01] Heimann, B.; Gerth, W.; Popp, K.: Mechatronik. Carl-Hanser-Verlag. 2001

[Hör03] Hörwick, E.: Lernen Ältere anders?, In: LASA (Hrsg.): Nutzung und Weiterentwicklung der Kompetenzen Älterer – eine gesellschaftliche Herausforderung der Gegenwart. Tagungsband zur Fachtagung der Akademie der 2. Lebenshälfte am 26.-27. August 2002. Potsdam 2003

[Jim01] Jiménez, P.: 3D collision detection: a survey. Computers & Graphics, Bd. 25, Ausgabe 2, 2001. S. 269-285

[JuKRS07] Juhász, T.; Konyev, M.; Rusin, V.; Schmucker, U.: Contact Processing in the Simulation of CLAWAR; Proc. of 10th CLAWAR International Conference. Singapore 16.-18.07.2007. pp. 583-590

[JuS08a] Juhász, T.; Schmucker, U.: Automatic Model Conversion to Modelica for Dymola-based Mechatronic Simulation; Proc. of 6th International Modelica Conference: Modelica 2008. Bielefeld, Germany; 03/Mar/2008-04/Mar/2008; pp. 719-726

[JuS08b] Juhasz, T.; Schmucker, U.: CAD to SIM: CAD Model Conversion for Dymola-based Mechatronic Simulation;-Proc. of 10th International Conference on Computer Modelling and Simulation: UKSim 2008. Cambridge, UK 01.-03. April 2008; pp. 1-6

[JuS08c] Juhasz, T.; Schmucker, U.: From Engineering CAD to a Modelica Model: Structural Manipulation throughout a Translation Process; Tagungsband der 11. IFF-Wissenschaftstage, Magdeburg, 25.-26. Juni 2008; pp. 91-96.

[Kate11] Katenkamp, O.: Implizites Wissen in Organisationen – Konzepte, Methoden und Ansätze im Wissensmanagement. VS Verlag für Sozialwissenschaften | Springer Fachmedien Wiesbaden GmbH, 2011

[KeB07] Kennel, M.; Bayrhammer, E.: Eine Schnittstelle zur echtzeitfähigen Kopplung heterogener Simulations-, Steuerungs-, und Visualisierungsapplikationen; In Forschung vernetzen – Innovationen beschleunigen 3./4. IFF-Kolloqium; 20. April und 28. September 2007, Magdeburg; ISBN: 978-3-8167-7557-7

[Kn02] Knutzen, S.; Hägele, T.: Arbeitsprozessorientierte Entwicklung schulischer Lernsituationen. In: lernen & lehren, Jg. 17, H. 67, 2002, S. 115-118

[Lehr00] Lehr, U.: Psychologie des Alterns, Wiebelsheim: Quelle und Meyer, 2000

[LW09] Lave, J.; Wenger, E.: Situated learning. Legitimate peripheral participation. 20. print. Cambridge: Cambridge Univ. Press (Learning in doing), 2009

[MW08] The Math Works: SimMechanics CAD Translator; URL: http://www.mathworks.com/products/simmechanics/download_smlink.html

[Neu04] Neugebauer, R.; Weidlich, D.; Kolbig, S.; Polzin, T.: Perspektiven von Virtual-Reality-Technologien in der Produktionstechnik – VRAx®; Fraunhofer Publica; 2004

[Pack00] Pack, J.: Zukunftsreport demographischer Wandel: Innovationsfähigkeit einer alternden Gesellschaft.2000

[Po08] Porschen, S.: Austausch impliziten Erfahrungswissens. Neue Perspektiven für das Wissensmanagement. Wiesbaden, 2008

[Rau02a] Rauner, F.: Berufliche Kompetenzentwicklung – vom Novizen zum Experten. In: Dehnbostel, P.; Elsholz, U.; Meister, J.; Meyer-Menk, J. (Hrsg.): Vernetzte Kompetenzentwicklung. Alternative Positionen zur Weiterbildung. Berlin: Edition Sigma. S. 111-132, 2002

[Rau02b] Rauner, F.: Qualifikationsforschung und Curriulum. In: Fischer, M.; Rauner, F. (Hrsg.): Lernfeld: Arbeitsprozess. Reihe: Bildung und Arbeitswelt. Bd 6, Seite 325, 2002

[Rau99] Rauner, F.: Entwicklungslogisch strukturierte berufliche Curricula: Vom Neuling zur reflektierten Meisterschaft. In: ZBW 95, Nr. 3., S. 424-567, 1999

[Rei06] Reichwald, R.; Piller, F.: Interaktive Wertschöpfung: Open Innovation, Individualisierung und neue Formen der Arbeitsteilung. Gabler, Wiesbaden 2006

[Rot12] Rothoeft, M.: Marktstudie Engineering-Prozess Mechanik – Elektrik – Software. Ergebnisse einer bundesweiten Befragung von Unternehmen aus den Bereichen Maschinenbau und Ingenieurbüros im Januar/Februar 2012. www.marktstudien.org

[Sch07] Schumann, M.; Böhme, T.; Otto, M.: Kopplung von CNC-Steuerung und virtuellem Modell, In: Schulze, T.; Preim, B.; Schumann, H. (Hrsg.): Simulation und Visualisierung 2007, Proceedings der Tagung: Simulation und Visualisierung 2007 am Institut für Simulation und Graphik der Otto-von-Guericke-Universität Magdeburg, 8.-9. März 2007, SIM SCS Publishing House e.V., Erlangen, 2007

[Sch10] Schilke, M.: Einsatz von Produktdatenmanagement-Systemen im Sondermaschinenbau für die Automobilindustrie. 2010

[ScSc09] Schenk, M.; Schmucker, U.: Durchgängiges Virtual Engineering im Entwurf von Maschinen und Anlagen, Industrie-Management 2/2009

[Seit04] Seitz, C.: Qualifizierung älterer Mitarbeiter Lebenslanges Lernen ein Selbstverständnis? In: W&B Zeitschrift für Wirtschaft und Berufserziehung (2004), Nr. 11, S. 14

[SpLe90] Späth, L.; Lehr, U.: Altern als Chance und Herausforderung, Band 1, Stuttgart: Aktuell, 1990

[StaB14] Statistisches Bundesamt: https://www.destatis.de/DE/ZahlenFakten/GesamtwirtschaftUmwelt/Aussenhandel/Gesamtentwicklung/Tabellen/GesamtentwicklungAussenhandel.pdf?__blob=publicationFile Aufbgerufen 09.03.2015

[Stat11] Statistische Ämter des Bundes und der Länder: Demographischer Wandel in Deutschland, Bevölkerungs- und Haushaltsentwicklung im Bund und in den Ländern, Heft 1, Ausg. 2011

[Te07] Teutsch, C.: Model-based analysis and evaluation of point sets from optical 3D laser scanners. Aachen: Shaker. 2007

[VDI2206] Entwicklungsmethodik für mechatronische Systeme, Beth-Verlag, 06.2004, S. 29

[Vo74] Volpert, W.: Handlungsstrukturanalyse als Beitrag zur Qualifikationsforschung. Köln: Pahl-Rugenstein (Sport, Arbeit, Gesellschaft, 5), 1974

[VWBZ09] Vajna, S.; Weber, C.; Bley, H.; Zeman, K.: CAx für Ingenieure. Springer-Verlag Berlin Heidelberg, 2009

[We98] Wenger, E.: Communities of practice. Learning, meaning, and identity. Cambridge, U.K, New York, N.Y: Cambridge University Press (Learning in doing). 1998

[Wink02] Winkler, R.: Ältere lernen anders, aber sie lernen. In: Schweizer Arbeitgeber 2002 (10)

[Wolf99] Wolff, H.: Ergebnisse des Forschungsschwerpunkts „Demographischer Wandel und die Zukunft der Erwerbsarbeit", In: Fachkongress Altern und Arbeit, 1999

[ZaBH07] Zacharias, F.; Borst, C.; Hirzinger, G.: Capturing robot workspace structure: representing robot capabilities. Proceedings of the IEEE International Conference on Intelligent Robots and Systems (IROS), San Diego, USA, October/November, 2007, pp. 3229-3236

[Zimb92] Zimbardo, P. G.: Psychologie, Berlin, Heidelberg, New York: Springer, 1992, Dissertation Universität Saarbrücken 2010; Schriftenreihe Produktionstechnik, Universität des Saarlandes, Bd. 47

Index

© Springer-Verlag Berlin Heidelberg 2016
M. Schenk (Hrsg.), *Produktion und Logistik mit Zukunft*, DOI 10.1007/978-3-662-48266-7